L'AUTISME

Alain Berthoz, Christian Andres,
Catherine Barthélémy,
Jean Massion, Bernadette Rogé

L'AUTISME

De la recherche à la pratique

Odile Jacob

15, RUE SOUFFLOT, 75005 PARIS

www.odilejacob.fr

ISBN 978-2-7381-1616-1

Avant-propos

L'ouvrage qui vous est présenté a une histoire. Il est l'œuvre d'une collaboration entre une association de parents et de professionnels dans le domaine de l'autisme, l'Arapi, et la chaire de physiologie de la perception et de l'action du Collège de France. Elle a conduit à organiser un symposium international en juin 2003 au Collège de France, dont les actes constituent l'essentiel du présent volume.

L'Arapi a longtemps joué un rôle de pionnier dans la communauté française intéressée par l'autisme, en favorisant la recherche, au départ sous l'impulsion du Pr Gilbert Lelord, responsable du service de pédopsychiatrie de l'université de Tours, et en tentant d'en définir les enseignements sur le plan de la connaissance de l'autisme, mais aussi et surtout pour tenter d'apporter aux familles et aux professionnels les perspectives ouvertes par la recherche dans le domaine des prises en charge des enfants.

Le laboratoire du Pr Alain Berthoz était naturellement porté à s'interroger sur les mécanismes qui pouvaient expliquer les troubles caractéristiques de l'enfant avec autisme, notamment sur le plan de la cognition, de la communication et de la socialisation, domaines où les progrès considérables réalisés au cours des dernières années ont permis d'ouvrir des horizons entièrement nouveaux.

C'est le 20e anniversaire de la création de l'Arapi qui a fourni l'occasion de faire converger les efforts en vue de l'organisation du symposium international sur l'autisme. Denis Chastenet, parent d'un enfant avec autisme, a été le réel initiateur du projet. Il a suscité l'adhésion de l'Arapi. Il a également coordonné les activités du comité jusqu'à leur aboutissement avec tout le dynamisme et la compétence qu'on lui connaît. Nous tenons ici à lui adresser toute notre reconnaissance pour avoir su mener à terme avec autant de détermination ce projet. Nos remerciements vont à tous les membres du comité scientifique et à Sophie Biette, qui a assuré bénévolement le secrétariat du symposium, de même qu'aux parents et membres de l'Arapi qui ont apporté avec enthousiasme leur soutien au projet. Nous voudrions aussi témoigner à Virginie Schaefer tous nos remerciements pour son travail éditorial remarquable, sans lequel cet ouvrage n'aurait pu voir le jour.

Les chapitres du volume ont été construits autour de quatre sections. Les trois premières ont voulu mettre l'accent sur la recherche dans les domaines de la clinique, notamment l'identification de l'autisme et son étiologie, de la génétique apportant un survol des derniers développements dans ce domaine, de la cognition, de l'apprentissage, de la communication et de la socialisation. Une dernière section a voulu traiter des enseignements de la recherche dans le domaine de la pratique, de l'éducation et des soins. Grâce à l'appui des principales associations françaises de parents dans le domaine de l'autisme (Autisme France, Sésame Autisme, UNAPEI), différents groupes de travail ont été constitués qui ont abouti à un rapport de synthèse dont nous espérons qu'il pourra éclairer les parents et les professionnels. Nous tenons à remercier très sincèrement tous ceux qui ont accepté de participer et de contribuer à ce travail collectif. Merci aussi à Jean-François Chossy, député de la Loire, qui nous a fait part de ses réflexions sur le livre blanc sur l'autisme dont il a été l'auteur, ainsi qu'à Marie-Thérèse Hermange, sénateur de Paris, qui nous a livré l'analyse qu'elle avait portée sur les problèmes de l'autisme en tant que député européen et vice-présidente de la commission Emploi et Affaires sociales.

Les éditions Odile Jacob ont accepté de publier ce volume dont nous espérons qu'il sera pour les parents, les professionnels et les scientifiques un outil de référence. Que madame Odile Jacob reçoive ici le témoignage de toute notre reconnaissance, Gérard Jorland nos remerciements pour ses conseils et le travail éditorial, Émilie Barian pour la relecture des textes et toute l'équipe des éditions pour sa contribution.

Christian Andres, Catherine Barthélémy, Alain Berthoz, Jean Massion et Bernadette Rogé.

I

DE L'IDENTIFICATION DU SYNDROME AUTISTIQUE À UNE ÉTIOLOGIE REVISITÉE

Les troubles envahissants du développement

Par Catherine Barthélémy, Frédérique Bonnet-Brilhault, Romuald Blanc et Sylvie Roux

L. Kanner avait d'abord envisagé l'autisme infantile comme une forme précoce de la schizophrénie. Pendant un demi-siècle, l'autisme infantile s'est trouvé ainsi inscrit au chapitre des psychoses de l'enfant avec un modèle explicatif psychopathologique de distorsion relationnelle précoce mère-enfant.

La classification américaine DSM, troisième édition, a fourni un cadre profondément nouveau, indépendant des a priori *théoriques concernant la pathogénie de cette affection. L'autisme constitue la forme principale des troubles envahissants du développement (TED). Cette « mutation » conceptuelle fut une étape décisive dans la mise en œuvre de recherches en neurosciences dans le domaine de l'autisme.*

Puis dans les versions suivantes du DSM (DSM-III-R, DSM-IV) et de la CIM10 sont introduites au sein des TED de nouvelles entités. Cette diversification permet de déterminer avec de plus en plus de précision les populations impliquées dans une recherche et suggère que les différents sous-groupes considérés pourraient correspondre à des processus physiopathologiques, voire étiologiques, différents.

De nouvelles pistes pour la recherche sont ouvertes par une perspective transcatégorielle des TED. Nous pouvons espérer que les synergies entre chercheurs, cliniciens et biologistes, permettent d'identifier des profils biocliniques spécifiques au sein de la catégorie TED afin d'en clarifier les mécanismes physiopathologiques sous-jacents et d'en élucider les facteurs étiologiques.

Introduction

Dès les premières semaines de vie, le bébé humain s'ouvre au monde des personnes, il exerce ses premières habiletés de communication, expérimente le plaisir du jeu partagé. Sur la base de ces premières interactions harmonieuses avec autrui, le jeune enfant va développer les prérequis à la communication et au langage. Il en est tout autrement pour le bébé avec autisme qui n'échange pas le regard avec sa mère, semble insensible à sa voix. Il est tantôt trop tendu, tantôt trop mou, il peut hurler quand on le touche, ne tend pas les bras vers sa mère pour qu'elle le prenne dans le berceau. À trois ans, le tableau d'autisme est confirmé. Le syndrome est alors défini par des troubles majeurs dans trois secteurs du comportement et du développement :

— *La socialisation :* l'enfant avec autisme semble solitaire, dans son monde. Il joue seul, on pourrait penser qu'il est sourd. Il réagit avec les personnes comme si elles étaient des objets. Son contact oculaire est particulier. Sa mimique est pauvre. Le partage émotionnel lui est difficile.

— *La communication :* il ne parle pas ou, si son langage existe, il ne s'inscrit pas dans un échange d'informations, dans un dialogue avec autrui.

— *L'adaptation :* l'enfant avec autisme est attaché à l'« immuabilité dans son environnement ». Le moindre changement, des événements imprévisibles provoquent chez lui angoisse et agressivité. Le répertoire de ses activités est réduit, répétitif. Lorsqu'il est seul ou avec les autres, l'enfant est animé de mouvements stéréotypés, de battements, rotations ou balancements d'une partie ou de l'ensemble du corps.

Le consensus sémiologique

De 1943 à nos jours, quelques étapes clés de soixante ans de l'histoire de l'autisme peuvent illustrer l'itinéraire de description clinique de ce trouble, description de plus en plus fine et approfondie. Les efforts avisés des cliniciens et biologistes ont ainsi suscité pas à pas de nouvelles hypothèses sur la nature des troubles de l'autisme.

LES PREMIÈRES DESCRIPTIONS

Dans deux sites très éloignés du monde, la même année ou presque, l'un aux États-Unis, à Baltimore, l'autre en Autriche, à Vienne, deux éminents praticiens de la neuropsychiatrie ont décrit des enfants porteurs de ce qu'ils ont appelé l'« autisme ».

La paternité de l'expression « autisme infantile précoce » revient traditionnellement à Leo Kanner (1896-1981). Il insistait sur le fait que les enfants malades qu'il examinait étaient atteints dès les premières années de vie par ce trouble qui comprenait deux symptômes cardinaux (Kanner, 1943) :

— *L'isolement social (*aloneness*) :* les onze enfants avec autisme qu'il avait observés étaient isolés, dans leur monde, indifférents aux autres.

— *Le besoin d'immuabilité (*sameness*) :* les jeunes patients étaient décrits comme attachés à la routine, à leurs habitudes, très intolérants au changement, avec un répertoire réduit d'activités et des comportements répétitifs.

En outre, leur langage était atypique, altéré, peu inscrit dans l'échange et la réciprocité. Enfin, des îlots de compétences parfois exceptionnels étaient observés alors que le développement intellectuel de ces enfants était globalement retardé.

Mêmes observations chez les garçons « asociaux » décrits par le Dr Hans Asperger (1906-1980) : ces jeunes étaient incapables d'établir des relations normales avec les personnes, de partager l'émotion et de s'ajuster socialement ; ils avaient cependant dans certains secteurs des compétences excellentes qui contrastaient avec un développement par ailleurs hétérogène et lacunaire (Asperger, 1944).

Cette remarquable cohérence sémiologique sera ultérieurement confirmée dans le monde entier, notamment par les différents travaux de validation des questionnaires et des échelles pour le diagnostic et l'évaluation de l'autisme : Autism Diagnostic Interview (ADI, Le Couteur *et al.*, 1989).

VERS L'IDENTIFICATION DE PROFILS CLINIQUES

Au sein d'une population d'enfants répondant au diagnostic d'autisme, les sémiologistes ont très vite voulu préciser qu'il existait des « types » ou « profils » cliniques différents. Ainsi, en tête de file, Lorna Wing (1988) a rapidement parlé du continuum des caractéristiques de l'autisme. Cette notion de continuum a évolué vers le concept de « spectre de l'autisme » (Autism Spectrum Disorder). Selon une démarche similaire, le groupe de Tours, lors de la validation de l'Échelle d'évaluation des comportements autistiques (ECA-R, Barthélémy *et al.*, 1997) a mis en évidence, à partir des 13 items du facteur d'autisme de cette échelle, des sous-groupes homogènes d'enfants (Roux *et al.*, 1995) (figure 1).

L'analyse statistique multidimensionnelle a permis de définir au sein de ce grand groupe trois sous-groupes plus homogènes d'enfants. Certains de ces enfants ont un syndrome d'autisme très complet, très sévère – ce sont d'ailleurs les enfants ayant un retard mental associé le plus marqué. D'autres enfants ont un syndrome moins complet, moins sévère. Les efficiences intellectuelles de ces enfants avec autisme léger ne sont que légèrement retardées, voire subnormales. C'est sans doute cette forme d'autisme que plus tard les spécialistes appelleront « autisme atypique ».

L'évolution des classifications

Leo Kanner avait emprunté le terme « autisme » au lexique des neuropsychiatres d'adultes, Emil Kraepelin (1899) et Eugen Bleuler (1911), qui l'avaient utilisé pour décrire chez les schizophrènes adultes l'« évasion de la réalité », le « repli sur soi ». Ainsi, pendant un demi-siècle, l'autisme infantile s'est trouvé inscrit au chapitre des « psychoses de l'enfant » avec un modèle explicatif psychopathologique calqué sur celui de la schizophrénie et dans lequel on impliquait une distorsion relationnelle précoce mère-enfant.

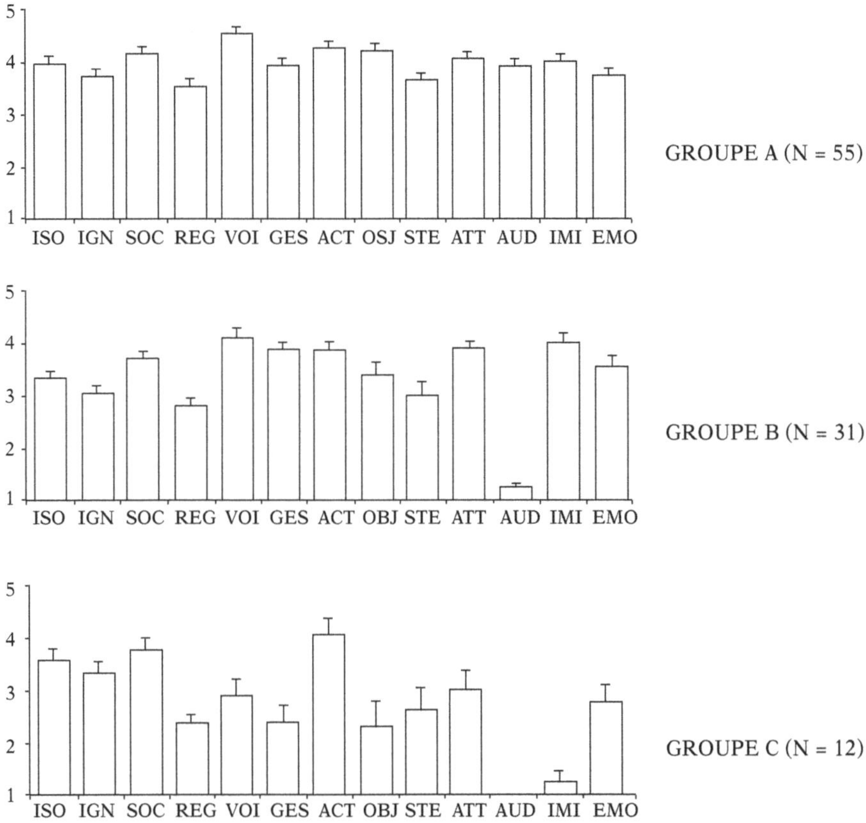

Figure 1 : Mise en évidence de trois sous-groupes homogènes d'enfants avec autisme au sein d'une population de 98 sujets. Chaque item est coté de 1 (minimum) à 5 (maximum) selon le degré de sévérité des troubles dans le secteur comportemental considéré.

ISO : recherche l'isolement, IGN : ignore les autres, SOC : interactions sociales insuffisantes, REG : regard inadéquat, VOI : ne s'efforce pas de communiquer par la voix et la parole, GES : difficultés à communiquer par les gestes et la mimique, ACT : manque d'initiative, activité spontanée réduite, OBJ : trouble des conduites vis-à-vis des objets, de la poupée, STE : activité sensori-motrice stéréotypée, ATT : attention difficile à fixer, détournée, AUD : bizarreries de l'audition, IMI : n'imite pas les gestes, la voix d'autrui, EMO : ne partage pas l'émotion.

Lorsqu'en 1980 les termes « troubles envahissants du développement » (TED) – en anglais *Pervasive Developmental Disorders* (PDD) – ont surgi dans les classifications américaines, un débat international sur la nature de l'autisme s'est ouvert donnant corps aux hypothèses sur les relations entre troubles du comportement et du développement cérébral, à l'instar d'ailleurs des discussions animées concernant la psychopathologie des « enfants-loups » comme Victor l'enfant sauvage de l'Aveyron que le Dr Jean Itard (1774-1838), directeur de l'Institut des enfants sourds et muets, avait recueilli à Paris et rééduqué (Itard, 1801, 1806).

LES SYSTÈMES INTERNATIONAUX

À l'heure actuelle, deux grands systèmes de classification statistique des maladies fournissent un cadre profondément nouveau indépendant de tout *a priori* théorique sur la pathogénie des troubles. Ces systèmes reposent sur le consensus de différents comités de médecins experts de toutes les régions du monde. Il s'agit du système américain DSM : Diagnostic and Statistical Manual for Mental Disorders (APA 1980, 1987, 1994, 2000) et du système de l'Organisation mondiale de la santé CIM10 : Classification internationale des maladies 10e édition (WHO, 1992). À partir d'une base de données sémiologiques internationale recueillie en conférences de consensus, les analyses statistiques font émerger les critères les plus puissants, les plus pertinents pour différencier les groupes de pathologies et poser un diagnostic.

DES CATÉGORIES DIAGNOSTIQUES RÉGULIÈREMENT REMANIÉES

La base de données est continuellement alimentée par les experts de manière à actualiser les critères diagnostiques en fonction de progrès de la clinique et de la neurobiologie.

Cette évolution nosographique est spectaculaire pour l'autisme. De 1980 où la seule entité représentant les TED était l'« autisme infantile », nous arrivons en 1994 à une constellation de troubles « apparentés » (Tableau I).

Cette diversification dans le champ des TED donne une place plus limitée, plus spécifique à chacune des entités et permet de déterminer avec plus de précision les populations impliquées dans la recherche pour l'identification de marqueurs biologiques en particulier.

Un très bon exemple de l'émergence de nouvelles entités biocliniques est celui du syndrome de Rett. Cette forme particulière de TED a été initialement décrite par le

Tableau I

DSM-III 1980	DSM-III-R 1987	C1M 10 1992	DSM-IV 1994 DSM-IV-TR 2000
TGD 1983	TED 1992	TED 1993	TED 1996
Autisme infantile	Trouble autistique	Autisme infantile	Trouble autistique
– syndrome complet		Autisme atypique Syndrome de Rett	Autisme atypique Syndrome de Rett
– syndrome résiduel		Autres troubles désintégratifs	Troubles désintégratifs de l'enfance
		Troubles hyperactifs avec retard mental et stéréotypies	
		Syndrome d'Asperger	Syndrome d'Asperger
	TED non spécifié	TED non spécifié	TED non spécifié

Dr Andreas Rett à Vienne en 1966. Il s'agit d'une forme particulière d'autisme qui atteint plus fréquemment la fille, dont le début secondaire est marqué par un arrêt de la croissance du périmètre crânien et par une régression psychomotrice et intellectuelle sévère.

Dans la description princeps, le Dr Rett insistait sur la coexistence d'une perte de socialisation et du langage avec des signes moteurs : perte des compétences manuelles, mouvements stéréotypés de torsion des doigts et en « lavage » des mains ; d'une incoordination de la marche et des mouvements du tronc ; le tout dans un contexte de retard psychomoteur sévère.

Plus de trente ans après la publication de Rett, en 1999 (Amir *et al.*, 1999) un marqueur biologique de ce syndrome a été découvert : il s'agit de la mutation d'un gène impliqué dans le fonctionnement de la protéine MECP2. Des anomalies de cette protéine seront à l'origine des dysfonctionnements neurologiques et neuropsychologiques évolutifs caractérisant les petites filles atteintes de cette maladie.

Au tournant du XXe et au XXIe siècle, un nouvel essor de la recherche en psychiatrie fait se rejoindre cliniciens et biologistes. L'un de leurs objectifs est de mettre en évidence de nouvelles entités biocliniques qui révolutionneront un peu nos actuels cadres nosographiques.

Des catégories aux dimensions

Les différents troubles envahissants du développement sont-ils fondamentalement distincts, dus à des causes différentes ? Quelle est la spécificité de l'autisme dans le champ plus vaste des pathologies du développement psychologique apparaissant dans l'enfance ? Existe-t-il une relation, des relations, entre autisme, retard mental, troubles du langage, désordres neuromoteurs, épilepsie ?

LES TRAVAUX INTERNATIONAUX

Ces questions ne sont pas nouvelles. Depuis des années, les travaux d'éminentes équipes proposent successivement des modèles d'analyse sémiologique dimensionnelle pour mieux décrire les dysfonctionnements autistiques, leurs limites et les comorbidités (Tableau II).

Tableau II

Approche dimensionnelle Belinger L. J., Tristram H. S., JADD, 2001 **« A Review of Subtyping in Autism and Proposed Dimensional Classification Model »**			
Prior *et al.*	1975	Waterhouse *et al.*	1996
Wing & Gould	1979	Donnelly	1997
Siegel *et al.*	1986	Prior *et al.*	1998
Rescorla	1988	Tanguay *et al.*	1998
Volkmar *et al.*	1989	Stone *et al.*	1999
Castelloe & Dawson	1993	Fein *et al.*	1999
Borden & Ollendick	1994	Bonde	2000
Eaves *et al.*	1994	Stevens *et al.*	2000
O'Brien	1996		

Dans un travail sur une approche multidimensionnelle de ce type, le groupe de Tours a publié une étude portant sur 202 enfants avec comportement autistique (Hameury *et al.*, 1995). Quatre dimensions sémiologiques sont globalement quantifiées : le comportement d'autisme, le retard mental, les troubles neurologiques, les troubles du langage. L'analyse statistique (classification ascendante hiérarchique) a mis en évidence quatre sous-groupes homogènes de patients dont le profil est singulièrement différent. Les uns ont un comportement sévèrement autistique, associé à un retard mental profond. Ces enfants ne parlent pas et ont généralement des troubles neurologiques associés : épilepsie, troubles sensoriels et/ou moteurs très handicapants. À l'autre extrême, un sous-groupe de patients très légèrement autistiques, peu ou pas retardés, sans troubles neurologiques et utilisant le langage pour communiquer.

Dans le modèle pluridimensionnel proposé récemment par Beglinger et son équipe, en 2001, on retrouve les deux dimensions cardinales de Kanner (*aloneness, sameness*) associées au retard de développement. La relation entre la sévérité de l'autisme et la déficience intellectuelle est forte. Les sous-groupes ou phénotypes cliniques ainsi définis s'inscrivent dans un continuum très similaire à celui décrit par le Dr Lorna Wing dans les années 1980.

PROPOSITIONS

À partir de la pratique clinique, auprès de jeunes enfants avec autisme en particulier, nous proposons d'intégrer dans le modèle de Beglinger deux dimensions qui, conformément aux résultats publiés par Hameury, nous paraissent pertinentes : les troubles du langage et les troubles neurologiques, plus particulièrement l'épilepsie (figure 2). Il sera important également pour identifier ces sous-groupes d'intégrer les données sur la trajectoire précoce du développement de l'enfant : le début des troubles est-il primaire ou bien les signes sont-ils apparus après une période de développement normal ?

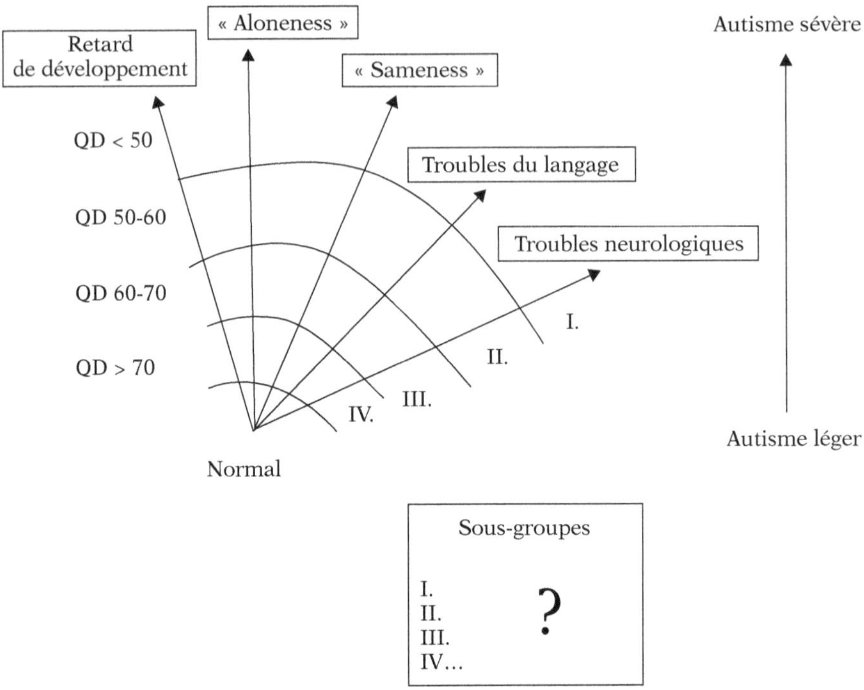

Figure 2 : Modèle multidimensionnel de l'autisme proposé à partir des travaux de Hameury et de Beglinger (QD : quotient de développement).

Conclusion

Beaucoup reste à faire. À l'orée du XXIe siècle, nous, cliniciens et chercheurs, sommes comme les artistes et philosophes du XVIIe siècle, penchés sur les anamorphoses (figure 3), mélanges confus de formes étirées sans grande signification. Nous sommes à la recherche du miroir conique qui posé au centre de cet étrange dessin va nous révéler tout à coup l'identité de ce syndrome qu'est l'autisme et nous ouvrir ainsi des voies encore inconnues pour la recherche sur les mécanismes mis en jeu et pour la thérapeutique.

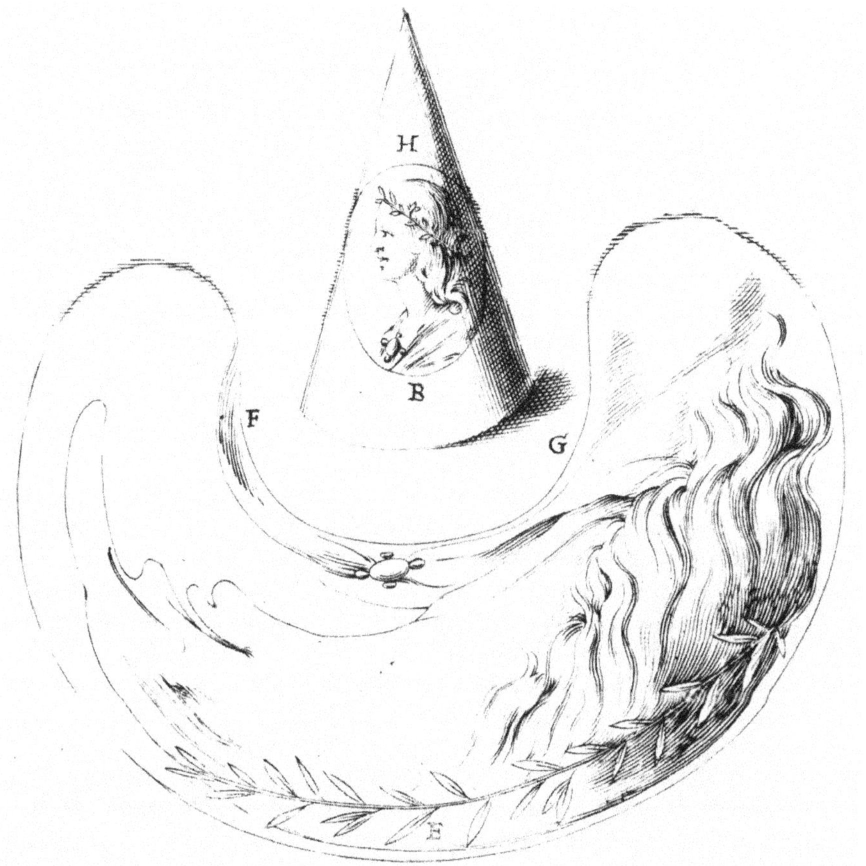

Figure 3 : Anamorphose conique M. Bettini, 1641 (Baltrusaitis, 1984).

Références

AMERICAN PSYCHIATRIC ASSOCIATION (1980) *Diagnostic and Statistical Manual of Mental Disorders, 3rd edition* (DSM-III). Washington, DC : American Psychiatric Association.

AMERICAN PSYCHIATRIC ASSOCIATION (1987) *Diagnostic and Statistical Manual of Mental Disorders, 3rd edition-revised* (DSM-III-R). Washington, DC : American Psychiatric Association.

AMERICAN PSYCHIATRIC ASSOCIATION (1994) *Diagnostic and Statistical Manual of Mental Disorders, 4th edition* (DSM-IV). Washington, DC : American Psychiatric Association.

AMERICAN PSYCHIATRIC ASSOCIATION (2000) *Diagnostic and Statistical Manual of Mental Disorders, 4th edition,* Text Revision (DSM-IV-TR). Washington, DC : American Psychiatric Association.

AMIR R. E., VAN DEN VEYVER I. B., WAN M., TRAN C. Q., FRANCKE U. & ZOGHBII H. Y. (1999) Rett syndrome is caused by mutations in X-linked MECP2, encoding methyl-CpG-binding protein 2. *Nature Genetics,* 23 : 185-188.

ASPERGER H. (1944) Die autistiechen Psychopathen im Kindesalter. *Archiv für Psychiatrie und Nervenkrankheinten,* 117 : 76-136.

BALTRUSAITIS J. (1984) *Anamorphoses.* Paris : Flammarion.

BARTHÉLÉMY C., ROUX S., ADRIEN J. L., HAMEURY L., GUÉRIN P., GARREAU B. & LELORD G. (1997) Validation of the Revised Behavior Summarized Evaluation Scale (BSE-R). *Journal of Autism and Developmental Disorders,* 27 : 137-151.

BEGLINGER L. J. & SMITH T. H. (2001) A review of subtyping in autism and proposed dimensional classification model. *Journal of Autism and Developmental Disorders,* 31 : 411-422.

BLEULER E. (1911) Dementia praecox oder gruppe der schizophrenien. *Handbuch der Psychiatrie,* Leipzig und Wien : Franz Deuticke.

BONDE E. (2000) Comorbidity and subgroups in childhood autism. *European Child and Adolescent Psychiatry,* 9 : 7-10.

BORDEN M. C. & OLLENDICK T. H. (1994) An examination of the validity of social subtypes in autism. *Journal of Autism and Developmental Disorders,* 24 : 23-38.

CASTELLOE P. & DAWSON G. (1993) Subclassification of children with autism and pervasive developmental disorder : A questionnaire based on Wing's subgrouping scheme. *Journal of Autism and Developmental Disorders,* 23 : 229-241.

DONNELLY J. (1997) Subtypes of autism by cluster analysis. Dissertation Abstracts International Section A : *Humanities and Social Sciences,* 58 : 2159.

EAVES L., HO H. & EAVES D. (1994) Subtypes of autism by cluster analysis. *Journal of Autism and Developmental Disorders,* 24 : 3-22.

FEIN D., STEVENS M., DUNN M., WATERHOUSE L., ALLEN D., RAPIN I. & FEINSTEIN C. (1999) Subtypes of pervasive developmental disorder : Clinical characteristics. *Child Neuropsychology,* 5 : 1-23.

HAMEURY L., ROUX S., BARTHÉLÉMY C., DESOMBRE H., SAUVAGE D., GARREAU B. & LELORD G. (1995) Quantified multidimensional assessment of autism and other pervasive developmental disorders. Application for bioclinical research. *European Child and Adolescent Psychiatry*, 4 : 123-135.

ITARD J. (1801) *Mémoire sur les premiers développements de Victor de l'Aveyron.*

ITARD J. (1806) *Rapport sur les nouveaux développements de Victor de l'Aveyron.*

KANNER L. (1943) Autistic disturbances of affective contact. *Nervous Child*, 2 : 217-250.

KRAEPELIN (novembre 1898) *Zur Diagnose und Prognose der D. P.* Heidelberg : Versammlung 26-27 (1899) AZP, 56 : 254-262.

LE COUTEUR A., RUTTER M., LORD C., RIOS P., ROBERTSON S., HOLDGRATER M. & MCLENNEN J. (1989) Autism diagnostic interview. *Journal of Autism and Developmental Disorders*, 19 : 363-388.

O'BRIEN S. K. (1996) The validity and reliability of the Wing subgroups questionnaire. *Journal of Autism and Developmental Disorders*, 26 : 321-335.

PRIOR M., BOULTON D., GAJZAGO C. & PERRY D. (1975) The classification of childhood psychoses by numerical taxonomy. *Journal of Child Psychology and Psychiatry*, 16 : 321-330.

PRIOR M., EISENMAJER R., LEEKAM S., WING L., GOULD J., ONG B. & DOWE D. (1998) Are there subgroups within the autism spectrum ? À cluster analysis of a group of children with autism spectrum disorders. *Journal of Child Psychology ad Psychiatry*, 39 : 893-902.

RESCORLA L. (1988) Cluster analytic identification of autistic preschoolers. *Journal of Autism and Developmental Disorders*, 18 : 475-492.

RETT A. (1966) Uber ein cerebral atrophiches Syndrom bei Hyperammonamie in Kinderalter. *Wiener Med. Woschenschrift*, 116 : 723-726.

ROUX S., MALVY J., BRUNEAU N., GARREAU B., GUÉRIN P., SAUVAGE D. & BARTHÉLÉMY C. (1995) Identification of behaviour profiles within a population of autistic children using multivariate statistical methods. *European Child and Adolescent Psychiatry*, 4 : 249-258.

SIEGEL B., ANDERS T. F., CIARENELLO R. D., BIENENSTOCK B. & KRAEMER H. C. (1986) Empirically derived subclassification of the autistic syndrome. *Journal of Autism and Developmental Disorders*, 16 : 275-294.

STEVENS M., FEIN D., DUNN M., ALLEN D., WATERHOUSE L., FEINSTEIN C. & RAPIN I. (2000) Subgroups of children with autism by cluster analysis : A longitudinal examination. *Journal of the American Academy of Child and Adolescent Psychiatry*, 39 : 346-352.

STONE W., OUSLEY O., HEPBURN S., HOGAN K. & BROWN C. (1999) Patterns of adaptive behavior in very young children with autism. *American Journal on Mental Retardation*, 104 : 187-199.

TANGUAY P., ROBERTSON J. & DERRICK A. (1998) A dimensional classification of autism spectrum disorder by social communication domains. *Journal of the American Academy of Child and Adolescent Psychiatry*, 37 : 271-277.

VOLKMAR F., COHEN D., BREGMAN J., HOOKS M. & STEVENSON J. (1989) An examination of social typologies in autism. *Journal of the American Academy of Child and Adolescent Psychiatry*, 28 : 82-86.

WATERHOUSE L., MORRIS R., ALLEN D., DUNN M., FEIN D., FEINSTEIN C., RAPIN I. & WING L. (1996) Diagnosis and classification in autism. *Journal of Autism and Developmental Disorders*, 126 : 59-85.

WING L. (1988) The continuum of autistic characteristics. *In Diagnosis and Assessment in Autism* (E. Schopler and G. B. Mesibov eds), pp 91-110. New York : Plenum Press.

WING L. & GOULD J. (1979) Severe impairments of social interaction and associated abnormalities in children : *Epidemiology and Classification. Journal of Autism and Developmental Disorders*, 9 : 11-29.

WORLD HEALTH ORGANISATION (1992) *International Classification of Diseases* (ICD-10). Geneva : WHO.

Autisme : troubles médicaux associés

Par Christopher Gillberg

L'autisme est associé à de multiples facteurs de risque. Dans plusieurs troubles médicaux (dont la sclérose tubéreuse, la séquence de Mœbius et le syndrome de l'X fragile), un sous-groupe important de sujets présente des traits autistiques majeurs et parfois un syndrome autistique complet. À l'inverse, dans la population générale, l'autisme est associé à des affections médicales connues dans 25 % des cas. Le taux d'affections médicales associées est inférieur dans les cliniques spécialisées dans le domaine de l'autisme ; cela est dû au fait que, lorsque les pédiatres et autres spécialistes diagnostiquent une affection médicale spécifique, il est peu probable qu'ils adressent à un spécialiste de l'autisme les patients présentant des problèmes « supplémentaires » compatibles avec un diagnostic d'autisme. La plupart des troubles médicaux associés sont d'origine génétique et contribuent au développement de symptômes autistiques soit par le chevauchement des régions chromosomiques concernées avec celles qui hébergent des gènes de susceptibilité à l'autisme, soit en provoquant des lésions cérébrales qui contribuent au développement d'une symptomatologie autistique. L'évaluation médicale de tout enfant atteint d'autisme doit être faite avec l'idée d'établir le diagnostic des divers troubles médicaux associés possibles.

Introduction

L'autisme est un syndrome comportemental d'origine multifactorielle actuellement diagnostiqué en se référant à une triade de symptômes spécifiques, c'est-à-dire une limitation sévère de la réciprocité sociale, une limitation sévère de la communication réciproque (verbale et non verbale) et un répertoire comportemental très restreint comprenant des routines répétitives, des stéréotypies, une imagination limitée et des sujets d'intérêt étroits (Gillberg, 1999).

Les causes possibles de l'autisme sont sujettes à controverse depuis de longues années, principalement parce que la définition de ces troubles est comportementale et qu'il n'existe aucun marqueur biologique. Les questions soulevées par le diagnostic en lui-même sont déjà assez complexes (Aitken, 1991 a, b). Certains considèrent l'autisme comme une entité unique. Autrefois, l'origine a été attribuée à des parents perfectionnistes et sans humour qui éduquaient mal leurs enfants (Kanner, 1949) ; plus récemment l'autisme a été considéré comme une entité d'origine génétique (Bolton et Rutter, 1990). D'autres, cependant, considèrent l'autisme comme un syndrome comportemental résultant de divers facteurs étiologiques dont certains sont génétiques (Gillberg et Coleman, 2000).

De nombreuses études démontrent l'importance considérable des facteurs génétiques dans l'autisme (Bailey *et al.*, 1993). Ces travaux comprennent des études familiales et de jumeaux ainsi que des études moléculaires (Folstein et Rosen-Sheidley, 2001). Actuellement, il est couramment admis qu'un nombre assez important de gènes de susceptibilité à l'autisme interviennent ensemble et selon des combinaisons diverses pour produire les problèmes neuropsychologiques typiques qui mènent, à leur tour, au tableau de symptômes rencontrés dans les syndromes autistiques (Ellefsen *et al.*, 2004). Des gènes spécifiques ont été identifiés dans certains cas (voir par exemple Jamain *et al.*, 2003), mais pour la plupart seulement certaines régions chromosomiques d'intérêt ont été localisées à ce jour (IMGSAC, 1998 ; Philippe *et al.*, 1999).

Depuis longtemps, on sait que l'autisme est parfois associé à des affections médicales spécifiques et que, dans certains troubles médicaux, un nombre relativement important de sujets atteints répond aussi aux critères diagnostiques d'un syndrome autistique (Coleman et Gillberg, 1985, 1996, 2000). Il est possible que le premier article qui suggère indirectement une telle association soit une publication du début des années 1930 sur la présentation symptomatique de la sclérose tubéreuse chez les jeunes (Critchley et Earl, 1932). La description des comportements présentés par des individus atteints de sclérose tubéreuse y est assez détaillée pour évoquer un syndrome autistique complet. De nombreuses études plus récentes confirment qu'un groupe restreint, bien que non négligeable, de l'ensemble des personnes atteintes d'autisme sont aussi atteintes de sclérose tubéreuse et qu'environ la moitié des personnes présentant des symptômes de sclérose tubéreuse dès la petite enfance sont atteintes d'autisme classique ou atypique (Hunt et Dennis, 1987 ; Ahlsén *et al.*, 1994).

Des liens semblables ont été mis en évidence entre l'autisme et l'embryopathie due à la rubéole (Chess *et al.*, 1971) et le syndrome de l'X fragile (Bailey *et al.*, 1993). Toutefois, on ne sait pas clairement si un lien étiologique existe entre la pathologie sous-jacente et les symptômes de l'autisme ou si cette apparente liaison n'est qu'une coïncidence. Il est possible que, dans tous ces cas, les patients présentaient deux pathologies différentes sans rapport l'une avec l'autre : une maladie non identifiée à l'origine de l'autisme et une affection médicale connue distincte. Cette question a été abordée dans le cadre d'études cliniques. Ces études ne peuvent confirmer à elles seules une relation de cause à effet, et un biais de recrutement est toujours théoriquement possible.

Cet article passe en revue les données sur l'association de l'autisme avec des troubles médicaux connus et tente d'esquisser les moyens par lesquels ces associations pourraient être différenciées les unes des autres.

Les études de population représentent de loin la meilleure base pour obtenir des généralisations au sujet d'un syndrome psychiatrique comportemental (Rutter *et al.*, 1970 ; Folstein et Rutter, 1977 ; Rutter et Quinton, 1984). Heureusement, les études de population sont relativement nombreuses dans le domaine de l'autisme. Cet article considère l'apport de ces études de population au débat sur le lien entre troubles médicaux identifiés et autisme.

Les études de population incluses dans cette revue

Cette partie du chapitre aborde une revue des études de population sur l'autisme qui comprennent une référence spécifique au taux de troubles médicaux et d'affections organiques associés. Les études répondent toutes aux critères suivants : 1) elles comprennent des informations systématiques sur les troubles médicaux associés ou sur les affections organiques ; 2) elles s'appuient sur des critères diagnostiques reconnus de l'autisme ; 3) la population étudiée représente une tranche d'âge spécifique issue d'une région géographique définie ; 4) le dépistage initial a été fait sur une population plus large comprenant des enfants qui n'avaient pas déjà reçu un diagnostic d'« autisme » ou de « psychose infantile » ; et 5) le diagnostic définitif a été posé après l'examen clinique des cas probables par une équipe de recherche ou par l'équipe de soins qui a rapporté les informations.

Les données bien plus limitées disponibles dans le domaine du syndrome d'Asperger ou d'autres troubles atypiques sont considérées ci-après.

Certaines études épidémiologiques dans le domaine ont été exclues parce qu'elles ne répondaient pas aux critères 2 et 5 définis plus haut, et plusieurs autres parce qu'elles ne répondaient pas au critère 1. Lotter (1974) fait référence à des troubles médicaux associés, mais les données provenaient exclusivement de dossiers médicaux datant de la fin des années 1950 et du début des années 1960. Cette étude a été exclue de la revue parce que aucun examen clinique n'a été fait par un médecin et aussi parce que les outils disponibles pour la détection de troubles neurologiques et métaboliques il y a quarante ou cinquante ans n'étaient pas très évolués. Parmi les huit études restantes (Wing et Gould, 1979 ; Gillberg, 1984, Steffenburg et Gillberg, 1986 ; Burd *et al.*, 1987 ; Bryson *et al.*, 1988 ; Cialdella et Mamelle, 1989 ; Ritvo *et al.*, 1990 ; Gillberg *et al.*, 1991a ; Sponheim et Skjeldal, 1998), deux concernaient des populations qui se chevauchaient en partie (Steffenburg et Gillberg, 1986 ; Gillberg *et al.*, 1991a).

La recherche la plus complète de troubles médicaux associés a été faite sur les données rapportées dans la première étude citée et a été décrite par Steffenburg (1991). Elle sera examinée ici.

Ainsi, huit études de population comprenant des données sur les affections médicales concomitantes ont été incluses dans cette revue. Parmi celles-ci, deux proviennent des États-Unis (du Dakota du Nord et de l'Utah, États dont la population est en majorité rurale), deux d'une même région urbaine suédoise (Göteborg) et les quatre autres respectivement de la Norvège (Oslo), du Royaume-Uni (Londres), de France (le département du Rhône, en majorité urbain) et du Canada (de la Nouvelle-Écosse, en majorité rurale).

Le dysfonctionnement du système nerveux central

Des symptômes ou signes d'un dysfonctionnement du système nerveux central (SNC) sont très fréquents dans l'ensemble des études de population sur l'autisme. Les chiffres varient de 28 % dans les études de Bohman *et al.* (1983) et de Ciaidella et Mamelle (1989), à 80 % dans l'étude de Brask (1972). La définition de dysfonctionnement du SNC varie d'une étude à l'autre. Par exemple, dans les études de Göteborg (Steffenburg et Gillberg, 1986 ; Gillberg *et al.*, 1991a), la prévalence rapportée était de respectivement 31 %, 42 % et 49 % en effectuant seulement des mesures grossières (par exemple une observation clinique et des analyses de sang et d'urine), mais ce chiffre atteignait 90 % lorsque le même type de signes directs et indirects (à l'exception du retard mental comme tel) a été recherché lors d'une évaluation neuropsychiatrique détaillée et complète, comme rapportée par Steffenburg (1991).

AUTISME

Un certain nombre de troubles médicaux ou d'affections organiques ont été rapportés comme étant associés de manière spécifique à l'autisme ou à des troubles apparentés (Wing et Gould, 1979 ; Gillberg et Coleman, 2000) (Tableau I).

Nous appelons ici ces troubles des TMPLA (troubles médicaux possiblement liés à l'autisme), mais cette abréviation est employée seulement pour alléger le texte et ne doit pas être considérée comme indiquant que l'association de ces troubles à l'autisme ou à des troubles de la relation sociale est confirmée, ni que ce sont les seuls troubles ou facteurs sous-jacents qui puissent être associés à l'autisme. Parmi ces TMPLA, la sclérose tubéreuse et le syndrome de l'X fragile présentent les associations à l'autisme les plus robustes et les mieux validées, même si, dans l'absolu, cette robustesse reste sujette à caution. En ce qui concerne le syndrome de l'X fragile, il existe un désaccord important en ce qui concerne sa contribution relative à la population globale de l'autisme (Rutter *et al.*, 1994).

L'étude de Camberwell

Wing et Gould (1979) ont rapporté des données sur 17 enfants de moins de 15 ans qui répondaient aux critères diagnostiques de l'autisme de Kanner. Rutter *et al.* (1994), dans leur revue de cette étude, ont déclaré qu'elle comprenait quelques enfants avec autisme dont le QI était supérieur à 50, mais qu'elle était principalement centrée sur des sujets sévèrement retardés. La manière dont ils sont arrivés à cette conclusion n'est pas claire, puisque, sur les 17 sujets atteints d'autisme étudiés par Wing et Gould (1979), 6 présentaient un retard mental sévère (QI > 49) tandis que le QI des 11 autres était de 50 ou au-delà. Parmi les enfants atteints d'autisme de Kanner inclus dans l'étude, il y avait un cas de rubéole maternelle, deux d'encéphalite/encéphalopathie, deux de syndrome de West (spasmes infantiles), et un du syndrome associant des anomalies congénitales multiples et un retard mental. Ainsi, 6 sujets (35 %) présentaient un TMPLA. Rutter *et al.* (1994), se référant à cette étude, rapportaient un chiffre de 17 % ; il est vraisemblable qu'ils se basaient sur l'inclusion de 3 parmi les 17 cas (17,7 %). Les auteurs n'ont pas précisé lesquelles parmi les conditions d'inclusion au TMPLA ils considéraient comme n'étant pas des « affections médicales identifiables ». Wing et Gould ont rapporté une prévalence assez proche (32 %) dans leur groupe de 57 enfants qui présentaient la triade de symptômes de Wing sans toutefois répondre aux critères diagnosti-

Tableau I : Affections médicales associées à l'autisme rapportées dans au moins deux études

Affection médicale	Référence importante
Syndrome de l'X fragile	Hagerman, 1989
Autres anomalies des chromosomes sexuels	Hagerman, 1989
Tétrasomie partielle du chromosome 15	Gillberg *et al.*, 1991b
Autres anomalies chromosomiques	Hagerman, 1989
Sclérose tubéreuse	Hunt et Dennis, 1987
Neurofibromatose	Gillberg et Forsell, 1984
Hypomélanose de Ito	Akefeldt et Gillberg, 1991
Syndrome de Rett	Coleman et Gillberg, 1985
Syndrome de Mœbius	Ornitz *et al.*, 1977
Phénylcétonurie	Friedman, 1969
Acidose lactique	Coleman et Blass, 1985
Troubles des purines	Gillberg et Coleman, 1992
Embryopathie due à la rubéole	Chess *et al.*, 1971
Encéphalite herpétique	Gillberg, 1986
Infection par cytomégalovirus	Stubbs, 1978
Syndrome de Williams	Reiss *et al.*, 1985
Myopathie de Duchenne	Komoto *et al.*, 1984
Syndrome d'Angelman	Steffenburg *et al.*, 1996
Délétion 22q11	Niklasson *et al.*, 2002
Association CHARGE	Fernell *et al.*, 1999
Syndrome de Smith-Magenis	Udwin *et al.*, 2001
Hydrocéphalie infantile	Fernell *et al.*, 1991
Épilepsie dont spasmes infantiles	Olsson *et al.*, 1988

ques de l'autisme de Kanner ; certains de ces enfants répondaient probablement aux critères du CIM 10 pour l'autisme (L. Wing, communication personnelle). Ce groupe comprenait des cas de rubéole maternelle, de phénylcétonurie, de sclérose tubéreuse, d'encéphalite/encéphalopathie, de syndrome de West, de multiples anomalies congénitales associés à un retard mental, de microcéphalie et hydrocéphalie congénitale. Dans un groupe de 58 enfants retardés et sociables, 14 % présentaient de telles affections. Dans ce groupe d'enfants sociables, 48 % présentaient un syndrome de Down (trisomie 21) par ailleurs présent dans le groupe autiste chez un sujet (6 %) (associé à un syndrome de West) et dans le groupe des enfants socialement déficients, atteints de troubles apparentés sans répondre à l'ensemble des critères de l'autisme de Kanner, chez deux sujets (3,5 %) (dont l'un présentait aussi une déficience visuelle sévère congénitale). Rutter *et al.* (1994), faisant référence à l'article de Wing et Gould de 1979, déclaraient que « la neurofibromatose était présente dans le groupe de non-autistes mais pas dans le groupe autiste ». Les auteurs n'ont pas précisé s'ils faisaient référence dans l'étude de Wing au groupe d'enfants atteints de troubles apparentés socialement déficients ou au groupe d'enfants sociables. Néanmoins, l'étude de Wing et Gould (1979) ne comprenait aucune référence à la neurofibromatose.

L'étude d'Oslo

Cette étude norvégienne rapporte le taux le plus faible d'autisme de toutes les études publiées au cours des dix dernières années (Sponheim et Skjelda, 1998). De même, le taux de troubles médicaux associés y est très bas. La raison pour laquelle cette étude assez récente a mis en évidence un taux aussi faible d'autisme, compte tenu du fait qu'elle a été menée d'une façon assez rigoureuse, n'est pas claire. Toutefois, il semble probable que certains cas d'autisme y ont échappé, surtout lorsqu'on examine les résultats d'une nouvelle étude de la prévalence de l'autisme en Norvège (Posserud *et al.*, 2004) qui semblent indiquer que l'autisme y est aussi fréquent que dans les autres pays.

Les études de Göteborg

L'un des taux les plus bas de troubles médicaux associés à l'autisme a été rapporté par Gillberg (1984) dans une étude faite à Göteborg en Suède. Trois des 26 sujets atteints d'autisme (11,5 %), diagnostiqués selon les critères de Rutter (1978), présentaient des TMPLA. Tous les cas répondaient aussi aux critères de l'autisme du DSM-III (American Psychiatric Association, 1980). Deux de ces personnes présentaient une neurofibromatose, et l'une un trouble neurométabolique généralisé. Les trois étaient aussi atteintes de retard mental.

Steffenburg (1991), suite au seul examen clinique, a trouvé, dans un groupe de 35 enfants âgés de 1 à 10 ans atteints d'autisme, six sujets (17 %) qui présentaient aussi un TMPLA : trois cas du syndrome de Mœbius, un d'hydrocéphalie congénitale, un de neurofibromatose et un syndrome de Laurence-Moon-Biedl. Le statut de TMPLA de cette dernière affection est incertain puisqu'il n'y a que l'équipe de Göteborg qui l'a trouvée associée à un autisme classique ; cependant, toutes les personnes atteintes dans une autre étude de ce syndrome présentaient des « comportements inappropriés et un affect superficiel » (Green *et al.*, 1989). En ajoutant une culture chromosomique en milieu pauvre en acide folique (qui a mis en évidence deux cas de syndrome de l'X fragile chez lesquels la mutation a été ensuite confirmée par une analyse par biologie moléculaire) et un scanner cérébral (qui a mis en évidence un cas de sclérose tubéreuse), ce taux a atteint 28,5 % (Steffenburg et Gillberg, 1986). Lorsque le même groupe d'enfants a été réexaminé plusieurs années plus tard selon un protocole plus complet, plus du tiers présentait un syndrome ou une affection organique (dont un cas de trisomie 13 partielle, un syndrome de délétion du chromosome 13 et un cas d'anomalies congénitales multiples avec malformations cérébrales associé à un retard mental). Parmi les 13 cas de TMPLA dans l'étude de Steffenburg (1996), 9 enfants avaient un QI inférieur à 50, et 4 enfants un QI entre 50 et 70. Dans le groupe de 17 enfants présentant des troubles apparentés, Steffenburg (1991) en a trouvé 2 (12 %) avec un TMPLA associé (un cas d'encéphalite avec un QI entre 50 et 70, et un cas de délétion du chromosome 17 avec un QI inférieur à 50).

L'étude du Rhône

Ciaidella et Mamelle (1989), dans une étude de population conduite dans le département du Rhône en France, ont trouvé, parmi les enfants de 5 à 9 ans atteints d'autisme (selon des critères proches de Rutter et du DSM-III), au moins 28 % présentant des anomalies neurologiques majeures. Les TMPLA évidents étaient nombreux : six cas d'hydrocéphalie congénitale, un de sclérose tubéreuse, six d'encéphalite, sept d'un possible syndrome de West et trois d'anomalies congénitales multiples associés à un retard mental. D'autres affections étaient aussi présentes. Malheureusement, les données publiées ne permettent de confirmer ni l'appartenance des anomalies neurologiques concernées à la catégorie des TMPLA, ni l'importance de l'association entre ces TMPLA et le retard mental.

L'étude de la Nouvelle-Écosse

Bryson *et al.* (1988), dans une étude conduite en Nouvelle-Écosse, ont rapporté qu'au moins cinq (19 %) d'un groupe de 21 enfants âgés de 6-15 ans atteints d'autisme (selon des critères proches du DSM-III-R) présentaient un trouble médical associé ou une affection organique majeure qui semblaient être des « TMPLA » : deux présentaient des anomalies congénitales multiples et un retard mental, l'un un possible syndrome de West (spasmes infantiles débutant avant 5 mois) ; chez un autre on soupçonnait une mucopolysaccharidose, et un dernier présentait des lésions cérébrales étendues sévères. Tous ces enfants avaient un retard mental sévère.

L'étude du Dakota du Nord

Burd *et al.* (1987) et Fisher *et al.* (1987) ont publié des données issues d'une étude de population sur la prévalence de l'autisme et des troubles apparentées, selon les critères du DSM-III, chez les enfants de 2 à 18 ans dans le Dakota du Nord. Parmi les 21 enfants atteints d'autisme, 6 d'entre eux (29 %) présentaient un TMPLA : un cas d'encéphalopathie, un de trouble cérébral progressif, deux du syndrome de l'X fragile, un de trisomie 8 mosaïque et un du syndrome de West. Dans le groupe d'autisme atypique, 53 % présentaient un TMPLA du même type, et 18 % étaient atteints d'un autre trouble susceptible d'influencer le développement cérébral mais qui n'a pas encore été décrit en association avec un comportement autistique.

L'étude de l'Utah

L'étude de l'Utah (Ritvo *et al.*, 1990 ; Mason-Brothers *et al.*, 1993), qui a mis en évidence l'un des taux les plus faibles de l'autisme dans une étude de population durant les vingt-cinq dernières années, a rapporté un taux de troubles médicaux (« rares ») associés de 11 %. Ce même taux a été mis en évidence quel que soit le mode de calcul, soit en prenant comme base l'ensemble des 233 personnes comprises dans l'étude et les 26 atteintes de « maladies rares connues à l'origine de pathologies du système nerveux central », soit en basant le calcul sur la population de 208 personnes sur lesquelles des informations plus complètes avaient été fournies, et d'un groupe de 20 qui présentaient des TMPLA évidents (les 6 enfants atteints du syndrome de Down ayant été exclus du groupe des 26 avec « maladies rares ») et 2 autres enfants qui présentaient des lésions du système nerveux central suite à une infection par *Haemophilus influenzae*. Ritvo *et al.* (1990) ont noté que le chiffre de 11 % était un minimum et ont conclu que « le taux réel est probablement plus élevé ». Ils ont aussi calculé, puisqu'ils n'ont pas pu tester l'ensemble de la population pour le syndrome de l'X fragile, que le véritable taux de troubles rares associés à l'autisme pourrait être plus proche de 17 % si ce dépistage avait été possible. Les TMPLA suivants ont été mis en évidence dans l'étude de population de l'Utah : rubéole maternelle, infection congénitale par le cytomégalovirus, infection congénitale par l'herpès, méningite due à une infection par *Haemophilus influenzae* à l'âge de 5 et de 7 mois, diverses anomalies chromosomiques (dont 2 cas de X fragile parmi les 8 garçons testés pour ce syndrome), sclérose tubéreuse, variante de San Filippo de la mucopolysaccharidose, syndrome de Rett, hypothyroïdie congénitale et déficience hypophysaire associée à une dysplasie septo-optique. En outre, plusieurs cas de surdité, d'atrophie du nerf optique et de mort subite, vraisemblablement associée à une pathologie cérébrale particulière, étaient rapportés, ainsi que 13 patients présentant une épilepsie survenant durant la petite enfance (entre 2 et 11 mois), parmi ceux-ci plusieurs cas de syndrome de West qui n'avaient pas été inclus parmi les TMPLA rapportés dans l'étude de l'Utah. Ainsi, aucun de ces cas n'a été inclus dans les taux de 11 et 17 % cités plus haut.

Comparaison des différentes études

Le taux moyen de troubles médicaux associés dans les huit études de population était de 20 ou de 25 %, selon que le taux retenu pour l'étude de Ritvo était le plus bas ou le plus haut. En excluant les études scandinaves, le taux moyen des cinq études restantes était de 24 %. Les études de l'Utah et du Rhône ont eu recours uniquement à des données rétrospectives tirées des dossiers médicaux, sans explorations médicales supplémentaires au moment du diagnostic ou plus tard. Un examen clinique succinct semble avoir été fait dans l'étude du Dakota du Nord. Dans l'étude conduite en Nouvelle-Écosse un examen clinique a été fait.

L'étude de Camberwell (qui a inclus un examen clinique, ainsi que des explorations neurologiques et biochimiques) et la deuxième étude de Göteborg (qui a compris une batterie complète d'explorations neurologiques, biochimiques et cliniques) ont mis en évidence les taux les plus élevés de TMPLA.

Quelle que soit la définition de l'autisme utilisée (« trouble autistique », « autisme infantile »...), son association avec le retard mental a été mise en évidence dans les études de population dans 66 à 89 % des cas (Wing, 1993). De plus, le taux d'épilepsie rapporté a été élevé dans la plupart des études (entre 18 et 29 %). Dans plusieurs études longitudinales d'adolescents et d'adultes atteints d'autisme, la prévalence de l'épilepsie dans cette population semble s'élever encore au-delà (par exemple, Gillberg et Steffenberg, 1987 ; Olsson *et al.*, 1991 ; Billstedt *et al.*, 2004).

Le taux des troubles médicaux associés paraît le plus élevé dans les études où est incluse une proportion plus élevée de personnes atteintes de retard mental. La deuxième étude de Göteborg et l'étude de la Nouvelle-Écosse ont rapporté une tendance nette d'une association plus fréquente à des troubles médicaux chez les patients atteints d'autisme et d'un retard mental plus sévère. Dans l'étude de l'Utah, les personnes atteintes d'un trouble médical identifié avaient un QI moyen de 43, celui-ci était de 60 chez ceux sans troubles associés. Dans les autres études, aucune conclusion n'a pu être tirée à ce propos, soit parce que le nombre de personnes concernées était trop petit, soit que les détails pertinents ne paraissaient pas dans la publication. De plus, le peu de filles incluses, ainsi que le manque d'informations pertinentes ont rendue impossible une conclusion sur la prévision possible d'un risque plus ou moins élevé de TPMLA selon le sexe.

LES TROUBLES APPARENTÉS DONT LE SYNDROME D'ASPERGER

Trois des quatre études de population qui ont examiné les troubles médicaux associés chez les personnes atteintes de troubles apparentés (« autisme atypique ») n'ont pas pu mettre en évidence une différence nette de la prévalence de troubles médicaux associés entre le groupe d'autisme atypique et l'autisme typique de Kanner. Néanmoins, dans l'étude du Dakota du Nord, le taux de troubles médicaux associés était plus élevé dans le groupe atteint d'autisme atypique.

À ce jour, il n'existe qu'une étude de population sur le syndrome d'Asperger. Le taux de troubles médicaux associés était bas dans cette étude (S. Ehlers, communication personnelle). Néanmoins, le nombre de cas étudiés était très restreint. Des publications sur des études de cas cliniques semblent indiquer que certains cas de syndrome d'Asperger seraient associés à des syndromes médicaux (Gillberg, 1989 ; Jones et Kerwin, 1990 ; Rickarby *et al.*, 1991 ; Gillberg *et al.*, 1992). On peut citer avec intérêt ici l'étude de Rickarby *et al.* (1991) qui ont trouvé parmi un groupe de 12 garçons australiens un individu dont le diagnostic de sclérose tubéreuse par scanner a été fait quelques années après l'apparition d'un syndrome d'Asperger. Les études futures sur cette affection doivent continuer à prendre en compte la possibilité d'un sous-groupe de jeunes atteints du syndrome d'Asperger présentant un trouble médical sous-jacent qu'il faut diagnostiquer en plus des signes comportementaux. Dans une étude récente sur 100 cas de garçons atteints de syndrome d'Asperger, 17 % présentaient un TPMLA (Cederlund et Gillberg, 2004).

LE TAUX D'AUTISME CHEZ LES POPULATIONS ATTEINTES DE TROUBLES MÉDICAUX

À notre connaissance, le taux d'autisme dans les études de population sur les troubles médicaux associés à l'autisme ou à des troubles apparentés n'a été examiné précisément que dans trois pathologies : la sclérose tubéreuse, l'hydrocéphalie congénitale et l'épilepsie.

Dans deux études de population sur la sclérose tubéreuse, le taux d'autisme a été examiné. Hunt et Shepard (1993) dans une étude sur les enfants de 3 à 11 ans dans l'ouest de l'Écosse ont trouvé une prévalence de 43 % (24 % atteints d'autisme typique et 19 % d'autisme atypique). Gillberg *et al.* (1994) ont trouvé un taux de 61 % parmi une population globale de personnes de 2 à 20 ans atteintes de sclérose tubéreuse dans l'ouest de la Suède. Les deux études suggèrent que la sclérose tubéreuse pourrait concerner environ 5 % de l'ensemble des jeunes atteints d'autisme. Certains enfants atteints de sclérose tubéreuse et d'autisme classique (selon les critères de Kanner, Rutter, le DSM-III, le DSM-III-R et le CIM 10) dans l'étude suédoise avaient échappé aux dépistages de l'autisme conduits dans cette région pendant la même période. L'explication de ce fait chez les jeunes atteints de sclérose tubéreuse et d'autisme est que dans ce cas les professionnels – médecins, psychologues et enseignants – ont considéré l'affection physique comme primaire et n'ont pas considéré que le syndrome comportemental associé méritait d'être signalé dans une étude sur la prévalence de l'autisme. Ces résultats suggèrent que, à la fois dans les études épidémiologiques et dans les centres de référence secondaire ou tertiaire de l'autisme, le nombre de cas de troubles médicaux associés pourrait être sous-évalué. Dans l'étude de population de Lotter (1967), on a rapporté un état de mal épileptique chez un garçon de 8 ans (sa « première grosse crise »). Lors de l'étude de suivi (Lotter 1974), ce garçon était décédé (de pneumonie, à l'âge de 10 ans), et l'autopsie avait mis en évidence une sclérose tubéreuse. Cette pathologie n'a pas été évoquée durant la vie du garçon. Aujourd'hui, l'imagerie cérébrale aurait sûrement contribué à l'établissement de ce diagnostic bien plus tôt si le comportement autistique du garçon avait mené vers des explorations complètes comprenant la neuro-imagerie.

Dans une étude de population sur l'hydrocéphalie infantile, des comportements autistiques ont été assez fréquemment cités (Fernell *et al.*, 1991). Encore, dans de nombreux cas, avant le dépistage systématique des tels symptômes, les pédiatres qui suivaient ces enfants ne les avaient pas signalés.

Dans une étude de population sur les enfants atteints d'épilepsie et de troubles de l'apprentissage, 24 % présentaient un autisme infantile ou un trouble autistique (Steffenburg *et al.*, 2003).

Witt-Engerström et Gillberg ont étudié le syndrome de Rett en Suède. De tous les cas connus en 1986, 38 % avaient été diagnostiqués comme autistes, et un contingent supplémentaire de 40 % comme ayant des symptômes autistiques, selon les dossiers pédiatriques. Néanmoins, aucune étude systématique des symptômes autistiques ou du syndrome autistique n'a été menée. L'étude ne cherchait pas à démontrer que l'autisme survient chez 38 % des filles atteintes du syndrome de Rett, mais elle a bien mis en évidence le fait qu'avant que le syndrome de Rett ne soit bien connu comme maladie pédiatrique spécifique un diagnostic clinique d'autisme a parfois été posé.

Discussion et conclusion

Le taux des troubles médicaux spécifiques et/ou des affections organiques associés à l'autisme a varié de 11-12 % dans les études de population où des explorations neurologiques et médicales complètes n'ont pas été faites (Gillberg, 1984 ; Ritvo *et al.*, 1990) à 37 % dans les études comprenant ces explorations (Steffenburg, 1991). Dans cette dernière étude, un trouble médical associé n'aurait été mis en évidence que chez 17 % si ces explorations neuropsychiatriques étendues n'avaient pas été menées. Ainsi, il semble que plus les explorations médicales sont importantes, plus les troubles associés mis en évidence sont nombreux. Certains auteurs (par ex. Bailey, 1993 ; Rutter *et al.*, 1994) semblent croire qu'il est possible de comparer les taux des troubles médicaux associés sans tenir compte de la représentativité de la population étudiée ni de l'étendue des explorations effectuées. Puisque presque toutes les études sur l'autisme (souvent sur des groupes recrutés dans des cliniques spécialisées ou d'autres groupes de patients orientés vers des centres de référence plutôt que dans une population d'ensemble régionale) ont compris assez peu d'explorations médicales (un examen physique, des analyses chromosomiques, de sang et d'urine au plus), on a conclu que les troubles médicaux associés, bien qu'apparents chez une proportion non négligeable de cas d'autisme, sont relativement rares (environ 10 à 12 % des cas selon Rutter *et al.*, 1994). Néanmoins, parmi les travaux publiés, la seule étude d'un échantillon basé sur l'ensemble d'une population, où des explorations médicales, biochimiques et neurologiques étendues ont été menées chez les personnes atteintes d'autisme, est celle de Steffenburg (1991). L'étude de Wing et Gould (1979) a probablement été la seconde assez complète sur cet aspect, et le taux de troubles médicaux potentiellement liés à l'autisme était presque identique. Donc, tant que d'autres échantillons basés sur l'ensemble d'une population n'ont pas été assujettis à des examens médicaux complets (ce qui ne signifie pas simplement une batterie de tests de sang et d'urine plus étendus), la proportion des cas de troubles médicaux associée restera une question ouverte.

En excluant les études scandinaves de Gillberg (1984), Steffenburg (1991) et Sponheim et Skjeldal (1998) de l'analyse, les cinq études de population restantes (d'Angleterre, de France et d'Amérique du Nord) qui ont rapporté des troubles médicaux associés ont trouvé que le taux moyen de ces troubles et/ou d'affections organiques était de 24,4 %. En incluant les études scandinaves le taux est légèrement plus bas. Ainsi, il semble qu'au moins une personne autiste sur cinq, ou sur quatre, présente un trouble médical associé (comme le syndrome de l'X fragile ou la sclérose tubéreuse) potentiellement ou probablement lié à la symptomatologie autistique.

Les différences entre les critères diagnostiques utilisés n'expliquent pas l'écart entre les taux des TMPLA rapportés dans les différentes études. Par exemple, Wing et Gould (1979) utilisant les critères de Kanner ont trouvé un taux très proche de celui de l'étude de Steffenburg (1991) où les critères du DSM-III et de Rutter ont été appliqués. Néanmoins, il reste possible que l'interprétation personnelle des critères diagnostiques utilisés dans chaque étude ait affecté les résultats.

Le taux moyen des troubles médicaux potentiellement liés à l'autisme était assez semblable chez les personnes atteintes d'autisme atypique dans les quatre études pertinentes. Néanmoins dans l'étude du Dakota du Nord une tendance nette à une prévalence plus élevée dans ce groupe a été relevée. Certaines études ont démontré une tendance à une élévation du taux des troubles médicaux potentiellement liés à des taux de QI plus bas. Cependant, même dans une étude récemment publiée sur 100 cas de syndrome d'Asperger (Cederlund et Gillberg, 2004) dont le QI se situait presque toujours au-dessus du seuil du retard mental, plus de 15 % présentaient un trouble médical associé. La présente revue n'a pas permis de déterminer si le sexe de l'enfant atteint d'autisme ou de troubles apparentés avait une incidence sur le taux des troubles médicaux associés.

Certains auteurs ont avancé qu'un échantillon de personnes orientées vers une clinique spécialisée présenterait plus de troubles médicaux associés qu'un échantillon basé sur une population générale, un biais généré par le principe souvent cité selon lequel « l'orientation vers un spécialiste se fait plus souvent lorsqu'il y a deux troubles que lorsqu'il n'y en a qu'un seul ». Mais il est intéressant de noter qu'il semble qu'un « échantillon orienté vers un centre de référence de l'autisme » (ou sélectionné autrement) présenterait des taux plus bas de troubles médicaux concomitants qu'un échantillon basé sur une population régionale (voir plus haut le paragraphe sur l'autisme). Plusieurs explications sont possibles : par exemple, si un neuropédiatre pose un diagnostic précoce d'un trouble médical comme la sclérose tubéreuse chez un enfant atteint d'autisme, il est très probable que le diagnostic médical prime et que l'enfant ne soit pas orienté vers une exploration (ou prise en charge) des symptômes autistiques puisqu'un diagnostic clair a déjà été fait. Néanmoins, les seuls résultats publiés à ce jour (Gillberg, 1992) où les taux de troubles médicaux associés ont été comparés entre des échantillons basés sur une population totale ou orientée vers un service spécialisé indiquent que les différences de prévalence relevées seraient assez peu importantes.

Peu importe si le taux de troubles médicaux associés est de 11 %, 24 % ou de 37 %, il est clair qu'un examen médical complet reste nécessaire. Plusieurs troubles médicaux dont l'association possible avec l'autisme est maintenant connue ne peuvent être diagnostiqués qu'en effectuant un examen médical étendu, comprenant un examen physique méticuleux (surtout dans le cas des troubles neurocutanés), de l'imagerie cérébrale (parce que certains cas de sclérose tubéreuse ne seraient pas dépistés sans cet examen), une analyse chromosomique et une analyse génétique (pour repérer des aberrations du nombre ou de la structure des chromosomes, le syndrome de l'X fragile et certaines anomalies génétiques), un EEG (pour mettre en évidence une épilepsie subclinique), des tests de sang et d'urine (pour les troubles métaboliques) et l'examen du liquide céphalo-rachidien (pour l'encéphalite et les encéphalopathies évolutives), ainsi qu'une exploration soignée des systèmes visuel (comprenant un fond de l'œil) et auditif.

Les opinions sur l'innocuité et la justification des ponctions lombaires et de l'imagerie cérébrale varient d'un pays à l'autre. Tout examen invasif nécessite l'intervention de cliniciens et de techniciens expérimentés habitués au travail avec des enfants atteints de handicaps, dont l'autisme, afin de minimiser l'angoisse. Même si le bien-être des personnes atteintes d'autisme et de leurs familles doit toujours être la considération prioritaire, les résultats d'explorations médicales complètes sont importants pour la compréhension des bases des affections autistiques à la fois dans la recherche et dans la pratique clinique. L'épilepsie subclinique, par exemple, peut nécessiter des interventions spécifiques.

Même si aucun traitement efficace n'existe aujourd'hui pour de nombreuses affections considérées comme des TMPLA, il est important que les familles soient informées pour des raisons à la fois psychologiques et pratiques. Par exemple, un conseil génétique (et parfois métabolique) approprié est nécessaire pour certains troubles spécifiques génétiquement transmissibles.

Références

AHLSEN G., GILLBERG I. C., LINDBLOM R. et GILLBERG C. (1994) Tuberous sclerosis in Western Sweden. A population study of cases with early childhood onset. *Archives of Neurology*, 51 : 76-81.

AKEFELDT A. et GILLBERG C. (1991) Hypomelanosis of Ito in three cases with autism and autistic-like conditions. *Developmental Medicine and Child Neurology*, 33 : 737-43.

AITKEN K. (1991a) Diagnostic issues in autism : are we measuring the emperor for another suit of clothes ? *Developmental Medicine and Child Neurology*, 33 : 1015-1020 (Annotation).

AITKEN K. (1991b) Examining the evidence for a common structural basis to autism. *Developmental Medicine and Child Neurology*, 33 : 930-398.

AMERICAN PSYCHIATRIC ASSOCIATION (1980) *Diagnostic and Statistical Manual of Mental Disorders. Third Edition (DSM-III)* Washington, DC : American Psychiatric Press.

BAILEY A. J. (1993) The biology of autism. Editorial. *Psychological Medicine*, 23 : 7-11.

BAILEY A., BOLTON P., BUDER L., LE COUTEUR A., MURPHY M., SCOTT S., WEBB T. et RUTTER M. (1993) Prevalence of the Fragile X anomaly amongst autistic twins and singletons. *Journal of Child Psychology and Psychiatry*, 34 : 673-688.

BILLSTEDT E., GILLBERG I. C. et GILLBERG C. (2004) Autism after adolescence population-based 13-22-year follow-up study of 118 individuals with autism diagnosed in childhood. *Journal of Autism and Developmental Disorders*, sous presse.

BOHMAN M., BOHMAN I. L., BJÖRK P. et SJÖHOLM E. (1983) Childhood psychosis in a northem Swedish county : some preliminary findings from an epidemiological survey. *In Epidemiological Approaches in Child Psychiatry* (Schmidt M. H. et Remschmidt H. eds), p. 164-173. Stuttgart : Georg Thieme.

BOLTON P. et RUTTER M. (1990) Genetic influences in autism. *International Review of Psychiatry*, 2 : 67-80.

BRASK B. H. (1972) A prevalence investigation of childhood psychosis. Paper presented at the Nordic Symposium on the Comprehensive Care of Psychotic Children, Oslo, Norway.

BRYSON S. E., CLARK B. S. et SMITH I. M. (1988) First report of a Canadian epidemiological study of autistic syndromes. *Journal of Child Psychology and Psychiatry*, 29 : 433-445.

BURD L., FISHER W. et KERBESHIAN J. (1987) A prevalence study of pervasive developmental disorders in North Dakota. *Journal of the American Academy of Child and Adolescent Psychiatry*, 26 : 704-710.

CEDERLUND M. et GILLBERG C. (2004) One hundred boys with Asperger Syndrome. A clinical study of background and associated factors. *Developmental Medicine and Child Neurology*, 46 : 652-660.

CHESS S., KORN S. J. et FERNANDEZ P. B. (1971) *Psychiatric Disorders of Children with Congenital Rubella*. New York : Brunner/Mazel.

CIALDELLA P. et MAMELLE N. (1989) An epidemiological study of infantile autism in a French department (Rhone) : A research note. *Journal of Child Psychology and Psychiatry*, 30 : 165-175.

COLEMAN M. et BLASS J. P. (1985) Autism and lactic acidosis. *Journal of Autism and Developmental Disorders*, 15 : 1-8.

COLEMAN M. et GILLBERG C. (1985) *The Biology of the Autistic Syndromes*. New York : Praeger.

CRITCHLEY M. et EARL C. J. C. (1932) Tuberose sclerose and allied conditions. *Brain*, 55 : 311-346.

ELLEFSEN A., BACKMAN H., BILLSTEDT E. et GILLBERG C. (2004) Autism in the Faroe Islands. An epidemiological study. In progress.

FERNELL E., GILLBERG C. et VON WENDT L. (1991) Behavioural problems in children with infantile hydrocephalus. *Developmental Medicine and Child Neurology*, 33 : 388-395.

FERNELL E., OLSSON V. A., KARLGREN-LEITNER C., NORLIN B., HAGBERG B. et GILLBERG C. (1999) Autistic disorders in children with CHARGE association. *Developmental Medicine and Child Neurology*, 41 : 270-2.

FISHER W., BURD L. et KERBESHIAN J. (1987) Comparisons of DSM-III defined pervasive developmental disorders in North Dakota children. *Journal of the American Academy of Child and Adolescent Psychiatry*, 26 : 704-709.

FOLSTEIN S. et RUTTER M. (1977) Infantile autism : A genetic study of 21 twin pairs. *Journal of Child Psychology and Psychiatry*, 18 : 297-321.

FOLSTEIN S. E. et ROSEN-SHEIDLEY B. (2001) Genetics of autism : complex aetiology for a heterogeneous disorder. *Nature Genetics Reviews*, 2 : 943-955.

FRIEDMAN E. (1969) The autistic syndrome and phenylketonuria. *Schizophrenia* 1 : 249-61.

GILLBERG C. (1984) Infantile autism and other childhood psychoses in a Swedish urban region. Epidemiological aspects. *Journal of Child Psychology and Psychiatry*, 25 : 35-43.

GILLBERG C. (1986) Brief report : Onset at age 14 of a typical autistic syndrome. A case report of a girl with herpes simplex encephalitis. *Journal of Autism and Developmental Disorders*, 16 : 369-375.

GILLBERG C. (1989) Asperger syndrome in 23 Swedish children. *Developmental Medicine and Child Neurology*, 31 : 520-531.

GILLBERG C. (1991) The treatment of epilepsy in autism. *Journal of Autism and Developmental Disorders*, 21 : 61-77.

GILLBERG C. (1992) The Emanuel Miller Memorial Lecture 1991. Autism and autistic-like conditions : subclasses among disorders of empathy. *Journal of Child Psychology and Psychiatry*, 33 : 813-842.

GILLBERG C. (1999) Neurodevelopmental processes and psychological functioning in autism. *Development and Psychopathology*, 11 : 567-587.

GILLBERG, C. et FORSELL, C. (1984) Childhood psychosis and neurofibromatosis – more than a coincidence ? *Journal of Autism and Developmental Disorders*, 14 : 1-8.

GILLBERG C. et STEFFENBURG S. (1987) Outcome and prognostic factors in infantile autism and similar conditions : a population-based study of 46 cases followed through puberty. *Journal of Autism and Developmental Disorders*, 17 : 273-287.

GILLBERG C. et COLEMAN M. (1992) *The Biology of the Autistic Syndromes*, 2nd edition. Clinics in Developmental Medicine, No. 126. London : Mac Keith Press.

GILLBERG C. et COLEMAN M. (1996) Autism and medical disorders. A review of the literature. *Developmental Medicine and Child Neurology*, 38 : 191-202.

GILLBERG C. et COLEMAN M. (2000) *The Biology of the Autistic Syndromes*. London : Cambridge University Press.

GILLBERG C., STEFFENBURG S. et SCHAUMANN H. (1991a) Is autism more common now than 10 years ago ? *British Journal of Psychiatry*, 158 : 403-409.

GILLBERG C., STEFFENBURG S., WAHLSTROM J., GILLBERG I. C., SJOSTEDt A., MARTINSSON T. *et al.* (1991b) Autism associated with marker chromosome. *Journal of the American Academy of Child and Adolescent Psychiatry*, 30 : 489-94.

GILLBERG I. C., GILLBERG C. et KOPP S. (1992) Hypothyroidism and autism spectrum disorders. *Journal of Child Psychology and Psychiatry*, 33 : 531-542.

GILLBERG I. C., GILLBERG C. et AHLSEN G. (1994) Autistic behaviour and attention deficits in tuberous sclerosis : a population-based study. *Developmental Medicine and Child Neurology*, 36 : 50-56.

GREEN J. S., PARFREY P. S., HARNETT J. D., FARID N. R., CRAMER, B. C., JOHNSON G., HEATH O., MCMANAMON P. I., O'LEARY E. et PRYSE-PHILLIPS W. (1989) The cardinal manifestations of Bardet-Biedl syndrome, a form of Laurence-Moon-Biedl syndrome. *New England Journal of Medicine*, 321 : 1002-1009.

HAGERMAN R. J. (1989) Chromosomes, genes and autism. In *Diagnosis and Treatment of Autism* (Gillberg C. ed.), p. 105-32. New York : Plenum Press.

HUNT A. et SHEPHERD C. (1993) A prevalence study of autism in tuberous sclerosis. *Journal of Autism and Developmental Disorders*, 23 : 323-239.

HUNT A. et DENNIS J. (1987) Psychiatric disorder among children with tuberous sclerosis. *Developmental Medicine and Child Neurology*, 29 : 190-198.

INTERNATIONAL MOLECULAR GENETIC STUDY OF AUTISM CONSORTIUM (1998) A full genome screen for autism with evidence for linkage to a region on chromosome 7q. *Human Molecular Genetics*, 7 : 571-578.

JAMAIN S., QUACH H., BETANCUR C., RASTAM M., COLINEAUX C., GILLBERG I. C., SODERSTROM H., GIROS B., LEBOYER M., GILLBERG C. et BOURGERON T. (2003) Mutations of the X-linked genes encoding neuroligins NLGN3 and NLGN4 are associated with autism. *Nature Genetics*, 34 : 27-29.

JONES P. B. et KERWIN R. W. (1990) Left temporal lobe damage in Asperger's syndrome. *British Journal of Psychiatry*, 156 : 570-571.

KANNER L. (1949) Problems of nosology and psychodynamics of early infantile autism. *American Journal of Orthopsychiatry*, 19 : 416-426.

KOMOTO J., UDSUI S., OTSUKI S. et TERAO A. (1984) Infantile autism and Duchenne muscular dystrophy. *Journal of Autism and Developmental Disorders*, 14 : 191-5.

LOTTER V. (1967) *The Prevalence of the Autistic Syndrome in Children*. Londres : University of London Press.

LOTTER V. (1974) Factors related to outcome in autistic children. *Journal of Autism and Childhood Schizophrenia*, 4 : 263-277.

MASON-BROTHERS A., RITVO E. R., FREEMAN B. J., JORDE L. B., PINGREE C. C., MCMAHON W. M., JENSON W. R., PETERSEN P. B. et MO A. (1993) *The UCLA-University of Utah Epidemiologic Survey of Autism* : recurrent.

NIKLASSON L., RASMUSSEN P., OSKARSDOTTIR S. et GILLBERG C. (2002) Chromosome 22q11 deletion syndrome (CATCH 22) : neuropsychiatric and neuropsychological aspects. *Developmental Medicine and Child Neurology*, 44 : 44-50.

OLSSON I., STEFFENBURG S. et GILLBERG C. (1988) Epilepsy in autism and autisticlike conditions. A population-based study. *Archives of Neurology*, 45 : 666-668.

ORNITZ E. M., GUTHRIE D. et FARLEY A. J. (1977) The early development of autistic children. *Journal of Autism and Childhood Schizophrenia*, 7 : 207-29.

PHILIPPE A., MARTINEZ M., GUILLOUD-BATAILLE M., GILLBERG C., RASTAM M., SPONHEIM E., COLEMAN M., ZAPPELLA M., ASCHAUER H., VAN MALDERGEM L., PENET C., FEINGOLD J., BRICE A., LEBOYER M. et VAN MALLDERGERME L. (1999) Genome-wide scan for autism susceptibility genes. Paris Autism Research International Sibpair Study. *Human Molecular Genetics*, 8 : 805-812.

POSSERUD M. B., LUNDERVOLD A. et GILLBERG C. (2004) Autism symptoms in the Bergen Child Study assessed by the Autism Spectrum Screening Questionnaire. *Journal of Child Psychology and Psychiatry*, soumis.

REISS A. L., FEINSTEIN C., ROSENBAUM K. N., BORENGASSER-CARUSO M. A. et GOLDSMITH B. M. (1985) Autism associated with Williams syndrome. *Journal of Paediatrics*, 106 : 247-9.

RICKARBY G., CARRUTHERS A. et MITCHELL M. (1991) Brief report : biological factors associated with Asperger syndrome. *Journal of Autism and Developmental Disorders*, 21 : 341-348.

RITVO E. R., FREEMAN B. J., PINGREE C., MASON-BROTHERS A., JORDE L. B., JENSEN W. R., MCMAHON W. M., PETERSEN P. B., MO A. et RITVO A. (1990) The UCLA-University of Utah epidemiologic survey of autism : prevalence. *American Journal of Psychiatry*, 146 : 194-199.

RUTTER M. (1978) Diagnosis and Definition. *In Autism. A Reappraisal of Concepts and Treatment* (Rutter M. & Schopler E. eds), p. 1-25. New York : Plenum Press.

RUTTER M. et QUINTON D. (1984) Parental psychiatric disorder : effects on children. *Psychological Medicine*, 14 : 853-880.

RUTTER M., GRAHAM P. et YULE W. (1970) *À Neuropsychiatric Study in Childhood* London : S.I.M.P./William Heinemann Medical Books Ltd.

RUTTER M., BAILEY A., BOLTON P. et LE COUTEUR A. (1994) Autism and known medical conditions : myth and substance. *Journal of Child Psychology and Psychiatry*, 35 : 311-322.

SPONHEIM E. et SKJELDAL O. (1998) Autism and related disorders : epidemiological findings in a Norwegian study using ICD-10 diagnostic criteria. *Journal of Autism and Developmental Disorders*, 28 : 217-227.

STEFFENBURG S. (1991) Neuropsychiatric assessment of children with autism : a population-based study. *Developmental Medicine and Child Neurology*, 33 : 495-511.

STEFFENBURG S. et GILLBERG C. (1986) Autism and autistic-like conditions in Swedish rural and urban areas : a population study. *British Journal of Psychiatry*, 149 : 81-87.

STEFFENBURG S., STEFFENBURG U. et GILLBERG C. (2003) Autism spectrum disorders in children with active epilepsy and learning disability : comorbidity, pre- and perinatal background, and seizure characteristics. *Developmental Medicine and Child Neurology*, 45 : 724-730.

STEFFENBURG S., GILLBERG C., STEFFENBURG U. et KYLLERMAN M. (1996) Autism in Angelman syndrome : a population-based study. *Pediatric Neurology*, 14 : 131-136.

STUBBS E. G. (1978) Autistic symptoms in a child with congenital cytomegalovirus infection. *Journal of Autism and Childhood Schizophrenia*, 8 : 37-43.

UDWIN O. WEBBER C. et HORN I. (2001) Abilities and attainment in Smith-Magenis syndrome. *Developmental Medicine and Child Neurology*, 43 : 823-8.

WING L. (1993) The definition and prevalence of autism : A review. *European Child and Adolescent Psychiatry*, 2 : 61-74.

WING L. et GOULD J. (1979) Severe impairments of social interaction and associated abnormalities in children : epidemiology and classification. *Journal of Autism and Developmental Disorders*, 9 : 11-29.

WITT-ENGERSTRÖM I. et GILLBERG C. (1987) Rett syndrome in Sweden. *Journal of Autism and Developmental Disorders*, 17 : 149-150.

Imagerie cérébrale et autisme infantile

Par Mônica Zilbovicius

L'autisme infantile est la forme la plus sévère, globale et précoce des troubles du développement de l'enfant. L'autisme est considéré par la communauté scientifique comme la conséquence d'un dysfonctionnement cérébral, dont on ignore encore les causes et aussi les structures cérébrales impliquées. Le développement des techniques d'imagerie cérébrale fonctionnelle a ouvert une nouvelle perspective dans ce domaine. Les études classiques en imagerie anatomique (IRM) n'ont pas permis la mise en évidence d'anomalies cérébrales liées de façon spécifique à l'autisme. Cependant, très récemment, une nouvelle méthode d'analyse statistique des images IRM a permis de mettre en évidence, chez des enfants autistes, une diminution bilatérale de la substance grise localisée dans la région temporale supérieure. Chez l'adulte, les études d'activation ont montré que les sujets autistes activaient, lors de tâches spécifiques, des réseaux corticaux différents des sujets contrôles. Ces réseaux relient notamment le cortex frontal et temporal, l'amygdale et l'hippocampe. Chez l'enfant autiste, deux études indépendantes ont mis en évidence une diminution bilatérale au repos du débit sanguin cérébral au niveau des régions temporales supérieures. Ainsi, les résultats récents en imagerie cérébrale suggèrent que l'autisme s'accompagne d'anomalies fonctionnelles et anatomiques des régions cérébrales qui sont très impliquées dans la perception, la reconnaissance, l'interaction et la compréhension d'autrui.

Introduction

L'autisme est un trouble précoce, global et sévère du développement de l'enfant qui altère l'ensemble des capacités permettant d'établir les rapports entre l'être humain et son environnement. Le développement de la communication par la parole, mais aussi par les gestes, est très perturbé. On observe un isolement social, des difficultés dans l'interaction avec les autres personnes, une diminution des activités spontanées, l'absence des jeux imaginatifs et des troubles du langage. Depuis sa description clinique par Leo Kanner en 1943, l'autisme a suscité de nombreux débats dans les mondes médicaux et scientifiques car il associe des déficits comportementaux et cognitifs sévères à une absence d'anomalies flagrantes au niveau morphologique et cérébral. Ainsi, la recherche en imagerie cérébrale actuelle sur l'autisme vise d'une part à identifier les structures cérébrales qui soustendrait ce trouble grave du développement et d'autre part à caractériser les anomalies impliquées dans ce syndrome. Ces anomalies sont probablement très subtiles car elles n'ont pas encore été caractérisées avec certitude, mais de nouveaux espoirs s'ouvrent grâce aux progrès de l'imagerie cérébrale qui révolutionnent actuellement l'étude du fonctionnement normal et pathologique du cerveau. Différentes méthodes d'imagerie cérébrale sont utilisées afin de mieux comprendre le fonctionnement du cerveau des enfants autistes et afin de détecter d'éventuelles anomalies. C'est dans l'espoir de mieux soigner les enfants, à terme, en reconnaissant plus précocement leurs troubles.

Depuis plus de quinze ans, des études ont été réalisées en utilisant l'imagerie cérébrale dans le cadre de la recherche sur l'autisme. Les premiers résultats ont été décevants, souvent négatifs ou non reproductibles. Il a fallu attendre les méthodes d'imagerie à haute résolution pour obtenir des résultats plus fiables. Ainsi, des données très récentes suggèrent que l'autisme infantile s'accompagne d'anomalies cérébrales fonctionnelles et anatomiques localisées particulièrement dans les régions temporales.

Les méthodes d'imagerie cérébrale

Les études actuelles sont réalisées à l'aide des trois méthodes : l'imagerie fonctionnelle au repos, l'imagerie fonctionnelle en activation et l'imagerie anatomique. Le terme imagerie fonctionnelle est utilisé pour désigner les méthodes d'imagerie qui fournissent, par leur nature, des informations sur le fonctionnement du cerveau. L'imagerie fonctionnelle peut être utilisée afin d'étudier le fonctionnement du cerveau au repos (en absence d'activité spécifique du sujet) ou en activation, lors du traitement d'une information sensorielle ou de la réalisation d'une tâche motrice ou cognitive. Les études au repos sont réalisées avec la tomographie par émission de positons (TEP) qui fournit des images tomographiques quantifiées de la distribution d'un traceur dans le cerveau. Il est ainsi possible de mesurer des paramètres aussi divers que le débit sanguin cérébral (DSC) et la consommation du glucose qui reflètent le métabolisme énergétique cérébral. Les études en activation sont réalisées soit avec la TEP, soit, plus récemment, avec l'IRM fonctionnelle. L'IRM fonctionnelle est fondée sur la détection des variations locales de l'oxygénation du sang. Elle permet de réaliser des études d'activation reproductibles et sans injection de radiotraceurs. Ces techniques ont permis un progrès important dans la connaissance du fonctionnement normal du cerveau. Les résultats obtenus confirment l'extraordinaire spécialisation des régions cérébrales.

Enfin, l'IRM anatomique permet de réaliser des mesures quantifiées de l'anatomie cérébrale. Ces différentes méthodes ont permis des avancées significatives dans la compréhension des pathologies neurologiques de l'adulte, aussi bien au niveau du diagnostic qu'au niveau de l'évaluation des nouvelles stratégies thérapeutiques (par exemple dans la démence d'Alzheimer, le Parkinson, la maladie de Huntington et dans les pathologies vasculaires). Il est envisageable qu'une contribution similaire puisse parvenir chez l'enfant.

Les principaux résultats dans l'autisme

L'IMAGERIE FONCTIONNELLE AU REPOS – LA TEP

Les premières études fonctionnelles au repos réalisées au cours des années 1980 et 1990, utilisant des caméras à faible résolution spatiale, n'avaient mis en évidence aucune anomalie focale significative dans l'autisme infantile primaire.

Plus récemment, en utilisant une caméra TEP à haute résolution spatiale (quelques millimètres) associée à une méthode d'analyse statistique des images (SPM), nous avons montré l'existence d'une anomalie cérébrale fonctionnelle chez des enfants autistes en âge scolaire (5 à 12 ans). Il s'agit d'une diminution bilatérale du débit sanguin cérébral localisée au niveau des lobes temporaux. Cette anomalie est centrée plus précisément dans la partie supérieure des lobes temporaux, au niveau du gyrus temporal supérieur (GTS) et du sillon temporal supérieur (STS). Cette diminution du débit sanguin cérébral témoigne d'une moindre activité des synapses, donc d'un dysfonctionnement localisé de ces régions dans l'autisme (Zilbovicius *et al.*, 2000). La figure 1 illustre cette anomalie.

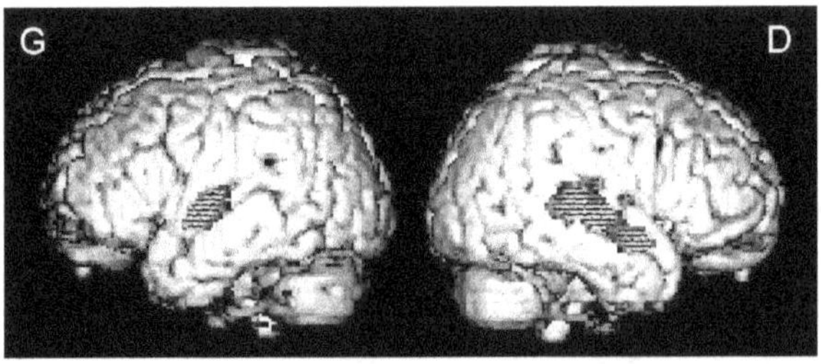

Figure 1 : TEP – Diminution du débit sanguin cérébral dans les régions temporales supérieures chez 32 enfants autistes.

Ces résultats ont été confirmés par une récente étude japonaise réalisée par Ohnishi et coll. qui ont mis en évidence dans un groupe d'enfants autistes des anomalies très similaires à celles qui nous avons observées, localisées presque exactement dans les mêmes régions cérébrales (Ohnishi *et al.*, 2000).

Nous avons également pu réaliser une l'analyse individuelle des images TEP afin de caractériser cette anomalie chez chaque enfant autiste. Elle a été suffisamment sensible pour détecter ce dysfonctionnement des régions temporales chez près de 8 autistes sur 10 (Zilbovicius *et al.*, 2000).

Notons que le sillon temporal supérieur est une région cérébrale qui a été très récemment impliquée dans ce qu'on appelle la « perception sociale » (Allison *et al.*, 2000). La perception sociale se réfère aux traitements des informations sensorielles nécessaires à une analyse précise des dispositions et des intentions des autres individus, par exemple le regard et l'expression faciale. Ainsi, une anomalie de cette région serait pertinente avec les difficultés relationnelles observées chez l'enfant autiste. En outre, plusieurs travaux récents suggèrent que des anomalies bitemporales sont associées à l'apparition de symptômes autistiques (autisme secondaire) au cours de maladies neurologiques connues, telles que l'épilepsie et l'encéphalopathie herpétique.

L'IMAGERIE ANATOMIQUE DU CERVEAU – L'IRM

Les études anatomiques dans l'autisme visent à mettre en évidence des anomalies structurelles cérébrales à l'aide de la morphométrie en IRM.

Les premières études anatomiques en IRM dans le domaine de l'autisme datent de la fin des années 1980, et depuis plus de 200 études ont été publiées. Cependant, une révision en détail de ces études montre une série des résultats qui ne sont pas reproductibles.

Le cervelet a été une des structures le plus étudiée. Ainsi, à la fin des années 1980, une équipe américaine a mis en évidence une hypoplasie des lobules VI et VII du vermis chez les sujets autistes (Courchesne *et al.*, 1988). Ces résultats ont eu un impact important et ont amené d'autres équipes à étudier cette question. Cependant, cette hypoplasie n'a pas été confirmée dans beaucoup d'études. Par ailleurs, le lien entre le syndrome autistique et l'anomalie cérébelleuse reste à établir, d'autant que cette dernière n'est pas spécifique de l'autisme. En effet, des anomalies cérébelleuses ont été décrites dans d'autres pathologies du développement de l'enfant également associées à un retard mental, telles que le syndrome de Rett et le syndrome de Down. De plus, des anomalies cérébelleuses similaires en IRM ont été observées chez des enfants non autistes présentant un retard mental non spécifique.

D'autres structures cérébrales n'ont pas encore fait l'objet d'études aussi systématiques que le cervelet. À propos de l'hippocampe et de l'amygdale, impliqués dans les processus mnésiques et affectifs, les résultats sont très contradictoires. Des études révèlent soit des augmentations de volume, soit des diminutions de volume ou encore une absence d'anomalie de ces structures dans l'autisme.

À l'heure actuelle, les résultats les plus convergents sont ceux en rapport avec le volume total du cerveau. En effet, plusieurs études ont montré une augmentation du volume total du cerveau chez l'enfant autiste. Cette augmentation du volume global témoignerait d'une anomalie de la courbe de croissance cérébrale dans l'autisme.

La possibilité de réaliser une morphométrie en tout point du cerveau après une segmentation automatique entre la substance grise et la substance blanche a ouvert une nouvelle voie dans la recherche des anomalies structurales subtiles. Ainsi, très récemment, notre équipe, en utilisant cette nouvelle méthodologie de traitement des images IRM anatomiques, a mis en évidence une diminution bilatérale de la substance grise localisée dans la région temporale supérieure chez 21 enfants autistes d'âge scolaire (Boddaert *et al.*, 2004). La localisation de cette anomalie structurelle coïncide avec celle des anomalies fonctionnelles observées en TEP et en SPECT (figure 2).

LE CERVEAU EN ACTION – LES ÉTUDES EN ACTIVATION

Les études d'activation cérébrale sont réalisées en TEP ou en imagerie par résonance magnétique fonctionnelle (IRMf), et étudient soit les modifications du débit sanguin cérébral, soit celles du taux d'oxygénation du sang, reflétant les variations de l'activité synaptique pendant la réalisation d'une tâche sensorielle, motrice ou cognitive.

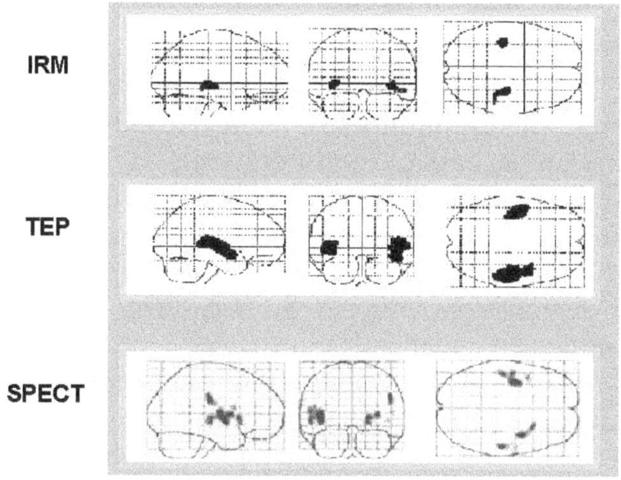

Figure 2 : Anomalies temporales et autisme.
(Orishi *et al.*, 2000)

Dans la recherche sur l'autisme, deux types principaux de paradigmes ont été utilisés : soit un paradigme utilisant des stimuli auditifs, soit un paradigme utilisant des stimuli impliquant la perception sociale (traitement des visages, et tâches plus complexes de « théorie de l'esprit »).

Perception des sons

Une étude en TEP lors de l'écoute des sons verbaux et non verbaux a montré que les autistes activaient significativement plus que les témoins les régions temporales auditives droites (Muller *et al.*, 1999).

Dans notre équipe, Nathalie Boddaert et coll. ont réalisé une étude en TEP qui a permis de montrer une anomalie du traitement de l'information auditive complexe chez les autistes, qui se traduit par une activation plus importante des régions temporales droites dans le groupe autiste, associée à une moindre activation des régions temporales gauches, normalement impliquées dans le langage (Boddaert *et al.*, 2003).

Ces anomalies du traitement cortical des sons complexes pourraient être à la base des troubles de l'acquisition du langage, si fréquents dans l'autisme.

Traitement cortical de tâches de « théorie de l'esprit »

En TEP, Francesca Happé et son équipe ont étudié les régions cérébrales impliquées dans la réalisation d'une tâche mettant en jeu la capacité d'inférer sur la pensée d'autrui (théorie de l'esprit). Des sujets adultes volontaires sains ont été comparés à 5 adultes autistes. L'écoute d'une histoire induisant une métareprésentation activait chez les volontaires sains une région très précise du lobe frontal gauche. La région frontale activée chez les autistes était différente. Enfin, Castelli et coll. ont montré des anomalies d'activation frontale et temporales en TEP lorsque les sujets autistes regardaient des mouvements de figures géométriques faisant dégager une métareprésentation. Ces résultats s'accordent aux données cliniques qui montrent une déficience de la « théorie de l'esprit » chez les autistes, c'est-à-dire l'incapacité d'inférer sur les pensées de l'autre.

Perception des visages

Dans l'autisme, quatre études récentes en IRM fonctionnelle ont mis en évidence des anomalies d'activation lors de la perception des visages.

Chez le sujet sain, plusieurs études ont montré qu'il existe une région du cortex cérébral spécialisée dans la perception et le traitement des informations des visages, appelée « l'aire fusiforme des visages », située dans le gyrus fusiforme, à la face interne du lobe temporal. Ainsi, Robert Schultz et ses collaborateurs ont étudié dans un groupe de 14 autistes adultes les aires corticales impliquées dans la discrimination des visages comparées à celles impliquées dans la discrimination des objets. Chez les sujets autistes, ils ont montré l'absence d'activation de cette région spécialisée dans le traitement des visages avec parallèlement l'activation d'une aire corticale située dans le gyrus temporal inférieur, spécialisée chez le sujet sain dans le traitement visuel des objets.

De même, dans une tâche de perception de visages, réalisée chez 7 autistes adultes et 8 sujets contrôles, Karen Pierce et coll. confirment l'absence d'activation de « l'aire fusiforme des visages » dans le groupe autiste, associée à des activations individuelles « aberrantes » et uniques pour chaque sujet autiste, ne faisant pas intervenir l'aire spécialisée dans le traitement des visages.

Simon Baron-Cohen *et al.* ont présenté à des sujets autistes adultes et à des sujets contrôles des photographies de visages tronquées ne comportant que les yeux, avec deux consignes différentes : soit de choisir le sexe du sujet (tâche contrôle), soit de choisir son état émotionnel (tâche impliquant la perception sociale). Les autistes activent significativement moins que les témoins le cortex frontal dorso-latéral et n'activent pas l'amygdale.

Enfin, dans un paradigme assez proche, Hugo Critchley *et al.* ont montré que les autistes n'activaient pas l'« aire fusiforme du visage » lors du traitement conscient des émotions faciales et activaient significativement moins que les témoins le cervelet et l'amygdale gauches, lors de leur traitement inconscient.

Perception de la voix humaine

En 2000, une étude de Pascal Belin et coll. a révélé l'existence d'une aire cérébrale spécialisée dans la perception de la voix humaine située dans les régions temporales supérieures. Elle pourrait être l'équivalent, dans le domaine auditif, de l'« aire fusiforme du visage ». Très récemment, dans notre équipe, Hélène Gervais a montré que cette « aire de la voix » ne s'active pas chez les sujets autistes lorsqu'ils écoutent la voix humaine. Leur cerveau semble traiter la voix comme n'importe quel autre son. Cette anomalie pourrait expliquer l'apparente indifférence des sujets autistes envers leurs proches et leurs difficultés de communication verbale (Gervais *et al.*, 2004).

Conclusion

Dans l'autisme infantile, des résultats récents en imagerie fonctionnelle au repos (TEP) et en imagerie anatomique (IRM) mettent en évidence des anomalies localisées au niveau des régions temporales supérieures. En accord avec ces résultats, les études d'activation montrent qu'il existe des anomalies d'activation des circuits corticaux impliqués dans le traitement des informations pertinentes pour la perception sociale, et dans l'intégration des informations auditives, impliquant tout particulièrement des régions situées dans le lobe temporal.

Le lobe temporal joue un rôle central dans le traitement des signaux environnementaux qui entrent dans le système nerveux par les organes visuels et auditifs. Le lobe temporal est indispensable à la transformation de ces signaux en expériences donnant un sens au monde qui nous entoure. Le sillon temporal supérieur est une région cérébrale qui a été très récemment impliquée dans la « perception sociale ». La perception sociale se réfère aux traitements des informations sensorielles nécessaires à une analyse précise des dispositions et des intentions des autres individus, par exemple la direction du regard, la reconnaissance des visages et dans le langage, piliers de la socialisation. Ainsi, une anomalie de cette région serait pertinente avec les difficultés relationnelles observées chez l'enfant autiste.

Avoir mis en évidence une anomalie du fonctionnement de ces régions temporales dans l'autisme nous aide à comprendre un peu mieux les troubles observés chez ces enfants.

Notre capacité à percevoir, reconnaître, interagir et comprendre autrui est à la fois déterminée par notre génétique (l'inné) mais aussi par nos expériences et notre environnement (l'acquis). Ainsi, les enfants naissent avec une capacité innée, déterminé par notre code génétique, à reconnaître l'autre, à s'intéresser à l'autre et à se mettre en relation avec l'autre. Cela a été constaté par différentes études chez le nouveau-né. Ainsi, dès la naissance, les perceptions existent. Le nouveau-né a une préférence visuelle pour le visage humain. Il tourne la tête ou les yeux dans la direction d'un son. Il est particulièrement sensible à la voix humaine et notamment celle de sa mère. Dès le premier jour, le nouveau-né bouge selon des rythmes précis, coordonnés à la voix humaine. Il réagit aux stimuli extérieurs et puis il va rapidement être capable d'imiter autrui. Mais son cerveau est encore très immature. Au cours des premières années de la vie, des modifications fondamentales ont lieu aussi bien dans la structure que dans le fonctionnement cérébral. Ces modifications, qui correspondent au processus de maturation cérébrale, sont très dépendantes de l'expérience.

Ainsi, cette attirance innée pour autrui se transforme en une réelle capacité du cerveau à reconnaître et à interagir avec son entourage. Des régions précises du cerveau se spécialisent dans cette reconnaissance, pour les visages, pour la voix, pour les gestes, pour le regard. Et des connexions s'établissent entre les différentes régions cérébrales.

Les résultats récents en imagerie cérébrale, que nous venons d'invoquer, suggèrent que l'autisme s'accompagne d'anomalies fonctionnelles et anatomiques des régions cérébrales qui sont très impliquées dans la perception, la reconnaissance, l'interaction et la compréhension d'autrui. Ces résultats nous aident à comprendre certaines difficultés des enfants autistes. Ils ne jouent pas avec les autres enfants probablement parce qu'ils ne comprennent pas tout à fait leurs gestes, leurs mimiques, leurs mots et leurs intentions. Ils n'arrivent pas à intégrer de façon correcte les informations sensorielles qui arrivent dans leurs cerveaux. Leurs regards vers autrui fuient probablement parce que le regard de l'autre n'est pas traité dans leur cerveau par les zones adaptées, et, donc, ce regard perd tout son sens. Ils n'arrivent pas à distinguer convenablement la voix de quelqu'un par rapport à un autre son. Cela rend plus difficile la communication.

Enfin, une meilleure caractérisation de ces anomalies fonctionnelles et anatomiques devra permettre d'intégrer les données de l'imagerie dans les recherches cliniques, génétiques et thérapeutiques concernant l'autisme infantile.

Références

ALLISON T., PUCE A. et MCCARTHY G. (2000) Social perception from visual cues : role of the STS region. *Trends in Cognitive Sciences*, 4 : 267-278.

BARON-COHEN S., RING H. A., WHEELWRIGHT S., BULLMORE E. T., BRAMMER M. J., SIMMONS A. et WILLIAMS S. C. (1999) Social intelligence in the normal and autistic brain : An fMRI study. *European Journal of Neurosciences*, 11 : 1891-1898.

BELIN P., ZATORRE R. J., LAFAILLE P., AHAD P. et PIKE B. (2000) Voice-selective areas in human auditory cortex. *Nature*, 403 : 309-312.

BODDAERT N., BELIN P., CHABANE N., POLINE J.-B., BARTHÉLÉMY C., MOUREN-SIMEONI M.-C., BRUNELLE F., SAMSON Y. et ZILBOVICIUS M. (2003) Perception of Complex Sounds : Abnormal Pattern of Cortical Activation in Autism. *American Journal of Psychiatry*, 160 : 2057-2060.

BODDAERT N., CHABANE N., GERVAIS H., GOOD C., BOURGEOIS M., PLUMET M. H., BARTHÉLÉMY C., MOUREN-SIMEONI M. C., SAMSON Y., BRUNELLE F., FRACKOWIAK R. S. J. et ZILBOVICIUS M. (2004) Superior temporal sulcus anatomical abnormalities in childhood autism : a voxel-based morphometry MRI study. *Neuroimage*, 23 (1) : 364-369.

CASTELLI F., FRITH C., HAPPÉ F. et FRITH U (2002) Autism, Asperger syndrome and brain mechanisms for the attribution of mental states to animated shapes. *Brain*, 125, 1839-1849.

COURCHESNE E., YEUNG-COURCHESNE R., PRESS G. A., HESSELINK J. R. et JERNIGAN T. L. (1988) Hypoplasia of cerebellar vermal lobules VI and VII in autism. *New England Journal of Medicine*, 318 : 1349-1354.

CRITCHLEY H. D., DALY E. M., BULLMORE E. T., WILLIAMS S. C., VAN AMELSVOORT T., ROBERTSON D. M., ROWE A., PHILIPPS M., MCALONAN G., HOWLIN P. et MURPHY D. G. (2000) The functional neuroanatomy of social behaviour : changes in cerebral blood flow when people with autistic disorder process facial expression. *Brain*, 123 : 2203-2212.

GERVAIS H., BELIN P., BODDAERT N., LEBOYER M., COEZ A., SFAELLO I., BARTHÉLÉMY C., BRUNELLE F., SAMSON Y. et ZILBOVICIUS M. (2004) Abnormal cortical voice processing in autism. *Nature Neuroscience*, 7 (8) : 801-802.

HAPPÉ F., EHLERS S., FLETCHER P., FRITH U., JOHANSSON M., GILLBERG C., DOLAN R., FRACKOWIAK R. et FRITH C. (1996) « Theory of mind » in the brain. Evidence from a PET scan study of Asperger syndrome. *NeuroReport*, 8 : 197-201.

KANNER L. (1943) Autistic disturbances of affective contact. *Nervous Child*, 2, 217-50.

MULLER R. A., BEHEN M. E., ROTHERMEL R. D., CHUGANII D. C., MUZIK O., MANGER T. J. et CHUGANII H. T. (1999) Brain mapping of language and auditory perception in high functioning autistic adults : A PET study. *Journal of Autism and Developmental Disorders*, 29 : 19-31.

OHNISHI T., MATSUDA H., HASHIMOTO T., KUNIHIRO T., NISHIKAWA M., UEMA T. et SASAKI M. (2000) Abnormal regional blood flow in childhood autism. *Brain*, 123 : 1838-1844.

PIERCE K., MULLER R. A., AMBROSE J., ALLEN G. et COURCHESNE E. (2000) Face processing occurs outside the fusiform « face area » in autism : evidence from functional MRI. *Brain*, 124, 2059-2073.

PIVEN J., ARNDT S., BAILEY J., HAVERCAMP S., ANDREASEN N. C. et PALMER P. (1995) An MRI study of brain size in autism. *American Journal of Psychiatry*, 152 : 1145-1149.

SCHULTZ R. T., GAUTHIER I., KLIN A., FULLBRIGHT R. K., ANDERSON A. W., VOLKMAR F., SKUDLARSKI P., LACADIE C., COHEN D. J. et GORE J. C. (2000) Abnormal ventral temporal cortical activity during face discrimination among individuals with autism and Asperger syndrome. *Archives of General Psychiatry*, 57 : 331-340.

ZILBOVICIUS M., BODDAERT N., BELIN P., POLINE J.-B., RÉMY P., MANGIN J.-F., THIVARD L., BARTHÉLÉMY C. et SAMSON Y. (2000) Temporal lobe dysfunction in childhood autism : A PET study. *American Journal of Psychiatry*, 157 : 1988-1993.

II

GÉNÉTIQUE DES MALADIES COMPLEXES ET DE L'AUTISME INFANTILE

Méthodologies génétiques et protéines synaptiques dans l'autisme infantile

Par STÉPHANE JAMAIN, THOMAS BOURGERON et MARION LEBOYER

Une forte contribution génétique a été démontrée à maintes reprises dans la susceptibilité à l'autisme, aussi bien par le risque de récurrence plus élevé dans les fratries d'enfants atteints que par la concordance plus importante pour le syndrome entre jumeaux monozygotes comparée à celle des jumeaux dizygotes. Ce terrain génétique est néanmoins complexe, ce qui signifie que plusieurs gènes sont impliqués et que les gènes responsables peuvent varier d'une famille à l'autre. Les premiers gènes identifiés dans la susceptibilité à l'autisme sont ceux impliqués dans des maladies qui ont été associées au syndrome, comme le syndrome de Rett ou le syndrome de l'X fragile. Parallèlement, de nombreuses études ont recherché des gènes de susceptibilité à l'autisme idiopathique. Les trois approches le plus largement utilisées jusqu'à présent ont été la recherche de mutations dans les gènes candidats selon leur fonction, les analyses de liaison sur une partie ou l'ensemble du génome et les études des remaniements chromosomiques. Ces approches commencent aujourd'hui à porter leurs fruits, et quelques régions particulièrement candidates se dessinent progressivement, essentiellement sur les bras longs des chromosomes 2, 7 et 15 ainsi que sur les chromosomes sexuels. Par ailleurs, l'étude de remaniements chromosomiques a permis d'identifier les premières mutations associées à l'autisme idiopathique dans les gènes de la famille des neuroligines (NLGN3 et NLGN4). L'ensemble de ces résultats ouvre de nouvelles voies de recherche pour l'identification des gènes de susceptibilité à l'autisme idiopathique et commence à dévoiler quels pourraient être les schémas d'organisation moléculaires modifiés chez les personnes atteintes d'autisme.

Nouvelles approches phénotypiques dans les maladies psychiatriques

L'autisme infantile est décrit, la plupart du temps, comme un « caractère à hérédité complexe ». Ce terme signifie en fait que ce syndrome ne semble pas hérité selon les lois classiques de Mendel, c'est-à-dire selon une transmission dominante ou récessive attribuée à un seul locus. Cette complexité dans la transmission de l'autisme peut être due soit à l'intervention de plusieurs gènes chez la même personne, qui pourraient être combinés ou non à des facteurs environnementaux, soit au fait que ce syndrome ne corresponde pas à une seule entité nosographique (intervention de gènes différents selon les personnes). C'est pourquoi il est nécessaire, avant d'entamer une étude génétique, de s'assurer de l'unicité du phénotype. Aujourd'hui, un effort considérable est réalisé pour travailler sur des populations le plus homogènes possible. Actuellement, les classifications internationales des maladies mentales, comme celle de l'OMS (World Health Organization, 1992) et celle de la Société américaine de psychiatrie (American Psychiatric Association, 1994), sont mises à jour fréquemment et utilisées lors des études génétiques. Cette homogénéisation passe également par l'élaboration de nouveaux outils de diagnostic basés sur les observations que peuvent directement faire les parents, comme l'ADI-R (Autism Diagnostic Interview-Revised) (Lord *et al.*, 1994).

Bien que nécessaire, cette uniformisation des critères diagnostiques n'est pas suffisante pour éviter les erreurs de classification. Par conséquent, l'utilisation de *symptômes candidats* et d'*endophénotypes* devrait permettre d'améliorer les analyses génétiques de cette maladie complexe (Leboyer *et al.*, 1998). L'approche *symptômes candidats* s'intéresse aux caractéristiques cliniques, qui sont le plus probablement associées au génotype « malade » et qui montrent un profil de transmission plus simple que celui du trouble psychiatrique étudié. Dans l'autisme infantile, plusieurs symptômes candidats peuvent être pris en considération, comme les retards de langage, la sévérité du retard mental, qui affecte 75 % des personnes autistes, les comportements obsessionnels ou encore la présence d'une épilepsie (30 % des individus atteints d'autisme ont des crises d'épilepsie). Ainsi, l'identification de sous-formes spécifiques de l'autisme aiderait alors à l'identification de groupes d'individus plus homogènes, qui sont mieux appropriés pour les études de liaison. Par ailleurs, l'utilisation d'*endophénotypes* consiste à étudier des mesures biochimiques, neurophysiologiques ou autres, pour identifier des phénotypes pertinents chez les individus non atteints portant les gènes de susceptibilité, c'est-à-dire la plupart du temps chez les apparentés de premier degré. Ces endophénotypes devraient permettre l'identification de gènes de susceptibilité avec des effets non spécifiques et modérés sur le risque d'être malade (Matthysse et Parnas, 1992 ; Tsuang, 1993).

L'autisme : un syndrome génétique

LES ÉTUDES FAMILIALES

Une fois que les caractéristiques et les paramètres des phénotypes sont établis au mieux, il devient possible de comparer les individus atteints d'autisme d'une famille à l'autre. Plusieurs arguments sont en faveur d'une contribution génétique à l'autisme. Tout d'abord, on constate des agrégations familiales d'individus atteints d'autisme, suggérant un risque plus élevé d'apparition du syndrome dans des familles où un individu a déjà été diagnostiqué que dans la population générale dans laquelle la prévalence est de 1 à 2 individus atteints sur 1 000 (Fombonne, 1999). Ainsi, on constate que, dans une fratrie, le risque pour un frère ou une sœur d'un individu atteint d'autisme d'être également malade est 45 fois plus élevé que celui d'un individu pris au hasard dans la population générale. Cependant, il est nécessaire de rester prudent en ce qui concerne les causes génétiques des troubles du comportement, puisque les individus d'une même famille ne partagent pas que leurs gènes. Par conséquent, il est important de pouvoir « estimer » l'influence des facteurs génétiques, d'une part, et de l'environnement, d'autre part, sur le phénotype étudié. Le meilleur moyen de maîtriser ces paramètres est d'en minimiser les fluctuations en étudiant des couples de jumeaux par exemple.

LES ÉTUDES DE JUMEAUX

Les études de jumeaux permettent d'estimer l'influence des facteurs génétiques dans la susceptibilité à une maladie. Elles sont basées sur le fait que les jumeaux monozygotes (MZ) ont l'intégralité de leur génome en commun alors que les jumeaux dizygotes (DZ) ne partagent, en moyenne, que 50 % de leurs gènes, c'est-à-dire autant que peuvent partager toutes les paires de germains (couples frères/sœurs). Ainsi, la discordance observée entre les jumeaux MZ permet d'estimer la proportion de l'influence de l'environnement ou des facteurs épigénétiques par rapport à celle des gènes dans l'apparition du phénotype. En d'autres termes, elle permet d'estimer la *pénétrance* du phénotype, qui correspond à la probabilité d'être malade sachant qu'on porte les allèles responsables de la maladie. D'autre part, si l'on considère que les jumeaux DZ partagent le même environnement que les MZ et ce dès leur conception, on peut estimer que seule la part génétique est responsable des différences de concordances observées entre les MZ et les DZ.

Dans l'autisme, les études épidémiologiques réalisées chez des couples de jumeaux monozygotes et dizygotes (Folstein et Rutter, 1977 ; Steffenburg *et al.*, 1989 ; Bailey *et al.*, 1995) montrent que, lorsqu'un des enfants est atteint d'autisme dans un couple de jumeaux MZ, le second a une probabilité supérieure à 60 % d'être également autiste, alors que ce risque est pratiquement nul pour les couples de jumeaux DZ. Si l'on considère plus généralement les troubles cognitifs ou sociaux chez les jumeaux d'autistes, le taux de concordance s'approche de 90 % pour les MZ et de 10 % pour les DZ. Ainsi, le rapport de concordances entre les jumeaux MZ et DZ, et le risque de récurrence observé dans les familles d'autistes nous permettent de calculer un taux d'héritabilité correspondant à la proportion de la variance phénotypique qui peut être expliquée par la variance génétique, qui est proche de 90 %. Cette très forte héritabilité suggère une forte contribution génétique pour l'autisme.

Néanmoins, les grandes variations de signes cliniques d'une famille à l'autre suggèrent que ce syndrome présente très vraisemblablement une hétérogénéité génétique.

LES MALADIES GÉNÉTIQUES ASSOCIÉES À L'AUTISME : MIROIR D'UN SYNDROME HÉTÉROGÈNE

Les premières mutations qui ont été associées à l'autisme proviennent de la caractérisation de certains syndromes monogéniques pour lesquels les individus atteints présentent également souvent des troubles autistiques. En effet, certains individus atteints de maladies génétiques connues, comme la sclérose tubéreuse de Bourneville, le syndrome de l'X fragile ou le syndrome de Rett, peuvent présenter également un autisme. On parle alors d'autisme syndromique, qui représente environ 15 % des cas et que l'on différencie de l'autisme idiopathique, pour lequel aucune cause n'est connue.

La sclérose tubéreuse de Bourneville (STB). Cette maladie autosomique dominante associe une épilepsie, des difficultés d'apprentissage, des troubles du comportement avec la formation de tumeurs bénignes au niveau du cerveau, des reins et de la peau. Les études épidémiologiques montrent que 43 % à 86 % des individus qui sont atteints d'une STB ont des troubles du développement similaires à l'autisme (Harrison et Bolton, 1997) et présentent souvent une épilepsie. Par ailleurs, on estime que 0,4 % à 3,0 % des personnes autistes ont une STB, et cette proportion augmente à 14 % chez les personnes autistes qui présentent des épilepsies. Cette association suggère que des mutations dans les gènes responsables de la STB, ou dans les voies de transduction impliquant ces gènes, pourraient provoquer des troubles autistiques chez les individus porteurs (Serajee *et al.*, 2003). Ces gènes étant des suppresseurs de tumeurs, il est possible que l'association entre la STB et l'autisme puisse dépendre du nombre et de la localisation des tumeurs dans le cerveau. En effet, on constate une augmentation significative de la fréquence de l'autisme dans la sclérose tubéreuse lorsque l'on retrouve des lésions au niveau des lobes temporaux (Filipek *et al.*, 1999). En outre, certains individus autistes présentent une hyperplasie des lobes temporaux pouvant être en partie responsable de la macrocéphalie observée chez 20 % des sujets atteints. Ainsi, l'étude plus approfondie des régions altérées dans ce syndrome pourrait permettre de définir quelles sont les structures cérébrales qui sont affectées chez les personnes atteintes d'autisme.

Le syndrome de l'X fragile. Ce syndrome est caractérisé, entre autres, par un retard mental plus ou moins sévère et un déficit de l'attention et de la concentration. La principale mutation, nommée fra (X), correspond à une amplification d'une répétition du trinucléotide CGG dans une région régulatrice du gène *FMR1*, empêchant l'expression de ce gène et créant un site fragile sur le chromosome X. Actuellement, on pense que 25 % à 40 % des individus atteints du syndrome de l'X fragile remplissent les critères diagnostiques de l'autisme. Par ailleurs, environ 2 % des individus autistes ont des altérations du gène *FMR1* (Wassink *et al.*, 2001a), faisant de ce syndrome l'une des causes génétiques les plus fréquentes de l'autisme. Aujourd'hui, l'amplification du nombre de triplets est systématiquement testée lors de la recherche des gènes de susceptibilité à l'autisme idiopathique. La protéine FMRP, qui est codée par le gène *FMR1*, a pour rôle de réguler la traduction d'un grand nombre de gènes en se fixant à leur ARN messager (ARNm) (Miyashiro *et al.*, 2003). L'étude des cibles de la protéine FMRP pourrait par conséquent permettre d'identifier quels seraient les gènes impliqués dans l'apparition de l'autisme.

Le syndrome de Rett. Ce syndrome neurologique affecte principalement les filles. Ces enfants présentent un retard mental, un trouble du langage et de l'usage des mains, et une microcéphalie. Dans presque 80 % des cas, cette pathologie est expliquée par une mutation dans le gène *MECP2* (methyl-CpG-binding protein 2), localisé en Xq28 (Amir *et al.*, 1999). Au moins deux filles autistes, sans manifestation du syndrome de Rett, ont été identifiées avec des mutations *de novo* dans le gène *MECP2* (Ashley-Koch *et al.*, 2001). Ces résultats, bien que préliminaires, suggèrent que ce gène devra désormais être exploré dans l'autisme chez les filles. Par ailleurs, le gène *MECP2* code une protéine impliquée dans la régulation de l'expression d'autres gènes en modifiant leur transcription par méthylation des régions promotrices. Une fois encore, l'autisme observé chez certains de ces patients pourrait dépendre des gènes dont le profil d'expression serait perturbé par des mutations apparues dans *MECP2*. Par conséquent, une approche possible pour identifier des gènes de susceptibilité à l'autisme correspondrait à rechercher des cibles communes qui seraient régulées d'une part par MECP2 au niveau de la transcription et d'autre part par FMRP au niveau de la traduction.

Les causes d'association suspectées entre ces différents syndromes et l'autisme reflètent bien l'aspect hétérogène de ce syndrome. En effet, même si ces maladies sont dues à des mutations dans un gène unique, elles affectent soit plusieurs régions du cerveau, soit la transcription ou la traduction de plusieurs autres gènes. Dans tous ces cas, les troubles autistiques semblent dépendre des cibles, anatomiques ou génétiques, qui sont altérées. Des individus atteints par d'autres maladies génétiques peuvent également présenter des troubles autistiques, comme on peut l'observer dans la neurofibromatose, dans la trisomie 21 et dans les cas de phénylcétonurie non traitée. Cependant, les études d'association génétique entre ces maladies et l'autisme ont été faites sur de trop petits échantillons pour permettre de valider ces associations.

Identification des gènes de susceptibilité à l'autisme idiopathique

Les approches utilisées durant les vingt dernières années pour identifier les gènes impliqués dans les maladies monogéniques, comme la chorée de Huntington, la mucoviscidose ou la dystrophie musculaire de Duchenne, ont été particulièrement efficaces pour les caractères à transmission mendélienne, mais assez infructueuses pour d'autres phénotypes plus complexes, comme peut l'être l'autisme. Par conséquent, certains de ces outils ont dû être adaptés aux modèles polygéniques ou remplacés par de nouvelles approches plus appropriées. Les principales approches utilisées jusqu'à aujourd'hui dans la recherche des gènes de susceptibilité à l'autisme sont les études de gènes candidats selon leur fonction ou selon leur position. Les candidats positionnels sont définis soit parce qu'ils sont directement impliqués dans un remaniement chromosomique, soit parce qu'ils sont localisés dans des régions identifiées comme « locus de susceptibilité » lors des analyses systématiques de l'ensemble du génome.

LES GÈNES CANDIDATS SELON LEUR FONCTION

Une des approches pour rechercher des gènes de susceptibilité à l'autisme idiopathique consiste à choisir ces gènes selon leur fonction. Ces gènes sont testés soit parce qu'ils sont responsables de maladies ou de syndromes fréquemment observés chez les individus autistes, comme les gènes *NF1* (responsable de la neurofibromatose de type 1), *FMR1* ou *MECP2*, soit parce qu'ils sont directement impliqués dans la formation du cerveau comme l'homéogène *EN2* (Petit *et al.*, 1995) ou le gène *HOXA1* (Ingram *et al.*, 2000). Parfois également, certains dysfonctionnements permettent de suspecter un ensemble de molécules, comme les monoamines et leur métabolisme. Par exemple, une élévation du taux de sérotonine dans les plaquettes est observée chez environ 30 % des enfants autistes (Cook *et al.*, 1993 ; Leboyer *et al.*, 1999). En outre, les inhibiteurs du transporteur de la sérotonine améliorent, chez certains individus autistes, une partie des comportements de rituel et d'agression (Gordon *et al.*, 1993 ; McDougle *et al.*, 1996). Cependant, les études d'association entre certains allèles du gène codant le transporteur de la sérotonine (SLC6A4) et l'autisme rapportent des résultats contradictoires (Cook *et al.*, 1997 ; Klauck *et al.*, 1997 ; Persico *et al.*, 2000 ; Yirmiya *et al.*, 2001 ; Betancur *et al.*, 2002). D'une manière générale, aucune des études basées sur la fonction des gènes n'a permis de trouver de véritable corrélation entre les variations de ces gènes et l'autisme. Un des problèmes majeurs de cette méthode, et qui pourrait expliquer cette absence de résultat, est qu'elle a pour défaut de s'intéresser à des mécanismes sans considérer s'ils sont à l'origine de la maladie, et donc la cause, ou au contraire la conséquence des processus physiologiques qui sont perturbés chez les malades. Aujourd'hui, les meilleurs gènes candidats sont ceux qui sont situés dans les régions de susceptibilité détectées par les analyses de liaison, ou les gènes altérés par des remaniements chromosomiques.

LES ÉTUDES DE LIAISON GÉNÉTIQUE

Les études de liaison sont parmi les approches les plus prometteuses et fournissent les meilleures bases pour identifier les gènes de susceptibilité à l'autisme. Ces méthodes partent de l'hypothèse qu'un gène de susceptibilité à une maladie est transmis dans une famille avec les marqueurs qui lui sont génétiquement liés et que l'on peut suivre facilement d'une génération à l'autre. Contrairement à l'étude des gènes selon leur fonction, les études de liaison ont pour avantage de s'intéresser directement à la cause de la maladie en recherchant quels sont les gènes qui sont liés à l'autisme dans l'ensemble du génome humain. Une des difficultés majeures de ces approches est le besoin de disposer de grandes familles. En effet, plus les familles sont grandes, plus elles sont informatives puisqu'elles permettent de suivre la ségrégation des mêmes marqueurs dans une seule famille en considérant une relative homogénéité dans le phénotype entre ces individus consanguins. En outre, dans des syndromes aussi complexes que l'autisme, l'hétérogénéité phénotypique et celle probablement génétique rendent extrêmement difficile la détermination des paramètres de transmission de la maladie, comme la fréquence des allèles pathologiques, le taux de pénétrance, le degré d'expressivité et le mode de transmission aussi bien que le nombre de gènes impliqués dans le phénotype étudié. Dans ce cas, il est possible de réaliser des études de liaison non paramétriques, qui permettent d'estimer la liaison génétique entre un marqueur et le gène responsable d'un phénotype dont on ne connaît pas les paramètres de transmission. Le principe de ces études consiste à rechercher dans une même famille quelles sont les régions du génome qui sont partagées par les individus atteints (figure 1), c'est-à-dire que ces individus ont reçu de leurs parents les mêmes allèles à un locus donné (on parle dans ce cas d'allèles identiques par descendance ou d'IBD en anglais pour *identity by descent*). Puis ces régions partagées sont comparées à celles observées dans les autres familles afin d'identifier les régions du génome qui sont plus fréquemment partagées par les personnes autistes. Par conséquent, il est nécessaire d'avoir accès à des familles ayant au moins deux individus atteints. Puis, on quantifie, à chaque locus, la proportion des allèles qui sont partagés par ces personnes. Il est possible d'étudier soit uniquement des fratries avec plusieurs germains atteints, soit de grandes familles avec plusieurs apparentés atteints. Dans l'autisme, la rareté des grandes familles implique que ce type d'analyse soit souvent conduit sur un nombre élevé de paires de germains atteints. À l'équilibre, c'est-à-dire en absence de liaison à un locus donné, 50 % des allèles sont partagés dans la population, avec 25 % des enfants ayant deux allèles en commun (IBD2), 50 % n'en ayant qu'un (IBD1) et 25 % ne partageant aucun allèle (IBD0). Un rapport de probabilités d'observer de telles familles en présence et en absence de liaison génétique (également appelé LOD Score) est alors calculé pour chaque locus étudié. Ainsi, un excès de partage significatif indiquerait une liaison génétique entre le marqueur étudié et le phénotype.

À ce jour, huit consortiums ont réalisé des analyses de liaison non paramétriques sur l'ensemble du génome, en utilisant des familles composées d'au moins deux personnes atteintes d'autisme (IMGSAC, 1998 ; Barrett *et al.*, 1999 ; Philippe *et al.*, 1999 ; Risch *et al.*, 1999 ; Buxbaum *et al.*, 2001 ; Liu *et al.*, 2001 ; Auranen *et al.*, 2002 ; Shao *et al.*, 2002b). Notre équipe est à l'origine de l'une de ces études internationales, notée étude PARIS pour *Paris Autism Research International Sibpair study*, et regroupe des laboratoires et des hôpitaux de France, de Suède, d'Autriche, de Belgique, des États-Unis, d'Israël, d'Italie et de Norvège (Philippe *et al.*, 1999). Parmi les résultats obtenus lors de ces études (figure 2), des régions plus fréquemment partagées par les personnes autistes ont été retrouvées sur presque tous les chromosomes. Cependant, certaines d'entre elles, comme les bras longs des chromosomes 2 et 7, ont été identifiées par presque toutes les études et présentent les plus fortes probabilités pour contenir un gène de susceptibilité à l'autisme. En outre, ces deux chromosomes ont également été incriminés dans des remaniements chromosomiques identifiés chez plusieurs personnes autistes.

Le chromosome 2q24-q31

Le bras long du chromosome 2 est l'une des régions pour laquelle une des plus fortes probabilités de trouver un

Étude de liaison sur les paires de germains

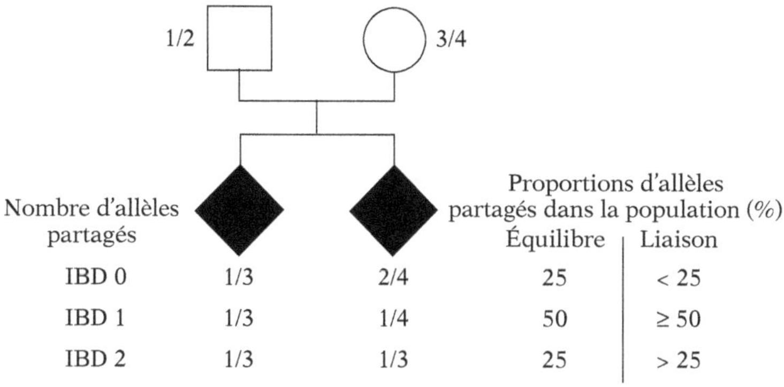

Figure 1 : Analyses de liaison non paramétrique.

Cette méthode permet d'estimer la liaison génétique entre un marqueur et le gène responsable d'un phénotype dont on ne connaît pas les paramètres de transmission. Pour ce type d'étude, il est nécessaire d'avoir accès à des familles ayant au moins deux enfants atteints, dans lesquelles on regarde le pourcentage d'allèles partagés par les individus malades (IBD pour *identity by descent*). Ce type d'analyse est souvent conduit sur un nombre élevé de paires de germains atteints (*affected sib-pairs*). À l'équilibre, c'est-à-dire en absence de liaison à un locus donné, 50 % des allèles seront partagés dans la population, avec 25 % des enfants qui auront deux allèles en commun (IBD2), 50 % qui n'en auront qu'un (IBD1) et 25 % ne partageront aucun allèle (IBD0). Pour chaque locus étudié, un rapport de vraisemblances d'observer de telles familles sous une hypothèse de liaison et d'indépendance génétique (LOD score) est calculé. Un excès de partage significatif indique une liaison génétique entre le marqueur étudié et le phénotype. Chaque individu possède deux allèles à chaque locus qui sont représentés par les chiffres allant de 1 à 4.

gène de susceptibilité à l'autisme a été calculée. En effet, l'*International Molecular Genetic Study of Autism Consortium* (IMGSAC), lors de sa seconde analyse, a calculé un LOD score maximal (MLS) de 3,74 (IMGSAC, 2001a) et qui atteignait même 4,80 lorsqu'ils restreignaient le diagnostic d'autisme aux individus présentant un retard de langage et un QI ≥ 35 (IMGSAC, 2001a). Cette probabilité suggère qu'il y a moins de 5 % de risque d'avoir identifié cette liaison par le simple fait du hasard. En outre, plusieurs autres études trouvent également que cette région est plus fréquemment partagée par les personnes autistes (Buxbaum *et al.*, 2001 ; Shao *et al.*, 2002b). Dans ces études, la valeur de LOD score est encore plus forte lorsque les populations étudiées sont

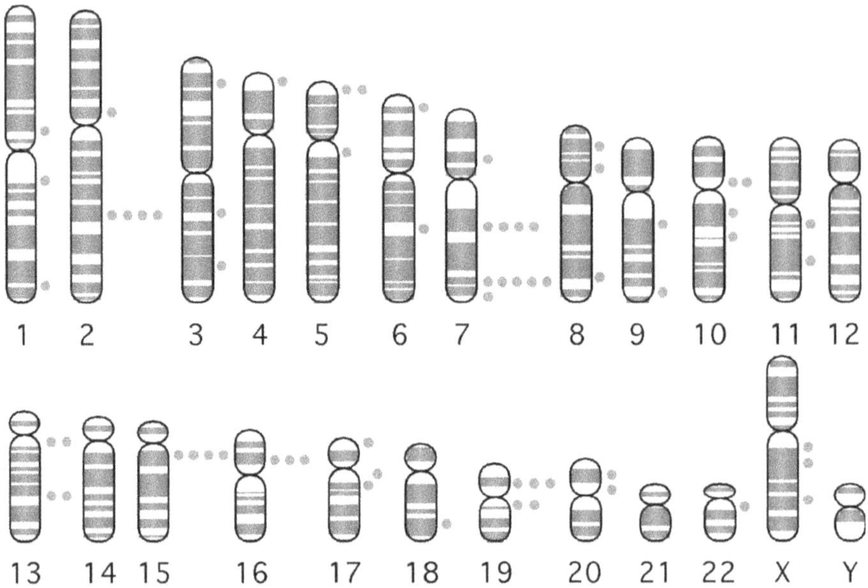

Figure 2 : Régions candidates pour la susceptibilité à l'autisme identifiées par analyse de liaison.

Chaque point représente une liaison génétique indépendante entre une région du génome et l'autisme (MLS ≥ 1).

restreintes aux personnes présentant un retard de langage (Buxbaum *et al.*, 2001 ; IMGSAC, 2001a ; Shao *et al.*, 2002a). Par ailleurs, plusieurs délétions (perte d'une partie du chromosome) de la région 2q37 (Ghaziuddin and Burmeister, 1999 ; Smith *et al.*, 2001 ; Wolff *et al.*, 2002) ainsi que deux délétions localisées dans les régions 2q32 et 2q35 (Borg *et al.*, 2002 ; Gallagher *et al.*, 2003) ont également été associées à l'autisme (figure 3). La région de susceptibilité sur le chromosome 2 s'étend donc sur près de 10 cm, et contient une vingtaine de gènes connus ainsi que plusieurs transcrits correspondant à des gènes non identifiés. Plusieurs de ces gènes sont impliqués dans la différenciation neuronale, dans le développement du cerveau ou encore dans les voies de transduction du signal nerveux, comme *cAMP-GEFII* pour lequel des variations non synonymes ont été identifiées chez des personnes autistes (Bacchelli *et al.*, 2003). Cependant, ces variations sont rares et ne peuvent expliquer la forte liaison génétique qui caractérise cette région. De surcroît, la faible fréquence de ces variations n'a pas permis d'établir d'association plus forte entre ces variations et les personnes avec un retard de langage. C'est pourquoi il est nécessaire de poursuivre la recherche de mutations dans ce gène ou dans les autres gènes candidats de la région. Le regroupement des personnes autistes en fonction de leurs symptômes candidats, tels que le retard de langage, permettra d'augmenter l'homogénéité des échantillons étudiés et de renforcer les chances d'identifier des mutations associées à l'autisme.

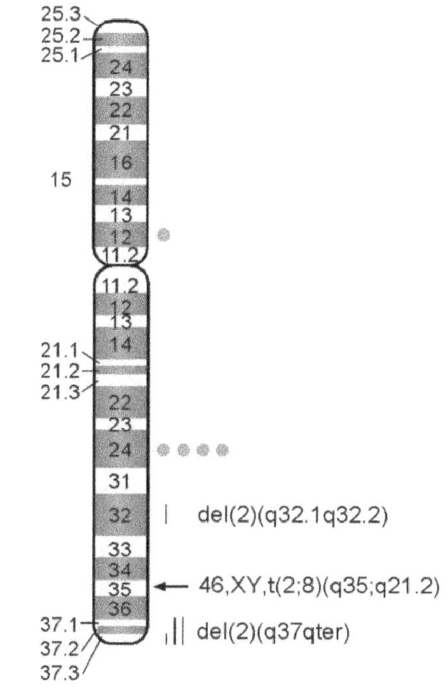

Figure 3 : Résumé de l'ensemble des études impliquant le chromosome 2 dans l'autisme.

Les pics de susceptibilité révélés par les études de liaison sont représentés par des points. La translocation t (2 ; 8) (q35 ; q21.2) entraîne une délétion de 4,4 Mb au niveau du point de cassure sur le chromosome 2q35 (flèche). Les traits représentent les délétions du bras long du chromosome 2.

Le bras long du chromosome 7 (7q)

Aussi bien les analyses complètes du génome (IMGSAC, 1998 ; Barrett *et al.*, 1999 ; Auranen *et al.*, 2002) que les cartographies fines réalisées sur le bras long du chromosome 7 (Ashley-Koch *et al.*, 1999 ; Bradford *et al.*, 2001 ; IMGSAC,

2001a ; IMGSAC, 2001b ; Liu *et al.*, 2001) ont montré la présence de deux pics de susceptibilité sur ce chromosome, séparés d'environ 25 cM et situés respectivement en 7q21-q22 et en 7q32-q34 (figure 2). En outre, des remaniements chromosomiques impliquant le bras long du chromosome 7 ont été répertoriés chez au moins 7 individus autistes (figure 4) (Folstein et Rosen-Sheidley, 2001). Plusieurs gènes ont été testés dans la région, dont certains semblent être de très bons candidats pour la susceptibilité à l'autisme. Par exemple, le gène *RAY1* est directement interrompu par une cassure chromosomique chez un patient autiste avec une translocation t (7 ; 13) (q31.3 ; q21) (Vincent *et al.*, 2000). Cependant, une analyse de la séquence codante de ce gène chez 27 patients autistes indépendants n'a montré aucun variant spécifique associé à l'autisme.

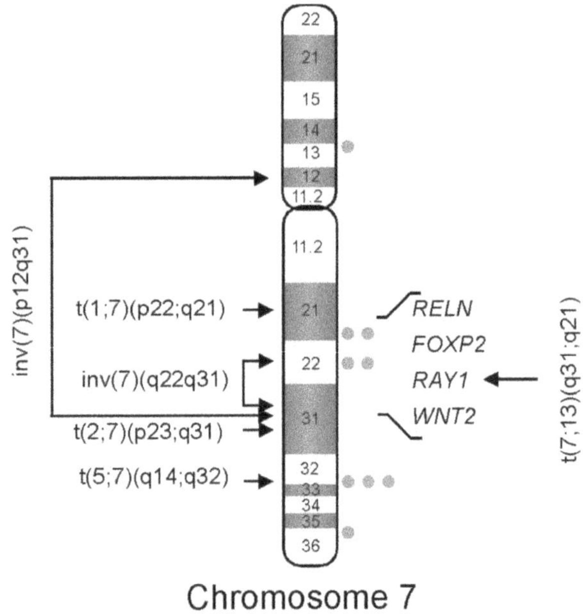

Figure 4 : Résumé de l'ensemble des études impliquant le chromosome 7 dans l'autisme (adapté de Folstein et Rosen-Sheidley, 2001).

Les pics de susceptibilité révélés par les études de liaison sont représentés par des points. Les points de cassure des réarrangements chromosomiques sont symbolisés par des flèches, et la position des gènes candidats est également mentionnée.

Le gène *RELN* code la reeline et est localisé dans la région 7q22 du bras long du chromosome 7. La reeline est une protéine qui joue un rôle clé dans le développement des structures laminaires, comme le cortex cérébral, l'hippocampe, le cervelet et plusieurs noyaux du tronc cérébral. La présence de mutations dans ce gène chez des souris entraîne une migration anormale des neurones du cortex et du cervelet qui se manifeste par des troubles locomoteurs. Par ailleurs, il est intéressant de noter que le niveau sanguin de la reeline est altéré chez les individus qui souffrent de schizophrénie, de troubles bipolaires et de dépressions majeures. Une étude d'association a montré un plus grand nombre de répétitions d'un trinucléotide GGC en amont de la partie codante du gène *RELN* chez les individus autistes, qui pourrait modifier la régulation de la traduction de ce gène (Persico *et al.*, 2001). Malgré l'absence de réplication (Krebs *et al.*, 2002), ces résultats sont très encourageants et devraient inciter les autres équipes à rechercher des mutations dans ce gène dans leur propre groupe de patients.

Le gène *WNT2* est un bon candidat fonctionnel de la région 7q. Il fait partie d'une grande famille d'une douzaine de gènes exprimés au cours du développement et impliqués dans la mise en place du système nerveux central. D'une manière générale, les gènes *WNT* codent une famille de molécules impliquées dans les interactions cellules-cellules au cours de l'embryogenèse. Des mutations dans ces gènes chez la souris donnent de nombreuses anomalies de développement. Par ailleurs, la transmission du signal *WNT* est dépendante de la famille de protéines *disheveled (DVL)*, dont l'invalidation d'un des membres (*Dvl1*) entraîne chez la souris une réduction des interactions sociales et des comportements maternels (Lijam *et al.*, 1997). Deux changements d'acides aminés ont été identifiés à l'état hétérozygote dans deux familles de personnes autistes (Wassink *et al.*, 2001b). Dans l'une de ces familles, le père présente en plus des anomalies de langage, qui pourraient refléter un endophénotype dû à ces variations. En dépit de quelques associations positives, aucune autre variation n'a cependant été retrouvée dans ce gène chez des personnes autistes. La faible fréquence de ces variations suggère que ce gène ne peut, à lui seul, expliquer les très fortes liaisons génétiques qui ont été mises en évidence entre l'autisme et le bras long du chromosome 7. C'est pourquoi il est nécessaire de poursuivre la recherche de mutations dans les gènes de cette région en restreignant peut-être dans un premier temps, comme nous l'avons déjà suggéré pour le bras long du chromosome 2, les études aux personnes autistes dont les apparentés souffrent également de retard de langage.

Enfin, il est intéressant de noter que, dans cette région, le gène codant le facteur de transcription *FOXP2* a récemment été impliqué dans le développement du langage et de la parole (Lai *et al.*, 2001). Cependant, aucune mutation n'a, à ce jour, été identifiée dans ce gène, même lorsque les enfants présentent de sévères troubles du langage et de la parole (Newbury *et al.*, 2002).

Du fait de l'hétérogénéité de l'autisme, les résultats obtenus pour ces différents gènes candidats sont parfois contradictoires et même décourageants. Cependant, cette région du chromosome 7 reste de loin la région du génome la plus fréquemment associée à l'autisme. Elle n'est peut-être pas encore très bien définie et comporte peut-être plusieurs gènes responsables de ce syndrome, mais les premiers résultats obtenus pour les gènes *RELN* et *WNT2* sont très prometteurs et méritent qu'on y apporte une attention toute particulière dans les études à venir.

Notre équipe a également identifié une association entre un gène codant un récepteur ionotrope au glutamate (*GRIK2*) dans la région 6q16-q21 et l'autisme. Cette région n'avait, dans un premier temps, été liée à l'autisme que dans notre étude (Philippe *et al.*, 1999). Cependant, elle semble aujourd'hui de plus en plus reconsidérée par les différents consortiums internationaux. En effet, certains allèles du gène *GRIK2* sont plus fréquemment partagés par les couples de germains atteints, en particulier lorsqu'ils sont transmis par la mère (Jamain *et al.*, 2002a). En outre, une variation nucléotidique (M867I) et un haplotype de ce gène sont plus fréquemment transmis par les mères aux garçons autistes que le voudrait le hasard (Jamain *et al.*, 2002a). Dans les modèles animaux, *GRIK2* a été impliqué dans la sensibilité à l'épilepsie, et la quantité de transcrits de ce gène augmente dans le cortex et l'hippocampe de certains individus épileptiques. Par conséquent, ce gène pourrait être associé à la composante épileptique du syndrome autistique présente chez 30 % des sujets.

Maintenant que les études de liaison ont permis d'identifier plusieurs régions génétiquement liées à l'autisme, il devient possible de réduire au maximum la taille de ces intervalles génétiques et de rechercher quels peuvent être les gènes responsables de la susceptibilité à ces troubles psychiatriques. La séquence complète du génome humain étant disponible et un grand nombre de gènes étant identifiés (Lander *et al.*, 2001), les études d'associations entre des variations nucléotidiques et les phénotypes étudiés vont devenir le meilleur moyen d'identifier ces gènes de prédisposition. Un grand consortium international s'est organisé afin d'identifier un maximum de polymorphismes mononucléotidiques (SNP pour *single nucleotide polymorphism*) dans tout le génome (Sachidanandam *et al.*, 2001). Cette nouvelle base de données génétiques nous permet ainsi de disposer facilement d'un grand nombre de polymorphismes à étudier. En outre, les informations relatives à ces SNP les uns par rapport aux autres permettront l'établissement de véritables cartes d'haplotypes, qui pourront alors être utilisées soit pour tester un gène d'une région candidate, soit pour réduire les intervalles de susceptibilité des régions précédemment identifiées par analyse de liaison, soit enfin pour réaliser des études d'association sur l'ensemble du génome. Cette dernière stratégie permettra même de détecter des gènes ayant un faible effet sur le phénotype (Risch et Merikangas, 1996).

LES REMANIEMENTS CHROMOSOMIQUES

Les anomalies chromosomiques sont également une bonne approche pour identifier les gènes responsables d'un phénotype, puisqu'elles focalisent directement sur une région du génome potentiellement modifiée par l'anomalie. Ces études consistent à réaliser un caryotype des individus malades afin de détecter des anomalies chromosomiques qui seraient responsables du phénotype observé. Ainsi, le clonage des points de cassure et la cartographie physique de la région impliquée peuvent cibler un gène candidat qu'il faudra valider soit en testant d'autres individus, soit en montrant un déficit fonctionnel en relation avec le phénotype étudié. Toutefois, il est prudent de combiner les résultats de ces anomalies chromosomiques avec ceux des études de liaison ou d'association. Dans l'autisme, on estime que 5 % à 10 % des personnes atteintes du syndrome sont porteuses d'une anomalie de nombre ou de la structure d'un ou plusieurs chromosomes. Par ailleurs, des anomalies de tous les chromosomes ont déjà été répertoriées chez au moins une personne autiste (Gillberg, 1998 ; Wassink *et al.*, 2001a). Parmi toutes ces anomalies, celles impliquant le bras long du chromosome 15 ainsi que celles concernant le nombre et la structure des chromosomes sexuels restent de loin les plus fréquemment rapportées.

Le chromosome 15q11-q13

Plus de trente personnes autistes ont, jusqu'à ce jour, été répertoriées avec une anomalie du chromosome 15 (Folstein et Rosen-Sheidley, 2001). Ces anomalies correspondent la plupart du temps à des duplications inversées d'une petite région du bras long du chromosome 15 (chromosomes 15 isodicentriques), mais également à des duplications interstitielles de cette même région (15q11-q13) qui sont, dans presque toutes ces familles, transmises par les mères (figure 5). Par ailleurs, plusieurs liaisons génétiques ont été identifiées entre cette région et l'autisme (Philippe *et al.*, 1999 ; Bass *et al.*, 2000 ; Shao *et al.*, 2002b ; Shao *et al.*, 2003). Ce locus est soumis à empreinte parentale, c'est-à-dire que les allèles des gènes de cette région ne s'expriment pas de la même façon s'ils proviennent du père ou de la mère. Ainsi, des délétions de cette région n'ont pas les mêmes conséquences si elles sont transmises par les pères ou par les mères ; une délétion maternelle entraînera un syndrome d'Angelman chez l'enfant, alors qu'une délétion paternelle aura pour conséquence un syndrome de Prader-Willi. Le syndrome d'Angelman est dû à une absence ou à des mutations dans le gène *UBE3A*, qui code l'ubiquitin-protein ligase E3A et dont seul l'allèle transmis par la mère s'exprime. Dans la cellule, cette protéine a pour rôle d'entraîner la dégradation de plusieurs autres protéines et régule ainsi la quantité de ces protéines cibles. Comme nous l'avons déjà suggéré pour la protéine FMRP, l'absence de cette ubiquitin-protein ligase modifierait la quantité de plusieurs autres protéines dont les dérégulations pourraient engendrer certains symptômes de l'autisme qui sont parfois observés chez les personnes atteintes du syndrome d'Angelman. Aucune association n'a pu être identifiée entre des variations du gène *UBE3A* et l'autisme (Veenstra-VanderWeele *et al.*, 1999). Néanmoins, la comparaison des protéines dégradées lors de ce processus aux cibles régulées par FMRP ou MeCP2 pourrait, une fois encore, nous aider à identifier des gènes de susceptibilité à l'autisme.

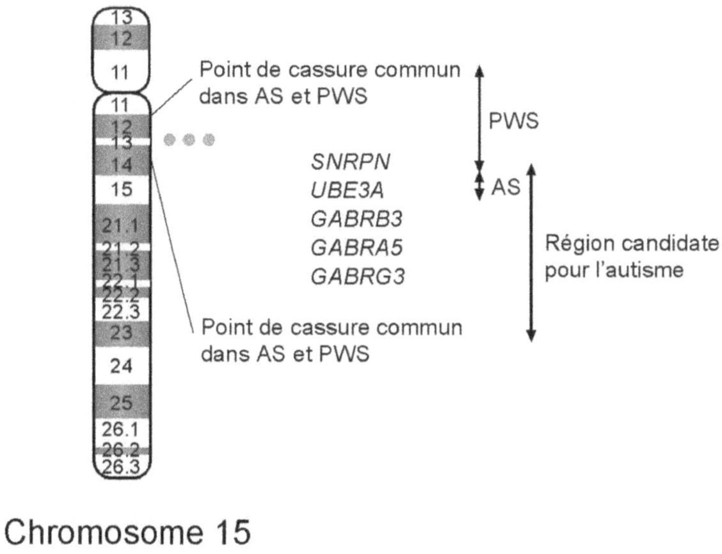

Figure 5 : Résumé de l'ensemble des études impliquant le chromosome 15 dans l'autisme (adapté de Folstein et Rosen-Sheidley, 2001).

Cette figure présente les régions impliquées dans les syndromes d'Angelman (AS) et de Prader-Willi (PWS) par rapport à la région définie pour la susceptibilité à l'autisme par de nombreux remaniements chromosomiques. Les gènes candidats de la région qui ont été testés dans l'autisme sont également représentés. *GABRA5/GABRB3/GABRG3*, les sous-unités α5, β3 et γ3 du récepteur à l'acide γ-aminobutyrique (GABA) ; SNRPN, small nuclear ribonucleoprotein polypeptide N ; UBE3A, ubiquitin protein ligase E3A (human papilloma virus E6-associated protein).

Il existe d'autres gènes candidats dans cette région du chromosome 15. En effet, trois gènes codant les sous-unités α5, β3 et γ3 du récepteur à l'acide γ–aminobutirique ($GABA_A$) sont localisés dans cette région. Le GABA est le principal neurotransmetteur inhibiteur dans le système nerveux central des mammifères, contrôlant l'excitabilité du cerveau adulte. Le système GABAergique est depuis longtemps impliqué dans l'épilepsie, aussi bien chez l'homme que dans les modèles animaux. Une transmission déséquilibrée de certains allèles du marqueur microsatellite *GABRB3 155CA–2*, localisé dans le 3e intron du gène *GABRB3*, a été mise en évidence dans certaines familles de personnes autistes (Cook *et al.*, 1998). Cependant, aucun effet de l'origine parentale de la transmission de ces allèles n'a pu être identifié. D'autres études réalisées depuis ont montré des résultats contradictoires, mais une analyse de l'ensemble de ces résultats révèle un déséquilibre de transmission significatif (Buxbaum *et al.*, 2002). D'autres recherches sont donc nécessaires dans cette région du génome afin d'identifier quelle(s) pourrai(en)t être la (ou les) variation(s) nucléique(s) dans le gène *GABRB3*, ou dans un gène proche, qui augmenterai(en)t la susceptibilité au syndrome autistique.

Les chromosomes sexuels

Toutes les études épidémiologiques rapportent, en moyenne, quatre fois plus de garçons que de filles atteintes d'autisme infantile (Fombonne, 1999). Cette différence, déjà soulignée lors de la description initiale de Leo Kanner (Kanner, 1943), semble même être amplifiée si l'on ne considère que les personnes qui présentent les troubles de l'autisme sans anomalie physique ou cérébrale associée (Miles et Hillman, 2000). Dans l'idée de rechercher un facteur génétique spécifique d'un des deux sexes qui pourrait influencer cette différence de risque entre les garçons et les filles, nous avons étudié la proportion des différents chromosomes Y dans les populations d'hommes atteints d'autisme infantile. Les études de génétique des populations nous apprennent que la proportion de ces différents chromosomes Y varie en fonction de la répartition géographique des populations retraçant ainsi leur histoire (pour revue voir Jobling, 2001). Cependant, nous n'avons identifié aucune variation significative dans les proportions observées des différents chromosomes Y entre les populations de personnes autistes comparées à des populations d'individus contrôles de même origine ethnique (Jamain *et al.*, 2002b). Toutefois, ces résultats n'excluent pas la possibilité qu'un ou plusieurs gènes du chromosome Y puissent jouer un rôle plus ou moins direct dans la susceptibilité à l'autisme. En effet, le chromosome Y a une forte fréquence de néomutations comparé aux autres chromosomes que les études d'association ne peuvent pas détecter.

Les neuroligines : des protéines synaptiques associées à l'autisme

Parallèlement nous avons également recherché des gènes de susceptibilité sur le chromosome X. Ce chromosome a déjà été associé à l'autisme, puisqu'il contient les deux gènes *FMR1* et *MECP2*, impliqués respectivement dans le syndrome de l'X fragile et le syndrome de Rett. Outre les sites fragiles, de nombreuses anomalies chromosomiques impliquant le chromosome X ont été rapportées chez des personnes autistes (Gillberg, 1998 ; Wassink *et al.*, 2001b) et plus particulièrement au niveau de la région Xp22 (Bolton *et al.*, 1995 ; Ishikawa-Brush *et al.*, 1997 ; Thomas *et al.*, 1999 ; Wassink *et al.*, 2001a). Par ailleurs, les analyses génétiques récentes montrent une liaison génétique entre la région Xq13-q21 et l'autisme (Liu *et al.*, 2001 ; Shao *et al.*, 2002b). Ces deux régions candidates sur le chromosome X, l'une sur le bras court et l'autre sur le bras long, pourraient expliquer la différence de proportions observées entre les garçons et les filles autistes. Dans ces deux régions, notre équipe a identifié deux gènes codant des membres de la famille des neuroligines (*NLGN3* et *NLGN4*). Les neuroligines (NLGN) sont des molécules d'adhérence localisées au niveau de la membrane postsynaptique des synapses (figure 6) (Ichtchenko *et al.*, 1995 ; Song *et al.*, 1999). Plusieurs arguments suggèrent que les neuroligines pourraient être impliquées dans les mécanismes de formation et/ou de maturation des synapses dans le système nerveux central des mammifères (Scheiffele *et al.*, 2000 ; Dean *et al.*, 2003). En effet, elles semblent, à elles seules, capables de recruter toute la machinerie nécessaire à la transmission synaptique, c'est-à-dire à la communication entre les neurones. Chez l'homme, les cinq gènes qui codent des NLGN sont localisés dans des régions de susceptibilité à l'autisme ou au syndrome d'Asperger. Dans le cadre de l'identification de gènes masculins de susceptibilité à l'autisme, nous avons recherché des mutations dans les neuroligines localisées sur les chromosomes sexuels (*NLGN3, NLGN4* et *NLGN4Y*). Ainsi, nous avons identifié une mutation dans *NLGN4*, supprimant la moitié de la protéine (Jamain *et al.*, 2003). Cette mutation, apparue *de novo* chez la mère, a été transmise aux deux garçons atteints, l'un d'autisme et l'autre du syndrome d'Asperger. Dans une autre famille, qui comprend là encore deux frères atteints, l'un d'autisme et l'autre du syndrome d'Asperger, une mutation touchant le gène *NLGN3*, également hérité de la mère, a été identifiée (Jamain *et al.*, 2003). Enfin, une équipe indépendante a identifié une autre mutation conduisant également à la suppression de la moitié de *NLGN4* (Laumonnier *et al.*, 2004). Cette mutation, associée soit à un autisme, soit à un retard mental, est présente chez tous les garçons malades de cette famille. Ainsi, l'identification de ces trois mutations associées à l'autisme et au syndrome d'Asperger dans trois familles indépendantes suggère qu'un déficit de formation ou de stabilisation de certaines populations de synapses dans le cerveau pourrait conduire à l'apparition de certains troubles autistiques.

Conclusion

Les différentes approches utilisées ces dernières années pour étudier la génétique de l'autisme idiopathique ont permis d'identifier les premières mutations qui pourraient être impliquées dans ce syndrome. Ces résultats suggèrent que l'autisme infantile pourrait correspondre à un défaut dans la mise en place ou dans le remodelage des réseaux de neurones lors de l'apprentissage. Ces données ouvrent de nouvelles voies d'exploration et proposent de nouveaux gènes candidats pour la susceptibilité à ce syndrome, comme les autres neuroligines qui sont toutes localisées dans des locus en liaison avec l'autisme, mais également les partenaires de ces protéines et les autres molécules impliquées dans la formation et le renforcement des synapses. En outre, plusieurs régions du génome ont été associées de manière récurrente à l'autisme idiopathique, comme les chromosomes 2q, 7q, 15q et les chromosomes sexuels. Ces résultats, bien que préliminaires, sont très encourageants pour poursuivre la

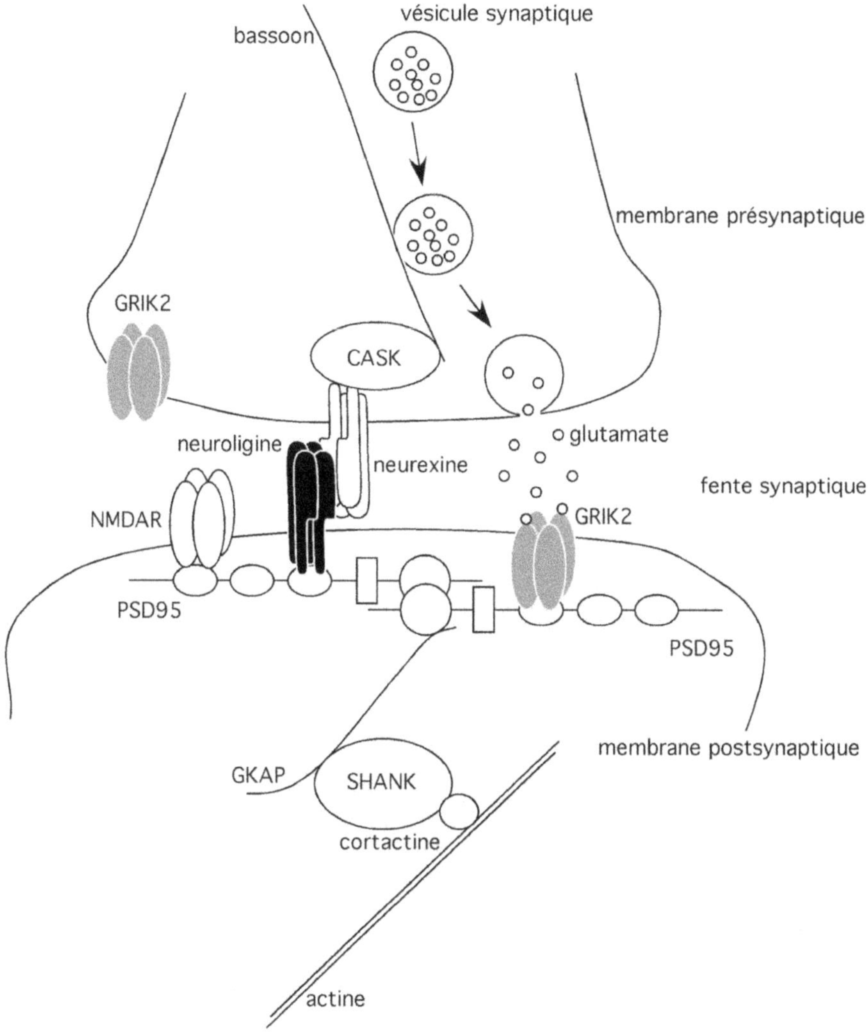

Figure 6 : Schéma simplifiée d'une synapse glutamatergique.

Les protéines représentées en gris correspondent au récepteur au glutamate GRIK2, dont certains allèles sont plus fréquemment transmis par les mères aux enfants autistes. Les protéines en noir représentent les neuroligines, qui sont mutées chez des personnes avec un autisme ou un syndrome d'Asperger.

recherche des variations qui pourraient être impliquées dans l'autisme infantile ou dans une partie du phénotype. Par ailleurs, un effort considérable est également réalisé du côté clinique, avec un véritable démembrement en symptômes candidats, d'une part, et en endophénotypes, d'autre part (Goussé *et al.*, 2002). L'ensemble de ces données ouvre donc aujourd'hui de nouvelles voies de recherche moléculaires et cliniques, qui aideront à mieux comprendre ce syndrome complexe et hétérogène qu'est l'autisme infantile.

De formidables progrès dans la compréhension des bases génétiques de la maladie ont pu être réalisés grâce à la mise en place de consortiums internationaux qui permettent non seulement la collaboration entre équipes internationales, mais aussi le recrutement et l'étude d'un grand nombre de familles. Néanmoins, il faut souligner que ces recherches n'avanceront que si les familles continuent à participer activement à ces études.

Références

AMERICAN PSYCHIATRIC ASSOCIATION (1994) *Diagnostic and Statistical Manual of Mental Disorders, 4th edition. Washington*, DC. : APA.

AMIR R. E., VAN DEN VEYVER I. B., WAN M., TRAN C. Q., FRANCKE U. & ZOGHBI H. Y. (1999) Rett syndrome is caused by mutations in X-linked MECP2, encoding methyl-CpG-binding protein 2. *Nature Genetics*, 23 : 185-188.

ASHLEY-KOCH A. E., WOLPERT C. M., MENOLD M. M., ZAEEM L., BASU S., DONNELLY S. L., RAVAN S. A., POWELL C. M., QUMSIYEH M. B., AYLSWORTH A. S. *et al.* (1999) Genetic studies of autistic disorder and chromosome 7. *Genomics*, 61 : 227-236.

AURANEN M., VANHALA R., VARILO T., AYERS K., KEMPAS E., YLISAUKKO-OJA T., SINSHEIMER J. S., PELTONEN L. & JARVELA I. (2002) A genomewide screen for autism-spectrum disorders : evidence for a major susceptibility locus on chromosome 3q25-27. *American Journal of Human Genetics*, 71 : 777-790.

BACCHELLI E., BLASI F., BIONDOLILLO M., LAMB J. A., BONORA E., BARNBY G., PARR J., BEYER K. S., KLAUCK S. M., POUSTKA A. *et al.* (2003) Screening of nine candidate genes for autism on chromosome 2q reveals rare nonsynonymous variants in the cAMP-GEFII gene. *Molecular Psychiatry*, 8 : 916-924.

BAILEY A., LE COUTEUR A., GOTTESMAN I., BOLTON P., SIMONOFF E., YUZDA E. & RUTTER M. (1995) Autism as a strongly genetic disorder : evidence from a British twin study. *Psychological Medicine*, 25 : 63-77.

BARRETT S., BECK J. C., BERNIER R., BISSON E., BRAUN T. A., CASAVANT T. L., CHILDRESS D., FOLSTEIN S. E., GARCIA M., GARDINER M. B. *et al.* (1999) An autosomal genomic screen for autism. Collaborative linkage study of autism. *American Journal of Human Genetics*, 88 : 609-615.

BASS M. P., MENOLD M. M., WOLPERT C. M., DONNELLY S. L., RAVAN S. A., HAUSER E. R., MADDOX L. O., VANCE J. M., ABRAMSON R. K., WRIGHT H. H. *et al.* (2000) Genetic studies in autistic disorder and chromosome 15. *Neurogenetics*, 2 : 219-226.

BETANCUR C., CORBEX M., SPIELEWOY C., PHILIPPE A., LAPLANCHE J. L., LAUNAY J. M., GILLBERG C., MOUREN-SIMEONI M. C., HAMON M., GIROS B. *et al.* (2002) Serotonin transporter gene polymorphisms and hyperserotonemia in autistic disorder. *Molecular Psychiatry*, 7 : 67-71.

BOLTON P., POWELL J., RUTTER M., BUCKLE V., YATES J. R., ISHIKAWA-BRUSH Y. & MONACO A. P. (1995) Autism, mental retardation, multiple exostoses and short stature in a female with 46, X, t (X ; 8) (p22.13 ; q22.1). *Psychiatric genetics*, 5 : 51-55.

BORG I., SQUIRE M., MENZEL C., STOUT K., MORGAN D., WILLATT L., O'BRIEN P. C., FERGUSON-SMITH M. A., ROPERS H. H., TOMMERUP N. *et al.* (2002) A cryptic deletion of 2q35 including part of the PAX3 gene detected by breakpoint mapping in a child with autism and a de novo 2 ; 8 translocation. *Journal of Medical Genetics*, 39 : 391-399.

BRADFORD Y., HAINES J., HUTCHESON H., GARDINER M., BRAUN T., SHEFFIELD V., CASSAVANT T., HUANG W., WANG K., VIELAND V. *et al.* (2001) Incorporating language phenotypes strengthens evidence of linkage to autism. *American Journal of Human Genetics*, 105 : 539-547.

BUXBAUM J. D., SILVERMAN J. M., SMITH C. J., KILIFARSK, M., REICHERT J., HOLLANDER E., LAWLOR B. A., FITZGERALD M., GREENBERG D. A. & DAVIS K. L. (2001) Evidence for a susceptibility gene for autism on chromosome 2 and for genetic heterogeneity. *American Journal of Human Genetics*, 68 : 1514-1520.

BUXBAUM J. D., SILVERMAN J. M., SMITH C. J., GREENBERG D. A., KILIFARSKI M., REICHERT J., COOK Jr E. H., FANG Y., SONG C. Y. & VITALE R. (2002) Association between a GABRB3 polymorphism and autism. *Molecular Psychiatry*, 7 : 311-316.

COOK E. H., COURCHESNE R. Y., COX N. J., LORD C., GONEN D., GUTER S. J., LINCOLN A., NIX K., HAAS R., LEVENTHA, B. L. *et al.* (1998) Linkage-disequilibrium mapping of autistic disorder, with 15q11-13 markers. *American Journal of Human Genetics*, 62 : 1077-1083.

COOK Jr. E. H., ARORA R. C., ANDERSON G. M., BERRY-KRAVIS E. M., YAN S. Y., YEOH H. C., SKLENA P. J., CHARAK D. A. & LEVENTHA, B. L. (1993) Platelet serotonin studies in hyperserotonemic relatives of children with autistic disorder. *Life Sciences*, 52 : 2005-2015.

COOK Jr. E. H., COURCHESNE R., LORD C., COX N. J., YAN S., LINCOLN A., HAAS R., COURCHESNE E. & LEVENTHAL B. L. (1997) Evidence of linkage between the serotonin transporter and autistic disorder. *Molecular Psychiatry*, 2 : 247-250.

DEAN C., SCHOLL F. G., CHOIH J., DEMARIA S., BERGER J., ISACOFF E. & SCHEIFFELE P. (2003) Neurexin mediates the assembly of presynaptic terminals. *Nature Neuroscience*, 6 : 708-716.

FILIPEK P. A., ACCARDO P. J., BARANEK G. T., COOK Jr. E. H., DAWSON G., GORDON B., GRAVEL J. S., JOHNSON C. P., KALLEN R. J., LEVY S. E. *et al.* (1999) The screening and diagnosis of autistic spectrum disorders. *Journal of Autism and Developmental Disorders*, 29 : 439-484.

FOLSTEIN S. E. & RUTTER M. (1977) Infantile autism : a genetic study of 21 twin pairs. *Journal of Child Psychology and Psychiatry*, 18 : 297-321.

FOLSTEIN S. E. & ROSEN-SHEIDLEY B. (2001) Genetics of autism : Complex aetiology for a heterogeneous disorder. Nature reviews. *Genetics*, 2 : 943-955.

FOMBONNE E. (1999) The epidemiology of autism : a review. *Psychological Medicine*, 29 : 769-786.

GALLAGHER L., BECKER K., KEARNEY G., DUNLOP A., STALLINGS R., GREEN A., FITZGERALD M. & GILL M. (2003) Brief report : A case of autism associated with del (2) (q32.1q32.2) or (q32.2q32.3). *Journal of Autism and Developmental Disorders*, 33 : 105-108.

GHAZIUDDIN M. & BURMEISTER M. (1999) Deletion of chromosome 2q37 and autism : a distinct subtype ? *Journal of Autism and Developmental Disorders*, 29 : 259-263.

GILLBERG C. (1998) Chromosomal disorders and autism. *Journal of Autism and Developmental Disorders*, 28 : 415-425.

GORDON C. T., STATE R. C., NELSON J. E., HAMBURGER S. D. & RAPOPORT J. L. (1993) A double-blind comparison of clomipramine, desipramine, and placebo in the treatment of autistic disorder. *Archives of General Psychiatry*, 50 : 441-447.

GOUSSÉ V., PLUMET M. H., CHABANE N., MOUREN-SIMÉONI M. C., FERRADIAN N. & LEBOYER M. (2002) Fringe phenotypes in autism : review of clinical, biochemical and cognitive studies. *European Psychiatry*, 17 : 1-9.

HARRISON J. E. & BOLTON P. F. (1997) Annotation : tuberous sclerosis. *Journal of Child Psychology and Psychiatry*, 38 : 603-614.

ICHTCHENKO K., HATA Y., NGUYEN T., ULLRICH B., MISSLER M., MOOMAW C. & SUDHOF T. C. (1995) Neuroligin 1 : a splice site-specific ligand for beta-neurexins. *Cell*, 81 : 435-443.

IMGSAC. (1998) A full genome screen for autism with evidence for linkage to a region on chromosome 7q. International Molecular Genetic Study of Autism Consortium. *Human Molecular Genetics*, 7 : 571-578.

IMGSAC. (2001a) A genomewide screen for autism : strong evidence for linkage to chromosomes 2q, 7q, and 16p. *American Journal of Human Genetics*, 69 : 570-581.

IMGSAC. (2001b) Further characterization of the autism susceptibility locus AUTS1 on chromosome 7q. *Human Molecular Genetics*, 10 : 973-982.

INGRAM J. L., STODGELL C. J., HYMAN S. L., FIGLEWICZ D. A., WEITKAMP L. R. & RODIE, P. M. (2000) Discovery of allelic variants of HOXA1 and HOXB1 : genetic susceptibility to autism spectrum disorders. *Teratology*, 62 : 393-405.

ISHIKAWA-BRUSH Y., POWELL J. F., BOLTON P., MILLER A. P., FRANCIS F., WILLARD H. F., LEHRACH H. & MONACO A. P. (1997) Autism and multiple exostoses associated with an X ; 8 translocation occurring within the GRPR gene and 3' to the SDC2 gene. *Human Molecular Genetics*, 6 : 1241-1250.

JAMAIN S., BETANCUR C., QUACH H., PHILIPPE A., FELLOUS M., GIROS B., GILLBERG C., LEBOYER M., BOURGERON T. & the Paris Autism Research International Sibpair (PARIS) Study. (2002a) Linkage and association of the glutamate receptor 6 gene with autism. *Molecular Psychiatry*, 7 : 302-310.

JAMAIN S., QUACH H., QUINTANA-MURCI L., BETANCUR C., PHILIPPE A., GILLBERG C., SPONHEIM E., SKJELDAL O., FELLOUS M., LEBOYER M. *et al.* (2002b) Y chromosome haplogroups in autistic subjects. *Molecular Psychiatry*, 7 : 217-219.

JAMAIN S., QUACH H., BETANCUR C., RASTAM M., COLINEAUX C., GILLBERG I. C., SODERSTROM H., GIROS B., LEBOYER M., GILLBERG C. *et al.* (2003) Mutations of the X-linked genes encoding neuroligins NLGN3 and NLGN4 are associated with autism. *Nature Genetics*, 34 : 27-29.

JOBLING M. A. (2001) In the name of the father : surnames and genetics. *Trends in Genetics*, 17 : 353-357.

KANNER L. (1943) Autistic disturbances of affective contact. *Nervous Child*, 2 : 217-250.

KLAUCK S. M., POUSTKA F., BENNER A., LESCH K. P. & POUSTKA A. (1997) Serotonin transporter (5-HTT) gene variants associated with autism ? *Human Molecular Genetics*, 6 : 2233-2238.

KREBS M. O., BETANCUR C., LEROY S., BOURDEL M. C., GILLBERG C., LEBOYER M. & PARIS. (2002) Absence of association between a polymorphic GGC repeat in the 5' untranslated region of the reelin gene and autism. *Molecular Psychiatry*, 7 : 801-804.

LAI C. S., FISHER S. E., HURST J. A., VARGHA-KHADEM F. & MONACO A. P. (2001) A forkhead-domain gene is mutated in a severe speech and language disorder. *Nature*, 413 : 519-523.

LANDER E. S., LINTON L. M., BIRREN B., NUSBAUM C., ZODY M. C., BALDWIN J., DEVON K., DEWAR K., DOYLE M., FITZHUGH W. *et al.* (2001) Initial sequencing and analysis of the human genome. *Nature*, 409 : 860-921.

LAUMONNIER F., BONNET-BRILHAULT F., GOMOT M., BLANC R., DAVID A., MOIZARD M. P., RAYNAUD M., RONCE N., LEMONNIER E., CALVAS P. *et al.* (2004) X-Linked Mental Retardation and Autism Are Associated with a Mutation in the NLGN4 Gene, a Member of the Neuroligin Family. *American Journal of Human Genetics*, 74 : 552-557.

LEBOYER M., BELLIVIER F., NOSTEN-BERTRAND M., JOUVENT R., PAULS D. & MALLET J. (1998) Psychiatric genetics : search for phenotypes. *Trends in Neuroscience*, 21 : 102-105.

LEBOYER M., PHILIPPE A., BOUVARD M., GUILLOUD-BATAILLE M., BONDOU D., TABUTEAU F., FEINGOLD J., MOUREN-SIMEONI M. C. & LAUNAY J. M. (1999) Whole blood serotonin and plasma beta-endorphin in autistic probands and their first-degree relatives. *Biological Psychiatry*, 45 : 158-163.

LIJAM N., PAYLOR R., MCDONALD M. P., CRAWLEY J. N., DENG C. X., HERRUP K., STEVENS K. E., MACCAFERRI G., MCBAIN C. J., SUSSMAN D. J. *et al.* (1997) Social interaction and sensorimotor gating abnormalities in mice lacking Dvl1. *Cell*, 90 : 895-905.

LIU J., NYHOLT D. R., MAGNUSSEN P., PARANO E., PAVONE P., GESCHWIND D., LORD C., IVERSEN P., HOH J., OTT J. *et al.* (2001) A genomewide screen for autism susceptibility loci. *American Journal of Human Genetics*, 69 : 327-340.

LORD C., RUTTER M. & LE COUTEUR A. (1994) Autism Diagnostic Interview-Revised : a revised version of a diagnostic interview for caregivers of individuals with possible pervasive developmental disorders. *Journal of Autism and Developmental Disorders*, 24 : 659-685.

MATTHYSSE S. & PARNAS J. (1992) Extending the phenotype of schizophrenia : implications for linkage analysis. *Journal of Psychiatric Research*, 26 : 329-344.

MCDOUGLE C. J., NAYLOR S. T., COHEN D. J., VOLKMAR F. R., HENINGER G. R. & PRICE L. H. (1996) A double-blind, placebo-controlled study of fluvoxamine in adults with autistic disorder. *Archives of General Psychiatry*, 53 : 1001-1008.

MILES J. H. & HILLMAN R. E. (2000) Value of a clinical morphology examination in autism. American Journal of Human Genetics, 91 : 245-253.

MIYASHIRO K. Y., BECKEL-MITCHENER A., PURK T. P., BECKER K. G., BARRET T., LIU L., CARBONETTO S., WEILER I. J., GREENOUGH W. T. & EBERWINE J. (2003) RNA cargoes associating with FMRP reveal deficits in cellular functioning in Fmr1 null mice. *Neuron*, 37 : 417-431.

NEWBURY D. F., BONORA E., LAMB J. A., FISHER S. E., LAI C. S., BAIRD G., JANNOUN L., SLONIMS V., STOTT C. M., MERRICKS M. J. *et al.* (2002) FOXP2 is not a major susceptibility gene for autism or specific language impairment. *American Journal of Human Genetics*, 70 : 1318-1327.

PERSICO A. M., MILITERNI R., BRAVACCIO C., SCHNEIDER C., MELMED R., CONCIATORI M., DAMIANI V., BALDI A. & KELLER F. (2000) Lack of association between serotonin transporter gene promoter variants and autistic disorder in two ethnically distinct samples. *American Journal of Human Genetics*, 96 : 123-127.

PERSICO A. M., D'AGRUMA L., MAIORANO N., TOTARO A., MILITERNI R., BRAVACCIO C., WASSINK T. H., SCHNEIDER C., MELMED R., TRILLO S. *et al.* (2001) Reelin gene alleles and haplotypes as a factor predisposing to autistic disorder. *Molecular Psychiatry*, 6 : 150-159.

PETIT E., HERAULT J., MARTINEAU J., PERROT A., BARTHÉLÉMY C., HAMEURY L., SAUVAGE D., LELORD G & MÜH J. P. (1995) Association study with two markers of a human homeogene in infantile autism. *Journal of Medical Genetics*, 32 : 269-274.

PHILIPPE A., MARTINEZ M., GUILLOUD-BATAILLE M., GILLBERG C., RASTAM M., SPONHEIM E., COLEMAN M., ZAPPELLA M., ASCHAUER H., VAN MALDERGEM L. *et al.* (1999) Genome-wide scan for autism susceptibility genes. Paris Autism Research International Sibpair Study. *Human Molecular Genetics*, 8 : 805-812.

RISCH N. & MERIKANGAS K. (1996) The future of genetic studies of complex human diseases. *Science*, 273 : 1516-1517.

RISCH N., SPIKER D., LOTSPEICH L., NOURI N., HINDS D., HALLMAYER J., KALAYDJIEVA L., MCCAGUE P., DIMICELI S., PITTS T. *et al.* (1999) A genomic screen of autism : evidence for a multilocus etiology. *American Journal of Human Genetics*, 65 : 493-507.

SACHIDANANDAM R., WEISSMAN D., SCHMIDT S. C., KAKOL J. M., STEIN L. D., MARTH G., SHERRY S., MULLIKIN J. C., MORTIMORE B. J., WILLEY D. L. *et al.* (2001) A map of human genome sequence variation containing 1.42 million single nucleotide polymorphisms. *Nature*, 409 : 928-933.

SCHEIFFELE P., FAN J., CHOIH J., FETTER R. & SERAFINI T. (2000) Neuroligin expressed in nonneuronal cells triggers presynaptic development in contacting axons. *Cell*, 101 : 657-669.

SERAJEE F. J., NABI R., ZHONG H. & MAHBUBUL HUQ A. H. (2003) Association of INPP1, PIK3CG, and TSC2 gene variants with autistic disorder : implications for phosphatidylinositol signalling in autism. *Journal of Medical Genetics*, 40 : e119.

SHAO Y., RAIFORD K. L., WOLPERT C. M., COPE H. A., RAVAN S. A., ASHLEY-KOCH A. A., ABRAMSON R. K., WRIGHT H. H., DELONG R. G., GILBERT J. R. *et al.* (2002a) Phenotypic homogeneity provides increased support for linkage on chromosome 2 in autistic disorder. *American Journal of Human Genetics*, 70 : 1058-1061.

SHAO Y., WOLPERT C. M., RAIFORD K. L., MENOLD M. M., DONNELLY S. L., RAVAN S. A., BASS M. P., MCCLAIN C., VON WENDT L., VANCE J. M. *et al.* (2002b) Genomic screen and follow-up analysis for autistic disorder. *American Journal of Human Genetics*, 114 : 99-105.

SHAO Y., CUCCARO M. L., HAUSER E. R., RAIFORD K. L., MENOLD M. M., WOLPERT C. M., RAVAN S. A., ELSTON L., DECENA K., DONNELLY S. L. *et al.* (2003) Fine Mapping of Autistic Disorder to Chromosome 15q11-q13 by Use of Phenotypic Subtypes. *American Journal of Human Genetics*, 72 : 539-548.

SMITH M., ESCAMILLA J. R., FILIPEK P., BOCIAN M. E., MODAH C., FLODMAN P. & SPENCE M. A. (2001) Molecular genetic delineation of 2q37.3 deletion in autism and osteodystrophy : report of a case and of new markers for deletion screening by PCR. *Cytogenetics and Cell Genetics*, 94 : 15-22.

SONG J. Y., ICHTCHENKO K., SUDHOF T. C. & BROSE N. (1999) Neuroligin 1 is a postsynaptic cell-adhesion molecule of excitatory synapses. *Proceedings of the National Academy of Sciences Etats-Unis*, 96 : 1100-1105.

STEFFENBURG S., GILLBERG C., HELLGREN L., ANDERSSON L., GILLBERG I. C., JAKOBSSON G. & BOHMAN M. (1989) A twin study of autism in Denmark, Finland, Iceland, Norway and Sweden. *Journal of Child Psychology and Psychiatry*, 30 : 405-416.

THOMAS N. S., SHARP A. J., BROWNE C. E., SKUSE D., HARDIE C. & DENNIS N. R. (1999) Xp deletions associated with autism in three females. *Human Genetics*, 104 : 43-48.

TSUANG M. T. (1993) Genotypes, phenotypes, and the brain. A search for connections in schizophrenia. *The British Journal of Psychiatry*, 163 : 299-307.

VEENSTRA-VANDERWEELE J., GONEN D., LEVENTHAL B. L. & COOK Jr. E. H. (1999) Mutation screening of the UBE3A/E6-AP gene in autistic disorder. *Molecular Psychiatry*, 4 : 64-67.

VINCENT J. B., HERBRICK J. A., GURLING H. M., BOLTON P. F., ROBERTS W. & SCHERER S. W. (2000) Identification of a novel gene on chromosome 7q31 that is interrupted by a translocation breakpoint in an autistic individual. *American Journal of Human Genetics*, 67 : 510-514.

WASSINK T. H., PIVEN J. & PATIL S. R. (2001a) Chromosomal abnormalities in a clinic sample of individuals with autistic disorder. *Psychiatric Genetics*, 11 : 57-63.

WASSINK T. H., PIVEN J., VIELAND V. J., HUANG J., SWIDERSKI R. E., PIETILA J., BRAUN T., BECK G., FOLSTEIN S. E., HAINES J. L. *et al.* (2001b) Evidence supporting WNT2 as an autism susceptibility gene. *American Journal of Human Genetics*, 105 : 406-413.

WOLFF D. J., CLIFTON K., KARR C. & CHARLES J. (2002) Pilot assessment of the subtelomeric regions of children with autism : detection of a 2q deletion. *Genetics in Medicine*, 4 : 10-14.

WORLD HEALTH ORGANIZATION (1992) *The ICD-10 Classification of Mental and Behavioral Disorders : Clinical Descriptions and Diagnostic Guidelines*. Genève : World Health Organization.

YIRMIYA N., PILOWSKY T., NEMANOV L., ARBELLE S., FEINSILVER T., FRIED I. & EBSTEIN R. P. (2001) Evidence for an association with the serotonin transporter promoter region polymorphism and autism. *American Journal of Human Genetics*, 105 : 381-386.

Mendel, le chromosome X et le garçon autiste

Par Claude Moraine, Marie Gomot,
Frédéric Laumonnier et Sylvain Briault

Les facteurs génétiques ont une responsabilité élevée dans le déterminisme de l'autisme. D'autre part, le taux de masculinité de l'autisme est fort : quatre garçons pour une fille. Enfin, quatre autistes sur cinq ont une déficience mentale associée.

Or la forme la plus fréquente de déficience mentale héréditaire est le cadre nosologique des déficiences mentales liées au sexe, qui impliquent des gènes situés sur le chromosome X, dont un seul est en cause dans une famille donnée. Plus de quinze gènes sont identifiés à ce jour, mais d'autres demeurent à découvrir. Au sein des familles impliquées par une « déficience mentale liée au sexe », seuls des garçons sont habituellement retardés, et cela explique probablement pour une grande part le taux de masculinité élevé des déficiences mentales prises dans leur ensemble.

Au sein de telles familles, nous avons montré qu'il existe d'importantes variations phénotypiques, tant quantitatives que qualitatives, et notamment que certains sujets porteurs de la mutation, les uns faiblement retardés et d'autres plus fortement retardés, ont un tableau autistique caractérisé.

Nous présentons et discutons une hypothèse selon laquelle ces situations pourraient expliquer, pour une part tout au moins, en premier lieu, l'excès de garçons parmi les sujets autistes et, en deuxième lieu, la désignation antérieure de nombreux sites chromosomiques impliqués dans l'autisme, situés, pour la plupart, sur des autosomes (chromosomes non sexuels).

Le champ de l'autisme est défini comme un trouble de la communication et de l'interaction avec les proches, associé à une intolérance au changement et à des persévérations.

L'autisme est également caractérisé par des particularités de la perception de l'environnement.

La majorité des sujets autistes ont une déficience cognitive

Environ 80 % des sujets diagnostiqués comme autistes ont un retard mental associé (Bailey *et al.*, 1996 ; Fombonne, 1999) : l'autisme pur de Kanner est rare. Or le brouillage de la perception de l'environnement observé dans l'autisme pourrait contribuer aux troubles des apprentissages de l'enfant : cela fonde les efforts de précocité du diagnostic et de prise en charge. Toutefois, il apparaît de plus en plus probable que l'autisme et une part importante de la déficience cognitive qui y est associée sont la conséquence de processus physiopathologiques en partie communs.

Les symptômes autistiques ont fréquemment un déterminisme génétique

L'origine organique de l'autisme ne laisse plus aucun doute, comme le suggère notamment son association, chez certains sujets, à une épilepsie, et/ou à des maladies génétiques parfaitement identifiées. Or, si la responsabilité de causes exogènes a pu être défendue dans certaines situations particulières, différents arguments, rapportés dans d'autres chapitres de cet ouvrage, soutiennent la responsabilité de facteurs génétiques dans le déterminisme de tout ou partie des situations d'autisme (Jamain, cet ouvrage ; Andres, cet ouvrage).

Dans cette optique, des modèles multifactoriels, alliant la responsabilité de facteurs génétiques multiples dont les effets respectifs s'additionnent à celle de facteurs d'environnement prénatals, ont été proposés de longue date, au vu de l'aspect généalogique des situations de récurrence familiale observées. Ces modèles ont constitué la justification de puissantes études d'association et de liaison. Celles-ci ont désigné de nombreux sites du génome comme suspects de contenir un (ou des) gène(s) potentiellement impliqué(s) dans la genèse de la symptomatologie autistique. La quasi-totalité des autosomes (chromosomes non sexuels) ont été désignés, ainsi que plusieurs régions du chromosome X (Folstein et Rosen-Sheidley, 2001). L'association récente des efforts de plusieurs équipes au sein d'un consortium international rend compte de l'espoir porté par cette hypothèse.

Quoi qu'il en soit, les cliniciens entraînés à l'examen des sujets autistes sont maintenant convaincus qu'il n'existe pas une maladie « autisme » mais une symptomatologie autistique dont le tableau n'est jamais parfaitement identique d'un sujet à l'autre. Pour cette raison, en particulier, il apparaît hautement vraisemblable que la cause des symptômes autistiques n'est pas strictement identique d'un sujet à l'autre.

Les sujets autistes, tout comme les sujets déficients mentaux, sont plus souvent des garçons

LES SUJETS AUTISTES SONT SOUVENT DES GARÇONS

Rappelons que les sujets autistes sont plus souvent des garçons : 4 garçons pour 1 fille.

LES SUJETS DÉFICIENTS MENTAUX SONT PLUS SOUVENT DES GARÇONS

Dans le cadre de la déficience mentale considérée comme un ensemble, il existe aussi un excès de garçons, certes moindre, tant dans les formes familiales que dans les formes sporadiques : 1,25 garçon pour 1 fille. On sait que des mutations dans des gènes situés sur le chromosome X ont été suspectées, depuis plus de trente ans, d'être à l'origine de cet excès de garçons (figure 1). Par la suite, des études de populations ont permis de confirmer la haute fréquence des « déficiences mentales liées au sexe », cause la plus fréquente des déficiences mentales héréditaires, qui explique ainsi au moins une grande part de cet excès de garçons retardés.

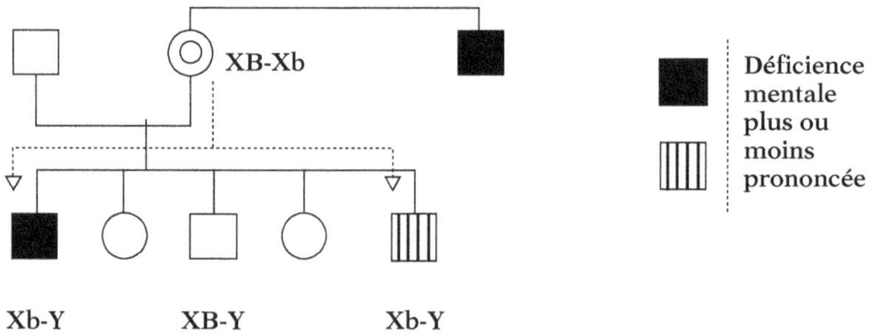

Figure 1 : Déficience mentale liée au sexe : transmission et variations phénotypiques.

Sont représentées schématiquement la transmission et la variabilité phénotypique. Les flèches « pointillées » représentent le trajet familial de l'allèle pathologique Xb du gène impliqué.

LE GROUPE PATHOLOGIQUE DES DÉFICIENCES MENTALES LIÉES À L'X EST GÉNÉTIQUEMENT HÉTÉROGÈNE

Le groupe pathologique des déficiences mentales liées à l'X s'est rapidement montré génétiquement hétérogène. 1) Les premiers gènes identifiés ont concerné des pathologies rares où des signes physiques reconnaissables avaient permis d'individualiser des tableaux cliniques spécifiques. Secondairement, le gène de l'X fragile a été identifié comme impliqué dans une forme spécifique plus fréquente que les autres. 2) Cependant, il est maintenant certain que plus de deux tiers des situations de déficience mentale liée au sexe correspondent à des tableaux cliniques peu (voire non) spécifiques ; vingt-cinq gènes différents ont été identifiés à ce jour, mais ils n'expliquent pas plus qu'un tiers des situations observées : d'autres gènes devront donc être trouvés.

LES DÉFICIENCES MENTALES LIÉES AU SEXE MANIFESTENT UNE CONSIDÉRABLE VARIABILITÉ PHÉNOTYPIQUE INTRAFAMILIALE, QUANTITATIVE ET QUALITATIVE

L'analyse clinique des familles de déficience mentale liée au sexe met en évidence, de façon constante, de considérables variations phénotypiques intrafamiliales ; celles-ci intéressent surtout l'intensité du déficit cognitif, mais aussi ses caractères qualitatifs.

DES SYMPTÔMES AUTISTIQUES SONT FRÉQUENTS
DANS LES DÉFICIENCES MENTALES LIÉES AU SEXE

Des symptômes autistiques sont observés dans une proportion d'au moins 5 % chez les sujets porteurs du syndrome de l'X fragile, qui est la forme la mieux connue de ce groupe de maladies. Par ailleurs, l'observation de 25 familles « de » déficience mentale liée au sexe sans X fragile, dans lesquelles nous avions pu effectuer une étude de liaison précise ou identifier le gène en cause, nous a permis de montrer que, dans sept d'entre elles, des symptômes autistiques francs existaient chez un ou plusieurs sujets retardés de la famille (figure 2).

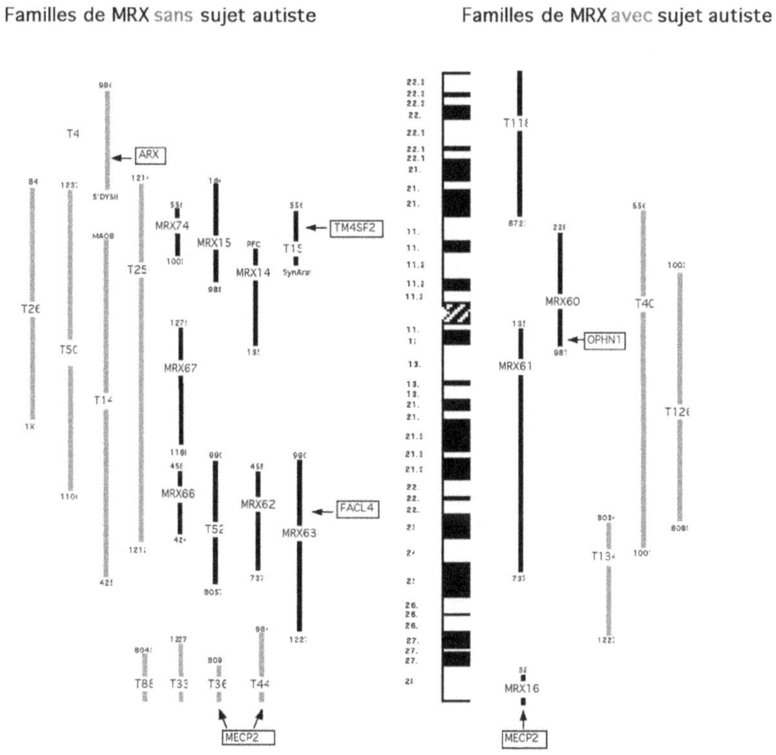

Figure 2 : Déficiences mentales liées au sexe non spécifiques (MRX).
Sont représentés par des traits verticaux les territoires de localisation respectifs, sur le chromosome X, des gènes impliqués dans chaque famille : un gène par famille. On peut constater que près d'une famille sur trois comportait un ou plusieurs sujets autistes, parmi les sujets porteurs de la mutation.

L'AUTISME ET LES DÉFICIENCES MENTALES LIÉES AU SEXE ONT DES GÈNES EN COMMUN

Il apparaît ainsi que l'autisme et les déficiences mentales liées au sexe ont des gènes en commun. Par ailleurs, cette observation peut ouvrir sur une des explications possibles du fort taux de masculinité de l'autisme considéré comme « une » pathologie.

LE CAS PARTICULIER DE LA NEUROLIGINE 4

Dans une des familles de déficience mentale liée au sexe jugée « non spécifique » que nous avions étudiée, l'étude de localisation du gène et des arguments fonctionnels nous a conduit à mettre en évidence, chez un des sujets retardés, une variation de séquence pathogène (mutation) du gène de la NLGN4, qui est situé près d'une des extrémités du chromosome X (Laumonnier *et al.*, 2004). L'analyse complète de la famille nous a montré que cette même mutation est présente chez des sujets autistes, les uns moyennement retardés et d'autres légèrement retardés, ainsi que chez les autres sujets retardés. Dans cette famille, l'existence de symptômes autistiques n'est pas corrélée à la sévérité de la déficience mentale associée, si tant est que l'on puisse en juger. Parallèlement, Jamain et coll. ont mis en évidence une mutation du gène de la NLGN4, de nature voisine de celle de la famille que nous rapportons, chez deux frères dont l'un a un tableau autistique sans déficience mentale et l'autre un syndrome d'Asperger dont on connaît la communauté symptomatologique avec l'autisme (Jamain *et al.*, 2003). Ainsi, dans ces familles, un tableau autistique et une déficience mentale apparaissent-ils comme des manifestations alternatives ou associées d'une même mutation d'un même gène.

D'AUTRES GÈNES DU CHROMOSOME X

Parmi les familles que nous rapportons plus haut, une autre a vu récemment son gène de l'X identifié (publication en cours de rédaction) ; chez les sujets masculins porteurs de la mutation, la déficience mentale, associée ou non à des signes d'autisme, ne s'accompagnait d'aucune symptomatologie physique caractérisée. Par ailleurs, nous avons observé une situation analogue mais plus tranchée dans une autre famille qui avait été étudiée en raison d'une pathologie spécifique liée au sexe, le syndrome de Nance-Horan qui détermine constamment une cataracte congénitale et des particularités morphologiques dentaires chez les garçons atteints, mais où la déficience mentale est inconstante (Toutain *et al.*, 1997) : plusieurs sujets porteurs de la mutation avaient une déficience mentale modeste, et deux autres avaient un tableau autistique sévère et une déficience mentale plus marquée.

L'origine des symptômes autistiques observés dans les familles de déficience mentale liée au sexe demande interprétation

L'origine des symptômes autistiques observés inconstamment dans les familles de déficience mentale liée au sexe demande interprétation. Selon nous, il pourrait s'agir d'un aspect particulier de la variation phénotypique intrafamiliale qui est habituellement observée dans ces situations. Deux approches respectivement génétique et physiopathologique doivent être envisagées pour tenter de progresser.

L'APPROCHE GÉNÉTIQUE, PAR LE CHROMOSOME X

Ces situations familiales où tous les sujets mutés sont retardés mais où certains seulement ont des signes autistiques patents pourraient traduire, selon nous, des formes particulières de la variation d'expression phénotypique que l'on observe couramment au sein des familles de déficience mentale liée au sexe. Cela conduit à envisager plusieurs hypothèses alternatives pour expliquer l'origine des signes autistiques observés. Il pourrait s'agir :

1 — Soit d'un effet « stochastique » qualitatif de la mutation, qui serait responsable, par exemple, de connexions synaptiques diversement anormales.

2 — Soit de la survenue, chez le sujet qui est porteur de la mutation germinale d'un gène de l'X, de mutations somatiques (accidents génétiques survenus au cours de la vie embryonnaire ou plus tard) sur un (ou plusieurs) autre(s) gène(s), dont les effets additifs conduiraient éventuellement à l'atteinte d'un seuil, modèle intellectuellement intéressant mais difficile à étayer : des symptômes autistiques apparaîtraient lorsqu'un certain seuil de « risque d'autisme » serait atteint chez l'individu, et l'existence d'une déficience mentale abaisserait ce seuil facilitant ainsi l'apparition des signes d'autisme.

3 — Soit de l'association, chez le sujet qui combine déficience mentale et autisme (figure 3) :

a) de la mutation du gène de l'X, (l'allèle sain de ce gène est nommé B et l'allèle pathologique b : le sujet masculin est atteint) et

b) d'une variation de séquence d'un autre (voire de plusieurs autres) gène(s), autosomique(s), nommé ici C pour l'allèle sain et c pour l'allèle pathologique : les sujets Cc sont des porteurs hétérozygotes de la variation de séquence « facilitatrice », variation de séquence transmise par une autre branche de la famille que la mutation de l'X, ou par la même. Chez les apparentés qui ne sont pas mutés pour le gène de l'X, cette variation c n'engendre pas de symptômes autistiques, ou engendre des symptômes autistiques « non reconnus comme pathogènes » en raison, par exemple, de leur faible intensité.

Cette dernière éventualité fonderait ainsi deux hypothèses proches, à savoir :

— Soit un mécanisme pauci-génique impliquant, par exemple, la NLGN4 et un ou plusieurs autres gènes, autosomiques ou liés à l'X. Dans cette hypothèse, les différents gènes impliqués auraient une importance similaire.

— Soit un déterminisme monogénique (*NLGN4* ou un autre gène) modulé par un ou des gènes « modificateurs ». Les gènes « modificateurs » pourraient ainsi correspondre à ceux dont les études de liaison et/ou d'association ont suggéré l'existence le plus souvent sur les autosomes.

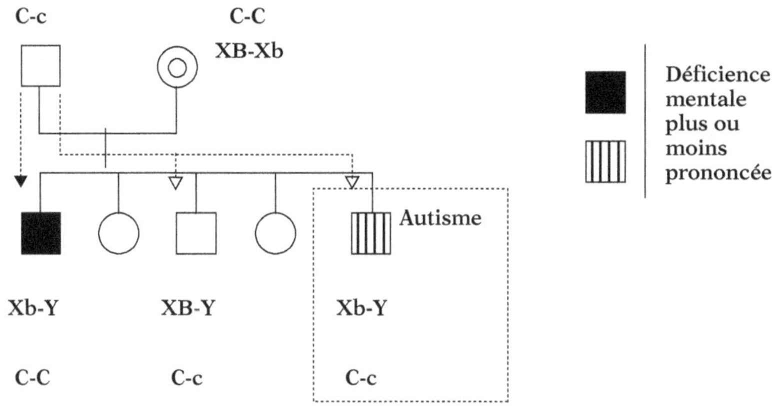

Figure 3 : Hypothèse bigénique de l'autisme.
Le schéma représente : 1) un gène B situé sur le chromosome X, dont l'allèle b est pathogène, et 2) un gène C situé sur un autosome, dont l'allèle c favorise l'autisme quand il est associé à l'allèle b du gène de l'X.

LA POPULATION DES SUJETS AUTISTES POURRAIT ÊTRE REPRÉSENTÉE COMME UNE SORTE DE MOSAÏQUE

De ce point de vue, la population des sujets autistes que nous avons observée pourrait être représentée comme une sorte de *mosaïque* (figure 4) : chaque sujet autiste aurait en effet une forte probabilité d'être seul ou peu accompagné dans sa catégorie, cette catégorie étant caractérisée par l'association d'une « mutation pathogène » dans un gène de l'X et d'une « variation de séquence facilitante » dans un ou plusieurs gènes autosomiques (voire de l'X) ; cette association n'aurait qu'une faible probabilité d'être strictement identique entre un sujet d'une famille et un sujet d'une autre famille, en raison du grand nombre de gènes de l'X susceptibles d'être en cause comme gènes principaux, et du grand nombre de gènes « facilitateurs », autosomiques ou gonosomiques, dont l'existence a été postulée à partir des études de liaison et/ou d'association.

La proposition de cette hypothèse conduit à se demander si l'apparition d'un phénotype autistique 1) serait propre à certains gènes de l'X, voire à certaines mutations de ceux-ci (il existerait alors des « gènes de l'autisme »), ou 2) serait susceptible d'être observée pour de nombreux gènes différents impliqués dans des déficiences mentales mendélien-

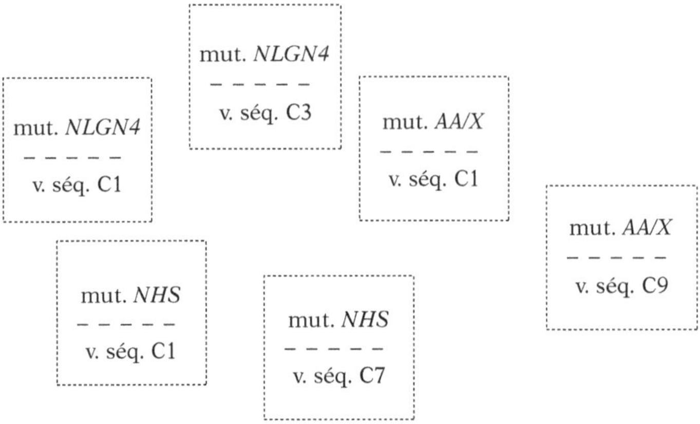

Figure 4 : Garçons autistes : génétique, mais pas tous les mêmes gènes. (Hypothèse : gène majeur sur l'X et gène « facilitateur » sur un autosome). Chaque carré représente un sujet autiste et contient ses particularités génétiques. Ces sujets ne sont pas apparentés.
— En noir est représentée une mutation (mut.) dans un gène majeur situé sur le chromosome X (*NLGN4, NHS*, ou gène imaginaire *AA/X*).
— En gris est représentée une variation de séquence (v. séq.) facilitante située dans un gène ou dans un segment polymorphe non génique (désigné arbitrairement par C1, C3, C7, C9).
Tous les sujets sont autistes, mais aucun n'a strictement le même patrimoine génétique causal que l'autre. L'ensemble réalise la « mosaïque » évoquée dans le paragraphe.

nes, liées à l'X ou autosomiques : dans cette deuxième hypothèse, la notion de seuil prendrait toute sa valeur, et la prévalence masculine beaucoup plus élevée dans l'autisme que dans les déficiences mentales serait difficile à expliquer par ce seul modèle.

Rappelons que les déficiences mentales autosomiques (impliquant un gène unique situé sur un autosome, c'est-à-dire un chromosome non sexuel, ni X ni Y) impliquent probablement plus de 200 gènes différents, dont très peu sont connus à ce jour : on ne sait que très peu de choses actuellement des formes récessives ; quant aux formes dominantes, leur étude se révèle difficile en raison, selon les situations, d'obstacles sociopsychologiques (transmission de parent atteint à enfant atteint) ou méthodologiques (mutations récentes extrêmement difficiles à identifier donc à étudier).

L'APPROCHE PHYSIOPATHOLOGIQUE

Le fort taux de masculinité observé dans l'autisme a reçu d'autres explications, dont la génétique n'est pas absente mais qui font appel à des modèles plus complexes que celui que nous présentons ici. Les observations cliniques suggèrent qu'il existe dans l'autisme une « anomalie des systèmes cérébraux impliqués dans la cognition sociale ». Or le déficit cognitif associé à l'autisme apparaît plus fréquent et plus franc chez les filles que chez les garçons, si la porte d'entrée est l'autisme. La « pureté relative » de l'autisme des garçons tiendrait à la différenciation cérébrale propre à ce sexe (Baron-Cohen, 2002). Notons que les sujets autistes, pris dans leur ensemble, manifestent, sur l'IRM fonctionnelle du sulcus temporal, une réaction altérée à l'émission des sons vocaux, alors que leur réaction aux « bruits non vocaux » est normale (Gervais *et al.*, 2004).

Les mécanismes proposés (Arnold, 2004) se fondent sur la différenciation sexuelle physiologique du cerveau, qui met en jeu a) non seulement la sécrétion androgénique pré- et postnatale propre aux garçons, mais aussi b) une expression génétique propre aux sujets 46, XY, qui repose peut-être à la fois sur l'expression cérébrale de gènes de l'Y sans équivalent sur l'X, sur l'expression tissulaire différente de certains gènes entre les deux sexes, sur la possession par le garçon d'un X unique et enfin sur l'origine constamment maternelle de cet X unique.

Si l'hypothèse génétique que nous présentons ici est fondée, comment expliquer qu'à ce jour il n'ait pas été rapporté d'antécédents habituels de déficience mentale chez des apparentés maternels des sujets autistes ?

a) Parce que la déficience mentale est plus rare que nous le croyons dans les familles mutées pour des gènes du chromosome X (biais de sélection de nos familles) et qu'ainsi de nombreuses familles n'auraient qu'une symptomatologie autistique comme manifestation, ou b) parce qu'il s'agirait plus souvent de mutations *de novo* (accident mutationnel sur un gamète) et non pas de mutations germinales transmises, explication qui demanderait commentaire.

Conclusion

La déficience mentale liée à des mutations de gènes du chromosome X est au sein d'une même famille, variable dans son intensité selon les sujets et peut être associée à une symptomatologie autistique.

Ces observations ne s'opposent pas, à notre avis, aux résultats des études d'association et/ou de liaison antérieurement publiées pour l'autisme : une partie de la population des garçons autistes pourrait être constituée d'une sorte de mosaïque de garçons individuellement mutés pour un gène de l'X, gène souvent différent d'une famille à l'autre, et qui porterait chacun, par ailleurs, une ou des variations de séquence pour un ou des gènes et/ou territoires polymorphes autosomiques.

Le biais de recrutement de notre étude est évident, étant donné que nous sommes « entrés » dans le cadre de l'autisme par l'étude de familles affectées par une pathologie liée au sexe. Par ailleurs, les hypothèses physiopathologiques de l'autisme qui font intervenir la « sexualisation de l'encéphale » sont très séduisantes. Si l'on postule qu'un seul mécanisme explique le fort taux de masculinité de l'autisme, des études complémentaires sont nécessaires pour confronter ce dernier groupe d'hypothèses à celle que nous présentons ici. Quel que soit le résultat de cette confrontation, la démarche qu'elle engage nous fera progresser.

Les auteurs remercient 1) Catherine Barthélémy, Nicole Bruneau, Josué Feingold et Martine Raynaud, pour leur lecture critique, ainsi que 2) Marie-Line Jacquemont pour sa participation à l'iconographie.

Références

(choix délibérément limité, en raison du contenu des autres chapitres de cet ouvrage)

ARNOLD A. P. (2004) Sex chromosomes and brain gender. Nature Reviews. *Neuroscience*, 5 : 1-8.

ANDRES C. cet ouvrage.

BAILEY A., PHILLIPS W. & RUTTER M. (1996) Autism : towards an integration of clinical, genetic, neuropsychological and neurobiological perspectives. *Journal of Child Psychology and Psychiatry*, 37 : 89-126.

BARON-COHEN S. (2002) The extreme male brain theory of autism. *Trends in Cognitive Sciences*, 6 : 248-254.

FOLSTEIN S. E. & ROSEN-SHEIDLEY B. (2001) Genetics of autism : complex aetiology for a heterogeneous disorder. *Nature Reviews. Genetics*, 2 : 943-955.

FOMBONNE E. (1999) The epidemiology of autism : a review. *Psychological Medicine*, 29 : 769-786.

GERVAIS H., BELIN P., BODDAERT N., LEBOYER M., COEZ A., SFAELLO I., BARTHÉLÉMY C., BRUNELLE F., SAMSON Y. & ZILBOVICIUS M. (2004) Abnormal cortical voice processing in autism. *Nature Neuroscience*, 7 : 801-802.

JAMAIN S., QUACH H., BETANCUR C., RASTAM M., COLINEAUX C., GILLBERG I. C., SODERSTROM H., GIROS B., LEBOYER M., GILLBERG C. & BOURGERON T. (2003) Mutations of the X-linked genes encoding neuroligins NLGN3 and NLGN4 are associated with autism. *Nature Genetics*, 34 : 27-29.

JAMAIN S. cet ouvrage.

LAUMONNIER F., BONNET-BRILHAULT F., GOMOT M., BLANC R., DAVID A., MOIZARD M. P., RAYNAUD M., RONCE N., LEMONNIER E., CALVAS P. *et al.* (2004) X-Linked Mental Retardation and Autism Are Associated with a Mutation in the NLGN4 Gene, a Member of the Neuroligin Family. *American Journal of Human Genetics*, 74 : 552-557.

TOUTAIN A., AYRAULT A. D. & MORAINE C. (1997) Mental retardation in Nance-Horan syndrome : clinical and neuropsychological assessment in four families. *American Journal of Medical Genetics*, 71 : 305-314.

Neurobiologie du développement du système nerveux central et autisme

Par Christian Andres

L'autisme est défini par des déficiences au niveau des interactions sociales, de la communication et de la régulation motrice. Cet ensemble de signes est le résultat d'anomalies présentes dans le cerveau. Nous disposons actuellement de très peu d'études directes de cerveaux de personnes autistes décédées. L'analyse macroscopique de ces cerveaux révèle fréquemment une augmentation du volume, confirmée par l'imagerie par résonance magnétique. Au niveau microscopique, aucune anomalie spécifique n'a pu être mise en évidence. Parmi les anomalies le plus souvent retrouvées, on a décrit une diminution du nombre de cellules de Purkinje du cortex cérébelleux, une atrophie des cellules de l'hippocampe, un compactage trop important des minicolonnes du cortex cérébral, une diminution de volume du corps calleux. Plusieurs arguments épidémiologiques sont concordants pour impliquer des facteurs génétiques dans l'étiologie de l'autisme. Les connaissances en génétique du développement ayant fait d'immenses progrès au cours des dernières années, il est actuellement possible de résumer les étapes du développement du cerveau par l'intervention séquentielle de nombreux gènes. La perturbation de ce programme est donc située au centre de la pathologie de l'autisme, soit par des facteurs extrinsèques qui vont modifier le bon déroulement du développement, soit par des facteurs génétiques qui vont directement modifier le programme d'expression ou la nature des protéines impliquées. De nombreux gènes intervenant dans le développement du système nerveux ont été étudiés au cours des dernières années dans l'autisme. Nous donnons ici trois exemples. Le gène WNT2 *est un gène de différenciation précoce des neurones, qui intervient dans la voie d'activation de la protéine dishevelled. Des souris portant l'invalidation du gène codant dishevelled présentent des déficits dans les interactions sociales. Certains allèles de* WNT2 *ont été associés à l'autisme. Un gène du développement cérébelleux,* engrailed 2, *a été associé par deux équipes indépendantes de chercheurs à l'autisme. Plusieurs arguments pointent vers l'implication du gène* OMGP, *intervenant dans la maturation des oligodendrocytes et des neurones. Ces travaux sont à leurs débuts, et les prochaines années verront un développement exponentiel des connaissances sur ce sujet. Cette perspective est en elle-même réjouissante, mais on peut espérer que la connaissance précise des mécanismes intervenant dans la genèse de l'autisme guidera des recherches pour de nouvelles stratégies préventives ou thérapeutiques.*

Introduction

Les personnes atteintes d'autisme présentent une déficience des capacités d'interaction sociale, de la communication et des activités motrices particulières. L'autisme est donc défini par des critères comportementaux. Ces anomalies comportementales apparaissent au cours des trois premières années de la vie de l'enfant, c'est-à-dire au cours du développement du système nerveux, et persistent toute la vie. Quelles sont les anomalies présentes dans le cerveau des personnes atteintes d'autisme ? Quelles sont les causes de ces anomalies ? Ces questions restent encore sans réponses dans la plupart des cas, malgré les avancées dans l'anatomopathologie, l'imagerie cérébrale et la génétique. L'hypothèse la plus communément défendue est que cette pathologie résulterait d'un mauvais développement du système nerveux central (SNC). Depuis une dizaine d'années, les progrès de la génétique moléculaire permettent de connaître en détail les étapes du développement du système nerveux. On peut espérer qu'une meilleure compréhension de l'autisme sera possible grâce à ces connaissances. Le but du présent exposé est de passer en revue les arguments en faveur de cette théorie neurodéveloppementale, en examinant les connaissances acquises dans le domaine de la structure macroscopique et microscopique du cerveau, et dans le domaine de la génétique moléculaire.

Neuropathologie

Les études anatomiques du cerveau de personnes autistes ont révélé des anomalies variées. Ces anomalies ne se trouvent pas chez tous les patients atteints, de plus elles existent aussi dans d'autres pathologies, différentes de l'autisme. Il est difficile de proposer une vue unifiée de l'anatomie du cerveau des autistes, cela n'est peut-être même pas possible, vu l'hétérogénéité étiologique que l'on peut supposer dans l'autisme. De plus, les études disponibles ne concernent que de très petits nombres de cas examinés, et dans les études *post mortem*, les causes de décès peuvent masquer les anomalies sous-jacentes liées à l'autisme. Les progrès récents de l'imagerie peuvent apporter dans ce cadre un éclairage nouveau. Nous allons examiner les diverses anomalies décrites, région par région.

LE VOLUME CÉRÉBRAL

L'augmentation du périmètre crânien avait déjà été observée par Kanner dans sa description initiale du tableau autistique (Kanner, 1943). Cette augmentation a été trouvée chez 20 à 30 % des enfants autistes par plusieurs investigateurs (Woodhouse *et al.*, 1996 ; Lainhart *et al.*, 1997 ; Ghaziuddin *et al.*, 1999), cela comparé à 2 % de la population témoin normale. Il ne s'agit pas d'une anomalie spécifique de l'autisme : on la retrouve aussi dans les troubles de l'attention et l'hyperactivité par exemple (Ghaziuddin *et al.*, 1999). La relation entre périmètre crânien et volume ou masse du cerveau est complexe. Il n'existe que peu d'examens directs anatomo-pathologiques en *post mortem*. Les cerveaux examinés par l'équipe de Bauman dépassaient de 100-200 g le poids des contrôles en dessous de l'âge de 12 ans, mais étaient plus légers chez les adultes (Bauman, 1996). Bailey et coll. ont étudié 6 cas en *post mortem*, dont trois avaient un cerveau nettement plus lourd et volumineux que la normale : 1 600 à

1 800 g au lieu de 1 250 à 1 350 g (Bailey *et al.*, 1998). Courchesne et coll. ont trouvé une augmentation de la masse du cerveau dans 3 cas sur 21, mais aussi un cas de microcéphalie (Courchesne, 1999). Cette augmentation de volume est confirmée par plusieurs études utilisant l'imagerie par résonance magnétique nucléaire, lorsqu'une comparaison est faite avec des témoins soigneusement appariés (Brambilla *et al.*, 2003). L'âge est particulièrement important pour ces comparaisons. En effet, comme l'avait déjà signalé Bauman, en dessous de 12 ans, les enfants autistes ont un cerveau plus grand, alors que cette différence s'efface à un âge plus important (Aylward *et al.*, 2002). Il semble donc que la croissance soit plus rapide au début du développement et diminue ou s'arrête ensuite chez les autistes, alors qu'elle se poursuit chez les témoins normaux. Une étude récente précise que la croissance du cerveau semble anormalement rapide entre 6 et 14 mois après la naissance (Courchesne *et al.*, 2003).

LE CERVELET

Les études par résonance magnétique nucléaire permettent d'analyser finement l'anatomie du SNC *in vivo*, et, depuis une quinzaine d'années, de nombreux travaux ont été réalisés grâce à cette méthode. Courchesne et coll. ont observé qu'une région du cervelet, le vermis cérébelleux, était diminuée de volume (hypoplasie). Dans cette zone médiane du cervelet, ce sont en particulier les lobules VI et VII qui sont réduits de 25 % de leur volume chez les autistes (Courchesne *et al.*, 1988). Le lobule VI intervient dans la motricité oculaire, qui est anormale chez certains autistes. Une synthèse des travaux de plusieurs équipes sur un plus grand nombre de cas montre que 87 % des patients présentaient une réduction de volume, alors que 13 % avaient une augmentation (Courchesne *et al.*, 1994). Ces anomalies n'ont cependant pas été retrouvées par tous les investigateurs (Rumsey *et al.*, 1988, Garber *et al.*, 1989, Piven *et al.*, 1990) et existent aussi dans d'autres pathologies neurologiques (Schaefer, 1996). Certains auteurs proposent que le volume vermien serait corrélé au niveau intellectuel plutôt qu'à la présence de l'autisme (Brambilla, 2003). Plusieurs investigateurs ont observé une augmentation du volume des hémisphères cérébelleux, mais cette augmentation paraît là aussi mieux corrélée au niveau intellectuel et dépend du volume total du cerveau (Brambilla *et al.*, 2003).

À l'échelle microscopique, plusieurs équipes ont décrit une diminution du nombre de cellules de Purkinje dans le cortex cérébelleux (Williams *et al.*, 1980 ; Bauman et Kemper, 1985 ; Ritvo *et al.*, 1986). Les neurones des noyaux profonds du cervelet ainsi que les neurones de l'olive inférieure dans le tronc cérébral sont trop grands chez les patients jeunes et trop petits chez les patients plus âgés (Bauman et Kemper, 1985). L'hypothèse, avancée par Bauman et Kemper pour expliquer ces anomalies, est que la perte précoce de cellules de Purkinje s'accompagne de la perturbation des circuits normaux, avec une hyperplasie des cellules des noyaux reliés au cortex cérébelleux. Par la suite, les neurones des noyaux, ne recevant pas d'influx du cortex, s'atrophieraient.

LE TRONC CÉRÉBRAL

Une réduction de la taille du noyau du nerf facial et de l'olive supérieure, associée à un raccourcissement du tronc cérébral, a été décrite par Rodier et coll. dans un cas d'autopsie (Rodier *et al.*, 1996). Ces anomalies évoquent celles rencontrées dans un modèle de souris avec une inactivation du gène *Hoxa1*. Des malformations de l'olive inférieure, en relation avec le cortex cérébelleux, et des ectopies neuronales ont été aussi décrites (Kemper et Bauman, 1993 ; Bailey *et al*, 1998).

LE SYSTÈME LIMBIQUE

Ce système comporte une portion de cortex située sur la face interne des hémisphères comprenant l'aire entorhinale et des structures plus profondes, comme l'hippocampe et le noyau de l'amygdale. Il joue un rôle dans la mémoire, l'affectivité et l'émotion. Au niveau macroscopique, plusieurs études d'imagerie par résonance magnétique nucléaire sont contradictoires, en trouvant un volume de l'amygdale augmenté, normal ou diminué (Brambilla *et al.*, 2003). Des anomalies microscopiques ont été cependant décrites sur les neurones de l'hippocampe, du cortex entorhinal, de portions de l'amygdale et des corps mamillaires (Bauman, 1991) : les cellules sont plus petites et plus densément groupées. Ces résultats ont été confirmés par une analyse plus fine utilisant une coloration de Golgi de l'hippocampe : les corps cellulaires sont plus petits et les dendrites, les prolongements récepteurs des neurones, sont simplifiées chez les autistes (Raymond *et al.*, 1996) (voir figure 1). Il faut noter que ces observations ont été réalisées sur un très petit effectif ; Bailey et coll. ne retrouvent des anomalies similaires que dans deux cas sur les 6 examinés (Bailey *et al.*, 1998).

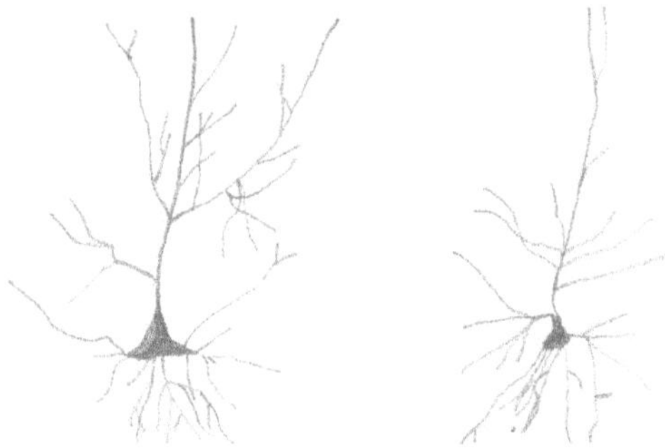

Figure 1 : Aspect de neurones de l'hippocampe colorés par la technique de Golgi. À gauche d'un cerveau témoin, à droite d'un cerveau autiste. On remarque l'appauvrissement des prolongements et le petit corps cellulaire du neurone provenant du cerveau autiste (redessiné d'après Raymond 1996).

LES RÉGIONS CORTICALES

Une légère augmentation relative du volume des lobes frontaux a été observée par imagerie (Carper et Courchesne, 2000). Une observation intéressante est la perte de l'asymétrie normale des deux parties les plus hautes du cortex temporal, le planum temporal. Normalement, le côté gauche est réduit par rapport au droit. Dans l'autisme, cette asymétrie disparaît (Rojas *et al.*, 2002). Cette zone temporale haute est impliquée dans la perception du langage. D'autres anomalies ont été décrites mais elles sont difficiles à interpréter, en raison d'effectifs faibles, de groupes témoins mal appariés, ou des faibles sensibilité et spécificité de l'anomalie.

Au niveau histologique, l'organisation fine du cortex semble anormale. Bailey et coll. rapportent un épaississement cortical localisé ou un cortex irrégulier (Bailey *et al.*, 1998). Les neurones corticaux sont agencés en unités verticales appelées les mini-colonnes. Chez les autistes, ces mini-colonnes sont plus compactes et donc plus nombreuses que chez les témoins non atteints (Casanova *et al.*, 2002) (voir figure 2).

Figure 2 : Aspect des mini-colonnes corticales. Les alignements de noyaux cellulaires sont bien visibles dans les deux coupes : à gauche témoin, à droite autiste. On remarque la plus grande compacité des colonnes dans le cerveau autiste (redessiné d'après Casanova *et al.*, 2002).

LE CORPS CALLEUX

Le corps calleux est une région reliant les deux hémisphères cérébraux. Une réduction du corps calleux a été mise en évidence en imagerie par divers auteurs (Egaas *et al.*, 1995 ; Piven *et al.*, 1997 ; Manes *et al.*, 1999 ; Hardan *et al.*, 2000) ; cette réduction est d'autant plus importante lorsqu'on tient compte de l'augmentation du volume cérébral total.

L'anomalie la plus constante dans l'autisme semble donc être l'augmentation de volume du cerveau. Cette augmentation pourrait provenir d'une multiplication exagérée des cellules nerveuses ou d'une diminution de l'élimination de ces cellules au cours des trois premières années de la vie. Au niveau microscopique, on retrouve souvent une diminution du nombre de cellules de Purkinje du cortex cérébelleux et des anomalies du cortex cérébral allant dans le sens des observations macroscopiques : atrophie du vermis et augmentation du volume cérébral. La diminution de volume du corps calleux est d'autant plus remarquable en tenant compte de l'augmentation de volume du cerveau, elle traduit soit une diminution du nombre des fibres reliant les deux hémisphères, soit un défaut de myélinisation de ces fibres.

Ces diverses anomalies ne sont pas spécifiques de la pathologie autistique, comme dans la maladie d'Alzheimer où l'association de dépôts de substance amyloïde et d'une dégénérescence neuronale est un critère de définition de la maladie. De plus, lorsqu'on trouve ces anomalies, elles n'expliquent pas toujours directement les comportements observés chez les patients. Il faut cependant souligner que nos connaissances sur les relations entre des zones du cerveau et des comportements dans lesquels elles sont impliquées sont encore très fragmentaires. L'imagerie fonctionnelle du cerveau va permettre de progresser rapidement dans ce domaine (voir le chapitre de M. Zilbovicius). Il est possible que, dans un proche avenir, l'examen ou le réexamen méticuleux des zones à fonction anormale révélera de nouvelles anomalies structurelles fines.

Neurogénétique du développement et autisme

Plusieurs arguments épidémiologiques sont concordants pour invoquer l'intervention de facteurs génétiques dans l'étiologie de l'autisme (voir Jamain *et al.* dans ce même volume). Les progrès en génétique, en particulier en génétique du développement, permettent maintenant de mieux connaître les rôles des gènes et les différentes étapes de l'expression de ces gènes au cours de la maturation du SNC. On sait que de très nombreux gènes sont impliqués dans ces processus, et des animaux modèles comme la mouche (*Drosophila*) et un ver nématode (*Caenorhabditis*) ont apporté des renseignements précieux à ce sujet.

On peut classer ces gènes en différentes catégories, en fonction de l'étape dans laquelle ils interviennent ou en fonction du rôle de la protéine qu'ils codent. L'énumération suivante illustre ce propos, elle n'est pas exhaustive. Les gènes intervenant dans la différenciation de la voie neuronale permettent d'enclencher les étapes de maturation d'une cellule vers le neurone à partir d'une cellule indifférenciée multipotente. Un variant allélique d'un de ces gènes, *WNT2*, a été associé à l'autisme par certains chercheurs. Les gènes intervenant dans la migration cellulaire ou neuritique interviennent dans l'établissement correct des connexions du SNC. La mise en place du cortex cérébral dépend de la reconnaissance du niveau où les cellules doivent migrer. La protéine reeline joue un rôle primordial dans cette reconnaissance. Certains variants de cette protéine ont été liés à des cas d'autisme. Les gènes intervenant dans la formation des synapses permettent la mise en relation des membranes neuronales pré- et postsynaptiques, et participent à l'enrichissement de ces zones membranaires en protéines fonctionnelles spécifiques. Une de ces protéines, la neuroliguine, permet la reconnaissance et l'ancrage des zones pré- et postsynaptiques en interagissant avec des récepteurs, les neurexines. Des mutations ont été décrites dans des gènes de neuroliguine chez plusieurs patients atteints d'autisme, de syndrome d'Asperger ou de déficience mentale (voir chapitre de Jamain *et al.* dans ce même volume).

Les études de gènes du développement du SNC dans l'autisme

L'exploration systématique des gènes impliqués dans le développement du SNC sera une tâche de longue haleine, les zones du génome liées à l'autisme étant nombreuses et étendues. La difficulté est augmentée par le fait que certains gènes possèdent plusieurs rôles et que la distinction gène de développement/gène de fonctionnement n'est pas toujours évidente. Il est ainsi probable que la perturbation de l'expression d'un gène de fonctionnement peut engendrer des troubles du développement. Des gènes candidats dans cette catégorie sont des gènes codant des GTPases ou des gènes intervenant dans la dégradation des protéines (ubiquitinylation) par exemple. De plus, des gènes exprimés en dehors du cerveau peuvent avoir une influence importante sur son développement. Un exemple historique est donné par la phénylcétonurie, due au déficit en phénylalanine hydroxylase. Cette enzyme n'est synthétisée que dans le foie, mais son absence entraîne un excès de phénylalanine toxique pour le cerveau en développement.

Ces études sont rendues difficiles par l'hétérogénéité de la pathologie. Dans certains cas, on s'attend à trouver des maladies monogéniques dues à l'inactivation d'un seul gène. Dans d'autres cas, on pourra trouver plusieurs anomalies minimes sur différents gènes. Les études devront porter sur des groupes importants de patients, comme cela est réalisé actuellement dans d'autres pathologies complexes, par exemple le diabète non insulinodépendant ou l'hypertension artérielle.

Pour illustrer ces propos, nous allons passer en revue trois exemples d'explorations de gènes du développement du système nerveux central.

UN GÈNE DE DÉVELOPPEMENT PRÉCOCE : *WNT2*

Plusieurs études de liaison avaient identifié une zone intéressante sur le bras long du chromosome 7 (IMGSAC, 1998 ; CLSA, 1999 ; Philippe *et al.*, 1999 ; Risch *et al.*, 1999). Des cas d'autisme associés à des cassures chromosomiques dans la même zone avaient aussi été décrits (Wassink *et al.*, 2001). La zone d'intérêt 7q31-33 est vaste et comporte un grand nombre de gènes. Parmi ces gènes, *WNT2* est exprimé durant le développement de divers organes dont le SNC. Ce gène code une protéine sécrétée dans le milieu extracellulaire, qui fonctionne comme un inducteur de différenciation, en agissant sur le récepteur frizzled. Ce récepteur transmet l'information à l'intérieur de la cellule grâce à la protéine dishevelled. De façon remarquable, des souris avec l'invalidation du gène dishevelled présentent des déficits dans les interactions sociales (Lijam *et al.*, 1997). Une étude du gène *WNT2* chez 135 autistes a permis de révéler deux allèles rares, transmis par l'un des parents aux enfants atteints uniquement (Wassink *et al.*, 2001). Ces allèles modifient un acide aminé dans une région conservée au cours de l'évolution des espèces, dont potentiellement importante. De plus, ces auteurs ont observé une transmission préférentielle d'un allèle fréquent d'un autre marqueur situé du côté 3' du gène. Ces anomalies sont particulièrement évidentes dans un sous-groupe de patients avec des troubles importants du langage. Malheureusement, deux études ultérieures n'ont pas retrouvé ces résultats (McCoy *et al.*, 2002 ; Li *et al.*, 2004). Cela n'exclut pas ce gène de la liste des facteurs de susceptibilité de l'autisme ; en particulier les deux mutations rares permettront peut-être de révéler des défauts fonctionnels dans des modèles cellulaires ou animaux. Mais on peut conclure avec les données disponibles que ce gène n'intervient pas fréquemment dans l'autisme.

UN GÈNE DU DÉVELOPPEMENT CÉRÉBELLEUX : *ENGRAILED 2*

Le gène *engrailed 2* code un facteur de transcription appartenant à une grande famille de protéines appelées protéines à domaine homéo ou homeobox (voir figure 3). Ce gène est exprimé précocement au cours du développement dans la région du tronc cérébral qui donnera naissance au cervelet (voir figure 4). L'inactivation de ce gène chez la souris produit des anomalies anatomiques au niveau du cervelet (Millen, 1994). Une première étude d'association entre ce gène et un groupe de 100 patients autistes français avait montré une association avec un allèle d'un marqueur situé du côté 5' du gène, dans la région contenant les sites potentiels de régulation d'expression du gène (Petit *et al.*, 1995). Des études de liaison ont par la suite identifié une zone sur le chromosome 7 proche du locus du gène (7q36) (Liu *et al.*, 2001 ; Alarcon *et al.*, 2002 ; Auranen *et al.*, 2002). Une étude plus complète, sur 204 familles originaires des États-Unis et comportant au moins deux enfants atteints, n'a pas permis de retrouver d'association (Zhong *et al.*, 2003). Mais ces chercheurs ont utilisé un autre marqueur situé dans l'exon 1 du gène, un polymorphisme modifiant une leucine en position 121 en phénylalanine. Un travail plus récent sur le même groupe de patients américains retrouve cependant une association avec ce gène : deux marqueurs de l'intron 1 sont préférentiellement transmis aux enfants malades (Gharani *et al.*, 2004). Le marqueur de l'exon 1 utilisé par Zhong et coll. n'est effectivement pas associé à l'autisme. Ces contradictions apparentes montrent l'extrême difficulté de ces travaux. L'interprétation de cette observation sur le plan fonctionnel reste à faire : les marqueurs introniques dont les allèles ont été associés à l'autisme sont très probablement non fonctionnels, des mutations fonctionnelles restent à être identifiées ailleurs dans le gène.

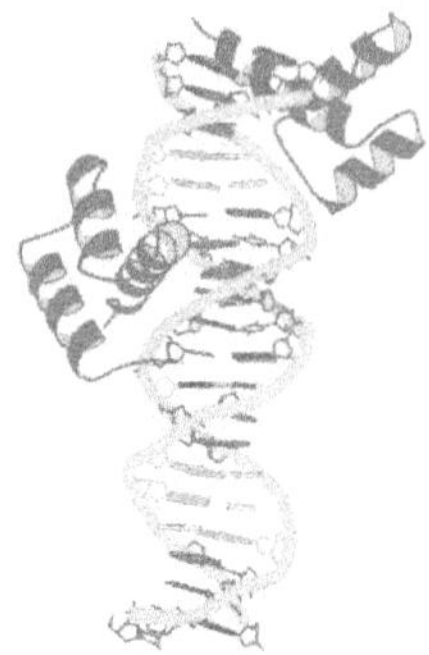

Figure 3 : Représentation schématique de l'interaction du domaine homéo de la protéine engrailed (en sombre) de la drosophile avec l'ADN (en clair) : cette interaction est à l'origine de la régulation de l'expression d'autres gènes que contrôle engrailed au cours du développement.

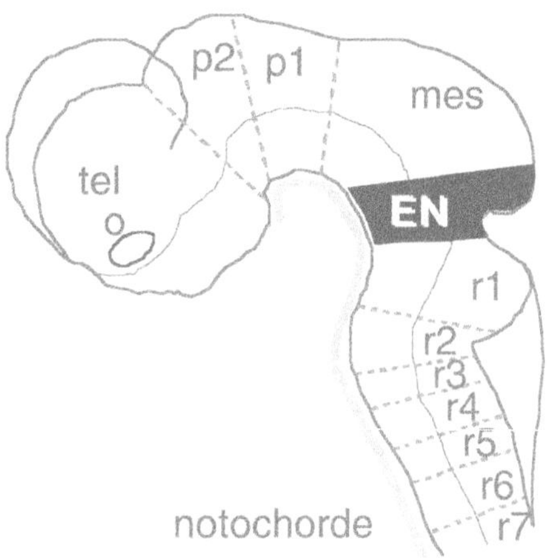

Figure 4 : Domaine d'expression du gène *engrailed (EN) 2* dans le cerveau embryonnaire. Cette zone correspond à la région qui donnera naissance au cervelet.

UN GÈNE DE LA MATURATION NEURONE-OLIGODENDROCYTE : *OMGP*

Plusieurs équipes avaient observé une augmentation de l'incidence de la neurofibromatose de type 1 dans l'autisme (Mbarek *et al.*, 1999). La neurofibromatose se caractérise entre autres par l'apparition de tumeurs cutanées et nerveuses, qui peuvent se transformer en cancer. Il s'agit en fait d'une pathologie de la différenciation des cellules neurocutanées. C'est une maladie génétique, à transmission mendélienne autosomique dominante, due à des mutations du gène de la neurofibromine, situé sur le chromosome 17 (voir figure 5). Deux études de liaison avec l'autisme avaient identifié un pic dans cette même zone (IMGSAC, 2001 ; Yonan *et al.*, 2003). La neurofibromine est une protéine activatrice de l'activité GTPasique des produits des proto-oncogènes Ras, dont H-Ras est un représentant (Li *et al.*, 1995). Les protéines Ras participent à la transduction des signaux de multiplication, de différenciation et de survie des cellules, en particulier sous l'effet du facteur de croissance des nerfs (Nerve Growth Factor, NGF). Ces protéines étant actives sous leur forme liée au GTP, le gène *NF1* agit comme un gène suppresseur de tumeur. Nous avons testé trois marqueurs polymorphes situés dans ce gène, sans observer d'association avec l'autisme. Cependant, l'un des marqueurs, GXAlu situé dans l'intron 27b de NF1 et caractérisé par des répétitions de 4 nucléotides (AAAT), est présent sous une forme allélique très rare chez 4 enfants autistes (Mbarek *et al.*, 1999). La signification fonctionnelle éventuelle de ce marqueur rare n'est pas connue, mais il permet d'identifier les 4 patients les plus atteints sur le plan de la motricité. Il existe trois petits gènes dans l'intron 27b de NF1 : *OMGP* (oligodendrocyte myelin glycoprotein), *EVI2A* et *EVI2B* (figure 5). Le gène *OMGP* est le plus proche de GXAlu et est exprimé dans le SNC, sur les oligodendrocytes et les neurones. Une étude d'association utilisant un polymorphisme modifiant un acide aminé de la protéine codée par *OMGP* est positive avec un sous-groupe de patients peu ou non déficients mentaux (Vourc'h *et al.*, 2003a). Cette observation préliminaire devra être reproduite dans d'autres groupes de patients pour pouvoir juger de son intérêt général. De plus, le rôle fonctionnel éventuel de la modification de l'acide aminé n'est pas connu. *OMGP* est exprimé durant la période postnatale chez le rat, au cours de la phase finale de la myélinisation (Vourc'h *et al.*, 2003b). On connaît deux rôles de cette protéine, mis en évidence *in vitro* : elle inhibe l'extension des neurites et elle inhibe la prolifération cellulaire (Vourc'h et Andres, 2004). Une hypothèse de travail plausible serait qu'en absence ou en cas d'insuffisance de cette protéine les cellules nerveuses ne seraient pas arrêtées dans leur division au cours de la mise en place du système nerveux central. Cette hypothèse est compatible avec les observations d'augmentation de volume cérébral et de densification des neurones des cerveaux autistes.

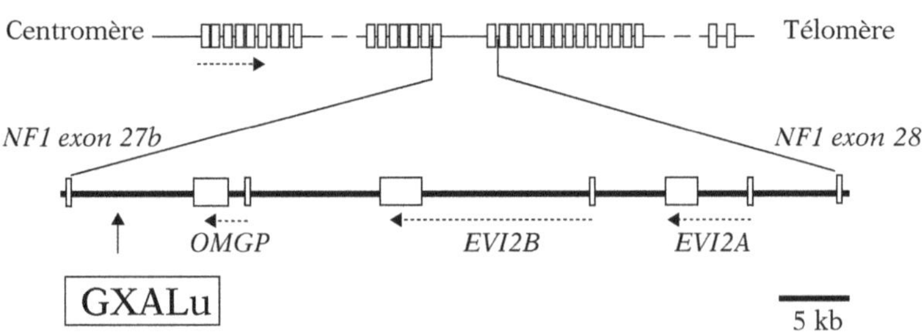

Figure 5 : Représentation schématique de l'organisation du gène *NF1*, gène de la neurofibromine. En haut : structure du gène *NF1*, en bas agrandissement de l'intron 27b, avec le marqueur GXAlu et le gène *OMGP*.

Conclusion et perspectives

La connaissance des gènes de susceptibilité de l'autisme permettra de réaliser des expériences *in vitro* sur des cellules ou *in vivo* sur des animaux transgéniques. Avec une meilleure compréhension de la physiopathologie et des régions du cerveau impliquées, on pourra proposer des approches thérapeutiques raisonnées, qu'elles soient psycho-éducatives ou médicamenteuses. Dans des cas particuliers, on peut aussi espérer découvrir de nouvelles stratégies thérapeutiques ciblées. Certains gènes du développement, comme les gènes *Hox* ou les gènes *WNT*, sont régulés par les taux de vitamine A. On pourrait ainsi, si ces gènes étaient impliqués, suppléer un déficit de leur expression en administrant de la vitamine A à des périodes et à des doses précises.

Références

ALARCON M., CANTOR R. M., LIU J., GILLIAM T. C. & GESCHWIND D. H. (2002) Evidence for a language quantitative trait locus on chromosome 7q in multiplex autism families. *American Journal of Human Genetics,* 70 (1) : 60-71.

AURANEN M., VANHALA R., VARILO T., AYERS K., KEMPAS E., YLISAUKKO-OJA T., SINSHEIMER J. S., PELTONEN L. & JARVELA I. (2002) A genomewide screen for autism-spectrum disorders : evidence for a major susceptibility locus on chromosome 3q25-27. *American Journal of Human Genetics,* 71 : 777-790.

AYLWARD E. H., MINSHEW N. J., FIELD K., SPARKS B. F. & SINGH N. (2002) Effects of age on brain volume and head circumference in autism. *Neurology,* 59 (2) : 175-83.

BAILEY A., LUTHERT P., DEAN A., HARDING B., JANOTA I., MONTGOMERY M., RUTTER M. & LANTOS P. (1998) A clinicopathological study of autism. *Brain,* 121 : 889-905.

BAUMAN M. & KEMPER T. L. (1985) Histoanatomic observations of the brain in early infantile autism. *Neurology,* 35 (6) : 866-74.

BAUMAN M. L. (1991) Microscopic neuroanatomic abnormalities in autism. *Pediatrics,* 6 : 791-6.

BAUMAN M. L. (1996) Brief report : neuroanatomic observations of the brain in pervasive developmental disorders. *Journal of Autism and Developmental Disorders,* 26 (2) : 199-203.

BRAMBILLA P., HARDAN A., UCELLI DI NEMI S., PEREZ J., SOARES J. C. & BARALE F. (2003) Brain anatomy and development in autism : review of structural MRI studies. *Brain Research Bulletin,* 61 (6) : 557-69.

CARPER R. A. & COURCHESNE E. (2000) Inverse correlation between frontal lobe and cerebellum sizes in children with autism. *Brain,* 123 : 836-44.

CASANOVA, M. F., BUXHOEVEDEN D. P., SWITALA A. E. & ROY E. (2002) Minicolumnar pathology in autism. *Neurology,* 58 (3) : 428-32.

COLLABORATIVE LINKAGE STUDY OF AUTISM, BARRETT S., BECK J. C., BERNIER R., BISSON E., BRAUN T. A., CASAVANT T. L., CHILDRESS D., FOLSTEIN S. E., GARCIA M., GARDINER M. B., GILMAN S., HAINES J. L., HOPKINS K., LANDA R., MEYER N. H., MULLANE J. A., NISHIMURA D. Y., PALMER P., PIVEN J., PURDY J., SANTANGELO S. L., SEARBY C., SHEFFIELD V., SINGLETON J., SLAGER S., STRUCHEN T., SVENSON S., VIELAND V., WANG K. & WINKLOSKY B. (1999) An autosomal genomic screen for autism. *American Journal of Medical Genetics,* 88 (6) : 609-15.

COURCHESNE E., YEUNG C. R., PRESS G. A., HESSELINK J. R. & JERNIGAN T. L. (1988) Hypoplasia of cerebellar vermal lobules VI and VII in autism. *New England Journal of Medicine,* 318 (21) : 1349-54.

COURCHESNE E., TOWNSEND J. & SAITOH O. (1994) The brain in infantile autism : posterior fossa structures are abnormal. *Neurology,* 44 (2) : 214-23.

COURCHESNE E., MULLER R. A. & SAITOH O. (1999) Brain weight in autism : normal in the majority of cases, megalencephalic in rare cases. *Neurology,* 52 (5) : 1057-9.

COURCHESNE E., CARPER R. & AKSHOOMOFF N. (2003) Evidence of brain overgrowth in the first year of life in autism. *Jama*, 290 (3) : 337-44.

EGAAS B., COURCHESNE E. & SAITOH O. (1995) Reduced size of corpus callosum in autism. *Archives of Neurology*, 52 (8) : 794-801.

GARBER H. J., RITVO E. R., CHIU L. C., GRISWOLD V. J., KASHANIAN A., FREEMAN B. J. & OLDENDORF W. H. (1989) A magnetic resonance imaging study of autism : normal fourth ventricle size and absence of pathology. *American Journal of Psychiatry*, 146 (4) : 532-4.

GHARANI N., BENAYED R., MANCUSO V., BRZUSTOWICZ L. M. & MILLONIG J. H. (2004) Association of the homeobox transcription factor, ENGRAILED 2, 3, with autism spectrum disorder. *Molecular Psychiatry*, 9 (5) : 474-84.

GHAZIUDDIN M., ZACCAGNINI J., TSAI L. & ELARDO S. (1999) Is megalencephaly specific to autism ? *Journal of Intellectual Disability Research*, 43 : 279-82.

HARDAN A. Y., MINSHEW N. J. & KESHAVAN M. S. (2000) Corpus callosum size in autism. *Neurology*, 55 (7) : 1033-6.

IMGSAC. (1998) A full genome screen for autism with evidence for linkage to a region on chromosome 7q. International Molecular Genetic Study of Autism Consortium. *Human Molecular Genetics*, 7 : 571-578.

IMGSAC. (2001) A genomewide screen for autism : strong evidence for linkage to chromosomes 2q, 7q, and 16p. *American Journal of Human Genetics*, 69 : 570-581.

KANNER L. (1943) Autistic disturbances of affective contact. *Nervous Child*, 2 : 217-250.

KEMPER T. L. & BAUMAN M. L. (1993) The contribution of neuropathologic studies to the understanding of autism. *Neurologic Clinics*, 11 (1) : 175-87.

LAINHART J. E., PIVEN J., WZOREK M., LANDA R., SANTANGELO S L., COON H. & FOLSTEIN S. E. (1997) Macrocephaly in children and adults with autism. *Journal of the American Academy of Child and Adolescent Psychiatry*, 36 (2) : 282-90.

LI Y., O'CONNELL P., BREIDENBACH H. H., CAWTHON R., STEVENS J., XU G., NEIL S., ROBERTSON M., WHITE R. & VISKOCHIL D. (1995) Genomic organization of the neurofibromatosis 1 gene (NF1). *Genomics*, 25 (1) : 9-18.

LI J., NGUYEN L., GLEASON C., LOTSPEICH L., SPIKER D., RISCH N. & MYERS R M. (2004) Lack of evidence for an association between WNT2 and RELN polymorphisms and autism. *American Journal of Medical Genetics*, 126B (1) : 51-7.

LIJAM N., PAYLOR R., MCDONALD M. P., CRAWLEY J. N., DENG C. X., HERRUP K., STEVENS K. E., MACCAFERRI G., MCBAIN C. J., SUSSMAN D. J. *et al.* (1997) Social interaction and sensorimotor gating abnormalities in mice lacking Dvl1. *Cell*, 90 : 895-905.

LIU J., NYHOLT D. R., MAGNUSSEN P., PARANO E., PAVONE P., GESCHWIND D., LORD C., IVERSEN P., HOH J., OTT J. *et al.* (2001) A genomewide screen for autism susceptibility loci. *American Journal of Human Genetics*, 69 : 327-340.

MANES F., PIVEN J., VRANCIC D., NANCLARES V., PLEBST C. & STARKSTEIN S. E. (1999) An MRI study of the corpus callosum and cerebellum in mentally retarded autistic individuals. *The Journal of Neuropsychiatry and Clinical Neurosciences*, 11 (4) : 470-4.

MBAREK O., MAROUILLAT S., MARTINEAU J., BARTHÉLÉMY C., MÜH J. P. & ANDRES C. (1999) Association study of the NF1 gene and autistic disorder. *American Journal of Human Genetics*, 88 (6) : 729-32.

MCCOY P. A., SHAO Y., WOLPERT C. M., DONNELLY S. L., A. K. A., ABEL H. L., RAVAN S. A., ABRAMSON R. K., WRIGHT H. H., DELONG, CUCCARO M. L., GILBERT J. R. & PERICAK VANCE M. A. (2002) No association between the WNT2 gene and autistic disorder. *American Journal of Medical Genetics*, 114 (1) : 106-9.

MILLEN K. J., WURST W., HERRUP K. & JOYNER A. L. (1994) Abnormal embryonic cerebellar development and patterning of postnatal foliation in two mouse Engrailed-2 mutants. *Development*, 120 (3) : 695-706.

PETIT E., HÉRAULT J., MARTINEAU J., PERROT A., BARTHÉLÉMY C., HAMEURY L., SAUVAGE D., LELORD G. & MÜH J. P. (1995) Association study with two markers of a human homeogene in infantile autism. *American Journal of Medical Genetics*, 32 (4) : 269-74.

PHILIPPE A., MARTINEZ M., GUILLOUD-BATAILLE M., GILLBERG C., RASTAM M., SPONHEIM E., COLEMAN M., ZAPPELLA M., ASCHAUER H., VAN MALDERGEM L., PENET C., FEINGOLD J., BRICE A., LEBOYER M. & the Paris Autism Research International Sibpair Study. (1999) Genome-wide scan for autism susceptibility genes. *Human Molecular Genetics*, 8 (5) : 805-12.

PIVEN J., BERTHIER M. L., STARKSTEIN S. E., NEHME E., PEARLSON G. & FOLSTEIN S. (1990) Magnetic resonance imaging evidence for a defect of cerebral cortical development in autism. *The American Journal of Psychiatry*, 147 (6) : 734-9.

PIVEN J., BAILEY J., RANSON B. J. & ARNDT S. (1997) An MRI study of the corpus callosum in autism. *The American Journal of Psychiatry*, 154 (8) : 1051-6.

RAYMOND G. V., BAUMAN M. L. & KEMPER T. L. (1996) Hippocampus in autism : a Golgi analysis. *Acta Neuropathologica* (Berl), 91 (1) : 117-9.

RISCH N., SPIKER D., LOTSPEICH L., NOURI N., HINDS D., HALLMAYER J., KALAYDJIEVA L., MCCAGUE P., DIMICELI S., PITTS T., NGUYEN L., YANG J., HARPER C., THORPE D., VERMEER S., YOUNG H., HEBERT J., LIN A., FERGUSON J., CHIOTTI C., WIESE-SLATER S., ROGERS T., SALMON B., NICHOLAS P., BRENT PETERSEN P., PINGREE C., MACMAHON W., WONG D. L., CAVALLI-SFORZA L. L., KRAEMER H. C. & MYERS R. M. (1999) A genomic screen of autism : evidence for a multilocus etiology. *American Journal of Human Genetics*, 65 (2) : 493-507.

RITVO E. R., FREEMAN B. J., SCHEIBEL A. B., DUONG T., ROBINSON H., GUTHRIE D. & RITVO A. (1986) Lower Purkinje cell counts in the cerebella of four autistic subjects : initial findings of the UCLA-NSAC Autopsy Research Report. *American Journal of Psychiatry*, 143 (7) : 862-6.

RODIER P. M., INGRAM J. L., TISDALE B., NELSON S. & ROMANO J. (1996) Embryological origin for autism : developmental anomalies of the cranial nerve motor nuclei. *Journal of Comparative Neurology*, 370 (2) : 247-61.

ROJAS, D. C., BAWN S. D., BENKERS T. L., REITE M. L. & ROGERS S. J. (2002) Smaller left hemisphere planumtemporale in adults with autistic disorder. *Neuroscience Letters*, 328 (3) : 237-40.

RUMSEY J. M., CREASEY H., STEPANEK J. S., DORWART R., PATRONAS N., HAMBURGER S. D. & DUARA R. (1988) Hemispheric asymmetries, fourth ventricular size, and cerebellar morphology in autism. *Journal of Autism and Developmental Disorders*, 18 (1) : 127-37.

SCHAEFER G. B., THOMPSON J. N., BODENSTEINER J. B., MCCONNELL J. M., KIMBERLING W. J., GAY C. T., DUTTON W. D., HUTCHINGS D. C. & GRAY S. B. (1996) Hypoplasia of the cerebellar vermis in neurogenetic syndromes. *Annals of Neurology*, 39 (3) : 382-5.

VOURC'H P., MARTIN I., MAROUILLAT S., ADRIEN J. L., BARTHÉLÉMY C., MORAINE C., MUH J. P. & ANDRES C. (2003a) Molecular analysis of the oligodendrocyte myelin glycoprotein gene in autistic disorder. *Neuroscience Letters*, 338 (2) : 115-8.

VOURC'H P., DESSAY S., MBAREK O., MAROUILLAT VEDRINE S., MUH J. P. & ANDRES C. (2003b) The oligodendrocyte-myelin glycoprotein gene is highly expressed during the late stages of myelination in the rat central nervous system. *Brain Research. Developmental Brain Research*, 144 (2) : 159-68.

VOURC'H P. & ANDRES C. (2004) Oligodendrocyte myelin glycoprotein (OMgp) : evolution, structure and function. *Brain Research. Brain Research Reviews*, 45 (2) : 115-24.

WASSINK T., PIVEN J., VIELAND V., HUANG J., SWIDERSKI R., PIETILA J., BRAUN T., BECK G., FOLSTEIN S., HAINES J. & SHEFFIELD V. (2001) Evidence supporting WNT2 as an autism susceptibility gene. *American Journal of Medical Genetics*, 105 (5) : 406-13.

WILLIAMS R. S., HAUSER S. L., PURPURA D. P., DELONG G. R. & SWISHER C. N. (1980) Autism and mental retardation : neuropathologic studies performed in four retarded persons with autistic behavior. *Archives of Neurology*, 37 (12) : 749-53.

WOODHOUSE W., BAILEY A., RUTTER M., BOLTON P., BAIRD G. & LE C. A. (1996) Head circumference in autism and other pervasive developmental disorders. *Journal of Child Psychology and Psychiatry*, 37 (6) : 665-71, 1996.

YONAN A. L., ALARCON M., CHENG R., MAGNUSSON P. K., SPENCE S. J., PALMER A. A., GRUNN A., JUO S. H., TERWILLIGER J. D., LIU J., CANTOR R. M., GESCHWIND D. H. & GILLIAM T. C. (2003) A genomewide screen of 345 families for autism-susceptibility loci. *American Journal of Human Genetics*, 73 (4) : 886-97.

ZHONG H., SERAJEE F. J., NABI R. & HUQ A. H. (2003) No association between the EN2 gene and autistic disorder. *Journal of Medical Genetics*, 40 (1) : e4.

Intégrer l'hétérogénéité clinique et génétique dans l'autisme

Par Michael L. Cuccaro

Nos connaissances sur la génétique de l'autisme sont à leur début, même s'il ne fait plus de doute actuellement que cette pathologie possède une forte composante génétique. Des régions chromosomiques candidates ont été clairement identifiées sur les chromosomes 2, 7 et 15. Ces régions contiennent cependant un grand nombre de gènes, et le sujet de ce chapitre est de présenter des stratégies pour cerner au mieux les gènes candidats dans ces régions. L'autisme est une pathologie génétique complexe, qui comporte une très grande hétérogénéité, à la fois génétique et phénotypique. L'hétérogénéité génétique traduit le fait que plusieurs causes génétiques peuvent donner le même phénotype. L'hétérogénéité phénotypique traduit la grande variabilité du syndrome autistique, ou le fait qu'une même cause, par exemple une mutation dans le gène de l'X fragile, puisse donner de l'autisme ou autre chose, en l'occurrence, dans l'exemple, une déficience mentale. Le diagnostic de l'autisme repose sur la détermination clinique des altérations sociales, communicatives et comportementales. Les méthodes de diagnostic se sont considérablement améliorées durant ces vingt dernières années, avec comme résultat une plus grande fiabilité de diagnostic. Malgré ces progrès, il persiste une très grande hétérogénéité dans le groupe de patients qualifiés d'autistes. Le fait de se focaliser sur l'hétérogénéité phénotypique devrait améliorer la capacité à détecter des gènes potentiels. Il faudra identifier des phénotypes biologiques significatifs et créer des groupes plus homogènes, basés sur des aspects sélectionnés du phénotype. Plusieurs approches sont discutées : stratifier les groupes par des traits phénotypiques (axe communication, axe social, etc.), utiliser des endophénotypes. Les endophénotypes sont des traits caractéristiques stables et héréditaires, qui font partie du tableau clinique sans être nécessaires ni suffisants. Ils possèdent la caractéristique d'être en rapport avec l'expression d'un gène. Les études récentes effectuées par notre équipe et d'autres sur les régions du chromosome 7 et 15, utilisant le retard d'acquisition du langage ou les comportements répétitifs comme variables de stratification, ont permis d'affiner considérablement les régions génomiques isolées préalablement et devraient faciliter l'identification des gènes impliqués dans ces régions.

Introduction

L'autisme est un trouble neurodéveloppemental complexe caractérisé par des perturbations significatives dans les fonctions sociales, communicatives et comportementales. L'apparition de l'autisme se fait tôt dans l'enfance (généralement avant 3 ans) avec des symptômes qui persistent tout au long de la vie. La cause ou les causes de l'autisme sont toujours inconnues. L'altération sévère et les troubles du comportement qui sont associés à l'autisme font supporter un lourd fardeau aux patients, leurs parents et leurs familles. Depuis la publication d'une série de cas en 1943 (Kanner, 1943), l'autisme est devenu un des troubles de l'enfance le plus intensément étudié – dû en partie à l'énorme fardeau associé à ce trouble ainsi qu'à sa grande complexité. Ainsi, la recherche en cours pour explorer l'étiologie de l'autisme, qui pourrait éventuellement déboucher sur des interventions thérapeutiques réussies, est cruciale.

L'étude de la génétique de l'autisme est relativement récente. Il n'y a pas plus de trente ans, il y avait de nombreuses questions sur le rôle de la génétique dans l'autisme, comme le reflète l'article intitulé « The genetics, if any, of infantile autism and childhood schizophrenia » (La génétique, s'il y en a, de l'autisme infantile et de la schizophrénie de l'enfance) (Hanson et Gottesman, 1976) paru dans la revue maintenant connue sous le nom du *Journal of Autism and Developmental Disorders* (*Journal de l'autisme et des troubles du développement*). Toutefois ces doutes concernant la génétique ont été dissipés au cours de l'année suivante par la publication de l'étude des jumeaux, maintenant classique, de Folstein et Rutter (Folstein et Rutter, 1977) dans laquelle ils ont établi une base clairement héréditaire de ce trouble. Depuis cette époque, la génétique de l'autisme a été le sujet d'investigations intenses – une récente recherche de PubMed, qui répertorie la littérature médicale et scientifique, identifie près de 1 000 publications dans ce domaine ! Nous savons maintenant que l'autisme comporte une composante génétique substantielle grâce à des arguments convaincants fournis par des études sur les jumeaux et sur les familles comprenant plusieurs personnes atteintes d'autisme. L'hypothèse actuelle est que des gènes multiples – peut-être 10 à 20 – contribuent au risque sous-jacent de l'autisme. Les arguments les plus forts aujourd'hui concernent des gènes situés sur les chromosomes 15, 7 et 2 ainsi que des résultats impliquant un certain nombre d'autres chromosomes, dont les chromosomes 3, 16 et 19. Il est au moins clair que l'autisme est bien plus héréditaire que d'autres troubles neuropsychiatriques complexes.

Les études neurobiologiques – les études génétiques en particulier – sur l'autisme ont énormément avancé dans le domaine de la compréhension des mécanismes étiologiques. Il existe des arguments convaincants qui plaident en faveur d'un rôle significatif de la génétique dans l'étiologie de l'autisme. Malgré toutes les avancées, aucun mécanisme étiologique spécifique ni gène de susceptibilité n'a été mis en évidence chez la majorité des patients. La base génétique de l'autisme est pour l'instant inconnue. L'extrême variabilité dans le phénotype (c'est-à-dire la définition du trouble), le large spectre de symptômes et l'hétérogénéité génétique présumée, joints à notre absence actuelle de compréhension de la pathogenèse ou de la neurobiologie de l'autisme, compliquent la recherche génétique. Néanmoins, durant les dix dernières années, la recherche génétique dans l'autisme a connu une accélération exponentielle. Le perfectionnement des méthodes et l'amélioration des critères de diagnostic sont des progrès encourageants qui promettent d'aider de façon importante la recherche sur la base génétique de l'autisme. De nombreuses études par criblages génomiques et sur des gènes candidats ont été entreprises. La recherche en cours soutient qu'il n'y a pas seulement une hétérogénéité génétique mais aussi des effets épistatiques de gènes multiples dans l'autisme. Les efforts pour identifier les substrats génétiques et neurobiologiques de l'autisme requièrent l'intégration de l'expertise phénotypique, statistique et moléculaire.

L'hétérogénéité dans les études génétiques

Les troubles génétiques complexes sont définis par la présence d'hétérogénéité, qui peut être soit génétique, soit phénotypique. Le type d'hétérogénéité le plus commun est celui où deux individus sont atteints d'une même maladie due à des causes génétiques sous-jacentes différentes. Ce type d'hétérogénéité génétique est également appelé hétérogénéité causale ou étiologique. Un des meilleurs exemples est la sclérose tubéreuse de Bourneville (TSC ; AOMIM #191100), une maladie génétique dominante avec une forte pénétrance (c'est-à-dire la proportion d'individus portant la mutation qui présente effectivement les symptômes cliniques de ce trouble), caractérisée par la présence de tumeurs (hamartomes) dans de multiples organes. Cliniquement, les individus présentent un certain nombre de troubles dont l'épilepsie, des difficultés d'apprentissage, des troubles du comportement et des lésions cutanées. Il y a deux gènes associés à ce trouble. Ces gènes ont été localisés sur le bras long du chromosome 9 (TSC1, 9q34) et sur le bras court du chromosome 16 (TSC2, 16p13.1). Alors qu'aucun gène spécifique n'a été trouvé pour l'autisme, il y a de fortes présomptions qu'une situation similaire se retrouve, avec différentes régions hébergeant des gènes qui entraîneraient l'autisme ou contribueraient à son apparition. Il est très peu probable que l'autisme soit le résultat d'une anomalie d'un seul gène. Il est plutôt possible que plusieurs gènes soient impliqués, de manière soit interactive (c'est-à-dire épistatique), soit additive.

Un second type d'hétérogénéité, qui influence la façon de rechercher des gènes dans les troubles complexes, est l'hétérogénéité phénotypique. Dans l'hétérogénéité phénotypique, il peut y avoir un certain nombre de troubles différents qui ont des phénotypes ou des signes cliniques qui se recoupent. C'est particulièrement vrai pour l'autisme, qui est caractérisé par un très large spectre d'incapacités. Les multiples points du spectre autistique sont-ils le résultat de l'atteinte d'un gène ou de plusieurs ? Compliquant cette image, un certain nombre de pathologies possèdent une similarité phénotypique avec l'autisme, incluant le syndrome de l'X fragile, le retard mental, le trouble du développement du langage pour n'en nommer que quelques-uns. De même, il peut y avoir une foule d'autres troubles inconnus qui entraînent des phénocopies.

Indépendamment du type d'hétérogénéité, le résultat final est une diminution de notre capacité à détecter un signal génétique. Dans chaque cas, les effets de l'hétérogénéité entraînent un élargissement significatif de la région où les gènes concernés se situent ; dans certains cas, l'absence de prise en compte de l'hétérogénéité peut sérieusement compromettre les études génétiques.

Définition et dimensions du phénotype

La discussion précédente met en lumière l'influence potentielle de l'hétérogénéité phénotypique dans les études génétiques. Cela est un sujet de débat important dans l'autisme, dans la mesure où il existe encore une certaine confusion quant à ce qui constitue le phénotype. Dans les études de génétique humaine, le phénotype est défini en tant que caractéristiques observables ou les traits d'un individu, qui sont le résultat de l'interaction entre le « programme » génétique et l'environnement.

La classification de l'autisme repose sur la détermination clinique des altérations sociales, communicatives et comportementales. Les méthodes de diagnostic se sont considérablement améliorées durant ces vingt dernières années avec comme résultat une plus grande fiabilité de diagnostic. La fiabilité diagnostique est importante pour les études génétiques de l'autisme. En effet, la détermination du statut de chaque individu, c'est-à-dire qui est atteint d'autisme et qui ne l'est pas, est essentielle. Bien que les chercheurs définissent de façon plus sûre l'appartenance ou non d'un individu au groupe des atteints, il est de plus en plus clair que le diagnostic d'autisme est loin d'être satisfaisant pour plusieurs raisons.

Un problème majeur de l'utilisation du diagnostic comme phénotype dans les troubles complexes tel que l'autisme est qu'un assez large éventail ou spectre d'incapacités peut produire un diagnostic positif. L'autisme est un trouble défini par des critères comportementaux, et le diagnostic repose sur la présence d'un nombre spécifique de symptômes. Les individus présentant des profils de symptômes très différents peuvent recevoir ce diagnostic. Cette variabilité ou hétérogénéité clinique peut refléter des processus biologiques très différents, qui sont à leur tour médiés par des mécanismes génétiques divers. Dans l'autisme, il existe d'énormes différences interindividuelles sur de nombreuses caractéristiques biocomportementales, mais ce problème de l'insuffisance du diagnostic en tant que phénotype reste fréquent en génétique neuropsychiatrique (Sher, 2001).

La relation entre génotype et phénotype est cruciale pour comprendre et créer des modèles de ces maladies. Mais elle demeure difficile à définir dans les troubles complexes comme l'autisme. Le fait de se focaliser sur l'hétérogénéité phénotypique améliorera notre capacité à détecter des gènes potentiels. Pour le faire, il faut identifier des phénotypes biologiques significatifs ainsi que créer des groupes plus homogènes basés sur des aspects sélectionnés du phénotype. Dans chaque cas, l'objectif est de passer d'un phénotype très large basé sur le diagnostic vers des phénotypes plus restreints, plus homogènes selon certains traits biocomportementaux identifiables. Cette hétérogénéité clinique peut aider à comprendre le scénario génétique complexe (c'est-à-dire que l'hétérogénéité clinique peut refléter une hétérogénéité génétique sous-jacente). Une foule de dimensions ont été identifiées dans l'autisme et peuvent fournir les outils pour la constitution de sous-groupes différents qui ont un sens étiologique. Par exemple, Lord et coll. (Lord et Cook Jr, 2001) ont insisté sur la nécessité de constituer des sous-groupes à partir des trois domaines de diagnostic de l'autisme (réciprocité sociale, communication, et comportements et intérêts restreints ou répétitifs) dans le but de refléter l'éventail de « phénotypes comportementaux » présents dans les troubles du spectre autistique. Lord *et al.* suggèrent deux méthodes spécifiques pour permettre l'utilisation plus efficace des informations disponibles : 1) obtenir une classification par analyse factorielle basée sur les items des modules de l'ADOS, et 2) développer une analyse par classes latentes en utilisant les résultats de l'ADOS, de l'ADI-R standard et de l'ADI-R. En plus des dimensions spécifiques de l'autisme, un nombre de variables biocomportementales ont fait l'objet d'études ou ont été proposées comme critères potentiels afin de constituer des sous-groupes.

Le tableau I montre quelques-unes des dimensions phénotypiques qui ont été utilisées dans les études récentes sur l'autisme ou proposées comme variables potentielles.

Tableau I

Domaines	Exemples
Social	Sévérité, patterns du regard fixe
Langage	Retard des phrases discursives
Comportement	Habiletés savantes, résistance au changement, compulsions
Âge d'apparition	Régression
Cognitif	Niveau de QI
Adaptation	Niveau de fonctionnement
Problèmes médicaux	Sommeil, troubles gastro-intestinaux
Taille de la tête	Macrocéphalie, accélération de la croissance de la tête
Neurochimique	Niveaux de sérotonine

Intégrer les méthodes clinique et génétique dans la recherche sur l'autisme

Une des approches les plus intéressantes récemment appliquées à la recherche sur l'autisme est l'utilisation des informations phénotypiques pour améliorer le processus de découverte de gènes. À ce jour, plusieurs études ont utilisé des variables cliniques dans un effort pour restreindre l'hétérogénéité phénotypique et développer des sous-groupes plus homogènes pour l'analyse. Récemment, des chercheurs ont commencé à explorer des moyens d'augmenter la puissance de détection de liaisons génétiques dans l'autisme en incorporant la riche information phénotypique disponible dans l'analyse génétique. Cette exploitation de l'information phénotypique peut être utilisée pour augmenter la puissance d'analyse de données disponibles aussi bien que pour définir des sous-groupes cliniques plus homogènes.

L'objectif est de créer des groupes qui ont une caractéristique clinique commune, qui à son tour est associée à un mécanisme génétique commun. L'approche la plus fréquente est de stratifier un ensemble de données selon la présence ou l'absence d'une caractéristique clinique particulière (par exemple, les personnes atteintes d'autisme qui présentent des maniérismes des mains et celles qui n'en présentent pas). Ensuite on compare les deux groupes sur les variables génétiques. D'autres approches ont utilisé des traits spécifiques comme moyen d'approfondir notre compréhension des différences de groupe en étudiant un trait particulier en tant qu'endophénotype. Un endophénotype est défini comme un composant mesurable qui se situe entre la maladie et le génotype (Gottesman et Gould, 2003). Très semblable aux dimensions phénotypiques mentionnées précédemment, un endophénotype peut être de nature neurophysiologique, biochimique, endocrinologique, neuroanatomique, cognitif ou neuropsychologique. Selon Gottesman et Murphy (2003), des endophénotypes ont été particulièrement utiles dans l'étude de troubles complexes tels que les maladies psychiatriques. Les endophénotypes peuvent représenter des alternatives plus simples et plus directes pour les analyses génétiques que les diagnostics. La stratification et les approches de l'endophénotype sont étroitement apparentées avec la méthode des locus de traits quantitatifs (QTL). Brièvement, le QTL se réfère à des différences dans les gènes qui ont des effets quantitatifs subtils sur des phénotypes et qui confèrent une susceptibilité (Lynch et Walsh, 1998). Dans l'autisme, les QTL peuvent représenter des mécanismes biologiques et comportementaux de base qui sont associés à des locus spécifiques et contribuent à la susceptibilité.

Plusieurs études ont utilisé le Phrase Speech Delay (PSD, échec à l'acquisition de phrases discursives avant 36 mois) comme une variable de regroupement (Buxbaum *et al.*, 2001 ; Shao *et al.*, 2002). Buxbaum et ses collègues (Buxbaum *et al.*, 2001) ont publié un résultat de criblage génomique dont les informations ont été réanalysées après avoir utilisé un groupement par le PSD. Ils ont trouvé une augmentation significative de leurs résultats pour les régions du chromosome 2 quand ils ont sélectionné les familles présentant un PSD. Leurs résultats soutiennent l'hypothèse que le groupement par phénotype peut augmenter la puissance de détection de liaisons génétiques dans l'autisme. C'était la première mise en évidence que l'hétérogénéité phénotypique dans l'autisme peut effectivement refléter l'hétérogénéité génétique. Shao *et al.* ont confirmé ces résultats dans un ensemble indépendant de données (Shao *et al.*, 2002). Un certain nombre d'autres études ont incorporé des phénotypes de langage dans les analyses génétiques avec des résultats prometteurs (Folstein et Mankoski, 2000). Par exemple, des arguments pour une liaison génétique sur le chromosome 7 ont été trouvés en utilisant l'âge des premiers mots comme une variable subphénotypique (Alarcon et Geschwind, 2002). De même, quand les caractéristiques structurelles du langage des parents (c'est-à-dire un léger retard de langage ou des difficultés de lecture) étaient incorporées dans des analyses de liaison génétique, ces liaisons étaient augmentées dans les familles où à la fois les individus avec autisme présentaient un retard de langage sévère et les parents des difficultés de langage avérées (Bradford *et al.*, 2001).

Chromosome 15, hétérogénéité et risque autistique

Ces dernières années, le chromosome 15 a été l'objet d'investigations multiples dans la génétique de l'autisme. Les arguments pour la localisation d'un gène de susceptibilité à l'autisme sur le chromosome 15q11-q13 sont basés sur la cytogénétique, les analyses de liaison et les études d'association. La cytogénétique a permis de trouver des patients affectés d'autisme portant des duplications de la région 15q11-q13. On a découvert que les duplications de 15q11-q13 dans l'autisme ou l'autisme atypique étaient liés à la transmission maternelle de la duplication alors que la transmission paternelle n'avait pas d'effet (Wolpert *et al.*, 2000).

Un autre argument pour un gène candidat de l'autisme sur le chromosome 15 est l'existence d'une liaison génétique en 15q11-q13 dans certaines familles d'autisme. Cette liaison a été détectée avec des LOD scores paramétriques pour plusieurs locus incluant la sous-unité β3 du récepteur de l'acide γ-amino-butyrique (GABA), GABRβ3. Cette région a fait l'objet d'un intérêt particulier à cause de sa proximité avec les régions chromosomiques impliquées dans les syndromes de Prader-Willi et d'Angelman (Sutcliffe *et al.*, 1994). Les études du complexe des récepteurs au GABA ont aussi apporté des preuves significatives de l'existence d'un déséquilibre de liaison dans la région du gène de la sous-unité γ3 du récepteur au GABA. Ces résultats renforcent l'hypothèse suggérée par les résultats cytogénétiques que la région 15q11-q13 contient un facteur de susceptibilité génétique pour l'autisme.

À partir de ce travail, Shao et ses collègues (Shao *et al.*, 2003) ont proposé que l'établissement d'une carte précise de cette région pour l'autisme pourrait être effectuée en identifiant un sous-groupe défini selon un phénotype comportemental. Ce sous-groupe a été défini à l'aide d'une variable basée sur les comportements répétitifs, nécessaires pour le diagnostic de l'autisme (American Psychiatric Association, 1994). L'utilisation des comportements répétitifs en tant que covariable d'analyse était basée à la fois sur des arguments clinique et empirique en faveur de l'existence de facteurs distincts au sein de ce large groupe de comportements (Cuccaro *et al.*, 2003). L'utilisation de l'item global « comportements répétitifs » ne paraît pas compatible avec les patterns cliniques observés qui suggèrent la présence d'autres facteurs à l'intérieur de cette classe. Cuccaro et coll. (2003) ont identifié deux facteurs potentiels à partir de l'Autism Diagnostic Interview-Revised (ADI-R, l'entretien diagnostique de l'autisme-révisé) à utiliser comme covariables : les comportements sensori-moteurs répétitifs et le besoin d'immuabilité. Le tableau II montre les descriptions d'items pour les facteurs respectifs.

Tableau II

Facteurs	Items
Comportement sensori-moteurs répétitifs	Maniérisme des mains et des doigts
	Utilisation répétitive des objets
	Intérêts sensoriels inhabituels
	Préoccupations inhabituelles
	Maniérismes complexes
	Balancements
	Utilisation inhabituelle des objets
Besoin d'immuabilité	Difficultés lors des changements mineurs des habitudes du sujet ou de son environnement personnel
	Résistance lors des changements peu importants dans l'environnement
	Compulsions/rituels

De plus, la forte concordance familiale dans les comportements répétitifs en fait une bonne caractéristique candidate pour l'identification de sous-groupes homogènes. Sylverman (2002) a observé parmi 212 fratries avec autisme une bonne concordance intrafamiliale de certains items de l'ADI-R en rapport avec les comportements répétitifs. Ce domaine des comportements répétitifs était le seul qui présentait une dimension familiale au cours de cette analyse. Enfin, des arguments convaincants plaident en faveur de la présence de phénomènes répétitifs chez les enfants atteints du syndrome de Prader-Willi (PWS [MIM#176270]), qui est causé par la perte de la contribution paternelle de la part proximale (15q11-q13) du bras long du chromosome 15 (Ohta *et al.*, 1999).

Après la détermination de la covariable, Shao et coll. (2003) ont identifié un sous-groupe de familles en utilisant l'analyse par sous-groupes ordonnés (Ordered Subset Analysis – OSA) (Hauser *et al.*, 2004). Cette OSA est une méthode analytique statistique qui repose sur le classement des familles selon un item de classement phénotypique. Ce classement des familles représente un cas particulier par 10. Le LOD score de sous-groupe est alors comparé à ceux d'un grand nombre de classements aléatoires du groupe global des familles (test de permutation) afin de déterminer si l'augmentation de valeur des résultats du LOD score représente une différence statistiquement significative. D'autres chercheurs ont utilisé cette approche avec succès pour restreindre les régions potentielles qui présentent un intérêt dans les maladies complexes (Hauser, 1998 ; Hauser et Boehnke, 1998 ; Ghosh *et al.*, 2000 ; Hauser *et al.*, 2001 ; Hauser *et al.*, 2003 ; Scott *et al.*, 2003).

Utilisant l'OSA avec l'item des comportements répétitifs (besoin d'immuabilité), Shao et coll. ont identifié un sous-groupe de 23 familles issues d'un groupe plus grand de 81 familles. Toutes les familles avaient plus d'une personne atteinte d'autisme, ce qui était requis pour leur inclusion dans l'analyse de liaison génétique. Ce sous-groupe de familles avait un LOD score bien au-dessus de celui de toutes les familles combinées pour le locus GABRβ3 (voir figure 1).

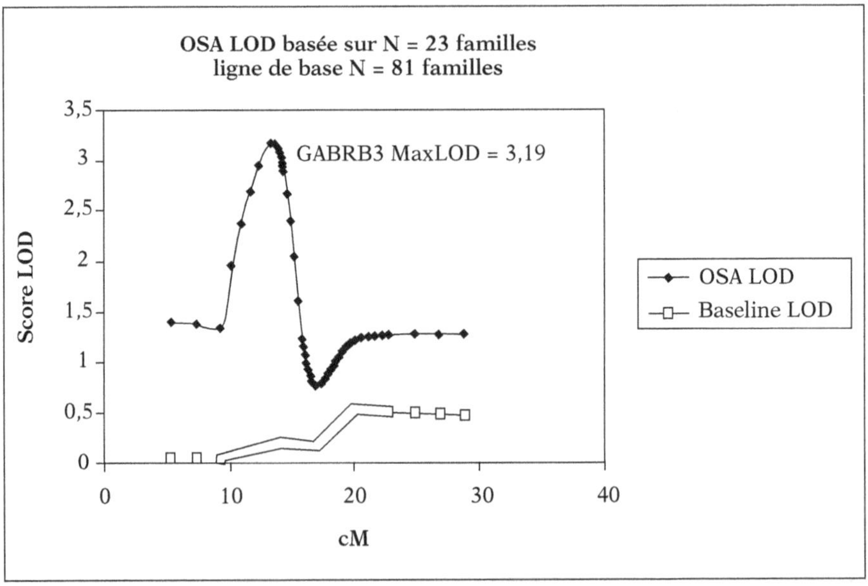

Figure 1 : Résultats de l'analyse non paramétrique de sous-groupe ordonné en multipoints pour le gène GABRβ3.

Cela suggère que les familles qui ont en commun de hauts scores chez les enfants avec autisme pour le facteur de besoin d'immuabilité contribuent à la liaison découverte dans notre ensemble de données. Ces résultats sont encore plus intéressants quand on considère que le facteur « comportement sensori-moteur répétitif » n'a pas permis l'identification d'un sous-groupe de familles homogènes. En plus du renforcement des arguments en faveur de l'existence d'un locus de susceptibilité à l'autisme dans la région GABRβ3, ces découvertes montrent l'importance des facteurs comportementaux identifiés empiriquement pour caractériser les séries de données dans l'autisme pour les analyses de liaison et montrent clairement que le fait de constituer des sous-groupes phénotypiques est un outil puissant dans la cartographie et l'identification de gènes pour les traits complexes (Shao *et al.*, 2003).

Conclusion

L'autisme est un trouble complexe avec des arguments forts pour une hétérogénéité phénotypique et génétique. Cette hétérogénéité a gêné les efforts pour identifier l'étiologie génétique. L'amélioration des méthodes de diagnostic et de classification a permis une meilleure identification des patients atteints d'autisme, ce qui a été un développement positif pour les études génétiques. Cependant, il est clair que le diagnostic de l'autisme est insuffisant en tant que phénotype. De plus, la lente progression de l'exploration de l'étiologie génétique a déplacé l'attention sur les variables cliniques et phénotypiques dans un effort pour mettre en valeur les riches séries de données cliniques dans l'analyse de ce trouble complexe (Nurmi, 2003). L'analyse de sous-groupes ordonnés représente une stratégie qui peut être utilisée dans les analyses génétiques. Il y a peu de doutes sur le fait que l'autisme soit un trouble génétique. Des méticuleuses analyses du phénotype, en conjonction avec des stratégies moléculaires innovantes permettront l'identification des mécanismes génétiques sous-jacents de l'autisme.

Références

ALARCON M., CANTOR R. M., LIU J, GILLIAM T. C. & GESCHWIND D. H. (2002) Evidence for a language quantitative trait locus on chromosome 7q in multiplex autism families. *American Journal of Human Genetics*, 70 : 60-71.

AMERICAN PSYCHIATRIC ASSOCIATION (1994) *Diagnostic and Statistical Manual of Mental Disorders (DSM-IV)*. (vols. IV) Washington, D. C. : American Psychiatric Press, Inc.

BRADFORD Y., HAINES J., HUTCHESON H., GARDINER M., BRAUN T., SHEFFIELD V., CASSAVANT T., HUANG W., WANG K., VIELAND V., FOLSTEIN S., SANTANGELO S. & PIVEN J. (2001) Incorporating language phenotypes strengthens evidence of linkage to autism. *American Journal of Medical Genetics*, 105 : 539-547.

BUXBAUM J. D., SILVERMAN J. M., SMITH C. J., KILIFARSKI M., REICHERT J., HOLLANDER E., LAWLOR B. A., FITZGERALD M., GREENBERG D. A. & DAVIS KL (2001) Evidence for a susceptibility gene for autism on chromosome 2 and for genetic heterogeneity. *American Journal of Human Genetics*, 68 : 1514-1520.

CUCCARO M. L., SHAO Y., GRUBBER J., SLIFER M., WOLPERT C. M., DONNELLY S. L., ABRAMSON R. K., RAVAN S. A., WRIGHT H. H., DELONG G. R. & PERICAK-VANCE M. A. (2003) Factor Analysis of Restricted and Repetitive Behaviors in Autism Using the Autism Diagnostic Interview-R. *Child Psychiatry and Human Development*, 34 : 3-17.

FOLSTEIN S. & RUTTER M. (1977) Infantile autism : a genetic study of 21 twin pairs. *Journal of Child Psychology and Psychiatry and Allied Disciplines*, 18 : 297-321.

FOLSTEIN S. E. & MANKOSKI R. E. (2000) Chromosome 7q : where autism meets language disorder ? *American Journal of Human Genetics*, 67 : 278-281.

GHOSH S., WATANABE R. M., VALLE T. T., HAUSER E. R., MAGNUSON V. L., LANGEFELD C. D., ALLY D. S., MOHLKE K. L., SILANDER K., KOHTAMAKI K., CHINES P., BALOW Jr J., BIRZNIEKS G., CHANG J, ELDRIDGE W., ERDOS M. R., KARANJAWALA Z. E., KNAPP J. I., KUDELKO K., MARTIN C., MORALES-MENA A., MUSICK A., MUSICK T., PFAHL C., PORTER R. & RAYMAN J. B. (2000) The Finland-United States Investigation of Non-insulin-Dependent Diabetes Mellitus Genetics (FUSION) study. I. An autosomal genome scan for genes that predispose to type 2 diabetes. *American Journal of Human Genetics*, 67 : 1174-1185.

GOTTESMAN I. I. & GOULD T. D. (2003) The endophenotype concept in psychiatry : etymology and strategic intentions. *The American Journal of Psychiatry*, 160 : 636-645.

HANSON D. R. & GOTTESMAN I. I. (1976) The genetics, if any, of infantile autism and childhood schizophrenia. *Journal of Autism and Childhood Schizophrenia*, 6 : 209-234.

HAUSER E. R., WATANABE R. M., DUREN W. L., BASS M. P., LANGEFELD C. D. & BOEHNKE, M. (2004) Ordered subset analysis in genetic linkage mapping of complex traits. *Genetic Epidemiology*, 27 (1) : 53-63.

HAUSER E. R. (1998) Methods for linkage analysis of complex genetic disease. Ph. D. Dissertation, University of Michigan.

HAUSER E. R., BASS M. P., MARTIN E. R., WATANABE R. M., DUREN W. L. & BOEHNKE M. (2001) Power of the ordered subset method for detection and localization of genes in linkage analysis of complex traits. *American Journal of Human Genetics*, 69 : 529.

HAUSER E. R. & BOEHNKE M. (1998) Genetic linkage analysis of complex genetic traits by using affected sibling pairs. *Biometrics*, 54 : 1238-1246.

KANNER L. (1943) Autistic disturbances of affective contact. *Nervous Child*, 2 : 217-250.

LORD C., LEVENTHAL B. L. & COOK E. H. Jr. (2001) Quantifying the phenotype in autism spectrum disorders. *American Journal of Medical Genetics*, 105 : 36-38.

LYNCH, M. & WALSH, B. (1998) *Genetic Analysis of Quantitative Traits*. Sunderland, MA : Sinauer.

NURMI E. L., DOWD M., TADEVOSYANLEYFER O., HAINES V. L., FOLSTEIN S. E., et SUTCLIFFE J. S. (2003) Exploratory subsetting of autism families based on savant skills improves evidence of genetic linkage to 15q11-q13. *Journal of the American Academy of Child and Adolescent Psychiatry*, 42 (7) : 856-863.

OHTA T., GRAY T. A., ROGAN P. K., BUITING K., GABRIEL J. M., SAITOH S., MURALIDHAR B., BILIENSKA B., KRAJEWSKA-WALASEK M., DRISCOLL D. J., HORSTHEMKE B., BUTLER M. G. & NICHOLLS R. D. (1999). Imprinting-mutation mechanisms in Prader-Willi syndrome. *American Journal of Human Genetics*, 64 : 397-413.

SCOTT W. K., HAUSER E. R., SCHMECHEL D. E., WELSH-BOHMER K. A., SMALL G. W., ROSES A. D., SAUNDERS A. M., GILBERT J. R., VANCE J. M., HAINES J. L. & PERICAK-VANCE M. A. (2003) Ordered-subsets linkage analysis detects novel Alzheimer disease Loci on chromosomes 2q34 and 15q22. *American Journal of Human Genetics*, 73 : 1041-1051.

SHAO Y., CUCCARO M. L., HAUSER E. R., RAIFORD K. L., MENOLD M. M., WOLPERT C. M., RAVAN S. A., ELSTON L., DECENA K., DONNELLY S. L., ABRAMSON R. K., WRIGHT H. H., DELONG G. R., GILBERT J. R. & PERICAK-VANCE M. A. (2003) Fine mapping of autistic disorder to chromosome 15q11-q13 by use of phenotypic subtypes. *American Journal of Human Genetics*, 72 : 539-548.

SHAO Y., RAIFORD K. L., WOLPERT C. M., COPE H. A., RAVAN S. A., ASHLEY-KOCH A. A., ABRAMSON R. K., WRIGHT H. H., DELONG R. G., GILBERT J. R., CUCCARO M. L. & PERICAK-VANCE M. A. (2002) Phenotypic Homogeneity Provides Increased Support for Linkage on Chromosome 2 in Autistic Disorder. *American Journal of Human Genetics*, 70 : 1058-1061

SHER L. (2001) Candidate gene studies in psychiatric disorders : promises and limitations. *Journal of Psychiatry and Neurosciences*, 26 : 103-105.

SUTCLIFFE J. S., NAKAO M., CHRISTIAN S., ORSTAVIK K. H., TOMMERUP N., LEDBETTER D. H. & BEAUDET A. L. (1994) Deletions of a differentially methylated CpG island at the SNRPN gene define a putative imprinting control region. *Nature Genetics*, 8 : 52-58.

WOLPERT C. M., MENOLD M. M., BASS M. P., QUMSIYEH M. B., DONNELLY S. L., RAVAN S. A., VANCE J. M., GILBERT J. R., ABRAMSON R. K., WRIGHT H. H., CUCCARO M. L. & PERICAK-VANCE M. A. (2000) Three probands with autistic disorder and isodicentric chromosome 15. *American Journal of Medical Genetics*, 96 : 365-372.

Interactions gènes-environnement dans la pathogénie de l'autisme

Par Marcello D'Amelio et Antonio M. Persico

L'autisme est considéré comme une maladie neurodéveloppementale complexe, soit secondaire à des agents étiologiques connus, soit plus fréquemment primaire ou idiopathique. Les données épidémiologiques militent en faveur d'une étiologie polygénique, où interviennent des interactions gènes-gènes et gènes-environnement. Des polymorphismes génétiques pourraient conférer une vulnérabilité à des facteurs environnementaux ou à d'autres facteurs génétiques. Plusieurs arguments convergent pour proposer le gène de la reeline comme candidat dans l'autisme. Une association a été observée entre des allèles comportant un nombre élevé de répétitions GGC et l'autisme. Ces allèles longs entraînent une baisse de l'efficacité de la synthèse de la protéine reeline. On a de plus observé une diminution des taux de la reeline dans le sang des autistes. La reeline possède une fonction sérine protéase, inhibée par les organophosphorés. Nous proposons l'hypothèse que, durant la période du développement précoce du système nerveux central, ces taux abaissés de reeline seraient délétères en cas d'intoxication aux organophosphorés. Les organophosphorés sont des insecticides particulièrement utilisés en milieu domestique aux États-Unis. Cette hypothèse est renforcée par l'observation de l'association avec l'autisme des allèles longs de la reeline aux États-Unis et non en Europe, où la charge en organophosphorés domestiques est moindre. Le gène de la paraoxonase, impliquée dans la détoxification des organophosphorés, présente de la même façon des allèles associés à l'autisme aux États-Unis et non en Europe. Ces données préliminaires illustrent l'importance de corréler les données génétiques à des éléments de l'environnement. Si ces travaux sont confirmés, ils ouvrent de nouvelles possibilités de prévention ou de thérapeutique.

Introduction

L'autisme (APA, 1994) est considéré comme une maladie neurodéveloppementale complexe, soit secondaire à des agents étiologiques connus, soit plus fréquemment primaire ou idiopathique (Meyer *et al.* 2000 ; Rapin, 1999). La contribution génétique à ce que l'on appelle la vulnérabilité à l'autisme a reçu des arguments d'études familiales et d'études de jumeaux (Pickles *et al.*, 1995 ; Folstein et Rosen-Sheidley, 2001). L'héritabilité de la pathologie, estimée à au moins 90 %, place l'autisme parmi les pathologies les plus génétiques des troubles psychiatriques (Pickles *et al.*, 1995). Des travaux initiaux avaient laissé penser à un nombre relativement restreint de locus à effet majeur impliqués dans l'étiologie. Des données épidémiologiques montrent cependant clairement que l'influence génétique n'est pas de type mendélienne. Le risque de récurrence parmi les apparentés de patients autistes, défini comme le rapport risque observé/risque dans la population générale (fixé à 2-5 sur 10 000 pour l'autisme), est de 1460-3650 chez les jumeaux monozygotes, de 84-210 pour les apparentés du premier degré et, de façon étonnante, proche de un pour les apparentés plus éloignés, au lieu de décroître progressivement vers les valeurs de la population générale (NIMH, 1997). Cette observation ne parle pas en faveur d'un effet d'un gène majeur (Folstein et Rosen-Sheidley, 2001 ; Maestrini *et al.*, 2000 ; Gutknecht, 2001), mais témoigne plutôt d'une cause génétique complexe, avec par exemple des interactions épistatiques entre de nombreux gènes ou des effets gènes-environnement partagés dans une même famille. En effet, des études de criblage génomique ont confirmé une hétérogénéité génétique plus importante, avec l'implication possible d'une quinzaine de locus majeurs ou même davantage. Dans cette hypothèse de pathologie génétique complexe non mendélienne, il faut souligner que les facteurs de susceptibilité pour la maladie ne sont pas forcément des mutations causant l'autisme, mais peuvent être des polymorphismes dont certains peuvent être communs dans la population non atteinte.

Des altérations du développement nerveux au cours du premier trimestre de gestation sont les origines les plus plausibles des anomalies cytoarchitecturales décrites en *post mortem* dans le cerveau des autistes (Bailey *et al.*, 1998 ; Courchesne, 1997). De plus, les anomalies motrices fines ainsi que les taux élevés de neuropeptides détectés à la naissance parlent aussi en faveur de facteurs prénataux dans l'étiologie de l'autisme (Teitelbaum *et al.*, 1998 ; Nelson *et al.*, 2001). Des mutations de gènes codant des protéines impliquées dans le développement du système nerveux pourraient ainsi directement initier la cascade pathologique. Alternativement, dans un contexte de pathologie complexe, des polymorphismes génétiques, modifiant ou prédisposant, pourraient conférer une vulnérabilité à des facteurs environnementaux ou à d'autres facteurs génétiques chez les individus à risque.

Autisme et reeline

La reeline est une protéine de signalisation qui joue un rôle primordial dans la migration de plusieurs types de neurones et dans le développement de connexions neuronales (Goffinet, 1984 ; Rice et Curran, 2001). Plusieurs types d'arguments convergent pour proposer la reeline comme candidat dans l'autisme (voir Tableau I) :

1) La distribution générale des anomalies cytoarchitecturales observées dans l'autisme (Bailey *et al.*, 1998 ; Courchesne, 1997), bien que variable, présente de nombreuses analogies avec celle observée dans les souris reeler, qui portent une mutation spontanée du gène de la reeline (Goffinet, 1984 ; Rice et Curran, 2001) ;

2) l'ARN messager de la reeline est détecté pour la première fois à 8,5 jours de développement chez la souris (Ikeda et Terashima, 1997), la protéine est détectable dans le milieu extracellulaire à J13 (Miyata *et al.*, 1996). Chez

Tableau I : Distribution et caractéristiques des altérations neuro-anatomiques microscopiques dans le cerveau des patients autistes et des souris reeler (Goffinet, 1984 ; Miyata *et al.*, 1996).

Régions cérébrales	Patients autistes	Souris reeler
Cortex cérébral	1) Minicolonnes néocorticales plus petites 2) Cerveaux mégalencéphaliques — Augmentation de la densité cellulaire — Neurones dans la couche moléculaire — Désorganisation neuronale — Zones d'épaisseur corticale accrue 3) Lamination pauvre du cortex antérieur cingulaire	1) Cortex inversé 2) Désorganisation neuronale 3) Connexions normales thalomocorticales et corps calleux, malgré un trajet intracortical altéré des fibres afférentes
Cervelet	1) Diminution du nombre de cellules de Purkinje 2) Diminution modérée du nombre de cellules à grains	1) Diminution du nombre de cellules de Purkinje 2) Les cellules de Purkinje sont désorganisées 3) Les fibres ascendantes innervent plus d'une cellule de Purkinje
Noyaux profonds du cervelet	1) Augmentation de la taille des cellules avant l'âge de 12 ans et diminution de la taille et du nombre de cellules après l'âge de 22 ans 2) Dysplasie dans le noyau dentelé 3) Matière grise sous-corticale ectopique	1) Diminution du nombre de cellules dans le noyau latéral (noyau dentelé chez l'Homme) 2) Matière grise sous-corticale ectopique
Noyau olivaire inférieur	1) Dysplasie olivaire 2) Augmentation de la taille des cellules avant l'âge de 12 ans et diminution de la taille et du nombre de cellules après l'âge de 22 ans	Dysplasie olivaire

Régions cérébrales	Patients autistes	Souris reeler
Noyau facial	Diminution de densité cellulaire de 95 %	1) Neurones hétérotopes 2) Frontières moins distinctes
Hippocampe (CA4)	1) Augmentation de la densité cellulaire de diminution de la taille des neurones 2) Diminution de la ramification dendritique	1) Altération des entrées du cortex enthorinal 2) Altérations cytoarchitecturales
Cortex entorhinal	Augmentation de la densité cellulaire de diminution de la taille des neurones	Altérations cytoarchitecturales
Amygdale	Augmentation de la densité cellulaire de diminution de la taille des neurones	Altérations cytoarchitecturales

l'Homme, la reeline est détectable aux alentours de la 5e semaine de gestation (Meyer *et al.*, 2000), période coïncidant de façon remarquable avec la fenêtre de vulnérabilité maximale à des agents induisant de l'autisme comme l'acide valproïque (Courchesne, 1997) ;

3) des souris infectées en prénatal par un virus, potentiellement responsable de lésions cérébrales, présentent des concentrations réduites de reeline à la naissance (Fatemi *et al.*, 1999) ;

4) le locus du gène de la reeline se trouve sur la portion du bras long du chromosome 7, qui a été liée par plusieurs études à l'autisme (Folstein et Rosen-Sheidley, 2001 ; Maestrini *et al.*, 2000 ; Gutknecht, 2001) ;

5) les concentrations de reeline sont abaissées dans le plasma et le cervelet de patients autistes, comparés à des témoins appariés pour l'âge et le sexe (Fatemi *et al.*, 2001 ; Fatemi *et al.*, 2002).

Il faut souligner que l'anomalie typique du cerveau des souris reeler, c'est-à-dire certaines couches du cortex cérébral mal placées (ce que l'on appelle le cortex inversé), n'a jamais été observée dans un cerveau de patient autiste. D'autre part, le phénotype humain en rapport avec une délétion du gène de la reeline se traduit par une lissencéphalie et un déficit cognitif important et non par de l'autisme. En tenant compte de ces observations, la contribution du gène de la reeline à l'autisme pourrait se faire sous forme de variants quantitatifs ou qualitatifs, et non par une perte de fonction complète (Hong *et al.*, 2000).

Notre équipe avait initialement mis en évidence plusieurs polymorphismes dans le gène de la reeline et montré une liaison ou association entre des variants du gène de la reeline et l'autisme, en utilisant à la fois des études cas-contrôles et des études de transmission dans des familles (Persico *et al.*, 2001). Nous avons en particulier montré une association et une liaison entre l'autisme et une répétition sur l'ADN de trois bases guanine-guanine-cytosine (GGC). Cette séquence est située dans la partie du gène juste en amont du codon indiquant le début de la synthèse de la protéine (site d'initiation dont la séquence de bases est adénine-uracile-guanine, AUG) (Persico *et al.*, 2001) (voir figure 1).

4 répétitions :
5'-agggcgcgc**ggcggcggcgg*caug***gagcgcagu-3'
7 répétitions :
5'-agggcgcgc**ggcggcggcggcggcgg*caug***gagcgcagu-3'
8 répétitions :
5'-agggcgcgc**ggcggcggcggcggcggcgg*caug***gagcgcagu-3'
10 répétitions :
5'-agggcgcgc**ggcggcggcggcggcggcggcggcgg*caug***gagcgcagu-3'
12 répétitions :
5'-agggcgcgc**ggcggcggcggcggcggcggcggcggcggcgg*caug***gagcgcagu-3'
13 répétitions :
5'-agggcgcgc**ggcggcggcggcggcggcggcggcggcggcggcgg*caug***gagcgcagu-3'
23 répétitions :
5'-gggcgcgc**ggcggcggcggcggcggcggcggcggcggcggcggcggcggcggcggcggcggcggc**
ggcggcggcgg*caug*gagcgcagu-3'

Figure 1 : Séquences de la répétition polymorphe GGC située dans la partie non traduite en 5' du gène de la reeline. La répétition est en gras, le codon d'initiation AUG en gras italique. Seulement certains allèles sont présentés, en particulier les plus fréquents (8 et 10 répétitions) et les allèles longs (> 11 répétitions) associés à l'autisme (Persico *et al.*, 2001 ; Zhang *et al.*, 2002 ; Skaar *et al.*, 2004).

Environ 90 % de la population italienne caucasienne porte 8 ou 10 répétitions du triplet GGC. Des allèles longs (c'est-à-dire avec plus de 11 répétitions) sont significativement plus souvent transmis aux autistes que ne le voudrait le hasard, et c'est l'inverse pour les frères et sœurs non atteints (Persico *et al.*, 2001) (voir Tableau II).

Tableau II : Test de déséquilibre de transmission étendu (Sham et Curtis, 1995) des polymorphismes de la répétition du triplet du gène reeline dans l'autisme chez 89 trios caucasiens américains et 83 trios italiens comprenant un enfant atteint d'autisme, et chez 50 frères et sœurs non atteints des mêmes familles (Persico *et al.*, 2001). Les allèles longs (> 11 répétitions) sont **en gras**.

Échantillons	Allèle (nombre de répétitions du triplet)			
	< 7	8	10	≥ 11
États-Unis (89 trios)				
transmis	0	32	44	**16**
non transmis	1	50	40	**1**
Italie (83 trios)				
transmis	2	36	44	**15**
non transmis	0	44	43	**10**
Total patients (172 trios)				
transmis	2	68	88	**31**
non transmis	1	94	83	**11**
Test du χ^2 pour la transmission des allèles = 21,42 (9 degrés de liberté) p < 0,05				
Total fratrie non atteinte (50 trios)				
transmis	–	26	23	**6**
non transmis	–	17	25	**13**
Test de transmission des allèles χ^2 = 20,81, p bilatéral < 0,001				

Pour vérifier si ce polymorphisme pouvait directement conférer une vulnérabilité à l'autisme, nous avons analysé ses effets fonctionnels. Le gène de la reeline est riche en GC du coté 5' (DeSilva *et al.*, 1997), situation défavorable à une traduction efficace de la protéine à partir de l'ARN messager, car des structures en épingle à cheveux bloquent l'avancement de la sous-unité 40S du ribosome entre l'extrémité de l'ARN messager et le codon d'initiation (Kozak, 1999). Nous avons proposé l'hypothèse que différentes longueurs de cette extrémité 5' (Kozak, 1987) pouvaient moduler les taux de traduction de l'ARN messager. Effectivement, nous avons pu mettre en évidence une différence de conformation tridimensionnelle par la technique d'électrophorèse non dénaturante des monobrins de l'ARN (RNA-SSCP) (*single strand confirmation polymorphism*, SSCP) (Sarkar *et al.*, 1992) pour une différence aussi minime qu'une répétition. Des analyses théoriques de prédiction de structure secondaire effectuées avec les logiciels mfold et efn2 (Zuker *et al.*, 1999 ; Mathews *et al.*, 1999) montrent que tous les allèles génèrent des structures en épingle à cheveux et que la stabilité de ces structures augmente en fonction du nombre de répétitions. Une analyse par régression linéaire montre que le nombre de répétitions de triplets explique 79 % de la variance de l'énergie libre des 10 structures d'ARN messagers les plus fréquentes à se former. Ainsi, lorsque le nombre de répétitions augmente, on peut s'attendre à une baisse de l'efficacité de la traduction de la protéine reeline, car les ribosomes doivent traverser des zones de plus en plus repliées et difficiles d'accès pour atteindre le codon d'initiation. Ces prédictions ont été récemment confirmées *in vitro* et *in vivo*.

A) Une construction d'ADN contenant un gène rapporteur (la luciférase) auquel on avait greffé en amont des nombres variables de répétitions GCC du gène de la reeline a été introduite (transfection) dans des cellules non neurales (cellules d'ovaire de hamster, CHO) et neurales (N2A, SN56). L'expression de la luciférase était réduite de 20 % et de 50 % sur des cellules non neurales et neurales respectivement, transfectées avec les constructions contenant un nombre élevé de répétitions (Persico *et al.*, soumis).

B) La quantification précise de l'immunoréactivité liée à la reeline, utilisant la technique du Western Blot sur du plasma de patients autistes, révèle que les porteurs des allèles longs ont une concentration en protéine reeline réduite de 25 % par rapport aux autres (Lugli *et al.*, 2003). Sachant que la reeline plasmatique est produite par les hépatocytes (Smalheiser *et al.*, 2000), cette diminution est très similaire à l'observation *in vitro* sur les cellules non neurales.

Une nouvelle fonction de la protéine reeline

Arrivés ce point, nous pouvons dire que nos résultats indiquent que les allèles les plus longs confèrent une susceptibilité à l'autisme en entraînant une diminution de l'expression de la protéine reeline. Un intérêt supplémentaire pour cette hypothèse est apparu lorsqu'on a découvert que, de façon surprenante, la protéine reeline possédait une activité protéolytique de type sérine protéase sur les protéines de la matrice extracellulaire, comme la fibronectine et la laminine (Quattrocchi *et al.*, 2002). En plus de son activité de liaison à son récepteur, cette activité enzymatique de la reeline pourrait jouer un rôle important dans le système nerveux central (migration neuronale) (Quattrocchi *et al.*, 2002). Les sérines protéases sont inhibées de façon efficace et spécifique par les organophosphorés, actuellement les pesticides, insecticides et herbicides les plus fréquemment utilisés dans l'agriculture et les milieux urbains, et aussi à usage domestique. Des métabolites du diazinon et du chlorpyrifos, deux des composés organophosphorés les plus répandus aux États-Unis, ont été détectés de façon reproductible dans le méconium de nouveau-nés de la région de New York (Whyatt et Barr, 2001). L'exposition récente à ces composés, suite à des opérations d'éradication d'insectes par des professionnels en milieu domestique, peut entraîner chez des enfants des taux sanguins dans la zone pharmacologique subtoxique (Wilson *et al.*, 2003). Ainsi, dans le contexte d'un modèle d'interaction gènes-environnement, des individus génétiquement vulnérables produiraient moins de protéine reeline, et, s'ils étaient exposés durant des périodes critiques du développement prénatal à des taux d'organophosphorés durant des périodes critiques du développement, ils pourraient présenter des migrations neuronales anormales entraînant l'autisme.

Interactions gènes-environnement

Ce modèle permet de formuler des hypothèses testables :

— L'utilisation d'organophosphorés dans l'agriculture est comparable en Amérique du Nord et en Europe, alors que l'usage domestique ou par des professionnels de l'extermination des insectes est beaucoup plus répandue en Amérique du Nord, en raison de différences dans les techniques et matériaux de construction (Persico *et al.*, manuscrit en préparation). Si l'exposition à des composés utilisés dans l'agriculture joue un rôle, l'association entre les allèles longs GGC et l'autisme devrait être répliquée en Europe et en Amérique. Par contre, si ce n'est que l'exposition domestique qui joue un rôle, l'association ne devrait s'observer qu'en Amérique.

Notre étude initiale avait trouvé une transmission préférentielle des allèles longs GGC dans les familles caucasiennes américaines, mais seulement une légère tendance dans la même direction chez les familles italiennes (Persico *et al.*, 2001). Effectivement, les deux études réalisées aux États-Unis et au Canada ont répliqué la transmission préférentielle des allèles longs aux enfants atteints d'autisme (Zhang *et al.*, 2002 ; Skaar *et al.*, 2004), alors qu'aucune association n'a pu être mise en évidence dans des échantillons indépendants de familles résidant en France, en Allemagne ou au Royaume-Uni (Krebs *et al.*, 2002 ; Bonora *et al.*, 2003). Ces résultats suggèrent que l'exposition domestique est potentiellement plus dangereuse en favorisant le développement de l'autisme chez des individus génétiquement vulnérables que l'exposition à des organophosphorés de l'agriculture.

— Si des variants du gène de la reeline confèrent une susceptibilité à l'autisme en association avec des toxines environnementales à usage plus répandu en Amérique du Nord qu'en Europe, des variants d'autres gènes impliqués dans la voie de signalisation de la reeline devraient être associés à l'autisme en Amérique du Nord et non en Europe.

L'apolipoprotéine E (ApoE) participe à la signalisation de la reeline, et joue le rôle d'un antagoniste compétitif de la reeline sur le récepteur 2 de l'ApoE (APOE2R) et le récepteur des VLDL (VLDLR) (D'Arcangelo *et al.*, 1999). Le variant ApoE2 possède l'affinité la plus basse pour le récepteur et pour antagoniser la liaison de la reeline, comparé à ApoE3 et E4 (D'Arcangelo *et al.*, 1999). Nous avons étudié les variants ApoE dans l'autisme, et trouvé un déséquilibre de transmission significatif favorisant la transmission de l'allèle E2 par rapport à E3, E4 et l'allèle récemment découvert E3r (Tableau III) (Persico *et al.*, 2004). L'allèle E2 pourrait soit conférer une prédisposition à l'autisme, soit protéger de l'infertilité ou d'avortements, comme discuté ailleurs (Persico *et al.*, 2004). Il faut souligner ici que les variations de transmission des allèles Apo sont parallèles à celles des allèles du gène de la reeline en fonction des groupes ethniques étudiés. La transmission anormale est présente avant tout dans les familles caucasiennes américaines et peu visible dans les familles italiennes.

Tableau III : Test de déséquilibre de transmission étendu (Sham et Curtis, 1995) des allèles APO-E chez 119 familles italiennes et 104 familles caucasiennes américaines comprenant un enfant atteint d'autisme (Persico *et al.*, 2004).
Test de transmission des allèles χ^2 = 6,16 (2 degrés de liberté), p < 0,05 ; test sur les génotypes χ^2 =10,68 (3 degrés de liberté), p < 0,05.

Échantillons	Allèles ApoE			
	E2	E3	E4	E3r
États-Unis (104 trios)				
transmis	20	30	23	-
non transmis	9	34	30	-
Italie (119 trios)				
transmis	17	27	17	1
non transmis	11	33	18	0
Total patients atteints (223 trios)				
transmis	37	57	40	1
non transmis	20	67	48	0

Ainsi, et sans connaître les mécanismes biologiques sous-jacents qui devront être élucidés, cette étude confirme que, dans notre échantillon, les membres de la voie de la reeline confèrent une vulnérabilité à l'autisme dans des familles caucasiennes américaines alors que cet effet est marginal dans les familles italiennes.

— Le gène codant la paraoxonase (PON1), l'enzyme sérique responsable de la détoxification des organophosphorés, est très polymorphe (Costa *et al.*, 1999 ; Brophy *et al.*, 2001). Sa région promotrice et codante contient plusieurs polymorphismes mononucléotidiques (single nucleotide polymorphism, SNP) qui influencent significativement soit la quantité de paraoxonase produite, soit son affinité pour les substrats (Costa *et al.*, 1999 ; Brophy *et al.*, 2001). Si l'exposition aux organophosphorés contribue à l'autisme en Amérique du Nord et non en Europe, alors les familles caucasiennes américaines et non les familles européennes devraient présenter une association entre les allèles du gène de la paraoxonase et l'autisme. Cette association devrait être observée avec les variants entraînant une expression réduite ou une affinité faible avec le substrat.

Nous étudions actuellement les distributions alléliques et génotypiques des variants du gène *PON1* dans 176 familles italiennes et 107 familles caucasiennes américaines, ainsi que la transmission de 4 SNP situés dans ce gène (C-108T, L55M, Q192R) et dans son homologue *PON2* (C311S), gènes localisés en 7q21.3 (Mochizuki *et al.*, 1998). Ces polymorphismes affectent soit le niveau d'expression, soit l'affinité de la PON pour les différents substrats. En particulier, nous pouvions prédire une association avec l'allèle T 108 qui entraîne une production de moitié de la paraoxonase par rapport à l'allèle C108 (Brophy *et al.*, 2001), et avec l'allèle R192, moins actif sur le diazoxon, sarin, soman, ou avec l'allèle Q192, légèrement moins actif sur le chlorpyrifos (Costa *et al.*, 1999), en fonction du composé réellement impliqué dan la pathogénie de l'autisme. Les données que nous avons obtenues à ce jour indiquent une absence de liaison entre les polymorphismes de la PON1 et l'autisme dans les familles italiennes ($p = 0{,}71$; 0,92 et 0,92 pour C-108T, L55M, Q192R, respectivement) alors que l'on trouve une association significative dans les familles caucasiennes américaines avec une transmission préférentielle des allèles

R192 (p = 0,22, 0,09 et 0,008 pour C-108T, L55M, Q192R, respectivement).

Ces résultats doivent être considérés comme préliminaires, nous testons actuellement des modèles basés sur les haplotypes, ainsi que l'influence potentielle du génotype maternel PON1 dans l'hypothèse d'une interaction materno-fœtale. Les concentrations de paraoxonase sont abaissées physiologiquement durant la grossesse et chez le nouveau-né, elles atteignent le niveau adulte vers l'âge de 6-24 mois (Cole *et al.*, 2003). De façon prévisible, les corrélations entre les génotypes des SNP de la PON1 et le phénotype, taux sérique et activité, sont significativement plus grandes chez les nouveau-nés que chez les adultes (Chen *et al.*, 2003). Ainsi, on peut prédire d'une part que les femmes enceintes et les nouveau-nés sont plus sensibles à l'exposition de faibles doses d'organophosphorés, d'autre part que les corrélations génotype-phénotype devraient être plus informatives en tenant compte de l'unité fœto-maternelle plutôt que du fœtus seul. Effectivement, les données préliminaires résumées précédemment apportent des arguments supplémentaires à notre hypothèse d'interaction gènes-environnement, l'association avec R192 indiquant probablement un effet du diazinon plutôt que du chlorpyrifos.

Conclusion

En conclusion, nous avons résumé des données génétiques et épidémiologiques convergentes en faveur d'une hypothèse associant une vulnérabilité génétique et une exposition précoce à de faibles doses de toxines. En particulier, les gènes impliqués comprennent des variants à faible activité ou faible expression impliqués dans la voie de signalisation de la reeline (reeline et ApoE) ainsi que dans l'inactivation de toxines (PON1). La composante environnementale devrait comprendre une exposition prénatale ou postnatale précoce à des organophosphorés, survenant le plus probablement dans l'environnement domestique en Amérique du Nord et absente en Europe. Bien que des arguments définitifs et irréfutables doivent être obtenus par des études directes sur les humains, exigeant un effort collectif considérable et un temps important, nous pensons que nos résultats indiquent qu'il faut prendre des mesures de précaution immédiate pour protéger les femmes enceintes et les nourrissons d'une exposition à des doses mêmes faibles d'insecticides organophosphorés. De plus, nos résultats soulignent l'importance de corréler des données génétiques avec des modèles tenant compte de la nature complexe d'une pathologie comme l'autisme.

Remerciements

Les auteurs remercient toutes les familles qui ont participé à ce projet et remercient les sponsors Communauté européenne (BMH4-CT96-0730), Téléthon-Italie (E.0858 et GGP02019), la Fondation Jérome Lejeune (Paris, France), et « the Autism Genetic Resource Exchange » et « the Cure Autism Now Foundation » (Los Angeles, Californie).

Références

AMERICAN PSYCHIATRIC ASSOCIATION (1994) *Diagnostic and Statistical Manual of Mental Disorders, 4th edition.* Washington, DC : American Psychiatric Association.

BAILEY A., LE COUTEUR A., GOTTESMAN I., BOLTON P., SIMONOFF E., YUZDA E. & RUTTER M. (1995) Autism as a strongly genetic disorder : evidence from a British twin study. *Psychological Medicine,* 25 : 63-78.

BAILEY A., LUTHERT P., DEAN A., HARDING B., JANOTA I., MONTGOMERY M., RUTTER M. & LANTOS P. (1998) A clinicopathological study of autism. *Brain,* 121 : 889-905.

BONORA E., BEYER K. S., LAMB J. A., PARR J. R., KLAUCK S. M., BENNER A., PAOLUCCI M., ABBOTT A., RAGOUSSIS I., POTSKA A., BAILEY A. J. & MONACO A. P. IMGSAC. (2003) Analysis of reelin as a candidate gene for autism. *Molecular Psychiatry,* 8 : 885-892.

BROPHY V. H., JAMPSA R. L., CLENDENNING J. B., MCKINSTRY L. A., JARVIK G. P. & FURLONG C. E. (2001) Effects of 5' regulatory-region polymorphisms on paraoxonase-gene (PON1) expression. *American Journal of Human Genetics,* 68 : 1428-1436.

CIARANELLO A. L. & CIARANELLO R. D. (1995) The neurobiology of infantile autism. *Annual Review of Neurosciences,* 18 : 101-128.

COSTA L. G., LI W. F., RICHTER R. J., SHIH D. M., LUSIS A. & FURLONG C. E. (1999) The role of paraoxonase (PON1) in the detoxification of organophosphates and its human polymorphism. *Chemical Biology of Interactions,* 119-120 : 429-438.

COURCHESNE E. (1997) Brainstem, cerebellar and limbic neuroanatomical abnormalities in autism. *Current Opinion in Neurobiology,* 7 : 269-278.

D'ARCANGELO G., HOMAYOUNI R., KESHVARA L., RICE D. S., SHELDON M. & CURRAN T. (1999) Reelin is a ligand for lipoprotein receptors. *Neuron,* 24 : 471-479.

DESILVA U., D'ARCANGELO G., BRADEN V. V., CHEN J., MIAO G. G., CURRAN T. & GREEN E. D. (1997) The human reelin gene : isolation, sequencing, and mapping on chromosome 7. *Genome Research,* 7 : 157-164.

FATEMI S. H., EMAMIAN E. S., KIST D., SIDWELL R. W., NAKAJIMA K., AKHTER P., SHIER A., SHEIKH S. & BAILEY K. (1999) Defective corticogenesis and reduction in reelin immunoreactivity in cortex and hippocampus of prenatally infected neonatal mice. *Molecular Psychiatry,* 4 : 145-154.

FATEMI S. H., STARY J. M., HALT A. R. & REALMUTO G. R. (2001) Dysregulation of Reelin and Bcl-2 proteins in autistic cerebellum. *Journal of Autism and Developmental Disorders,* 31 : 529-535.

FATEMI S. H., STARY J. M. & EGAN E. A. (2002) Reduced blood levels of reelin as a vulnerability factor in pathophysiology of autistic disorder. *Cell Molecular Neurobiology,* 22 : 139-152.

FOLSTEIN S. E. & ROSEN-SHEIDLEY B. (2001) Genetics of autism : complex aetiology for a heterogeneous disorder. *Naturel Reviews Genetics,* 2 : 943-955.

GOFFINET A. M. (1984) Events governing organization of postmigratory neurons : studies on brain development in normal and reeler mice. *Brain Research Review*, 7 : 261-296.

GUTKNECHT L. (2001) Full-genome scans with autistic disorder : a review. *Behavioural Genetics*, 31 : 113-123.

HONG S. E., SHUGART Y. Y., HUANG D. T., Al SHAHWAN S., GRANT P. E., HOURIHANE J. O. B., MARTIN N. D. & WALSH C. A. (2000) Autosomal recessive lissencephaly with cerebellar hypoplasia is associated with RELN mutations. *Nature Genetics*, 26 : 93-96.

IKEDA Y. & TERASHIMA T. (1997) Expression of reelin, the gene responsible for the reeler mutation, in embryonic development and adulthood in the mouse. *Developmental Dynamics*, 210 : 157-172.

KOZAK M. (1999) Initiation of translation in prokaryotes and eukaryotes. *Genetics*, 234 : 187-208.

KOZAK M. (1987) At least six nucleotides preceding the AUG initiator codon enhance translation in mammalian cells. *Journal of Molecular Biology*, 196 : 947-950.

KREBS M. O., BETANCUR C., LEROY S., BOURDEL M. C., GILLBERG C. & LEBOYER M. (2002) The Paris Autism Research International Sibpair (PARIS) Study. Absence of association between a polymorphic GGC repeat in the 5' untranslated region of the reelin gene and autism. *Molecular Psychiatry*, 7 : 801-804.

LUGLI G., KRUEGER J. M., DAVIS J. M., PERSICO A. M., KELLER F. & SMALHEISER N. R. (2003) Methodological factors influencing measurement and processing of plasma reelin in humans. *BMC Biochemistry*, 4 : 9.

MATHEWS D. H., SABINA J., ZUKER M. & TURNER D. H. (1999) Expanded sequence dependence of thermodynamic parameters provide robust predictors of RNA secondary structure. *Journal of Molecular Biology*, 288 : 911-940.

MAESTRINI E., PAUL A., MONACO A. P. & BAILEY A. (2000) Identifying autism susceptibility genes. *Neuron*, 28 : 19-24.

MEYER G., SCHAAPS J. P., MOREAU L. & GOFFINET A. M. (2000) Embryonic and early fetal development of the human neocortex. *Journal of Neurosciences*, 20 : 1858-1868.

MIYATA T., NAKAJIMA K., ARUGA J., TAKAHASHI S., IKENAKA K., MIKOSHIBA K. & OGAWA M. (1996) Distribution of a reeler gene-related antigen in the developing cerebellum : an immunohistochemical study with an allogenic antibody CR-50 on normal and reeler mice. *Journal of Comparative Neurology*, 372 : 215-228.

MOCHIZUKI H., SCHERER S., XI T., NICKLE D. C., MAJER M., HUIZENGA J. J., TSUI L.-C. & PROCHAZKA M. (1998) Human PON2 gene at 7q21.3 : cloning, multiple mRNA forms, and missense polymorphisms in the coding sequence. *Genetics*, 213 : 149-157.

NATIONAL INSTITUTE OF MENTAL HEALTH (1997) *Genetics and Mental Disorders*.

NELSON K. B., GRETHER J. K., CROEn L. A., DAMBROSIA J. M., DICKENS B. F., JELLIFFE L. L., HANSEN R. L. & PHILLIPS T. M. (2001) Neuropeptides and neurotrophins in neonatal blood of children with autism or mental retardation. *Annals of Neurology*, 49 : 597-606.

PERSICO A. M., D'AGRUMA L., MAIORANO N., TOTARO A., MILITERNI R., BRAVACCIO C., WASSINK T. H. for the C.L.S.A., SCHNEIDER C., MELMED R., TRILLO S., MONTECCHI F., PALERMO M., PASCUCCI T., PUGLISI-ALLEGRA S., REICHELT K.-

L., Conciatori M., Marino R., Quattrocchi C. C., Baldi A., Zelante L., Gasparini P. & Keller F. (2001) Reelin gene alleles and haplotypes as a factor predisposing to autistic disorder. *Molecular Psychiatry*, 6 : 150-159.

Persico A. M., D'Agruma L., Zelante L., Militerni R., Bravaccio C., Schneider C., Melmed R., Trillo S., Montecchi F., Elia M., Palermo M., Rabinowitz D., Pascucci T., Puglisi-Allegra S., Reichelt K.-L., Muscarella L., Guarnieri V., Melgari J.-M., Conciatori M. & Keller F. (2004) Enhanced APOE2 transmission rates in families with autistic probands. *Psychiatry Genetics*, sous presse.

Pickles A., Bolton P., Macdonald H., Bailey A., Le Couteur A., Sim C. H. & Rutter M. (1995) Latent-class analysis of recurrence risks for complex phenotypes with selection and measurement error : a twin and family history study of autism. *American Journal of Human Genetics*, 57 : 717-726.

Quattrocchi C. C., Wannenes F., Persico A. M., Ciaffrè S. A., D'Arcangelo G., Farace M. G. & Keller F. (2002) Reelin is a serine protease of the extracellular matrix. *Journal of Biological Chemistry*, 277 : 303-309.

Rapin I. (1999) Autism in search of a home in the brain. *Neurology*, 52 : 902-904.

Rice D. S. & Curran T. (1995) Role of the reelin signalling pathway in central nervous system development. *Annual Review of Neurosciences*, 24 : 1005-1039.

Rodier P. M., Ingram J. L., Tisdale B., Nelson S. & Romano J. (1996) Embryological origin for autism : developmental anomalies of the cranial nerve motor nuclei. *Journal of Comparative Neurology*, 370 : 247-261.

Sarkar G., Yoon H.-S. & Sommer S. S. (1992) Screening for mutations by RNA single-strand conformation polymorphism (rSSCP) : comparison with DNA-SSCP. *Nucleic Acid Research*, 20 : 871-878.

Sham P. C. et Curtis D. (1995) An extended transmission/disequilibrium test (TDT) for multi-allele marker loci. *Annals of Human Genetics*, 59 (3) : 323-336.

Skaar D. A., Shao Y., Haines J. L., Stenger J. E., Jaworski J., Martin E. R., DeLong G. R., Moore J. H., McCauley J. L., Sutcliffe J. S., Ashley-Koch A. E., Cuccaro M. L., Folstein S. E., Gilbert J. R., Pericak-Vance M. A. (2004) Analysis of the RELN gene as a genetic risk factor for autism. *Molecular Psychiatry*, nov 23.

Smalheiser N. R., Costa E., Guidotti A., Impagnatiello F., Auta J., Lacor P., Kriho V. & Pappas G. D. (2000) Expression of reelin in adult mammalian blood, liver, pituitary pars intermedia, and adrenal chromaffin cells. *Proceedings of National Academy of Sciences Etats-Unis*, 97 : 1281-1286.

Teitelbaum P., Teitelbaum O., Nye J., Fryman J. & Maurer R. (1998) Movement analysis in infancy may be useful for early diagnosis of autism. *Proceedings of National Academy of Sciences Etats-Unis*, 95 : 13982-13987.

Whyatt R. M. & Barr D. B. (2001) Measurement of organophosphate metabolites in postpartum meconium as a potential biomarker of prenatal exposure : a validation study. *Environmental Health Perspectives*, 109 : 417-420.

Wilson N. K., Chuang J. C., Lyu C., Menton R. & Morgan M. K. (2003) Aggregate exposure of nine preschool children to persisten organic pollutants at day care and at home. *Journal of Exposure Analysis and Environmental Epidemiology*, 13 : 187-202.

ZHANG H., LIU X., ZHANG C., MUNDO E., MACCIARDI F., GRAYSON D., GUIDOTTI A. R. & HOLDEN J. J. R. (2002) Confirmation of an association between Reelin gene alleles and autism spectrum disorders. *Molecular Psychiatry*, 7 : 1012-1017.

ZUKER M., MATHEWS D. H. & TURNER D. H. (1999) Algorithms and thermodynamics for RNA secondary structure prediction : a practical guide. *In Biochemistry and Biotechnology* (Barciszewski J. & Clark B.F.C. eds) RNA. NATO ASI Series, Kluwer Academic Publishers.

III

ASPECTS COGNITIFS, SOCIALISATION ET APPRENTISSAGE

Surfonctionnements et déficits perceptifs dans l'autisme : un même profil de performance pour l'information sociale et non sociale

Par LAURENT MOTTRON

Nous présentons ici une synthèse des résultats portant sur les caractéristiques du traitement perceptif chez l'autiste qui montre a) un surfonctionnement général du traitement perceptif de l'information statique ; b) un biais en faveur du traitement « local » (par exemple, les détails d'une figure, ou une note isolée dans une mélodie). Ce biais s'observe pour un matériel non social (par exemple, pour des stimuli géométriques possédant un niveau local et global, et pour un matériel social – lié à la communication entre individus d'une même espèce –, comme les visages) ; c) que la catégorisation perceptive, c'est-à-dire la structure élémentaire de classement de l'information, est différente chez l'autiste : ainsi, pour du matériel non social, la discrimination des formes s'effectue de manière indépendante par rapport à la catégorisation perceptive ; d) une atteinte de la perception du mouvement. Ces résultats remettent en question l'hypothèse selon laquelle l'atteinte du traitement du matériel social dans l'autisme est spécifique à ce type de matériel. Le traitement de l'information sociale et non sociale visuelle et auditive élémentaire présente en fait des particularités comparables dans l'autisme. Celles-ci pourraient expliquer aussi bien les déficits perceptifs sociaux (signes négatifs) que les signes positifs non sociaux que sont les « intérêts particuliers » pour des aspects perceptifs de l'information, et les performances supérieures dans le traitement de ce même matériel.

Introduction

La caractérisation de la perception des personnes autistes est devenue un des secteurs les plus étudiés des neurosciences cognitives consacrées à cette population. En cela, il existe un contraste marqué entre la place réduite qu'occupent encore les particularités perceptives dans la sémiologie des troubles envahissants du développement (TED), selon la nomenclature internationale des affections neuropsychiatriques, ou DSM-IV-TR (APA, 2000), et l'importance qu'a prise le domaine de la perception dans les publications scientifiques sur la cognition dans l'autisme des cinq dernières années. Dans le DSM-IV, l'essentiel des signes de l'autisme est décrit dans les deux premières « aires » ou groupe de signes, l'aire « sociale » et l'aire « communication ». Les comportements sociaux comme tels (2 signes nécessaires pour le diagnostic) et sociocommunicatifs (1 signe nécessaire) ont dans l'établissement du diagnostic la pondération la plus importante. Ce sont essentiellement des signes « négatifs », traduisant la réduction de comportements socialement orientés (ex. : absence de marques d'intérêt pour les visages ou la voix au début du développement de l'enfant). Les comportements à résonance perceptive, qui sont dirigés vers du matériel non social (ex. : des objets inanimés, des dimensions physiques de l'environnement), ne trouvent une place que dans la troisième aire, celle des « comportements répétitifs et intérêts restreints » (1 signe nécessaire). Ce sont essentiellement des signes « positifs », traduisant des comportements qui ne se retrouvent pas chez les personnes à développement standard. Ils sont de deux ordres, des comportements d'intérêt intense et spécifique pour des aspects physiques de l'environnement, et des performances exceptionnelles ou « capacités spéciales » dans le traitement du matériel non social (ex. : lettres, chiffres) que nous ne présenterons pas ici. À l'intérieur de la troisième aire, les comportements à base perceptive ne font toutefois pas explicitement partie de la liste des signes DSM-IV requis pour le diagnostic. Ces comportements ne se trouvent mentionnés que dans 3 questions de l'Autism Diagnostic Interview (ADI ; Lord, Rutter et LeCouteur, 1994), l'outil permettant d'aboutir de façon standardisée à un diagnostic DSM-IV : « Utilisation répétitive d'objets ou intérêt pour des parties d'objets » (item 49), « Intérêts sensoriels inhabituels » (item 51), et « Réponse idiosyncrasique négative à des stimuli sensoriels spécifiques » (item 78). La présence d'un de ces trois signes ADI permet d'établir la présence du signe D4 du DSM-IV, « Préoccupations pour des parties d'objet ou des éléments non fonctionnels des objets ».

La structure que le DSM-IV (1994) donne à l'inventaire des signes sociaux et non sociaux, et la pondération relative entre ces deux classes de signes reflètent l'esprit des modèles cognitifs de l'autisme au début des années 1990. Celui-ci est résumé dans le chapitre « perception » du *Handbook of Autism and Developmental Disorder* (Frith et Baron-Cohen, 1988) : la perception de bas niveau (détails d'une figure, caractéristiques physiques du stimulus...) serait intacte, et le déficit de l'autisme se trouverait dans des processus cognitifs de plus haut niveau, inhérents à la socialisation humaine, dans ses aspects d'envie de socialiser (émotions liées aux déclencheurs sociaux), aussi bien que dans la compréhension de l'information sociale complexe (Théorie de l'esprit, Fonctions exécutives). À cette époque, lorsque les aspects perceptifs de l'autisme étaient envisagés – essentiellement sous l'angle des pics d'habileté dans des tâches visuospatiales (Shah et Frith, 1983) –, il allait de soi que les particularités détectées à ce niveau concernaient du matériel non social. Les aspects perceptifs étaient donc jugés à la fois secondaires par rapport aux signes sociaux – moins caractéristiques de l'autisme – et d'une autre nature que les déficits dans le traitement du matériel social.

La perspective actuelle sur la place de la perception dans l'inventaire des particularités cognitives de l'autisme est radicalement différente, même si cela ne se reflète pas encore au niveau de l'inventaire des signes permettant le diagnostic. Il existe maintenant des résultats d'imagerie cérébrale par résonance magnétique fonctionnelle (IRMf) montrant des différences marquées dans le traitement perceptif de l'information sociale élémentaire liée au visage et à la voix (Schultz *et al.*, 2000 ; Zilbovicius, cet ouvrage) entre les personnes avec autisme et nous. D'autres résultats, comme la mise en évidence chez les personnes autistes d'un profil de performance original dans le traitement de l'information non sociale pour plusieurs modalités sensorielles et pour des types de matériel variés, imposent aussi de repenser de façon radicale la problématique cognitive de l'autisme. D'une part, on ne pense plus maintenant que le déficit social et communicatif est limité à des opérations cognitives complexes et spécifiquement humaines, comme la capacité de traiter l'intentionnalité (Théorie de l'esprit), ou la manipulation consciente et volontaire d'information en direction d'un but (Fonctions exécutives). Des processus beaucoup plus élémentaires, impliqués dans la perception des signaux sociaux (visages, orientation du regard) sont concernés dans la réduction des comportements socialement orientés caractérisant l'autisme. De plus, il n'est plus aussi clair qu'il y a dix ans que les signes sociaux et les signes non sociaux de l'autisme proviennent d'un type de déficit différent. En 1994, à l'époque où le modèle des théories de l'esprit était à son apogée, U. Frith et F. Happé (Frith et Happé, 1994 ; Happé, 1999) voyaient dans les signes positifs à base perceptive, les pics d'habileté des personnes autistes de façon générale et particulièrement les « capacités spéciales » des autistes savants, le résultat d'un processus d'une tout autre nature que les signes sociaux.

Nous reformulerons ainsi la problématique de la perception dans l'autisme, telle qu'elle nous paraît se présenter aujourd'hui : « Quelles sont les dimensions de l'information sociale et non sociale dont le traitement par les personnes avec autisme et autres troubles envahissants du développement (TED), soit sous la forme d'un surfonctionnement perceptif, soit sous celle d'une atypicité dans l'analyse, peut expliquer aussi bien les déficits perceptifs sociaux (signes négatifs), que les signes positifs non sociaux, les "intérêts particuliers" pour des aspects perceptifs de l'information, et les performances supérieures dans le traitement de ce même matériel ? »

Dans ce chapitre, nous exposerons a) en quoi le traitement de l'information non sociale visuelle et auditive élémentaire présente des particularités comparables dans l'autisme, à savoir un surfonctionnement et un biais en faveur du traitement « local » par rapport au traitement global ; b) comment ces particularités se retrouvent aussi dans le traitement d'un matériel social, les visages ; c) en quoi la structure élémentaire de classement de l'information, la catégorisation perceptive, est différente dans l'autisme ; et d) comment au moins un type de perception, celle de la vision du mouvement, est atteint dans l'autisme.

Perception dans l'autisme : biais local et surfonctionnement de la perception de bas niveau

Les premières études sur la perception dans l'autisme ont concerné la « hiérarchisation perceptive ». Ces recherches étudient les rapports de priorité qu'entretiennent entre eux les aspects globaux, configurationnels et locaux lors du traitement perceptif des stimuli visuels ou auditifs. Lorsqu'une forme est constituée de parties, on distingue ses aspects locaux, comme ses détails ou sa texture, ses aspects globaux, comme le contour de cette forme, et ses aspects configurationnels que sont les propriétés qui émergent des relations entre ses parties. Pour les personnes non autistes, il existe un « biais » pour les aspects globaux et configurationnels par rapport aux aspects locaux, c'est-à-dire une orientation spontanée ou une performance supérieure pour le traitement de ces derniers aspects.

Il est établi depuis longtemps que les personnes autistes excellent à réaliser des puzzles, ou dans des tâches neuropsychologiques équivalentes, les cubes de Khos (« Block-design » ; Shah et Frith, 1993). Ils excellent aussi dans la détection de figures cachées (Shah et Frith, 1983 ; Jolliffe et Baron-Cohen, 1997). Toutes ces tâches reposent sur la capacité de détecter une partie locale de figure en la « désenclavant » (*disembedding*) visuellement de son contexte global. Une performance anormalement élevée à ces tâches suggère donc, en première analyse, que le traitement global des personnes autistes pourrait être défectueux. Ces premiers résultats ont ainsi contribué à donner naissance au modèle de « faiblesse de la cohérence centrale » (FCC) chez les personnes autistes (Frith, 1989, 2003). Cette théorie attribue la tendance des personnes autistes à privilégier un niveau local de traitement, pour les stimuli pour lesquels on peut distinguer un aspect global et un aspect local, à un déficit de l'intégration des éléments d'un niveau local dans un niveau supérieur. Les performances anormalement élevées des personnes autistes dans certaines tâches visuospatiales ne seraient alors qu'une conséquence parmi d'autres d'un principe général, le déficit d'intégration d'un niveau d'information dans le niveau supérieur.

Toutefois, les tâches sur lesquelles le modèle de la FCC est bâti se réalisent avec un temps d'analyse de plusieurs dizaines de secondes, ce qui peut mettre en jeu beaucoup d'autres mécanismes que simplement perceptifs. Les premières études impliquant des temps de réponses à l'échelle de temps des processus perceptifs (inférieur à 500 ms) ont utilisé des stimuli hiérarchiques (grandes lettres faites de petites lettres) et des « figures impossibles » (figures compatibles avec les règles 3-D au niveau local, mais non global). La première étude, réalisée sur un seul sujet (Mottron et Belleville, 1993), montrait que la personne autiste faisait plus d'erreurs au niveau global que local dans la détection de cibles situées aux deux niveaux de stimuli hiérarchiques, contrairement au groupe témoin. Ce sujet avait également un déficit dans la perception de l'impossibilité (globale) d'une figure.

L'approfondissement de ce résultat chez des groupes de personnes autistes a toutefois montré que le traitement du niveau global est intact (Ozonoff *et al.*, 1994 ; Mottron *et al.*, 1999 ; pour une revue et d'autres résultats, voir Mottron *et al.* ; 2003). Néanmoins, certaines conditions expérimentales mettant en jeu une division de l'attention par la recherche simultanée d'une cible au niveau local et global mettent en évidence un biais local supérieur chez les personnes avec TED. Celui-ci peut prendre la forme d'une capacité de détection plus rapide ou plus exacte de cibles locales (Plaisted *et al.*, 1998a), d'une interférence excessive du niveau local sur le niveau global (Rinehart *et al.*, 2000), d'une absence de ralentissement dans la copie d'une figure impossible (Mottron *et al.*, 1999) ou d'une capacité d'entraîner à la détection d'une cible au niveau local qui n'existe pas chez les non-autistes (Iarocci *et al.*, soumis).

Nous avons récemment montré une autre manifestation de ce « biais local ». Alors que nous sommes plus lents pour identifier une lettre présentée seule que lorsque cette lettre l'est en plusieurs exemplaires, les personnes autistes ne présentent pas cet effet. Tout se passe comme si leur attention visuelle était immédiatement réglée pour traiter des informations de caractère local, alors que la nôtre est réglée à un niveau plus élevé. Nous avons donc besoin d'isoler une configuration pour la percevoir, ce qui consomme un certain temps, alors que les personnes autistes font l'économie de cette opération. La supériorité des personnes autistes dans la tâche de « figures cachées », qui peut mettre en jeu divers types de compétences autre que la perception, se retrouve donc également dans des épreuves purement perceptives (Mottron *et al.*, 2003). La portée de ces résultats est amplifiée par la découverte récente que l'information complexe auditive, qui se prête également à des études de stimuli hiérarchiques, présente les mêmes particularités que l'information visuelle chez les personnes autistes. L'étude de stimuli hiérarchiques dans le domaine auditif (mélodies modifiées en respectant ou en ne respectant pas le contour mélodique) a mis en évidence une supériorité de la détection d'éléments « locaux », par exemple la modification d'une note isolée qui laisse inchangé le contour mélodique (Mottron *et al.*, 2000). Des résultats très semblables ont été obtenus par d'autres équipes dans la modalité auditive (Heaton, 2003 ; Foxton *et al.*, 2003).

Il existe donc maintenant des arguments solides en faveur d'une supériorité du traitement local, dans le traitement de stimuli composites visuels et auditifs. En l'absence d'un déficit du système de traitement global, le modèle de la FCC voit donc une de ses prédictions non réalisées. Un modèle voisin de celui de la FCC, l'hypothèse du déficit hiérarchique (HDH), proposait que les canaux perceptifs locaux et globaux soient traités séparément, de manière non intégrée, sans relation de priorité automatique en faveur de l'un ou de l'autre des niveaux (Mottron et Belleville, 1993). Ce modèle rend bien compte de la détection supérieure de figures cachées mais échoue à expliquer des relations d'interférence normale ou même supérieure du local vers le global (Rinehardt *et al.*, 2000). Les deux modèles conservent cependant une valeur explicative pour tout ce qui concerne les biais locaux, mais tendent à être supplantés par des modèles impliquant un surfonctionnement dans le traitement perceptif de bas niveau au sens large.

Devant l'incapacité des modèles de type hiérarchique (FCC, HDH) à rendre compte d'un biais local avec conservation du traitement global, les recherches se sont orientées vers l'étude de processus plus élémentaires de la perception. En effet, la supériorité du traitement local des personnes autistes peut provenir d'une meilleure perception de bas niveau comme tel, indépendamment de l'inclusion ou non d'un pattern élémentaire dans une configuration complexe. Plaisted (1998) a ainsi montré, dans une tâche d'apprentissage perceptif, que la discrimination perceptive visuelle, chez des adultes avec autisme d'intelligence normale, était supérieure à la nôtre. Cette tâche consiste à déterminer si des ensembles de macarons présentés sur un écran sont disposés de façon identique ou différente. Cela permet de tester à la fois la discrimination d'information nouvelle au début de l'exposition à ce matériel et l'effet de l'apprentissage sur la capacité du système à apprendre à discriminer. Les personnes avec autisme étaient meilleures que nous dès le début de l'expérience.

Nous avons mis en évidence (Bonnel *et al.*, 2003) un correspondant dans le domaine auditif de ce résultat visuel. Il porte sur des aspects encore plus élémentaires ou « unidimensionnels » de la perception. Parmi les paramètres définissant un stimulus auditif comme une note de musique, la fréquence de l'onde sonore détermine la hauteur de cette note. Dans une tâche d'identification (haut-bas) ou de discrimination (pareil-pas pareil), les personnes avec autisme s'avèrent capables de distinguer des fréquences auditives de manière supérieure à nous. Des sons purs de 1 000 Hz et de 1 010 ou 1 020 Hz – une différence à peine perceptible pour nous – sont par elles distingués à un niveau d'exactitude et de certitude bien supérieur au nôtre. Les personnes testées n'avaient pourtant aucune expérience musicale susceptible de les avoir entraînées à une telle tâche.

Bien qu'il existe encore de nombreux aspects de la perception de bas niveau à étudier dans l'autisme, il est frappant de constater que les deux premières études réalisées et choisies, d'une certaine façon au hasard, l'une en visuel, l'autre en auditif, ont montré un surfonctionnement de ce système de traitement dans l'autisme. Ces deux résultats sont donc en faveur de ce que le biais local dans les stimuli hiérarchiques peut provenir d'une supériorité du traitement de bas niveau. L'absence de déficit dans le traitement global et la supériorité du traitement des propriétés élémentaires, dans le domaine visuel et auditif, suggèrent donc que les biais locaux observés, aussi bien que la supériorité des personnes autistes dans certaines épreuves visuospatiales, ont une explication commune de type perceptif. Cette explication pourrait être une contribution plus importante du traitement de bas niveau (Mottron et Burack, 2001) ou une perception réduite de la similarité (Plaisted *et al.*, 1998). Dans ce dernier cas, une capacité supérieure dans le traitement des éléments distinctifs entre deux configurations avantagerait le traitement local, là où la « quantité de différence » est à son maximum. Par exemple, deux apparitions successives du même visage peuvent différer par la position de la bouche ; une meilleure perception de la différence entre ces deux occurrences du visage résultera de l'orientation du système de traitement vers la bouche (qui est différente dans les deux cas) plutôt que vers les aspects globaux du visage (qui restent identiques). Tout se passe comme si, lors de la perception d'un stimulus complexe visuel ou auditif, les personnes autistes percevaient ses composants avec un grain plus fin que le nôtre. De là, une plus grande capacité à distinguer deux informations très proches (en forme, en fréquence, en position), mais aussi un effet d'attraction de l'attention vers des aspects à la fois locaux et physiques (ex. : des dimensions « psychophysiques » comme l'éclairage, la régularité, la taille, etc.) de l'information, au détriment de ses aspects globaux. Cependant, si on oriente l'attention des personnes autistes vers ces derniers aspects, on peut mettre en évidence que leur traitement est virtuellement intact (Plaisted *et al.*, 1999).

Les particularités du traitement hiérarchique mises au jour concernent la perception visuelle et auditive de matériel non social, et non un matériel spécifique à l'une de ces modalités sensorielles. Elles conduisent donc à élaborer des modèles multimodaux, s'appliquant indifféremment sur plusieurs modalités sensorielles. La variété des matériels utilisés et le caractère élémentaire des opérations atteintes amènent à prédire que la perception de matériel social présentera les mêmes propriétés d'hyperfonctionnement du traitement des aspects de bas niveau et de biais vers le traitement local, ce que nous allons présenter maintenant.

Biais local dans le traitement perceptif des visages

L'investigation des aspects hiérarchiques de la perception des visages concerne le traitement de la configuration (on parle aussi de perception « holistique » du visage), le traitement relatif des aspects globaux (le contour du visage), et locaux, les parties de visage. Le traitement hiérarchique est spécialement important pour les visages, puisque la reconnaissance d'un visage dépend de la reconnaissance d'une configuration émergeant à partir des relations spatiales entre ses parties. La confirmation indirecte de l'importance du traitement « holistique » pour la reconnaissance des visages vient de l'effet d'inversion : on ne reconnaît pas les visages lorsque ceux-ci sont présentés à l'envers. Or cette opération supprime sélectivement les aspects holistiques du visage. Chez l'individu typique, les visages à l'endroit seraient en effet traités à partir de leur configuration globale, c'est-à-dire par les relations spatiales entre leurs parties. À l'opposé, les visages présentés à l'envers solliciteraient les mécanismes analytiques utilisés pour la perception des objets, car la configuration faciale serait brisée par l'inversion du stimulus (Farah *et al.*, 1995 ; Moscovitch *et al.*, 1997).

Il existe depuis plus de trente ans des indications selon lesquelles les personnes autistes hiérarchisent les parties de visages différemment de nous lors de tâches de reconnaissance. Deux sortes de différences avaient été relevées : en premier lieu, une sous-utilisation des aspects globaux au profit des parties dans la reconnaissance du visage et, en second lieu, une absence d'importance spécifique donnée aux yeux. Dans une tâche d'identification de visages familiers présentés à l'endroit et à l'envers, les jeunes enfants autistes privilégient ainsi davantage la partie inférieure du visage, par opposition aux enfants normaux qui se servent plutôt de la partie supérieure – contenant les yeux. Lors d'une tâche de reconnaissance, les personnes autistes plus âgées ne privilégient pas un secteur particulier du visage, alors que les non-autistes utilisent plutôt la partie supérieure

(Langdell, 1978). De même, les personnes autistes sont relativement moins efficaces dans l'appariement d'identité faciale que dans l'appariement d'objets, là où le groupe de comparaison réussit au même niveau les deux types de tâche (Braverman *et al.*, 1989). Or la reconnaissance d'objets peut se faire par des indices locaux, plus facilement que dans le cas des visages (on reconnaît plus facilement une voiture par la forme de ses phares qu'une personne par la forme de ses oreilles). Elles choisissent également plus souvent de classer des visages selon des indices externes (ex. : chapeau), plutôt que selon leurs expressions faciales (Weeks et Hobson, 1987).

La tâche la plus étudiée pour démontrer des anomalies du traitement hiérarchique des visages dans l'autisme est l'effet de l'inversion des visages. Dans une tâche de reconnaissance de visages, les personnes autistes sont moins gênées que les individus normaux par la présentation inversée (Langdell, 1978 ; Tantam *et al.*, 1989 ; Miyashita, 1988). Selon Miyashita (1988), le traitement des visages, chez les personnes autistes, serait donc effectué non pas à partir de la configuration globale comme chez les sujets typiques, mais par l'analyse de leurs composantes individuelles.

Deux études plus récentes, effectuées avec des participants caractérisés et appariés selon les normes actuelles, ont spécifié ces résultats sans les confirmer tout à fait. Joseph et Tanaka (2003) ont testé la reconnaissance de parties de visage présentées isolément ou dans le contexte du visage auxquelles elles appartiennent. Ils ont montré qu'autistes et non-autistes reconnaissaient mieux une partie comme la bouche dans le contexte d'un visage que lorsqu'elle est présentée seule. Cet effet était supprimé lors d'une présentation inversée. Ces deux résultats indiquent un traitement holistique normal des visages. En revanche, pour les personnes autistes, cet effet n'existait pas pour les yeux. De plus, elles reconnaissaient mieux les visages par présentation de leur bouche que de leurs yeux, deux effets non retrouvés chez le groupe de comparaison. La conclusion de ces auteurs est que les difficultés de traitement holistiques ne peuvent, à elles seules, expliquer les particularités du traitement des visages.

Dans notre équipe, nous avons testé la perception hiérarchique des visages à l'aide d'une tâche d'amorçage.

L'expérience consiste à apprendre d'abord à associer un visage et une lettre. La reconnaissance des visages cibles est ensuite testée en présentant une ou des parties de visage juste avant la présentation du visage cible complet. Le gain de temps produit par l'exposition des parties de visage sur le temps mis pour reconnaître le visage complet qui les suit nous permet de mesurer directement le traitement des parties de visage. Lorsqu'une seule partie (ex. : le nez) est présente dans l'amorce, seules les personnes autistes accèdent plus rapidement que les contrôles à la représentation du visage (par rapport à la présentation du visage seul), alors que le groupe de comparaison ne tire aucun bénéfice de l'exposition de cette amorce. Contrairement à l'expérience précédente, cette supériorité de l'effet d'une seule partie valait pour toutes les parties de visages, et pas simplement pour la bouche.

Dans une autre expérience, nous avons étudié l'effet d'inversion et n'avons trouvé aucune différence entre l'effet d'inversion retrouvé chez les personnes autistes et dans le groupe de comparaison. Ce résultat confirme celui de Joseph et Tanaka, et indique que le traitement de l'aspect configurationnel des visages est normal dans l'autisme (Lahaie *et al.*, 2005).

L'ensemble des résultats établis en perception des visages est donc compatible avec un biais local en reconnaissance des visages, provenant lui-même d'un traitement supérieur des parties de visages. La présence d'un effet d'amorçage d'une partie isolée de visage dans le groupe de personnes autistes seulement suppose un traitement que nous ne sommes pas capables de faire, ou, en tout cas, que ce type de manipulation expérimentale ne produit que chez les personnes autistes. Il est donc possible que cette supériorité du traitement local pour toutes les parties de visage « noie » le biais normalement présenté pour les yeux par les personnes non autistes, avec pour conséquence comportementale une sous-réaction aux comportements oculaires des congénères.

Catégorisation perceptive

La catégorisation est un aspect fondamental du traitement de l'information perceptive, qui constitue une sorte d'interface entre l'information brute de nature psychophysique et une information qui peut être reconnue puis nommée. En cela, la catégorisation matérialise l'effet que produisent les hauts niveaux de traitement (ex. : compréhension du langage, acte conscient avec but) sur les bas niveaux de traitement (perception des aspects psychophysiques du langage et de l'environnement). La catégorisation perceptive phonologique est par exemple le processus par lequel on peut reconnaître un même phonème selon plusieurs prononciations, timbres de voix, ou encore plusieurs accents différents. La catégorisation repose sur l'« oubli » de certaines propriétés, au sens où il est nécessaire de ne pas se focaliser sur les différences entre deux prononciations du même phonème pour reconnaître qu'elles appartiennent à la même catégorie.

L'hyperfonctionnement des traitements de bas niveau dans l'autisme concerne, entre autres opérations cognitives, une capacité de discrimination supérieure à la normale. Celle-ci amène à prédire des anomalies dans la catégorisation. Les personnes autistes, si elles perçoivent avec un « grain » plus fin, devraient percevoir à l'excès les différences entre des stimuli proches. Au cours du développement comme lors de la création d'une nouvelle catégorie, elles devraient donc mémoriser des stimuli très proches comme constituant chacun une catégorie. Elles devraient de ce fait présenter des catégories plus « étroites », qui sont formées de constituants plus semblables entre eux que les nôtres. Ces prédictions ont été partiellement vérifiées.

La première expérience est une tâche de création et de reconnaissance de prototype perceptif (Soulières *et al.*, 2003a). Nous avons exposé dans un premier temps les participants à des animaux imaginaires composés de parties dont on contrôlait la fréquence d'exposition à l'aide d'une tâche – leurre. Cette phase permettait au participant de constituer à son insu un animal prototype, composé des parties les plus fréquemment rencontrées par le sujet, et des animaux différant (ou « distants ») du prototype, constitués de parties rencontrées moins souvent. Dans ce type d'expérience, le prototype est formé des parties auxquelles les participants ont été exposés le plus souvent mais n'est jamais présenté sous cette forme, c'est-à-dire que l'animal composé des parties les plus fréquentes n'a pas été présenté. L'effet prototype est alors l'illusion d'avoir rencontré cet animal. Dans une deuxième étape de l'expérience, les participants étaient exposés à ces animaux présentés un à un, et questionnés s'ils reconnaissaient ou non l'animal. On variait la distance au prototype de ces animaux. Le groupe des personnes autistes présentait un effet classique de prototype, celui-ci (bien que n'ayant jamais été rencontré sous cette forme) étant le plus souvent reconnu. Cependant, et contrairement au groupe de comparaison, les personnes autistes présentaient moins de réponse « oui » lorsque la distance au prototype diminuait légèrement. Plus la distance au prototype augmentait, plus les personnes autistes différaient du groupe de comparaison, moins elles reconnaissaient les animaux présentés. La catégorie qu'elles s'étaient formée lors de l'exposition, telle qu'elle est attestée par la plus ou moins grande familiarité aux exemplaires présentés dans la deuxième phase, étaient donc plus étroite, c'est-à-dire constituée uniquement des parties les plus fréquemment rencontrées, alors que celle du groupe de comparaison incluait les parties rencontrées plus rarement. Nous avons attribué cette différence au focus attentionnel et perceptif accru sur les parties d'un stimulus visuel au cours de l'exposition. Celui-ci produirait des catégories visuelles plus étroites dans l'autisme.

Dans une autre étude, nous avons exploré les processus élémentaires de catégorisation à l'aide de stimuli visuels unidimensionnels, des ellipses variant uniquement sur un continuum de largeur (Soulières *et al.*, 2005). Dans une première phase, les participants devaient effectuer une tâche de discrimination pareil/différent portant sur des ellipses. La forme de ces ellipses variait sur un continuum allant de « très plate » à « presque circulaire ». Dans une deuxième phase, les participants étaient exposés à l'ensemble des ellipses présentées une à une dans la première phase. Ils devaient alors décider si chacune d'entre elles ressemblait davantage à l'ellipse mince ou à l'ellipse large. Le groupe de comparaison répliquait le phénomène classique de « perception catégorielle », c'est-à-dire que les personnes non autistes discriminaient mieux les ellipses proches de la frontière du groupe que celles situées au centre de la catégorie. En revanche, ce phénomène ne se retrouvait pas chez les participants avec autisme – qui avaient par ailleurs un taux de discrimination généralement inférieur au groupe de comparaison dans cette tâche. En somme, la catégorisation n'influence pas la discrimination chez les personnes autistes, alors que c'est le cas pour nous. Ce résultat montre que, dans l'autisme, certains processus de plus haut niveau, comme la catégorisation, n'influent pas sur des processus de plus bas niveau, comme la discrimination, alors qu'ils ont une influence « top-down » chez l'individu typique.

Ces deux résultats indiquent que certaines opérations très élémentaires, qui nous permettent de classer l'information perceptive en « familles » possédant un centre – ce qui est le plus fréquemment rencontré –, et une périphérie – ce qui est moins typique ou rencontré moins souvent –, sont réalisées de façon atypique dans l'autisme. Comme les personnes autistes d'intelligence normale catégorisent tout à fait correctement cependant, puisqu'elles parlent, et reconnaissent des représentations visuelles et auditives, cela conduit à penser qu'elles y parviennent par des moyens différents des nôtres.

Perception visuelle du mouvement

Nous avons exposé jusqu'ici des travaux portant sur la perception de bas niveau de matériel social et non social statique. Prises dans leur ensemble, non seulement les personnes autistes ne présentent à ce jour aucun déficit à ce niveau, mais certains aspects comme la perception locale ou l'extraction de caractéristiques physiques semblent s'effectuer plus et mieux chez eux que chez nous – ce que nous appelons, faute de mieux, un surfonctionnement du traitement perceptif de bas niveau. Peut-on dire que l'ensemble des opérations perceptives fonctionnent mieux que les nôtres ? Ce n'est pas le cas. Grâce aux travaux d'un chercheur français, B. Gepner (cet ouvrage), et à ceux qui les ont suivis, on sait maintenant qu'il existe une importante dissociation entre la perception de l'information statique – qui, comme nous venons de le montrer, fonctionne d'autant mieux qu'il s'agit d'opérations de bas niveau – et la perception d'éléments en mouvement. Les personnes autistes avec déficience intellectuelle (Gepner *et al.*, 1995), mais non celles d'intelligence normale (Gepner et Mestre 2002), n'adaptent pas leur posture au mouvement rotatoire présenté autour d'elles, contrairement à des personnes typiques de même âge chronologique (mais non de même niveau développemental). Cette absence d'adaptation posturale indique indirectement que la perception visuelle du mouvement par les personnes autistes diffère de la nôtre. Plusieurs études portant directement sur la perception du mouvement comme tel, chez des personnes sans déficience intellectuelle, ont confirmé un déficit dans ce domaine. La première série d'étude concerne le « mouvement global », capacité de détecter le mouvement produit par des points qui bougent ensemble parmi d'autres points qui restent immobiles. Les personnes avec autisme ont besoin de plus de points bougeant simultanément pour percevoir ce mouvement (Spencer *et al.*, 2000 ; Milne *et al.*, 2000). La deuxième étude concerne le mouvement dit « biologique ». En utilisant le mouvement produit par des points attachés aux articulations d'une personne qui marche (et seuls ces points étant visibles), Blake *et al.* (2003) ont montré que le seuil de détection du mouvement imitant le déplacement d'un humain était plus faible chez des personnes autistes. Ils ont utilisé une condition contrôle dans laquelle les participants devaient détecter une forme constituée du groupement de plusieurs points, afin de vérifier si l'anomalie de détection du mouvement biologique (marche humaine) n'était pas due à une incapacité de percevoir le groupement d'un ensemble des points. Seul le mouvement biologique était perturbé chez les personnes autistes. Néanmoins, il n'est pas sûr que les deux conditions soient du même niveau de difficulté. Par ailleurs, comme la condition contrôle (groupement de points statiques) n'est pas un stimulus dynamique, elle ne permet pas d'affirmer que le déficit concerne spécifiquement le mouvement biologique.

Lorsqu'on produit une illusion de mouvement à l'aide de la variation temporelle des propriétés psychophysiques d'une région d'un écran, la perception du mouvement est conditionnée par la perception correcte de la propriété physique qu'on fait varier. Ainsi, si je fais varier une couleur, une luminance ou une texture en créant l'illusion d'une vague, mais que je ne perçois pas ces différences (e.g. presbytie), je ne percevrai pas ce mouvement – et cela ne provient pas de ce que je ne perçois pas le mouvement. Nous avions un doute sur le fait que la perception du mouvement comme tel soit atteinte dans l'autisme – en situation écologique, les personnes autistes paraissent plutôt intéressées par ce qui bouge de façon périodique. En outre, et pour les mêmes raisons, nous n'étions pas convaincus qu'il y ait un lien entre particularités de traitement de l'information sociale et perception défectueuse du mouvement. Nous avons donc étudié la perception de divers types de mouvement en manipulant la dimension psychophysique qui produit l'illusion du mouvement.

Si l'on présente trois types de mouvement visuel (rotatoire, latéral et radial) à des personnes autistes d'intelligence normale, ceux-ci peuvent être perçus de façon tout à fait normale s'ils sont réalisés sous forme de mouvement de premier ordre. Cette appellation désigne une réalisation du mouvement par des variations de luminance des pixels composants la figure. Cette sorte de mouvement a la propriété d'être détectée à un niveau très précoce des aires visuelles, par des réseaux neuronaux assez simples. En revanche, ces mêmes sortes de mouvement, si elles sont réalisées par des stimuli de deuxième ordre, sont mal détectées par les personnes autistes (Bertone *et al.*, 2003). Le mouvement de deuxième ordre est réalisé par des variations de texture et nécessite pour être perçu un système neural plus complexe (Smith *et al.*, 1998).

Ce résultat, en un sens, confirme les autres études sur la perception du mouvement puisqu'il indique que, sous certaines conditions, celle-ci est bien défectueuse dans l'autisme, même chez des personnes d'intelligence normale. Il existe bien une dissociation entre des propriétés perceptives « statiques », qui seraient mieux perçues par le sujet autiste que par nous-mêmes, et des propriétés dynamiques qui sont perçues au contraire de façon défectueuse. Toutefois, les travaux de

Bertone *et al.* modifient notablement l'interprétation d'un déficit de la perception du mouvement dans l'autisme, en indiquant que la perception du « mouvement de bas niveau » n'est pas atteinte. Avant de conclure que certains signes de l'autisme sont liés à une perception défectueuse du mouvement, encore faut-il donc déterminer si, en situation écologique, les mouvements impliqués correspondent à un mouvement de premier ou de deuxième ordre. Ensuite, comme chaque fois que l'on observe une dissociation entre le traitement de deux sortes d'informations qui s'opposent selon un certain critère (ici, statique *vs* dynamique), il faut bien s'assurer que c'est ce critère-là qui est responsable de la dissociation. Ce résultat suggère que ce n'est pas l'aspect dynamique comme tel qui est responsable de la perception défectueuse de certains mouvements, mais la complexité des réseaux cellulaires nécessaires pour le détecter.

Synthèse. La perception dans l'autisme, selon les dimensions étudiées : visuelle vs *auditive, sociale* vs *non sociale, statique* vs *dynamique*

L'ensemble des données rapportées ici indique d'abord que les personnes autistes présentent un biais local et un hyperfonctionnement du traitement perceptif de bas niveau, aussi bien dans la modalité visuelle que dans la modalité auditive. Ces résultats nous indiquent ensuite que ces personnes traitent également les visages de façon plus « locale » que nous ne le faisons. Cependant, et contrairement à la première interprétation du modèle de « faiblesse de la cohérence centrale », il est difficile de faire découler ces particularités d'un déficit du traitement des aspects globaux de l'information. En effet, cette interprétation serait incompatible avec la performance normale des personnes autistes dans le traitement global des stimuli hiérarchiques visuels et auditifs, aussi bien que des visages. En revanche, il est possible de faire découler le biais local perceptif d'un hyperfonctionnement du traitement de bas niveau, parce qu'il existe une coïncidence de fait entre l'extraction de traits ou de dimensions (ex. : hauteur sonore), qui définit le traitement de bas niveau, et l'aspect local d'une configuration (ex. : la valeur absolue de la fréquence d'une note dans une mélodie). Toutefois, comme indiqué dans le modèle FCC, le traitement perceptif de bas niveau est moins influencé par les niveaux de traitement supérieur (catégorisation, attention volontaire) que chez les personnes non autistes.

Y a-t-il un déficit spécifique du traitement des stimuli sociaux dans l'autisme ? Au niveau perceptif, il n'y a pas encore d'argument convainquant. Les seules données accessibles concernent une priorité différente de la nôtre entre les parties de visage traitées préférentiellement (moindre attention aux yeux chez les autistes par rapport aux autres parties du visage), et une efficacité supérieure à la nôtre du traitement des parties de visage. Cependant, il n'y a pas à ce jour de preuve en faveur d'un déficit dans la construction des représentations perceptives des stimuli sociaux. Même au niveau émotionnel, la discrimination des masques émotionnels paraît normale (Adolphs *et al.*, 2001).

En revanche, il existe des arguments au niveau fMRI pour une absence d'activation spécifique, chez le sujet autiste, des aires où s'effectue normalement le traitement des stimuli sociaux, chez le sujet non autiste, sans conséquence notable sur la performance de reconnaissance, et dont l'interprétation reste ouverte. Celle-ci peut toutefois être due à un caractère particulier de l'attention lors de la réalisation des tâches sous fMRI. L'attention serait suffisante pour la reconnaissance, mais sans permettre toutefois l'activation des régions spécifiques au traitement des visages comme tel. Cette absence d'activation pourrait également être due (Schultz *et al.*, 2000) à une véritable absence de spécialisation corticale pour le traitement des visages au cours du développement, résultat d'un sous-entraînement dans la perception de cette catégorie d'information, elle-même découlant d'une réduction de l'intérêt émotionnel spécifique pour les stimuli sociaux. L'impact des particularités perceptives sur les comportements sociaux dans l'autisme se ferait donc sans doute plus en termes de niveau (traitement « psychophysique » du monde plutôt que traitement de haut niveau) qu'en termes de domaine d'information (préférence donnée au traitement de l'information non sociale sur l'information sociale).

Cette manière de voir est évidemment contradictoire avec toute une tradition d'interprétation de l'autisme, selon laquelle le problème majeur est de nature sociale, et l'atteinte sociale est spécifique à ce domaine. Nous dissocions en effet l'importance relative des signes dans la description comportementale de l'autisme – qui donne une valeur particulière à l'atteinte sociale –, et les mécanismes psychophysiques et cognitifs impliqués découlant des travaux empiriques – qui ne confirment pas jusqu'ici cette spécificité. Au niveau des signes, les aspects sociocommunicatifs, où prédominent les signes négatifs, sont pondérés davantage dans l'attribution du diagnostic. De plus, ils sont séparés des signes concernant les comportements répétitifs et les intérêts restreints, où prédominent les signes positifs. Au niveau empirique des études cognitives, toutefois, on observe des particularités communes dans le traitement de matériel social (visages) et non social (figures géométriques, mélodies). La forte analogie entre les particularités de traitement non social auditif (mélodies) et visuel (stimuli hiérarchiques), et du traitement social (visages) ne va pas dans le sens d'une atteinte spécifique de l'un de ces domaines.

Enfin, l'absence d'activation, dans certaines conditions expérimentales, des aires cérébrales dédiées au traitement de matériel social auditif et visuel va également dans le sens d'une réorganisation du traitement de l'information qui soit commune aux différentes modalités sensorielles et aux domaines sociaux et non sociaux. Il ne faut en effet pas confondre l'absence d'activation d'une aire cérébrale équivalente à la nôtre au cours d'une certaine opération avec le déficit dans la performance à cette opération.

L'hyperdiscrimination perceptive visuelle et auditive, l'existence d'un traitement orienté localement dans le domaine des visages aussi bien que dans celui des stimuli non sociaux, géométriques ou faits de lettres, l'absence de spécialisation d'une région cérébrale spécifique pour le traitement des visages et de la voix, suggèrent que les particularités du traitement des stimuli sociaux et non sociaux sont de même nature et découlent d'une même cause.

Les résultats que nous avons obtenus en perception du mouvement constituent une piste pour attribuer les dissociations perceptives à une limitation de la complexité des réseaux neuronaux dans l'autisme. L'hypothèse pour nous la plus stimulante consiste en effet à rapprocher les surfonctionnements perceptifs pour le traitement d'information statique locale et/ou de bas niveau, les catégories perceptives plus étroites, la limitation de complexité neurale responsable du déficit de la perception du mouvement de deuxième ordre entre eux et avec les anomalies cellulaires corticales génétiquement contraintes retrouvées dans l'autisme (McClelland, 2000). Se pourrait-il que les réseaux neuronaux corticaux présentent dans l'autisme des particularités qui les rendent à la fois meilleurs que les nôtres pour traiter une information statique et simple, et moins bons que les nôtres pour une information dynamique et complexe ? La corrélation récemment obtenue entre macrocéphalie et pic d'habileté visuelle (Deutsch et Joseph, 2003), l'association entre les anomalies de l'organisation cellulaire (cet ouvrage) et la croissance cellulaire corticale anormale dans les deux premières années de vie (Courchesne *et al.*, 2003), l'augmentation des pics d'habileté au cours du développement (Joseph, Tager-Flusberg et Lord, 2002), le caractère génétiquement contraint des hyperfonctionnements perceptifs dans l'autisme (Nurmi *et al.*, 2003 ; Happé *et al.*, 2001 ; Brown *et al.*, 2003) constituent des pistes extrêmement stimulantes dans ce sens.

Références

ADOLPHS R., SEARS L. & PIVEN J. (2001) Abnormal processing of social information from faces in autism. *Journal of Cognitive Neuroscience,* 13 (2) : 232-240.

AMERICAN PSYCHIATRIC ASSOCIATION (2000) *Diagnostic and Statistical Manual of Mental Disorders, 4th ed.,* Text Revision, Washington, DC : American Psychiatric Association.

BERTONE A., MOTTRON L., JELENIC P. & FAUBERT J. (2003) Motion perception in autism : A complex issue ? *Journal of Cognitive Neuroscience,* 15 (2) : 218-225.

BLAKE R., TURNER L. M., SMOSKI M. J., POZDOL S. L. & STONE W. L. (2003) Visual recognition of biological motion is impaired in children with autism. *Psychological Sciences,* 14 (2) : 151-157.

BONNEL A. C., MOTTRON L., PERETZ I., TRUDEL M., GALLUN E. & BONNEL, A. M. (2003) Enhanced sensitivity for pitch in individuals with autism : A Signal Detection Analysis. *Journal of Cognitive Neuroscience,* 15 : 226-235.

BRAVERMAN M., FEIN D., LUCCI D. & WATERHOUSE L. (1989) Affect comprehension in children with pervasive developmental disorders. *Journal of Autism and Developmental Disorders,* 19 (2) : 301-316.

BROWN W. A., CAMMUSO K., SACHS H., WINKLOSKY B., MULLANE J., BERNIER R., SVENSON S., ARIN D., ROSEN-SHEIDLEY B. & FOLSTEIN S. E. (2003) Autism-related language, personality, and cognition in people with absolute pitch : results of a preliminary study. *Journal of Autism and Developmental Disorders,* 33 (2) : 163-167 ; discussion 169.

COURCHESNE E., CARPER R. & AKSHOOMOFF N. (2003) Evidence of brain overgrowth in the first year of life in autism. *JAMA,* 290 (3) : 337-344.

DEUTSCH C. K. & JOSEPH R. M. (2003) Brief report : cognitive correlates of enlarged head circumference in children with autism. *Journal of Autism and Developmental Disorders,* 33 (2) : 209-215.

FARAH M. J., DRAIN H. M. & TANAKA J. W. (1995) What causes the face inversion effect ? Journal of Experimental Psychology : *Human Perception and Performance,* 21 (3) : 628-634.

FOXTON J. M., STEWART M. E., BARNARD L., RODGERS J., YOUNG A. H., O'BRIEN G. & GRIFFITH TD (2003) Absence of auditory « global interference » in autism. *Brain,* 126 : 2703-2706.

FRITH U. & BARON-COHEN S. (1988) Perception in autistic children. *In* : *Handbook of Autism and Developmental Disorders* (COHEN D. J. & DONELLAN A. M. eds), pp. 85-102. Silver Spring, Maryland : V. H. Winston and Sons.

FRITH U. (1989, 2003) *Autism : Explaining the Enigma.* Oxford : Basil Blackwell.

FRITH U. & HAPPÉ F. (1994) Autism : beyond « theory of mind ». *Cognition,* 50, 115-132.

GEPNER B., MESTRE D., MASSON G. & DE SCHONEN S. (1995) Postural effects of motion vision in young autistic children. *NeuroReport,* 6 : 1211-1214.

GEPNER B. & MESTRE D. R. (2002) Brief report : postural reactivity to fast visual motion differentiates autistic from children with Asperger syndrome. *Journal of Autism and Developmental Disorders*, 32 (3) : 231-238.

GEPNER B. cet ouvrage, ch. X.

HAPPÉ F., BRISKMAN J. & FRITH U. (2001) Exploring the cognitive phenotype of autism : weak « central coherence » in parents and siblings of children with autism : I. Experimental tests. *Journal of Child Psychology and Psychiatry*, 42 (3) : 299-307.

HEATON P. (2003) Pitch memory, labelling and disembedding in autism. *Journal of Child Psychology and Psychiatry*, 44 (4) : 543-551.

JOLLIFFE T. & BARON-COHEN S. (1997) Are people with autism and Asperger syndrome faster than normal on the Embedded Figures Test ? *Journal of Child Psychology and Psychiatry*, 38 (5) : 527-534.

JOSEPH R. M., TAGER-FLUSBERG H. & LORD C. (2002) Cognitive profiles and social-communicative functioning in children with autism spectrum disorder. *Journal of Child Psychology and Psychiatry*, 43 (6) : 807-821.

JOSEPH R. M. & TANAKA J. (2003) Holistic and part-based face recognition in children with autism. *Journal of Child Psychology and Psychiatry*, 44 (4) : 529-542.

LAHAIE A., MOTTRON L., ARGUIN M., BERTHIAUME C., JENEL B. & SAUMIER D. (2005) Face perception in high-functioning autistic adults : evidence for superior processing of face parts, not for a configural face processing deficit. *Neuropsychology* (sous presse).

LANGDELL T. (1978) Recognition of faces : an approach to the study of autism. *Journal of Child Psychology and Psychiatry*, 19 : 255-268.

LORD C., RUTTER M. & LE COUTEUR A. (1994) Autism Diagnostic Interview-Revised : a revised version of a diagnostic interview for caregivers of individuals with possible pervasive developmental disorders. *Journal of Autism Developmental Disorders*, 24 (5) : 659-685.

MCCLELLAND J. L. (2000) The basis of hypersensitivity in autism : a preliminary suggestion based on properties of neural nets. *Journal of Autism and Developmental Disorders*, 30 : 497-502.

MILNE E., SWETTENHAM J., HANSEN P., CAMPBELL R., JEFFRIES H. & PLAISTED K. (2002) High motion coherence thresholds in children with autism. *Journal of Child Psychology and Psychiatry*, 43 : 255-63.

MIYASHITA M. (1988) Discrimination of facial components in autistic children. *Japanese Journal of Psychology*, 59 : 206-212.

MOSCOVITCH M., WINOCUR G. & BEHRMANN M. (1997) What is special about face recognition ? Nineteen experiments on a person with visual agnosia and dyslexia but normal face recognition. *Journal of Cognitive Neuroscience*, 9 (5) : 555-604.

MOTTRON L. & BELLEVILLE S. (1993) A study of perceptual analysis in high-level autistic subject with exceptional graphic abilities. *Brain and Cognition*, 23 : 279-309.

MOTTRON L. & BURACK J. (2001) Enhanced perceptual functioning in the development of autism. *In* : *The Development of Autism : Perspective from Theory and Research*. (BURACK J. A., CHARMAN T., YIRMIYA N. & ZELAZO P. R. eds), p. 131-148. Mahwah, N. J. : Earlbaum.

MOTTRON L., BURACK J., STAUDER J. & ROBAEY P. (1999a) Perceptual processing among high-functioning persons with autism. *Journal of Child Psychology and Psychiatry*, 40 (2) : 203-211.

MOTTRON L., PERETZ I., & MÉNARD E. (2000) Local and global processing of music in high-functioning persons with autism : beyond central coherence ? *Journal of Child Psychology and Psychiatry*, 41 : 1057-1065.

MOTTRON L., BELLEVILLE S. & MÉNARD E. (1999b) Local bias in autistic subjects as evidenced by graphic tasks : Perceptual hierarchization or working memory deficit ? *Journal of Child Psychology and Psychiatry*, 40 (5) : 743-755.

MOTTRON L., BURACK J., IAROCCI G., BELLEVILLE S. & ENNS J. (2003) Locally oriented perception with intact global processing among adolescents with high functioning autism : evidence from Multiple Paradigms. *Journal of Child Psychology and Psychiatry* 44 (6), 906-913.

NURMI E. L., DOWD M., TADEVOSYAN-LEYFER O., HAINES J. L., FOLSTEIN S. E. & SUTCLIFFE J. S. (2003) Exploratory subsetting of autism families based on savant skills improves evidence of genetic linkage to 15q11-q13. *Journal of American Academy Child Adolescent Psychiatry*, 42 (7) : 856-863.

OZONOFF S., STRAYER D. L., MCMAHON W. M. & FILLOUX F. (1994) Executive function abilities in autism and Tourette syndrome : an information processing approach. *Journal of Child Psychology and Psychiatry*, 35 (6) : 1015-1032.

PLAISTED K., O'RIORDAN M. & BARON-COHEN S. (1998a) Enhanced discrimination of novel, highly similar stimuli by adults with autism during a perceptual learning task. *Journal of Child Psychology and Psychiatry*, 39 : 765-775.

PLAISTED K., SWETTENHAM J. & REES L. (1999) Children with autism show local precedence in a divided attention task and global precedence in a selective attention task. *Journal of Child Psychology and Psychiatry*, 40 : 733-742.

RINEHART N., BRADSHAW J. L., MOSS S. A., BRERETON A. V. & TONGE B. J. (2000) Atypical interference of local detail on global processing in high-functioning autism and Asperger's disorder. *Journal of Child Psychology and Psychiatry*, 41 : 769-778.

SCHULTZ R. T., GAUTHIER I., KLIN A., FULBRIGHT R. K., ANDERSON A. W., VOLKMAR F., SKUDLARSKI P., LACADIE C., COHEN D. J. & GORE J. C. (2000) Abnormal ventral temporal cortical activity during face discrimination among individuals with autism and Asperger syndrome. *Archives of General Psychiatry*, 57 (4) : 331-340.

SHAH A. & FRITH U. (1983) An islet of ability in autistic children : a research note. *Journal of Child Psychology and Psychiatry*, 24 : 613-620.

SHAH A. & FRITH U. J. (1993) Why do autistic individuals show superior performance on the block design task ? *Child Psychology and Psychiatry*, 34 (8) : 1351-1364.

SOULIÈRES I., BELLEVILLE S. & MOTTRON L. (2003a). Narrow categories in autism. Communication au congrès de l'ARAPI, Collège de France, 2003.

SOULIÈRES I., MOTTRON L., SAUMIER D. & LAROCHELLE S. Atypical categorical perception in autism : autonomy of discrimination ? *Journal of Autism and Developmental Disorders* (en révision).

SMITH A. T., GREENLEE M. W., SINGH K. D., KRAEMER F. M. & HENNING J. (1998) The processing of first- and second-order motion in humans as assessed by functional magnetic resonance imaging (fMRI). *Journal of Neuroscience*, 18 : 3816-3830.

Spencer J., O'Brien J., Riggs K., Braddick O., Atkinson J. & Wattam-Bell J. (2000) Motion processing in autism : evidence for a dorsal stream deficiency. *NeuroReport*, 11 : 2765-2767.

Tantam D., Monagham L., Nicholson H. & Stirling J. (1989) Autistic children's ability to interpret faces : a research note. *Journal of Child Psychology and Psychiatry*, 30 : 623-630.

Weeks S. J. & Hobson R. P. (1987) The salience of facial expression for autistic children. *Journal of Child Psychology and Psychiatry*, 28 : 137-152.

Zilbovicius M. cet ouvrage, chapitre X.

Perception et discrimination auditive dans l'autisme : intérêt des études électrophysiologiques

Par NICOLE BRUNEAU et MARIE GOMOT

Les troubles de la socialisation, de la communication et de l'adaptation qui définissent l'autisme sont souvent associés à des particularités du comportement vis-à-vis du monde sensoriel et en particulier sonore (hypo- et/ou hyperréactivité). Il est possible grâce à des explorations issues de l'électro-encéphalographie d'étudier la réactivité du cortex cérébral aux stimulations sensorielles ; il en est ainsi de la méthode des potentiels évoqués qui permettent d'étudier avec une résolution temporelle fine les processus corticaux sensoriels et cognitifs, et leur maturation au cours du développement normal et pathologique.

Chez l'enfant autiste les réponses à des stimulations tonales simples montrent des anomalies. La modulation des réponses en fonction de l'intensité, bilatérale chez les enfants ordinaires, n'est pas observée du côté gauche chez les enfants autistes. Elle existe cependant du côté droit où elle est d'autant plus marquée que les enfants ont de meilleures capacités de communication verbale et non verbale.

Par ailleurs, lors d'une séquence de stimulations auditives répétées de façon régulière, la survenue de façon rare et imprévue d'une stimulation légèrement différente dans ses caractéristiques physiques entraîne l'apparition d'une réponse électrophysiologique appelée Mismatch Negativity (MMN) ou négativité de discordance. Chez l'enfant autiste les caractéristiques de cette réponse (latence, amplitude, topographie) traduisent le déclenchement très précoce par la stimulation déviante d'une activation enregistrée au niveau frontal gauche ; l'étude des relations électrocliniques montre que cette anomalie est d'autant plus importante que l'enfant autiste est intolérant aux changements.

Introduction

Les particularités de comportement vis-à-vis des stimulations sensorielles sont fréquentes chez les personnes atteintes d'autisme et concernent toutes les modalités sensorielles. Il s'agit d'hyper- et/ou d'hyporéactivité aux stimulations qui peuvent être observées chez une même personne sans que l'on sache précisément les raisons de telles différences. Très souvent dès les premiers mois, le bébé a pu être considéré comme sourd. D'autres fois, c'est au moment où l'enfant est intégré dans une collectivité (crèche, maternelle) que la surdité est évoquée. L'enfant ne répond pas quand on l'appelle. Il semble indifférent à des bruits forts (claquement de porte) qui perturbent d'autres enfants. Par ailleurs, le comportement auditif peut être paradoxal : l'enfant réagit parfois de façon exagérée à des stimulations faibles alors qu'il ne réagit pas aux stimulations fortes, il ne supporte pas certains bruits (chasse d'eau, aspirateur), il produit des bruits répétitifs (peut taper pendant des heures sur les objets). Il peut s'intéresser et montrer un plaisir évident en réaction à la musique alors qu'il semble « sourd » au langage : les sollicitations doivent être réitérées, les réponses sont parfois retardées. Ces anomalies sensorielles associées aux difficultés majeures présentées par ces enfants dans le domaine du langage et de la communication nous amènent à poser plus précisément la question de l'intégration des messages auditifs au niveau cérébral dans l'autisme. L'intérêt d'une telle approche a été soulignée par Siegal et Blades (2003).

Perception auditive

L'activité du cerveau qui se produit en réponse à des stimulations auditives peut être étudiée par la méthode des potentiels évoqués qui sont extraits de l'électro-encéphalogramme obtenu à partir d'électrodes posées sur le cuir chevelu.

Ces méthodes électrophysiologiques sont particulièrement adaptées à l'exploration du fonctionnement cérébral chez le jeune enfant, du fait de leur totale innocuité et de leur facilité de mise en œuvre. Elles permettent l'analyse temporelle fine des différentes étapes de l'intégration auditive au niveau sous-cortical et cortical.

Les réponses auditives reflétant la fonctionnalité des premières étapes du traitement de l'information auditive depuis la cochlée et tout au long des voies et relais du tronc cérébral – appelées potentiels évoqués auditifs de tronc cérébral – ne montrent pas d'anomalies spécifiques à l'autisme bien que les résultats dans ce domaine soient très contradictoires. En effet, le temps de transmission de l'information auditive au niveau de ces voies et relais du tronc cérébral est décrit, selon les études, allongé, raccourci ou normal (voir revue Klin, 1993).

Au niveau cortical la réponse auditive sensorielle prédominante de l'adulte est une onde négative qui culmine sur les régions fronto-centrales environ 100 ms après la stimulation, appelée N100 ou N1 par les spécialistes ; cette onde a fait l'objet de nombreux travaux chez l'adulte qui ont montré qu'elle résulte de l'activation des aires auditives situées dans le plan supratemporal avec une composante impliquant les régions frontales. Elle reflète une étape corticale essentielle du traitement sensoriel de toute stimulation auditive. Cette réponse n'est présente qu'à partir de 9-10 ans. Les études réalisées chez les personnes autistes de cet âge et au-delà ne montrent pas de différence significative concernant cette réponse auditive corticale (Kemner *et al.*, 1995 ; Lincoln *et al.*, 1995). Récemment, une étude effectuée grâce à l'enregistrement des champs magnétiques évoqués par les stimulations auditives montre cependant un léger allongement de latence de ces réponses mais surtout décrit une évolution avec l'âge différente chez les autistes et chez les sujets sains, résultats en faveur d'anomalies dans les processus de maturation des régions auditives corticales dans l'autisme (Gage *et al.*, 2003).

L'onde N1 est absente chez l'enfant jeune (jusqu'à 9-10 ans) pour des raisons de maturation des couches corticales où cette réponse est générée. Les réponses corticales auditives particulièrement remarquables chez l'enfant jusqu'à 10 ans sont recueillies sur les régions temporales (Bruneau *et al.*, 1997) ; elles culminent environ 170 ms après la stimulation et sont dénommées N1c ou complexe T par les spécialistes. Ces réponses résultent de l'activation de générateurs situés dans la partie latérale du gyrus temporal supérieur, régions impliquées dans un traitement plus élaboré des sons.

Dans une étude réalisée chez des enfants atteints d'autisme âgés de 4 à 8 ans (Bruneau *et al.*, 1999), les potentiels évoqués auditifs corticaux ont été étudiés en réponse à des stimulations tonales simples d'intensité variable (50, 60, 70, 80 dB SPL). À toutes les intensités des anomalies des réponses auditives temporales sont observées (amplitude diminuée, latence allongée). De telles anomalies ont été précédemment mises en évidence chez des enfants présentant des troubles du développement du langage oral (Tonnquist-Uhlen *et al.*, 1996).

De plus, chez les enfants sains, l'amplitude des réponses temporales augmente en fonction de l'intensité de la stimulation aussi bien du côté droit que du côté gauche ; cette modulation n'est pas observée à gauche chez les enfants autistes (Bruneau *et al.*, 1999). La modulation préservée du côté droit a pu être mise en relation avec les données des évaluations des capacités de communication verbales et non verbales obtenues à partir d'échelle de comportement (ECA-R ; Barthélémy *et al.*, 1997). En effet, la réactivité des régions temporales droites aux stimulations sonores est d'autant meilleure que les capacités de communication verbales et non verbales sont préservées (Bruneau *et al.*, 2003).

Ces résultats électrophysiologiques sont en accord avec les données de la neuro-imagerie fonctionnelle mettant en évidence des anomalies temporales au repos et lors de stimulations par le langage (voir chapitre de Mônica Zilbovicius dans ce livre).

Ainsi, les réponses à des sons simples permettent de révéler la fonctionnalité des régions corticales qui peuvent être mises en jeu de façon plus élaborée dans les processus langagiers. Par les processus de plasticité cérébrale développementale, les régions temporales droites développeraient des fonctions langagières habituellement dévolues aux régions temporales gauches dont le fonctionnement est précocément altéré chez l'enfant autiste.

Nos résultats obtenus chez des enfants autistes présentant des difficultés importantes de langage rejoignent les données récentes de Tager-Flusberg et Joseph (2003). Ces auteurs décrivent en effet un sous-groupe d'enfants autistes présentant des anomalies de langage proches de celles présentées par des enfants ayant des troubles spécifiques du développement du langage ; ces enfants présentaient par ailleurs, au niveau neuro-anatomique, une inversion d'asymétrie en faveur de l'hémisphère droit.

Discrimination auditive

Les enfants autistes sont très sensibles au moindre changement qui survient dans leur environnement. Les familles le savent bien et font tout leur possible pour maintenir un environnement stable autour de leur enfant afin de favoriser la communication et les apprentissages.

Cette sensibilité est particulièrement évidente dans la modalité auditive, et il est possible d'en étudier les mécanismes cérébraux sous-jacents grâce aux méthodes électrophysiologiques. Il s'agit d'étudier une réponse auditive tout à fait spécifique appelée Mismatch Negativity (MMN) ou négativité de discordance (Näätänen, 1982, 2001). Les conditions d'obtention sont simples.

Lors d'une séquence répétitive de sons identiques dits « standard » (S), la survenue de façon rare et aléatoire d'un son « déviant » (D) de caractéristique physique légèrement différente du standard entraîne une réponse qui traduit la détection automatique de cette différence. Cette réponse n'est visualisable qu'après soustraction des réponses évoquées par les stimulations standard de celles évoquées par les stimulations déviantes permettant ainsi l'individualisation de la réponse liée au changement : la MMN (voir figure 1). Cette onde négative culmine sur les régions frontocentrales environ 150 ms après la stimulation.

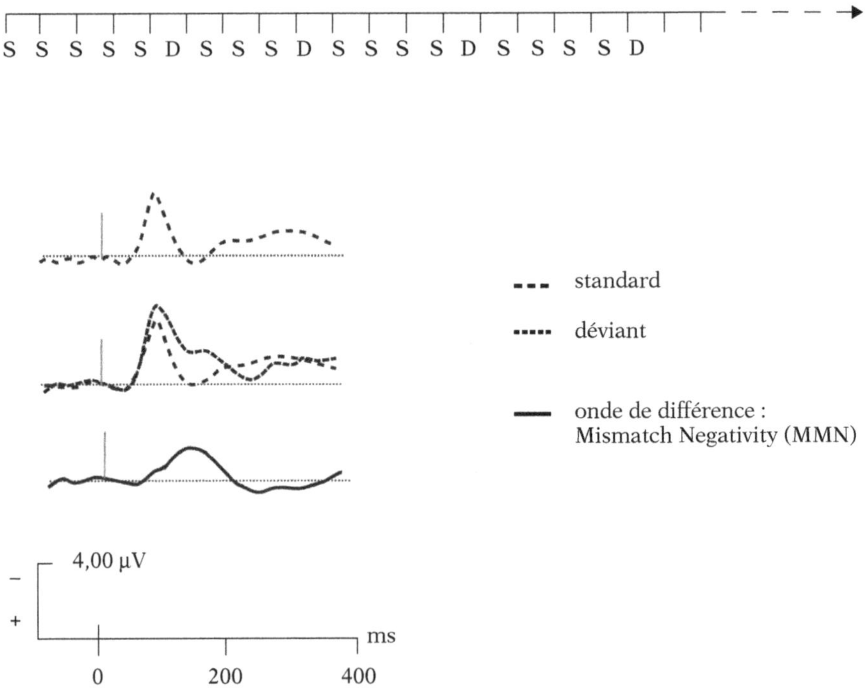

Figure 1 : Potentiels évoqués auditifs corticaux enregistrés chez l'adulte au niveau frontal en réponse aux stimulations auditives standard et déviantes. En bas l'onde de différence qui culmine environ 150 ms après la stimulation chez l'adulte.

La répétition des stimulations auditives standard représente le contexte auditif « stable » et régulier, et les stimulations déviantes le changement discret et rare.

D'un point de vue neurophysiologique, l'hypothèse proposée par Näätänen est que la répétition de la stimulation standard induit la mise en mémoire d'une trace sensorielle qui représente les caractéristiques physiques de la stimulation. Lorsque dans cette séquence survient une stimulation dont les caractéristiques ne correspondent pas exactement à cette trace sensorielle, il y a alors activation d'un processus de détection de la discordance qui se traduit au niveau électrophysiologique par la présence d'une MMN.

Dans un protocole où la déviance porte sur la fréquence (1000 Hz pour les stimulations standard et 1100 Hz pour les stimulations déviantes), la MMN obtenue chez les enfants autistes présente des caractéristiques différentes de celle obtenue chez les témoins (Gomot *et al.*, 2000, 2002).

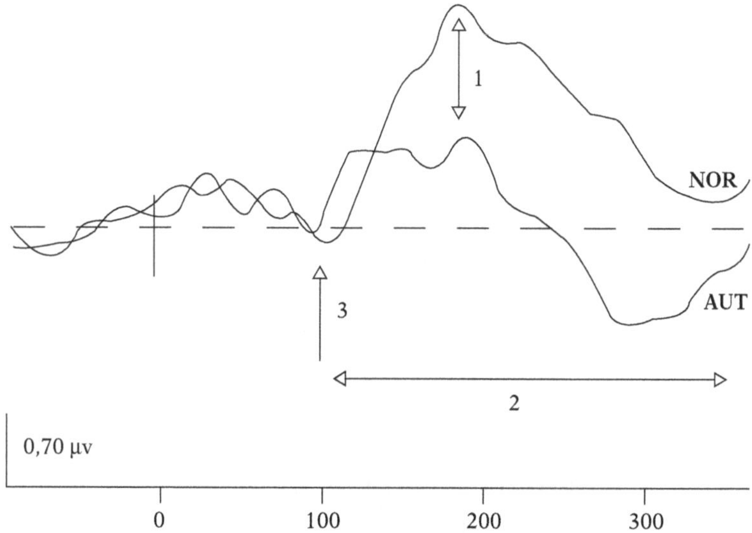

Figure 2 : Réponse au changement (MMN) enregistrée au niveau frontal chez 10 enfants atteints d'autisme (AUT) et 10 enfants normaux (NOR). L'amplitude (1) et la morphologie (2) de la réponse diffèrent entre les deux groupes, mais surtout le déclenchement de la réponse au changement (3) survient plus précocement chez les enfants atteints d'autisme.

Comparées aux réponses des enfants sains, l'amplitude de la MMN est plus faible, mais surtout sa latence d'apparition est plus courte d'environ 20 ms chez les enfants autistes. Ils détectent donc plus rapidement le changement. Or des études précédemment réalisées chez le sujet sain ont montré que le changement est d'autant plus rapidement détecté que la déviance est grande. La plus grande rapidité de détection du changement traduirait donc le fait que les différences entre stimulations déviantes et standard sont perçues de façon amplifiée chez les enfants autistes comparés aux enfants ordinaires. Ces résultats électrophysiologiques sont en accord avec les résultats obtenus par Bonnel *et al.* (2003) chez des adultes autistes de bon niveau intellectuel qui montrent de bien meilleures performances que les adultes contrôles lors d'une tâche de discrimination de sons de différentes fréquences.

Par ailleurs, chez les enfants autistes, la MMN est suivie d'une positivité qui n'est retrouvée chez l'enfant ordinaire que lorsque celui-ci a pour tâche de détecter les stimulations déviantes, c'est-à-dire lorsque l'attention de l'enfant est dirigée vers ces stimulations. Dans nos conditions passives d'obtention de la MMN, la détection du changement resterait à un niveau sensoriel préattentionnel chez l'enfant témoin (indexé par la MMN seule), alors que cette détection déclencherait chez l'enfant autiste un processus automatique d'orientation de l'attention vers la stimulation déviante (indexé par la positivité qui suit la MMN).

Ce processus d'orientation de l'attention n'est pas observé quand la MMN est évoquée par des stimulations verbales (Céponiène *et al.*, 2003), traduisant pour ces auteurs le manque d'intérêt des personnes atteintes d'autisme pour le langage.

Les régions du cerveau impliquées dans cette réponse au changement auditif ont pu être mises en évidence grâce aux méthodes d'analyse topographique de la MMN, en particulier la topographie des densités de courant. Bien que la résolution spatiale soit limitée par rapport à celle des méthodes d'imagerie, l'avantage est de pouvoir mettre en évidence la chronologie de l'activation des différentes régions impliquées.

Les analyses topographiques effectuées chez les sujets au développement normal (adultes et enfants) montrent qu'à tous les âges la détection d'un changement dans les stimulations auditives se traduit par une activation bilatérale des régions temporales et par une activation frontale de moindre amplitude, survenant de façon relativement synchrone.

Ce pattern est différent chez les enfants autistes puisqu'il est précédé, et cela de façon très précoce après la stimulation déviante, par une activation localisée au niveau frontal gauche.

Cette anomalie est trouvée chez les enfants autistes, quelle que soit la sévérité du retard mental. Indépendamment de l'étude électrophysiologique, le comportement des enfants autistes a été évalué par les cliniciens à partir d'une échelle de comportement (ECA-R ; Barthélémy *et al.*, 1997). L'un des

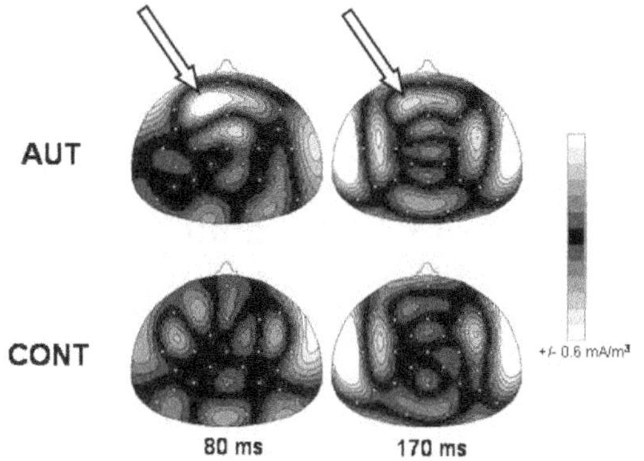

Figure 3 : Hyperactivation frontale gauche chez les enfants atteints d'autisme lors de la détection du changement (il s'agit des cartes de densités de courant effectuées 80 et 170 ms après la stimulation). Le changement est détecté au niveau frontal bien avant l'analyse de la différence dans les caractéristiques des stimulations auditives au niveau des régions temporales droite et gauche.

items de cette échelle permet d'estimer l'intolérance au changement. Les résultats comportementaux sont en relation avec ceux de l'exploration cérébrale. En effet, les enfants qui présentent les plus grandes difficultés à accepter les changements de leur environnement sont ceux pour lesquels la latence de la MMN est la plus raccourcie, paramètre associé à l'activation anormalement forte et précoce des régions frontales gauches en réponse au changement.

Les résultats issus de travaux sur la MMN effectués chez l'animal permettent d'envisager l'hypothèse selon laquelle l'hyperactivité frontale déclenchée par le changement acoustique chez les enfants autistes refléterait l'activation précoce et anormalement intense du cortex préfrontal gauche à partir d'informations provenant de structures sous-corticales (thalamus non spécifique). Ce phénomène pourrait alors traduire un défaut de filtrage des informations sensorielles au niveau thalamique. Cette réaction d'alerte précoce parasiterait les processus d'analyse du message auditif au niveau des aires auditives temporales.

Nos résultats apportent des arguments neurophysiologiques en faveur des approches thérapeutiques (« Thérapies d'échange et de développement ») développées par Lelord et Barthélémy dans notre équipe (Barthélémy *et al.*, 1995).

Selon cette approche, l'aménagement de l'environnement a pour but d'éviter trop d'interférences sensorielles afin de privilégier au maximum les échanges et la communication avec autrui et favoriser les apprentissages.

Si les perturbations de la perception auditive dans l'autisme peuvent être envisagées à un niveau cognitif relativement élaboré (voir théorie de la faible cohérence centrale de Frith et Happé, 1994, développée dans le chapitre de Laurent Mottron dans ce livre), elles impliquent aussi des anomalies au niveau des étapes relativement précoces du traitement sensoriel cortical, comme nous l'avons démontré dans ce chapitre. Des particularités de fonctionnement ont été également mises en évidence dès le niveau cochléaire (Khalfa *et al.*, 2000 ; Plaisted *et al.*, 2003) ; ces anomalies ne peuvent cependant être dissociées des anomalies corticales que nous avons décrites et qui peuvent influencer la périphérie *via* les systèmes auditifs descendants.

Les patterns électrophysiologiques mis en évidence chez les enfants avec autisme peuvent être interprétés en termes de marqueurs élémentaires d'un dysfonctionnement du traitement de l'information au sein des réseaux neuronaux. De tels marqueurs ont également été décrits dans des pathologies comme la schizophrénie et sont appelés endophénotypes par opposition au phénotype observable. Ils sont utilisés comme phénotype « intermédiaire » dans la recherche des facteurs génétiques impliqués dans ces maladies à déterminisme complexe où la correspondance phénotype/génotype n'est pas simple du fait de l'hétérogénéité clinique et étiopathogénique. Cette approche dite par endophénotype est basée sur la notion de marqueur de vulnérabilité. Pour répondre à cette définition telle qu'elle est admise actuellement, un marqueur doit : 1) être associé à la maladie ; 2) être stable sur une période temporelle définie (ce qui permet des mesures reproductibles) ; 3) être présent chez les apparentés sains ou présentant une pathologie du spectre autistique. Ces marqueurs peuvent être biochimiques, neurophysiologiques, neuro-anatomiques, cognitifs ou neuropsychologiques.

L'étude électrophysiologique des enfants avec autisme et de leurs apparentés pourrait permettre de mettre en évidence des marqueurs répondant à ces critères et pourrait alors aider à mieux comprendre les cascades physiopathologiques (du gène au trait clinique) mises en jeu dans ce trouble du développement. Maziade et collaborateurs (2000) ont ainsi mis en évidence chez des enfants avec autisme et leurs apparentés sains du premier degré un allongement de l'intervalle I-III des potentiels évoqués auditifs de tronc cérébral. L'identification de ces phénotypes alternatifs présents chez les apparentés et par conséquent liés à un déterminisme génétiqu probablement plus simple constitue une nouvelle stratégie de recherche. Cette démarche a déjà été largement utilisée pour montrer l'influence des facteurs génétiques dans les maladies psychiatriques de l'adulte ; elle ouvre actuellement des perspectives prometteuses en psychiatrie de l'enfant (Skuse, 2001 ; Gottesman et Gould, 2003).

Conclusion

Nos méthodes ont permis de mettre en évidence, chez les enfants atteints d'autisme, des particularités de fonctionnement des régions cérébrales impliquées dans le traitement d'informations à caractère social. Il s'agit des régions temporales et frontales. Les régions temporales sont mises en jeu dans les processus de communication qui impliquent non seulement le langage, mais également la communication par les gestes et la mimique. Les régions frontales quant à elles sont impliquées dans les domaines de la flexibilité, de la planification et de la mémoire de travail. Dans nos études, les anomalies de ces régions cérébrales ont pu être mises en évidence par les méthodes électrophysiologiques en réponse à des stimulations auditives tonales simples, en l'absence de tout contenu social à traiter. Ces anomalies sont d'autant plus marquées que les enfants sont perturbés dans le domaine de la communication ou de l'adaptation aux changements de l'environnement.

Nos résultats montrent donc l'intérêt de l'approche électrophysiologique pour aider à la compréhension des processus neurophysiologiques sous-jacents aux troubles qui caractérisent l'autisme.

L'identification de tels marqueurs électrophysiologiques constitue maintenant une des stratégies prometteuses de recherche des facteurs génétiques dans l'autisme.

Références

BARTHÉLÉMY C., HAMEURY L. & LELORD G. (1995) L'autisme de l'enfant. La thérapeutique d'échange et de développement. *Expansion scientifique française*, 396 p.

BARTHÉLÉMY C., ROUX S., ADRIEN J-L., HAMEURY L., GUÉRIN P., GARREAU B., FERMANIAN J. & LELORD G. (1997) Validation of the revised Behavior Summarized Evaluation scale (BSE-R). *Journal of Autism and Developmental Disorders*, 27 : 139-154.

BONNEL A., MOTTRON L., PERETZ I., TRUDEL M., GALLUN E. & BONNEL A-M. (2003) Enhanced pitch sensitivity in individuals with autism : a signal detection analysis. *Journal of Cognitive Neuroscience*, 15 (2) : 226-235.

BRUNEAU N., BONNET-BRILHAULT F., GOMOT M., ADRIEN J-L. & BARTHÉLÉMY C. (2003) Cortical auditory processing and communication in children with autism : electrophysiological/behavioural relationships. *International Journal of Psychophysiology*, 51 : 17-25.

BRUNEAU N., ROUX S., BARTHÉLÉMY C. & LELORD G. (1997) Temporal prominence of auditory evoked potentials (N1 wave) in 4-8-year-old children. *Psychophysiology*, 34 : 32-38.

BRUNEAU N, ROUX S, ADRIEN J-L & BARTHÉLÉMY C. (1999) Auditory associative cortex dysfunction in children with autism : evidence from late auditory evoked potentials (N1 wave – T complex). *Clinical Neurophysiology*, 110 : 1927-1934.

CÉPONIÈNE R., LEPISTÖ T., SHESTAKOVA A., VANHALA R., ALKU P., NÄÄTÄNEN R. & YAGUCHI K. (2003) Speech-sound-selective auditory impairment in children with autism : they can perceive but do not attend, *Proceedings of the National Academy of Sciences*, 100 : 5567-5572.

FRITH U. & HAPPÉ F. (1994) Autism : beyond « theory of mind ». *Cognition*, 50 (1-3), 115-132.

GAGE N, SIEGEL B & ROBERTS TPL. (2003) Cortical auditory system maturational abnormalities in children with autism disorder : an MEG investigation. *Developmental Brain Research*, 144 : 201-209.

GOMOT M., GIARD M. H., ADRIEN J. L., BARTHÉLÉMY C. & BRUNEAU N. (2002) Hypersensitivity to acoustic change in children with autism : Electrophysiological evidence of left frontal cortex dysfunctioning. *Psychophysiology*, 39 : 577-584.

GOMOT M., GIARD M. H., ROUX S., BARTHÉLÉMY C. & BRUNEAU N. (2000) Maturation of frontal and temporal components of Mismatch Negativity (MMN) in children. *Neuroreport*, 11 (4) : 3109-3112.

GOTTESMANN I. & GOULD T. (2003) The endophenotype concept in psychiatry : etymology and strategic intentions. *American Journal of Psychiatry*, 160 : 636-645.

KEMNER C., VERBATEN M. N., CUPERUS J. M., CAMFFERMAN G. & VAN ENGELAND H. (1995) Auditory event-related brain potentials in autistic children and three different control groups. *Biological Psychiatry*, 38 : 150-165.

KHALFA S., BRUNEAU N., ROGÉ B., GEORGIEFF N., VEUILLET E., ADRIEN J-L., BARTHÉLÉMY C. & COLLET L. (2000) Peripheral auditory asymmetry in infantile autism. *European Journal of Neuroscience*, 13 : 628-632.

KLIN A. (1993) Auditory brainstem responses in autism. Brainstem dysfunction of peripheral hearing loss ? *Journal of Autism and Developmental Disorders*, 23, 15-34.

LINCOLN A. J., COURCHESNE E., HARMS L. & ALLEN M. (1995) Sensory modulation of auditory stimuli in children with autism and receptive developmental language disorder : event-related brain potential evidence. *Journal of Autism and Developmental Disorders*, 25 : 521-529.

MAZIADE M., MERETTE C., CAYER M., ROY M.-A., SZATMARI P., COTE R. & THIVIERGE J. (2000) Prolongation of brainstem auditory-evoked responses in autistic probands and their unaffected relatives. *Archives of General Psychiatry*, 57 (11) : 1077-1083.

NÄÄTÄNEN R., SIMPSON M. & LOVELESS N. E. (1982) Stimulus deviance and evoked potentials. *Biological Psychology*, 14, 53-98.

NÄÄTÄNEN R., TERVANIEMI M., SUSSMAN E., PAAVILAINEN P. & WINKLER I. (2001) « Primitive intelligence » in the auditory cortex. *Trends in Neurosciences*, 24, 5 : 283-288.

PLAISTED K., SAKSIDA L., ALCANTARA J. & WEISBLATT E. (2003) Towards an understanding of the mechanisms of weak central coherence effects : experiments in visual configural learning and auditory perception. *Philosophical Transactions of the Royal Society London Ser. B*, 358 : 375-386.

SIEGAL M. & BLADES M. (2003) Language and auditory processing in autism. *Trends in Cognitive Sciences*, 17 (9), 378-380.

SKUSE D. (2001) Endophenotypes and child psychiatry, *British Journal of Psychiatry*, 178 : 395-396.

TAGER-FLUSBERG H. & JOSEPH R. (2003) Identifying neurognitive phenotypes in autism. *Philosophical Transactions of the Royal Society London Ser. B* 358 : 303-314.

TONNQUIST-UHLEN I. (1996) Topography of auditory evoked long-latency potentials in children with severe language impairment : the T complex, *Acta Otolaryngolology* (Stockholm), 116 (5) : 680-689.

Malvoyance du mouvement dans l'autisme : de la clinique à la recherche et à la rééducation

Par Bruno Gepner

Nous présentons dans ce chapitre les éléments d'un nouveau champ d'investigation dans le domaine de la neuropsychologie de l'autisme, celui de la vision du mouvement. Des arguments cliniques et expérimentaux montrent en effet que certains enfants autistes présentent des anomalies sans doute très précoces de la perception et de l'intégration des mouvements, qu'il s'agisse des mouvements physiques environnementaux ou des mouvements biologiques tels que les mouvements faciaux. Ces anomalies seraient d'autant plus importantes que le mouvement est rapide, et que le degré d'autisme est sévère. L'hypothèse d'une malvoyance du mouvement dans l'autisme permet de rendre compte de la plupart des troubles de la communication et de la socialisation dans l'autisme ; d'autre part, elle est compatible avec les principales explications neuropsychologiques contemporaines de cette pathologie. Enfin, notre hypothèse, couplée à d'autres arguments montrant une altération du traitement temporel de la parole dans l'autisme, nous permet d'envisager aujourd'hui des développements en direction de la rééducation de la perception des flux visuels et auditifs dans l'autisme via *leur ralentissement synchronisé.*

Introduction : recherche et prise en charge thérapeutique dans l'autisme

Malgré des avancées notables depuis soixante ans dans le domaine du soin et de la prise en charge des enfants, adolescents et adultes atteints d'autisme et de troubles apparentés, force est de reconnaître que celles-ci restent encore décevantes quant à leur impact thérapeutique, car insuffisantes d'un point de vue tant quantitatif que qualitatif. Ces insuffisances nous semblent essentiellement liées à un manque persistant de compréhension des mécanismes physiopathogéniques qui sous-tendent les désordres du spectre autistique (Tardif et Gepner, 2003).

L'énigme de l'autisme elle-même persiste pour de multiples raisons dont voici les principales brièvement résumées : i) il n'existe pas UN autisme, mais une constellation de troubles développementaux apparentés à l'autisme et nommés pour cette raison désordres du spectre autistique ; ii) il n'existe pas UNE cause des troubles autistiques, mais une hétérogénéité de facteurs de risque, génétiques, épigénétiques et environnementaux au sens large ; iii) entre ces facteurs de risque affectant le développement du système nerveux central, et leurs effets comportementaux sur tel individu, il existe tout un ensemble de mécanismes physiopathologiques impliquant différents niveaux d'intégration (biologique, biochimique, neuronal) et affectant différents territoires neurofonctionnels interconnectés ; iv) il existe aussi tout un ensemble de mécanismes et réactions psychologiques qui vont influencer et émailler la personnalité et le comportement de l'individu dans telle ou telle direction ; v) il existe enfin un nombre important de troubles potentiellement associés au syndrome autistique (retard mental, épilepsie), de même qu'il existe également des recouvrements nosographiques entre l'autisme et différentes anomalies neuropsychologiques (déficit attentionnel avec ou sans hyperactivité, dysphasie développementale, troubles obsessifs compulsifs... (Tardif et Gepner, 2003).

Or, tant qu'une énigme persiste, elle donne lieu à un foisonnement d'idées et d'expériences, dont certaines reposent sur des faits cliniques individuels et empiriques (anamnestiques et catamnestiques), d'autres sur des faits expérimentaux. Ces faits et expériences apparaissent parfois compatibles et convergents entre eux, parfois au contraire contradictoires, voire passionnellement et irrationnellement conflictuels, mais ils visent tous, explicitement ou non, soit à justifier (à tort ou à raison) des théories et pratiques anciennes, soit à promouvoir de nouveaux concepts et techniques.

En tout état de cause, une meilleure compréhension des causes et mécanismes responsables des troubles autistiques, ou à tout le moins des mécanismes en jeu dans la cascade des événements neurobiologiques, neurophysiologiques et neuropsychologiques aboutissant à l'apparition d'un désordre du spectre autistique, devrait permettre de concevoir, à plus ou moins long terme, de nouveaux outils d'intervention en direction de ces pathologies, notamment sur le plan thérapeutique et rééducatif.

Nous allons ainsi nous attacher dans ce chapitre à exposer différents arguments autobiographiques, cliniques et expérimentaux en faveur d'une anomalie de la perception visuelle et de l'intégration visuomotrice du mouvement dans l'autisme, et nous tâcherons de montrer que cette hypothèse d'une malvoyance du mouvement peut logiquement offrir de nouvelles ressources dans le domaine de la rééducation perceptive et perceptivo-motrice chez les personnes autistes.

Conséquences d'une anomalie de la perception visuelle du mouvement chez une adulte non autiste

Pour commencer, nous évoquerons l'étude d'un cas neuropsychologique adulte remarquablement bien illustré par Zihl, von Cramon et Mai (1983), dont l'intérêt est de nous montrer les conséquences d'une anomalie brutale de la perception visuelle du mouvement chez une adulte jusque-là indemne de toute difficulté. Ces auteurs rapportent en effet le cas d'une jeune femme de 43 ans qui, à la suite d'une hémorragie cérébrale postérieure bilatérale, a présenté des troubles importants de la vision du mouvement dans les trois dimensions de l'espace. Elle percevait par exemple le flux du thé ou du café versé dans une tasse comme un solide gelé. De plus, elle n'arrivait pas à s'arrêter de verser le liquide dans la tasse au bon moment car elle était incapable de voir le niveau du liquide monter. Cette patiente se plaignait aussi de ne pas arriver à suivre un dialogue parce qu'elle était incapable de capter les mouvements du visage et spécialement ceux des lèvres. S'il se trouvait plus de deux personnes dans une pièce, elle se sentait en insécurité, et quittait le plus souvent immédiatement la pièce : « Les personnes se trouvaient soudain ici ou là, mais je ne les voyais pas se déplacer. » Cette patiente était confrontée au même problème dans les rues, mais à un degré bien plus marqué, si bien qu'elle s'était mise à les éviter. En effet, alors qu'elle identifiait bien les voitures, elle ne pouvait pas traverser la rue en raison de son incapacité à évaluer leur vitesse. « Quand je vois la voiture, elle semble loin. Puis, quand je veux traverser la rue, soudain, la voiture est tout près. »

Différents tests neuropsychologiques effectués auprès de cette patiente ont montré chez elle une abolition complète de la vision du mouvement en profondeur. Pour des cibles visuelles se déplaçant en champ visuel central le long d'un axe vertical ou horizontal, la perception du mouvement était quelque peu préservée : la patiente pouvait distinguer différentes directions de mouvement, et juger la vitesse de la cible si celle-ci n'excédait pas 10 deg/s. Par contre, dans le champ visuel périphérique, sa sensibilité au mouvement se limitait à pouvoir discriminer entre une cible mobile et une cible immobile. Ses mouvements de poursuite visuelle étaient corrects seulement pour des vitesses lentes (moins de 8 deg/s). Ses mouvements visuellement guidés de poursuite d'un câble avec l'index de sa main droite étaient très altérés. La patiente commente sa pauvre performance en disant que sa difficulté se situe « entre son doigt et ses yeux ». « Je ne peux pas suivre mon doigt avec mes yeux si je bouge mon doigt trop vite. » En revanche, sa perception du mouvement en modalité tactile ou auditive était normale.

Cette étude neuropsychologique remarquable nous permet de mesurer l'ampleur des conséquences, sur les comportements perceptifs, visuomoteurs, communicatifs et sociaux, d'un trouble pourtant électif de la perception du mouvement survenant brutalement chez une adulte jusque-là indemne de toute difficulté. Cette patiente présentait en effet des altérations de la perception de la gestualité faciale (dont les mouvements labiaux), une maladresse visuo-motrice, une appréhension des lieux animés (rues, pièces où il y a plus de deux personnes) et de grandes difficultés dans les interactions sociales, au point qu'elle les évitait le plus possible. Cette étude de cas peut dès lors nous aider à imaginer les différentes conséquences développementales d'un trouble qui affecterait la vision du mouvement chez un nourrisson ou un jeune enfant.

Anomalies précoces de la vision du mouvement chez les bébés autistes ?

Des recherches menées à partir de films familiaux ont permis d'identifier un certain nombre de signes spécifiques très précoces d'autisme, chez des bébés âgés de 0 à 24 mois, dans différents domaines de développement, notamment dans le domaine perceptif (visuel, sonore et proprioceptif) et sensori-moteur, dans celui de la communication verbale et non verbale, et dans celui de la socialisation (Sauvage, 1988).

Dans ce paragraphe, nous évoquerons les principaux signes autistiques précoces qui sont en rapport avec un possible défaut de traitement perceptif visuel ou d'intégration visuomotrice du mouvement. Notons que ces signes, parfois très subtils, ne sont pas retrouvés de manière systématique dans le développement précoce d'enfants qui s'avéreront présenter ultérieurement un désordre du spectre autistique (le développement du bébé peut s'avérer tout à fait normal ou quasi normal dans les douze ou quinze premiers mois de sa vie, et régresser ensuite comme dans le cas du trouble désintégratif).

Dès les premières semaines de vie, le bébé autiste peut présenter des anomalies du regard, du contact oculaire, et de la poursuite oculaire des objets ou personnes en mouvement. Dans le domaine moteur, le bébé autiste peut présenter des troubles d'ajustement postural (il est trop mou, ou trop raide). Jusqu'à 3 mois, les anomalies du regard persistent, et le bébé autiste peut montrer plus nettement un défaut d'attention aux personnes, ainsi qu'un défaut de sourires et d'expressions faciales. Sur le plan de l'activité motrice, il est soit particulièrement sage, soit trop agité. Jusqu'à 6 mois, le défaut de contact visuel peut persister, avec un regard « vide », et parfois un strabisme. Ses expressions faciales sont pauvres. Il peut commencer à montrer un intérêt atypique pour ses mains, les détails, les formes statiques, avec en revanche un moindre intérêt pour les jouets en mouvement. Sur le plan moteur, il présente une absence ou un retard d'attitude anticipatrice, et une absence ou un défaut d'ajustement postural (poupée de chiffon ou raideur).

Dans le second semestre, le bébé autiste peut donner une impression de cécité ; son expression faciale est appauvrie, il n'imite pas ou il imite peu et de façon déviante les mimiques de son partenaire d'interaction. Il montre peu, voire aucun intérêt pour les personnes, il commence à s'isoler, se retirer de l'échange social et affectif. Parallèlement, il continue à développer des comportements inhabituels d'autostimulation sensorielle (visuelle ou proprioceptive), de type balancements, jeux de doigts ou de mains devant les yeux. Sur le plan moteur encore, il peut présenter un retard d'acquisition de la station assise ou debout, et toujours un défaut d'ajustement postural.

Dans la seconde année, le tableau autistique se complète par un défaut d'attention visuelle (regard périphérique, furtif) et d'attention conjointe, un défaut de contact avec les personnes (retrait, interactions pauvres), et par des intérêts particuliers pour les sources lumineuses, les reflets, les ombres, le vent dans les arbres… Sur le plan moteur, apparaissent plus nettement des défauts de coordination oculomanuelle et d'exploration de l'espace, ainsi que des mouvements stéréotypés (battements des mains, balancements, tournoiements).

Ce survol rapide de la progression des signes autistiques précoces montre plusieurs choses d'importance pour notre propos : tout d'abord, les premiers signes suspects qui apparaissent au cours de la vie d'un bébé autiste portent sur les comportements visuels (avec dissociation entre une vision statique normale et une vision du mouvement déficiente) et visuomoteurs (défaut d'ajustement postural et d'anticipation motrice). Deuxièmement, parallèlement à un tableau déficitaire marqué par le retard de développement (que l'on pourrait nommer « signes négatifs », par analogie avec les signes négatifs de la schizophrénie), apparaissent des comportements visuels et visuomoteurs atypiques (autostimulation sensorielle), évoquant une déviance développementale, que l'on pourrait nommer « signes productifs » et qui, pour certains d'entre eux, pourraient avoir une fonction adaptative et compensatoire. Troisièmement, il est possible de voir la progression des signes autistiques comme une succession de cascades « maldéveloppementales » (voir figure 1), où des comportements visuels altérés déforment secondairement les échanges visuels, posturomoteurs, mais aussi communicatifs et sociaux entre l'enfant autiste et son environnement humain et non humain. Enfin, il manque dans cette description des signes autistiques précoces tous les éléments relatifs au domaine auditif, qui contribuent aussi aux désordres du développement du langage, et dont nous reparlerons plus loin.

Paroles d'autistes

Tournons-nous à présent du côté des personnes adultes souffrant d'un désordre du spectre autistique. Plusieurs adultes autistes ont exprimé les difficultés qu'ils éprouvaient au niveau de leur monde visuel et visiomoteur. Donna Williams, une célèbre adulte autiste de haut niveau écrit dans *Nobody Nowhere* (1992) : « Le changement perpétuel qu'il fallait affronter partout ne me donnait jamais le temps de me préparer. C'est pourquoi j'éprouvais tant de plaisir à faire et refaire toujours les mêmes choses. [...] J'ai toujours aimé l'aphorisme "Arrêtez le monde, je veux descendre !" Est-ce pour avoir été absorbée dans les taches et les "étoiles" au moment précis où les autres enfants s'ouvrent au monde extérieur que je suis restée sur le bord de la route ? Toujours est-il que la tension qu'exigeait la nécessité d'attraper les choses au vol pour se les assimiler fut le plus souvent trop forte pour moi. Il me fallut trouver un biais pour ralentir les choses afin de m'accorder le temps de négocier avec elles. [...] L'un des procédés qui me permettaient de ralentir le monde consistait soit à cligner des yeux, soit encore à éteindre et allumer alternativement la lumière rapidement. Si vous cligniez des yeux vraiment vite, vous pouviez voir les gens sautiller comme dans les vieux films ; vous obteniez le même effet qu'avec un stroboscope, mais sans avoir besoin de manipuler quoi que ce soit [...]. »

Une autre adulte autiste de haut niveau tout aussi célèbre, Temple Grandin, écrit dans *Thinking in Pictures and Other Reports from My Life with Autism* (1995) : « Il se pourrait que les problèmes de contact oculaire rencontrés par les autistes résultent en partie d'une incapacité à supporter le mouvement des yeux d'un interlocuteur. Un autiste a raconté qu'il lui était difficile de regarder les yeux de quelqu'un parce qu'ils n'étaient jamais immobiles. » Plus loin, elle écrit : « L'éclairage fluorescent est à l'origine de problèmes importants chez un grand nombre d'autistes, parce qu'ils perçoivent les soixante clignotements de l'éclairage électrique [...]. L'éclairage fluorescent dans les salles de cours était un problème pour Donna Williams. Les reflets bondissaient partout, et la pièce ressemblait à un dessin animé [...]. La formation d'images altérées explique peut-être la préférence de certains autistes pour la vision périphérique. Il est possible que ceux-ci reçoivent des informations plus fiables quand ils regardent du coin de l'œil [...]. » Temple Grandin suggère elle aussi une stratégie de compensation de problèmes visuels possiblement liés à l'hypersensibilité aux fréquences temporelles élevées et au flux visuel rapide. La vision périphérique utilisée seule permettrait de minimiser l'excitation fovéale, de débarrasser les informations sur le mouvement des autres informations visuelles « parasites », du « bruit » visuel.

À propos de la planification de l'action, Pierre, un adulte autiste, a écrit au moyen d'une technique encore controversée, la « communication facilitée » : « J'avais un gros problème de synchronisation et de commande du geste. J'étais comme paralysé. Serrer la main était très difficile. Je composais intérieurement le geste. Je l'envoyais image par image comme dans un film muet. Je percevais mes gestes comme saccadés, comme des images manquantes qui n'arrivaient pas assez vite. Il y avait parfois un très long temps entre le moment où j'avais l'intention de faire un geste et celui où j'arrivais à le réaliser. L'impulsion mentale voulait faire le geste, mon corps se mettait à vibrer, comme un picotement électrique, et tout se bloquait. Le schéma corporel ne suivait pas ma volonté. J'avais l'impression de pousser un mur. Je parlais à mon corps comme à une personne étrangère » (*in* A.-M. Vexiau, *Ta main pour parler*, Paris, R. Laffont, 1996). Dans ce témoignage apparaît une analogie avec la pensée en images décrite par Temple Grandin. Cette pensée en images, que tout oppose à la fluidité de la pensée en mouvement, pourrait logiquement expliquer une altération de la construction d'une mémoire du mouvement (Berthoz, 1997), de même qu'une déformation de la planification du mouvement et de l'action si bien connue dans l'autisme (Leary et Hill, 1996, pour une revue).

La vision du mouvement chez les personnes autistes : recherches expérimentales

Depuis quelques années, un certain nombre d'arguments expérimentaux sont venus s'ajouter aux arguments cliniques pour conforter aujourd'hui l'idée d'une malvoyance du mouvement dans l'autisme (Gepner, 2001), c'est-à-dire l'idée que les personnes autistes souffrent de troubles de la perception visuelle et de l'intégration visuomotrice du mouvement.

Outre les arguments expérimentaux portant directement sur la perception du mouvement, arguments que nous allons présenter, quelques travaux en neuropsychologie du développement avaient déjà rendue plausible cette idée d'une malvoyance du mouvement.

En effet, des études sur la reconnaissance de plusieurs aspects des visages chez des enfants et adolescents autistes avaient montré que les aspects des visages les plus difficiles à reconnaître relevaient du traitement de la dynamique faciale, à savoir les mouvements des lèvres, les mouvements oculaires et les mimiques faciales émotionnelles (Gepner *et al.*, 1994 ; Gepner *et al.*, 1996). Ces travaux suggéraient déjà que les problèmes des enfants autistes pour traiter les visages ne semblaient pas tant liés à une difficulté à reconnaître l'identité faciale en tant que telle, ni à un problème pour traiter les aspects émotionnels des visages en soi, mais davantage et plus spécifiquement à une anomalie de traitement des mouvements faciaux, de la dynamique faciale.

Examinons à présent les arguments expérimentaux en faveur de cette malvoyance du mouvement.

TRAITEMENT DES MOUVEMENTS PHYSIQUES

À partir de 1995, nous avons mené avec Scania de Schonen et l'équipe de Daniel Mestre plusieurs études pionnières destinées à tester, chez des enfants autistes, la perception visuelle du mouvement (perception de la direction et de la vitesse du mouvement), l'intégration visuoposturale du mouvement, et l'intégration visuo-oculomotrice du mouvement.

Dans une première étude (Gepner, Mestre, Masson, de Schonen, 1995), nous avons évalué la réactivité posturale à la perception visuelle du mouvement environnemental chez un groupe de jeunes enfants autistes âgés de 4 à 7 ans, en la comparant à celle d'enfants normaux du même âge. Grâce à une méthodologie ne requérant aucune réponse verbale ou motrice volontaire de la part des sujets testés, nous avons mesuré leur réactivité posturale réflexe en réponse à un flux visuel. Durant l'expérience, les enfants étaient debout sur une plate-forme de forces captant les mouvements latéraux et antéro-postérieurs de leur centre de gravité. On projetait devant eux, sur un écran de cinéma, dans une pièce plongée dans l'obscurité, des cercles concentriques animés de mouvements alternatifs de contraction et d'expansion, donnant l'impression à l'observateur de se trouver dans un tunnel oscillant d'avant en arrière plus ou moins rapidement. Les résultats de cette étude montrent que, contrairement aux enfants normaux, qui oscillent posturalement de façon synchrone à la fréquence d'oscillation du stimulus visuel (preuve que leur réactivité posturale est véritablement asservie au mouvement visuel environnemental), les enfants autistes présentent quant à eux une très pauvre réactivité posturale à la vision du mouvement environnemental, c'est-à-dire qu'ils présentent peu ou pas d'oscillation posturale. Ce résultat s'interprète comme la manifestation soit d'une anomalie perceptive visuelle pure du mouvement, soit plus probablement d'une anomalie de l'intégration sensori-motrice du mouvement, en l'occurrence d'un découplage visuopostural : tout se passe comme si vision et posture tendaient à fonctionner chacune pour son propre compte, comme si la vision du mouvement ne régulait pas efficacement la posture chez les enfants autistes. Étant donné l'importance de la fonction proprioceptive visuelle pour le développement et le contrôle de la posture, de la station assise, de la station debout et de la marche, on peut imaginer qu'une altération précoce et durable de la perception visuelle du mouvement environnemental puisse rendre compte des troubles visuoposturo-moteurs (maladresse motrice, troubles de l'anticipation motrice et des ajustements posturo-moteurs) des sujets autistes. Mais notre méthodologie ne permettait pas d'exclure que la moindre réactivité posturale des enfants autistes à la vision du mouvement soit liée à une moindre attention visuelle à l'égard du stimulus. Si tel était le cas, et eu égard au caractère à la fois visuellement très attractif et posturalement très contraignant de ce type de stimuli visuels chez l'enfant normal, il est vraisemblable que, chez l'enfant autiste, cette moindre attention visuelle ne soit pas tant le fait d'un manque d'intérêt, mais plutôt d'une aversion au mouvement, entraînant un retrait attentionnel réflexe ou volontaire. Le stimulus mouvement pourrait devenir (dans certaines conditions de fréquences temporelles et spatiales, donc de vitesse, puisque la vitesse s'exprime comme le rapport des fréquences temporelles sur les fréquences spatiales V = FT/FS) un stimulus aversif, comme le sont certains stimuli sonores ou tactiles. Ces résultats sont en tout cas les premiers à valider la thèse selon laquelle les enfants autistes sont moins sensibles au mouvement visuel que les enfants normaux.

Nous avons ensuite cherché à préciser cette anomalie visuoposturale et à en évaluer la spécificité dans l'autisme infantile (Gepner et Mestre, 2002a). Il s'agissait de savoir si des enfants présentant un syndrome d'Asperger (un syndrome apparenté à l'autisme sur le plan social et relationnel, avec possible maladresse motrice, mais sans retard de langage ni retard intellectuel majeur) présenteraient une insensibilité posturale au mouvement visuel telle que celle retrouvée chez des enfants autistes typiques. Dans cette étude, des enfants autistes typiques de bas niveau, ayant des troubles posturo-moteurs d'intensité moyenne à sévère, étaient comparés à des enfants atteints de syndrome d'Asperger avec troubles posturo-moteurs légers, ainsi qu'à des enfants contrôles normaux du même âge, sur la base de leur réactivité posturale au mouvement visuel environnemental et ce, en fonction de la vitesse du mouvement. Nos résultats montrent premièrement que l'insensibilité visuo-posturale se manifeste en fait chez les enfants autistes pour des vitesses de mouvement relativement rapides, alors que leur réactivité posturale à un mouvement lent est proche de la normale. Deuxièmement, les enfants atteints du syndrome d'Asperger se distinguent bien des enfants autistes dans la mesure où ils présentent une réactivité posturale similaire, voire supérieure à celle des enfants contrôles normaux dans les deux gammes de vitesse lente et rapide testées. L'insensibilité posturale au mouvement rapide semble spécifique aux enfants présentant un autisme infantile typique. Ainsi, le degré de découplage visuopostural pourrait être un bon marqueur de l'intensité des troubles posturo-moteurs chez les enfants ayant un désordre du spectre autistique, et peut-être un bon marqueur de l'intensité du trouble autistique.

Après avoir mesuré la réactivité posturale des enfants autistes au mouvement environnemental, c'est-à-dire à des stimuli visuels sollicitant la vision globale (périphérique et centrale), nous avons ensuite cherché à évaluer leur perception visuelle du mouvement en vision centrale uniquement (Gepner, 1997). Nous avons ainsi testé, chez des enfants autistes âgés de 4 à 12 ans, et des enfants contrôles normaux du même âge, leur capacité à comparer des vitesses de points en déplacement sur un écran d'ordinateur, dans différentes gammes de vitesse, et selon des trajets plus ou moins complexes et prévisibles, ainsi que leur capacité à comparer des tailles de formes statiques (tâche contrôle). Les résultats de cette étude indiquent que, malgré une attention visuelle suffisante, les enfants autistes sont moins performants que les enfants normaux dans toutes les tâches dynamiques qui exigent de comparer des vitesses de points en déplacement. Par ailleurs, les performances des sujets autistes sont relativement bonnes lorsqu'il s'agit de comparer les vitesses de déplacement dans des gammes de vitesses lentes, et très peu différentes de celles des sujets témoins dans la tâche contrôle statique, et elles chutent d'autant plus que les gammes de vitesse sont élevées et que la trajectoire du mouvement est moins prévisible. En résumé, les résultats de cette étude suggèrent que certains enfants autistes présentent de nettes limitations dans la perception du mouvement en vision focale, et que leurs compétences perceptives sont d'autant plus limitées que la vitesse est plus rapide et/ou que la trajectoire du mouvement est plus complexe. Ces limitations semblent exister précocement au cours du développement (elles sont manifestes à 4 ans), et elles semblent persister au cours du temps puisqu'on les retrouve également chez des enfants autistes de 12 ans.

Plus récemment, Bertone, Mottron, Jelenic et Faubert (2003) ont montré que des enfants autistes de haut niveau présentent un déficit de la détection de la direction de mouvements transversaux, radiaires, ou de rotation de second ordre, résultat qui confirme une limitation de la perception visuelle du mouvement dans l'autisme.

Un dernier aspect du traitement visuel du mouvement physique concerne la réactivité oculomotrice à la vision du mouvement. Sur ce point, trois études ayant employé à peu près le même dispositif expérimental aboutissent à des résultats voisins (Spencer *et al.*, 2000 ; Milne *et al.*, 2002 ; Mestre *et al.*, 2002). Le but principal de ces études était d'évaluer la capacité de sujets présentant un syndrome autistique à extraire un mouvement global dans un stimulus bruité, en mesurant les mouvements oculaires de poursuite spontanément induits par le mouvement visuel global d'une scène visuelle de grande dimension (mesure du nystagmus optocinétique ou OKN). En faisant varier le rapport entre les points qui se déplacent visuellement dans une direction donnée et les points qui se déplacent dans des directions aléatoires (ce rapport est appelé degré de cohérence), ces trois études ont cherché à estimer la valeur minimale de ce rapport qui induit un mouvement réflexe de poursuite orientée (seuil de cohérence). Les seuils comportementaux de réponse à la tâche étaient évalués soit par une observation « à l'œil nu » (Spencer *et al.*, 2000 ; Milne *et al.*, 2002), soit par une mesure vidéo-oculographique non invasive (Mestre *et al.*, 2002), des réponses oculomotrices réflexes (réflexe optocinétique) qui sont déclenchées automatiquement par le mouvement de la scène visuelle. Dans l'étude de Mestre *et al.*, deux vitesses de mouvement (10 et 30 deg/s) étaient testées.

Les résultats de ces études montrent que les sujets autistes ont significativement moins de réponses oculomotrices que les enfants normaux et que leurs réponses présentent un seuil de cohérence plus élevé que celles des enfants normaux. Dans l'étude de Mestre *et al.*, ce résultat est retrouvé pour les deux vitesses de mouvement, mais il est plus net en vitesse rapide. D'autre part, l'effet du pourcentage de cohérence est globalement significatif pour tous les sujets, y compris les enfants autistes, ce qui signifie que les enfants autistes ne sont pas simplement insensibles aux caractéristiques de la stimulation visuelle.

Les résultats de ces trois études montrent donc que les enfants autistes, comparés à des enfants normaux d'âge comparable, présentent un déficit significatif dans la détection d'un mouvement cohérent, telle qu'évaluée par la survenue d'un nystagmus optocinétique. Ils confirment également, avec un paradigme visuo-oculomoteur, les résultats obtenus avec le paradigme visuopostural (Gepner *et al.*, 1995 ; Gepner et Mestre, 2002a) qui suggèrent l'existence d'un déficit de la vision du mouvement chez les enfants autistes. Ce résultat est compatible avec la préférence souvent rapportée des personnes autistes pour un traitement local au détriment d'une intégration globale de l'information (Happé, 1999). En d'autres termes, les enfants autistes auraient un déficit de l'intégration spatio-temporelle de points singuliers dans un ensemble de points animés d'un mouvement cohérent.

Au total, ce paragraphe montre que les enfants atteints d'un désordre du spectre autistique présentent des altérations plus ou moins sévères du traitement perceptif et intégratif du mouvement physique. Il semblerait que les altérations soient plus importantes chez les enfants autistes de bas niveau, et plus marquées pour des mouvements rapides.

D'un point de vue neurophysiologique, ces anomalies perceptives visuelles et visuomotrices impliqueraient au minimum i) la voie visuelle magnocellulaire, qui véhicule les informations sur le mouvement (analyse du flux visuel), la profondeur, les fréquences spatiales basses et la forme globale, depuis la rétine jusqu'au corps genouillé latéral puis au cortex visuel primaire, ii) la voie visuelle dorsale, qui prolonge la voie visuelle magnocellulaire en distribuant ensuite ces informations visuelles depuis V1 jusqu'aux différentes structures corticales et sous-corticales avec lesquelles elle établit de nombreuses connections, principalement les cortex temporal, pariétal, préfrontal et frontal, le cervelet, les structures thalamiques mésencéphaliques et pontiques. Parmi ces connexions, les voies visuocérébelleuses seraient particulièrement impliquées, dans la mesure où le cervelet traite spécifiquement la vitesse des informations visuelles dynamiques (Johnson et Ebner, 2000), et où le vermis cérébelleux dorsal (lobules VI et VII) est fréquemment retrouvé hypo- ou hyperplasique chez les sujets autistes, avec perte du nombre de cellules de Purkinje (Courchesne, 1997), et enfin iii) les voies cérébello-prémotrices et cérebello-motrices, qui sont responsables, avec les ganglions de la base, du contrôle et du réglage précis en temps réel des outputs moteurs (Doya, 2000), ainsi que les projections du cervelet sur les cortex pariétal et temporal qui participent à l'apprentissage moteur et cognitif (Middleton et Strick, 2000).

TRAITEMENT DES MOUVEMENTS BIOLOGIQUES

Au carrefour des résultats de nos études sur la reconnaissance des visages (suggérant des difficultés dans le traitement de tous les aspects dynamiques du visage, le langage des yeux, des lèvres et des émotions), et de celle sur la perception du mouvement en vision centrale qui montre une limitation importante dans la discrimination de vitesses rapides, avec préservation relative d'une capacité à discriminer des vitesses lentes, nous avons cherché à évaluer l'influence du mouvement sur la reconnaissance des mimiques faciales chez de jeunes enfants autistes. Nous voulions notamment savoir dans quelle mesure, en lui présentant lentement des expressions faciales, on ne pourrait pas fournir à l'enfant autiste les moyens d'extraire une information qu'il semble avoir du mal à extraire à partir de mouvements plus rapides (*cf.* par exemple les descriptions autobiographiques de Williams, 1992). Dans cette étude, des enfants autistes âgés de 4 à 7 ans, comparés à des enfants normaux de même âge développemental, devaient observer des séquences vidéo non sonorisées d'une femme exprimant, à partir d'une expression neutre, des mimiques émotionnelles ou non émotionnelles (vocaliques), sur une durée de 2 secondes (donnant ainsi une impression de ralenti) et reconnaître ensuite ces mimiques sur photographies.

Les résultats de cette étude (Gepner, Deruelle, Grynfeltt, 2001), qui est la première à notre connaissance à utiliser une présentation dynamique de visages pour tester la reconnaissance de mimiques émotionnelles et non émotionnelles chez des enfants autistes, montrent que ceux-ci ne diffèrent pas significativement des enfants normaux plus jeunes, et qu'ils ont donc une aptitude à percevoir des mouvements faciaux présentés lentement sur vidéo, ou à tout le moins une aptitude à extraire une information faciale pertinente d'une séquence dynamique lente. Les enfants autistes sont capables, grâce à un mouvement lent, d'extraire la forme d'un pattern complexe. Autrement dit, le mouvement lent semble offrir aux enfants autistes la possibilité d'extraire une information que ni la présentation statique (les enfants autistes échouent généralement dans le même type de tâches présentées sur photographies) ni le mouvement trop rapide de la vie quotidienne ne leur permettent d'extraire efficacement. Il n'est pas impossible que la présentation dynamique lente, par la modification discrète des relations spatiales entre les éléments du visage qu'elle suppose, sollicite moins le traitement visuel focal contraignant chez les enfants autistes (Frith, 1989 ; Happé, 1999), et sollicite davantage chez eux un traitement configural du pattern (c'est-à-dire un mode de traitement plus efficace pour reconnaître les visages d'un coup d'œil).

Dans une étude très récente, Rodriguez et Essling (2003) ont repris le paradigme de présentation dynamique des mimiques faciales, mais en utilisant deux vitesses de présentation des mimiques (vitesse normale et vitesse ralentie). Leurs résultats montrent que, parmi l'ensemble des enfants et adolescents autistes, ceux qui présentent le retard développemental le plus important et/ou le syndrome autistique le plus sévère sont ceux qui bénéficient le plus du ralentissement des mimiques pour les identifier. Ainsi, le degré de malvoyance du mouvement facial semble être corrélé au degré de sévérité du syndrome autistique, comme nous avions montré précédemment que semblait exister une corrélation entre le degré de réactivité posturale à la vision d'un mouvement physique environnemental et le degré de sévérité d'autisme.

Récemment encore, Blake, Turner, Smoski *et al.* (2003) ont montré que des enfants autistes présentent un déficit de la reconnaissance d'activités humaines comme courir, marcher, sauter..., présentées à partir de points lumineux animés, ce qui confirme l'existence d'un trouble de la vision des mouvements biologiques dans l'autisme.

Sur le plan électrophysiologique, Cochin (1999) a montré que des enfants autistes présentent une activité électrique réduite dans les régions temporo-pariétales de l'hémisphère gauche lors de l'observation de mouvements biologiques (mouvements de mains).

Enfin, Castelli, Frith, Happé et Frith (2002) ont montré, en tomographie par émission de positons, chez des adultes autistes de haut niveau ou présentant un syndrome d'Asperger, une diminution de l'activation du cortex préfrontal médian et du sillon temporal supérieur (STS, une région particulièrement impliquée dans le traitement des mouvements biologiques, Allison, Puce et Mc Carthy, 2000) lors de tâches d'attribution d'états mentaux à des formes animées, ainsi qu'une moindre connectivité entre le cortex extra-strié et le STS.

L'ensemble de ces études montre que le traitement des mouvements biologiques est également perturbé chez les personnes autistes, et pas seulement le traitement des mouvements physiques.

Une synthèse

L'ensemble des observations cliniques et des travaux expérimentaux rapportés tend à montrer, premièrement, qu'au moins certaines personnes autistes souffrent d'une malvoyance du mouvement (Gepner, 2001), qu'il s'agisse du mouvement physique (du flux visuel) ou du mouvement biologique (mouvements faciaux, mouvements corporels). Cette anomalie porte sur les aspects perceptifs et/ou intégratifs (visuomoteurs) du mouvement, c'est-à-dire que, selon les personnes, elle portera sur les aspects purement perceptifs du mouvement, et/ou sur la construction d'une mémoire du mouvement (Berthoz, 1997), et/ou sur la planification du mouvement, et/ou sur l'exécution de l'action. Deuxièmement, ce trouble neuropsychologique semble apparaître très précocement au cours du développement et, malgré des améliorations et compensations au cours du temps, il peut persister chez des adolescents et adultes autistes. Troisièmement, ce trouble est d'autant plus manifeste que le mouvement est rapide (Gepner et Mestre, 2002b). En d'autres termes, le monde visuel dynamique serait trop rapide pour les personnes autistes, le monde irait trop vite pour elles, ce qui pourrait, au moins en partie, expliquer leur retrait non seulement sensoriel, mais aussi social. Quatrièmement, l'intensité de ce trouble semblant relativement bien corrélée à l'intensité du syndrome autistique, on peut en déduire que la malvoyance du mouvement physique et biologique pourrait être un bon marqueur neuropsychologique de l'autisme, même si d'autres pathologies du développement comme la dyslexie peuvent également être marquées par des anomalies d'intégration du mouvement visuel (Talcott *et al.*, 2000). Cinquièmement, cette malvoyance du mouvement impliquerait au départ un ou plusieurs réseaux neurofonctionnels primaires puis, par effet boule de neige ou tache d'huile, d'autres systèmes neurofonctionnels interconnectés aux premiers seraient secondairement impliqués (voie visuelle magnocellulaire, voie dorsale, voie visuocérébelleuse, cervelet, sillon temporal supérieur, amygdale, mais aussi cortex frontaux et préfrontaux, pariétaux...). Cette approche neurophysiologique permet de rendre compte de la plupart des anomalies découvertes en neuro-imagerie anatomique et fonctionnelle au cours des dernières années. Enfin, la mise en évidence de cette anomalie neuropsychologique nodale dans les désordres du spectre autistique pourrait ouvrir des perspectives thérapeutiques entièrement nouvelles, comme nous le montrons dans notre dernier paragraphe.

De la recherche expérimentale à la recherche appliquée

La malvoyance du mouvement dans l'autisme pourrait en effet faire l'objet d'une remédiation, voire d'une rééducation. Car, s'il est vrai que les personnes autistes ont du mal à traiter les mouvements physiques et biologiques environnementaux, et qu'elles sont d'autant plus en difficultés que le mouvement est rapide, il en découle logiquement qu'un ralentissement du mouvement environnant pourrait leur en faciliter la perception et l'intégration dans leur corps propre.

D'un autre côté, dans le domaine auditif, Tardif *et al.* (2002) ont montré de manière très claire que, par rapport à des enfants témoins normaux, des enfants autistes présentent un défaut de traitement temporel des sons de la parole, défaut qui se normalise lors de l'écoute d'une parole ralentie. Un résultat similaire avait déjà été mis en évidence depuis de nombreuses années par l'équipe de Paula Tallal chez les enfants présentant des troubles du développement du langage (Tallal, 1976 ; Tallal *et al.*, 1996).

Dès lors, il est très vraisemblable que la malvoyance du mouvement dans l'autisme soit une des manifestations possibles d'un trouble neuropsychologique plus général affectant cette population, à savoir un trouble du traitement temporel des événements sensoriels, c'est-à-dire une anomalie de l'intégration en temps réel des différents flux sensoriels – flux visuels, auditifs et proprioceptifs – (Gepner et Massion, 2002). Autrement dit, c'est le monde en général, et pas seulement le monde visuel, qui irait trop vite pour les personnes autistes (voir figure 1 pour une synthèse des conséquences maldéveloppementales d'un désordre du traitement temporel des flux sensoriels). « Arrêtez le monde, je veux descendre ! », clame Donna Williams (1992).

Ces découvertes récentes nous permettent aujourd'hui de concevoir un projet innovant destiné à favoriser et à faciliter le traitement perceptif et intégratif du monde visuel et auditif dynamique chez les personnes autistes. La méthode est simple sur le plan théorique, mais relativement complexe sur le plan technique : il s'agit de créer un dispositif permettant de ralentir de manière synchrone, et quasiment en temps réel, la parole et les mouvements environnementaux biologiques (faciaux, gestuels et corporels), afin d'en faciliter l'accès perceptif et perceptivo-moteur aux personnes autistes. Ce projet collaboratif, qui réunit des ingénieurs spécialisés dans le traitement du signal visuel, des acousticiens, des informaticiens, des cliniciens et des chercheurs, devrait aboutir d'ici 18 à 24 mois à la réalisation d'un prototype testable.

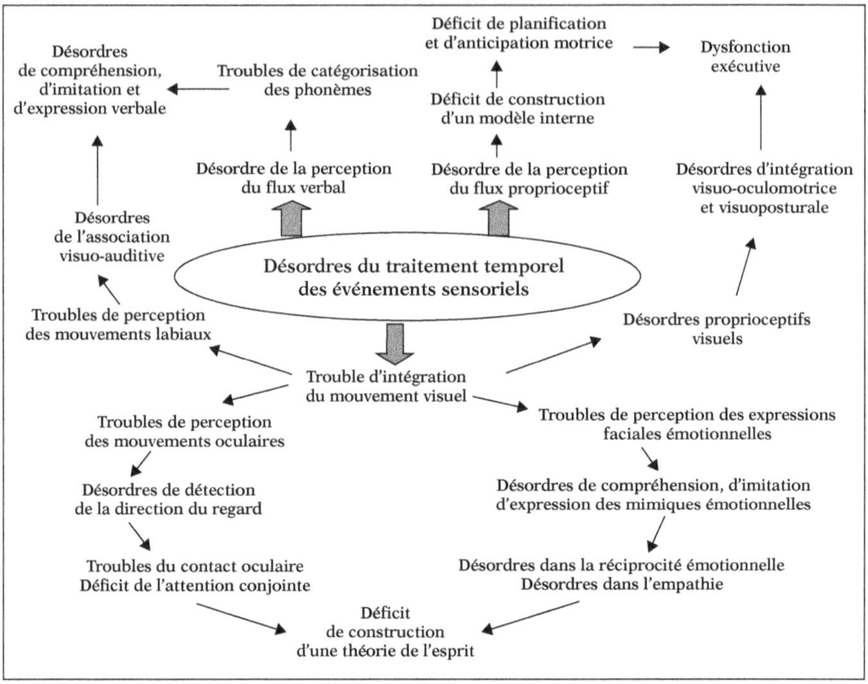

Figure 1 : Schéma synthétique des conséquences « maldéveloppementales » de désordres du traitement temporel des événements sensoriels dans l'autisme.

Conclusion

Comme nous l'avons souligné en introduction, les stratégies de prise en charge, et notamment la rééducation dans l'autisme, même si elles s'avèrent en général utiles à court ou à long terme, restent toutes encore relativement décevantes, ce qui suppose qu'en plus d'être proposées parfois trop tardivement ou avec trop de parcimonie elles manquent surtout de spécificité. Nous pensons que notre projet n'échappera pas complètement à la règle. Pourtant, nous espérons que ce dernier, basé sur une triple approche clinique, expérimentale et rééducative des troubles autistiques, puisse un jour s'insérer efficacement dans le dispositif thérapeutique des personnes autistes à un stade précoce de leur développement.

Références

ALLISON T., PUCE A. & MCCARTHY G. (2000) Social perception from visual cues : role of the STS region. *Trends in Cognitive Sciences*, 4 : 267-278.

BERTHOZ A. (1997) *Le Sens du mouvement*. Paris : Odile Jacob.

BERTONE A., MOTTRON L., JELENIC P. & FAUBERT J. (2003) Motion perception in autism : a « complex » issue. *Journal of Cognitive Neuroscience*, 15 : 218-225.

BLAKE R., TURNER L. M., SMOSKI M. J. & POZDOL S. L. & STONE W. L. (2003) Visual recognition of biological motion is impaired in children with autism. *Psychological Science*, 14 : 151-157.

CASTELLI F., FRITH C., HAPPÉ F., FRITH U. (2002) Autism, Asperger syndrome and brain mechanisms for the attribution of mental states to animated shapes. *Brain*, 125 : 1839-1849.

COCHIN, S. (1999) Autisme infantile, imitation et perception visuelle du mouvement. *Bulletin scientifique de l'ARAPI*, 3 : 41-44.

COURCHESNE E. (1997) Brainstem, cerebellar and limbic neuroanatomical abnormalities in autism. *Current Opinion in Neurobiology*, 7 : 269-278

DOYA, K. (2000) Complementary roles of basal ganglia and cerebellum on learning and motor control. *Current Opinion in Neurobiology*, 10 : 732-739.

FRITH U. (1989) *Autism : Explaining the Enigma*. Oxford : Basic Blackwell.

GEPNER B. & MASSION J. (dirigé par) (2002) L'autisme : une pathologie du codage temporel ? *TIPA (Revue des travaux interdisciplinaires du laboratoire Parole et Langage)*, 21 : 177-218.

GEPNER B. & MESTRE D. (2002a) Postural reactivity to fast visual motion differentiates autistic from children with Asperger syndrome. *Journal of Autism and Developmental Disorders*, 32 : 231-238.

GEPNER B. & MESTRE D. (2002b) Rapid visual-motion integration deficit in autism. *Trends in Cognitive Sciences*, 6 : 11, 455.

GEPNER B. (1997) Reconnaissance du visage et perception visuelle du mouvement chez l'enfant autiste. Thèse de Doctorat de neurosciences, Université Aix-Marseille II.

GEPNER B. (2001) « Malvoyance » du mouvement dans l'autisme infantile ? Une nouvelle approche neuropsychopathologique développementale. *La Psychiatrie de l'enfant*, 1 : 77-126.

GEPNER B., BUTTIN C. & de SCHONEN S. (1994) Face processing in young autistic children. *Infant Behavior and Development*, 17 : 661.

GEPNER B., de GELDER B. & de SCHONEN S. (1996) Face processing in autistics : Evidence for a generalized deficit ? *Child Neuropsychology*, 2 : 123-139.

GEPNER B., DERUELLE C. & GRYNFELTT S. (2001) Motion and emotion : a novel approach to the study of face processing by autistic children. *Journal of Autism and Developmental Disorders*, 31 : 37-45.

GEPNER B., MESTRE D., MASSON G. & de SCHONEN S. (1995) Postural effects of motion vision in young autistic children. *NeuroReport*, 6 : 1211-1214.

GRANDIN T. (1995) *Thinking in Pictures and Other Reports from My Life with Autism*. New York : Doubleday.

HAPPÉ F. (1999) Autism : Cognitive deficit or cognitive style ? *Trends in Cognitive Sciences*, 3 : 216-222.

JOHNSON M. T. & EBNER T. J. (2000) Processing of multiple kinematic signals in the cerebellum and motor cortices. *Brain Research Review*, 33 : 155-168.

LEARY M. R. & HILL D. A. (1996) Moving on : autism and movement disturbance. *Mental Retardation*, 1 : 39-53.

MESTRE D., RONDAN C., MASSON G., CASTET E., DERUELLE C. & GEPNER B. (2002) Évaluation de la vision du mouvement chez des enfants autistes au moyen du nystagmus opto-cinétique. *Revue TIPA*, 21 : 192-198.

MIDDLETON F. A. & STRICK P. L. (2000) Basal ganglia and cerebellum loops : motor and cognitive circuits. *Brain Research Review*, 31 : 236-250.

MILNE E., SWETTENHAM J., HANSEN P., CAMPBELL R., JEFFRIES H. & PLAISTED K. (2002) High motion coherence thresholds in children with autism. *Journal of Child Psychology and Psychiatry*, 43 : 255-263.

RODRIGUEZ, M. & ESSLING V. (2003) Un monde trop rapide ? Traitement de la dynamique faciale dans l'autisme. Mémoire de Maîtrise de Psychologie, Université de Provence.

SAUVAGE D. (1988) *Autisme du nourrisson et du jeune enfant*. Paris : MASSON.

SPENCER J., O'BRIEN J., RIGGS K., BRADDICK O., ATKINSON J. & WATTAM-BELL J. (2000) Motion processing in autism : evidence for a dorsal stream deficiency. *NeuroReport*, 11 : 2765-2767.

TALLAL P. (1976) Rapid auditory processing in normal and disordered language development. *Journal of Speech and Hearing Research*, 19 : 561-594.

TALLAL P., MILLER S. L., BEDI G., BYMA G., WANG X., NAGARAJAN S. S., SCHREINER C., JENKINS W. M. & MERZENICH M. M. (1996) Language comprehension in language-learning impaired children improved with acoustically modified speech. *Science*, 271 : 81-83.

TALCOTT J. B., HANSEN P. C., ASSOKU E. L. & STEIN J. F. (2000) Visual motion sensitivity in dyslexia : evidence for temporal and energy integration deficit. *Neuropsychologia*, 38 : 935-943.

TARDIF C. & GEPNER B. (2003) *L'Autisme*. Paris : Collection 128, Nathan.

TARDIF C., THOMAS K., GEPNER B. & REY V. (2002) Contribution à l'évaluation du système phonologique explicite chez des enfants autistes. *Parole*, 21 : 35-72.

WILLIAMS D. (1992) *Nobody Nowhere*, New York : Doubleday.

ZIHL J., VON CRAMON D. & MAI N. (1983) Selective disturbance of movement vision after bilateral brain damage. *Brain*, 106 : 313-340.

Atteinte de la motricité dans l'autisme de l'enfant

Par Christina Schmitz et Hans Forssberg

Un aspect majeur de l'autisme réside dans l'altération des capacités de communication. C'est en exerçant sa motricité qu'un nouveau-né commence à communiquer avec ses proches. L'intégrité du développement moteur est un prérequis pour son futur développement comportemental, cognitif et social. La première partie de ce chapitre propose une revue des études qui ont mis en évidence une atteinte de la motricité dans l'autisme de l'enfant. L'analyse rétrospective des enregistrements vidéo permet de repérer les premiers signes d'un développement anormal de la motricité chez le bébé. Des analyses plus approfondies des paramètres du mouvement permettent de repérer des dysfonctionnements au niveau de la coordination, de l'anticipation, de la planification et de l'intention chez les enfants autistes. Une seconde partie propose de relier les signes d'un développement moteur anormal à l'origine centrale de ces dysfonctionnements : le cerveau. Les études en imagerie cérébrale révèlent des anomalies dues à une atteinte de la maturation du cerveau. L'étude en cours que nous présentons a pour but d'explorer au moyen de l'imagerie par résonance magnétique fonctionnelle (IRMf) l'activité du cerveau lors d'une tâche de soulèvement d'un objet, chez des enfants autistes comparés à des enfants ayant un développement normal. Les résultats préliminaires indiquent que les aires du cerveau sont recrutées de façon plus étendue et hétérogène chez les enfants autistes. De plus, une comparaison directe entre les deux groupes indique un recrutement supérieur du cervelet chez les enfants autistes lors de cette tâche. Ces résultats sont interprétés dans le cadre d'une hypothèse d'une atteinte générale de la construction des représentations dans l'autisme.

Introduction

Ce qui frappe chez un enfant autiste, c'est l'absence, ou l'altération, de la communication. Lorsque l'on travaille en développement, la démarche consiste à remonter les étapes, pour tenter de comprendre à quel niveau il y a eu un dysfonctionnement. Si la psychologie et plus particulièrement la psychanalyse se sont questionnées sur la possibilité d'atteintes résultant d'un environnement affectif défavorable, à l'opposé, la génétique à l'heure actuelle s'interroge sur une possible défaillance du jeu des interactions chromosomiques et de l'expression des gènes. Au milieu de cette chaîne, une pléiade d'approches s'intéresse à l'intégrité des différentes étapes du développement de l'enfant autiste. Parmi toutes ces approches, il nous paraît essentiel d'explorer le développement de sa motricité pour sa capacité à intégrer, comprendre et utiliser l'environnement.

C'est en exerçant sa motricité que le nouveau-né communique avec ses proches. Ainsi, la posture, le tonus, les ébauches de gestes volontaires et les mimiques faciales sont autant de marqueurs d'un dialogue entre le bébé et son environnement. De plus, la première année de vie de l'enfant est essentiellement jalonnée par les étapes déterminantes de son développement moteur, telles que le maintien de la tête, l'acquisition de la station assise, debout, et de la marche autonome, qui vont lui permettre d'agrandir son espace de perception et d'action. Les progrès constants d'un enfant dans la précision du contrôle des fonctions motrices sont un prérequis nécessaire à son développement comportemental, cognitif et social.

Kanner (1943) avait relevé dans les récits de parents d'enfants autistes des signes de motricité déviante au cours de leurs premiers mois de vie, notamment au moment des prises alimentaires. Chez ces bébés souvent décrits comme « trop calmes », les parents rapportaient également souvent des réactions paradoxales aux stimulations diverses, ainsi que des troubles des attitudes anticipatrices lorsqu'ils ébauchaient le mouvement de prendre le bébé dans leurs bras.

Des anomalies fines du regard, du tonus et de la motricité sont également des signes qu'un examen précoce peut révéler (Sauvage, 1984).

Ce chapitre a pour objectif de présenter une synthèse des études qui se sont penchées sur le développement moteur de l'enfant autiste. Plusieurs techniques permettent de mesurer les différents paramètres d'un acte moteur : l'analyse du mouvement, l'enregistrement des forces exercées lors d'un mouvement, ou bien encore l'électromyographie (EMG). D'autres techniques, dites d'imagerie cérébrale, explorent l'intégrité du cerveau soit en s'intéressant aux caractéristiques de son anatomie, soit en étudiant la façon dont il fonctionne. Dans une seconde partie, nous présentons les résultats préliminaires d'une étude en cours chez des enfants autistes qui a pour but de corréler des anomalies de l'activité cérébrale avec un comportement moteur déviant. En conclusion, nous proposons de relier les résultats de nos études à une hypothèse plus générale d'une atteinte de la construction des représentations dans l'autisme.

Examen rétrospectif de films vidéo et analyse des paramètres du mouvement

SIGNES PRÉCOCES D'UN COMPORTEMENT MOTEUR DÉVIANT

Grâce à l'avancée des technologies vidéo, un nombre croissant de familles possède des films vidéo, qui constituent des documents précieux sur le développement de leur enfant. L'examen rétrospectif de ces documents vidéo rend possible l'accès aux premières périodes du développement, des mois, voire des années avant qu'un enfant ne soit diagnostiqué comme étant autiste.

Une étude d'Adrien et coll. (1993) montre qu'avant un an, parmi les types de comportement différenciant les groupes d'enfants autistes de ceux des non-autistes, on observe une hypotonie et un trouble des expressions faciales ainsi que des déficits de l'attention. Après un an, ces symptômes s'accentuent et sont accompagnés d'autres troubles, tels qu'une motilité anormale, des postures inhabituelles, une hypoactivité générale. En procédant de la même démarche de recherche de signes indicateurs précoces de l'autisme, ce type d'examen rétrospectif a été utilisé en particulier pour évaluer l'importance de la mesure des caractéristiques sensori-motrices (Baranek, 1999). Plusieurs déficits sensori-moteurs sont apparus révélateurs entre 9 et 12 mois chez des bébés diagnostiqués ultérieurement comme étant autistes. L'auteur conclut que les aspects du fonctionnement sensori-moteur devraient être utilisés de façon complémentaire aux évaluations du comportement social.

Toujours à partir d'enregistrements vidéo, Teitelbaum et coll. (1998) montrent que, si la station assise semble être acquise aux âges habituels, on remarque néanmoins chez les bébés autistes des chutes fréquentes à partir de cette position dès qu'un mouvement de la tête ou du bras vient perturber cette posture. En effet, le bébé ne semble pas utiliser les réactions posturales ou les ajustements posturaux anticipés appropriés pour se protéger de la chute. Les mêmes auteurs rapportent également un dysfonctionnement dans les coordinations intersegmentaires utilisées lors d'une situation de retournement en station allongée. Ainsi, les bébés autistes n'utiliseraient pas la rotation séquentielle de chaque segment, comme le font les bébés sains. Les auteurs de cette étude s'appuient sur la distinction entre des segments qui sont activement déplacés et ceux qui sont traînés passivement pour tenter de caractériser un mouvement anormal. Ils montrent que, pour se retourner, les bébés autistes s'arquent sur le côté en élevant la tête et le bassin, puis ils utilisent une stratégie « en bloc » qui leur permet d'utiliser leur poids passivement pour provoquer le mouvement de retournement.

Concernant la locomotion, ces mêmes auteurs observent que, chez des enfants autistes âgés de 2 ans, la marche apparaît encore très immature. Le comportement locomoteur d'enfants autistes plus âgés présente parfois un caractère déviant, en particulier celui d'être accompagné d'une asymétrie anormale entre les mouvements des bras et ceux des jambes. Il est à noter que cette caractéristique avait été soulignée précédemment chez des adultes autistes (Vilensky *et al.*, 1981 ; Maurer et Damasio, 1982).

Enfin, Lösche (1990) montre que, autour de 30 mois, seulement environ 1/3 des actions d'enfants autistes ont un but identifiable, alors que des actions comparables sont dirigées vers un but dans 2/3 des cas dans le groupe d'enfants sains.

DÉVELOPPEMENT DE LA MOTRICITÉ CHEZ LES ENFANTS AUTISTES

Le développement de la motricité dépend de la construction de plusieurs fonctions motrices, telles que la coordination, l'anticipation, l'imitation (voir Nadel, ce volume) mais aussi l'intentionnalité et la planification. Ces fonctions sont essentielles à un développement moteur harmonieux et efficace, et permettent d'optimiser les échanges entre l'enfant et son milieu de vie. Cette partie propose de résumer les résultats des recherches actuelles qui se sont penchées sur la construction de ces fonctions dans l'autisme.

Atteinte de la coordination

Le développement des habiletés manuelles permet de construire l'espace de préhension. Or, lors des manipulations d'objets, la coordination visuomanuelle est souvent atypique chez les enfants avec autisme. En effet, si, au moment du lancement de la main, l'enfant regarde l'objet à saisir, dès que le contact tactile est établi, soit le regard se fixe ailleurs, soit la main quitte l'objet (Bullinger, 1989), traduisant ainsi une atteinte de la fonction de coordination visuomanuelle.

Chez l'enfant autiste, l'analyse des mouvements de préhension montre que les conduites de capture d'objet se font sur la base d'une posture asymétrique, caractéristique chez le nouveau-né mais qui est un signe d'immaturité si elle persiste plus tard. La persistance de cette posture indique que la coordination entre la posture et le geste, normalement associée à la saisie d'un objet, ne se met pas en place correctement (Bullinger, 1989). Lors de la saisie d'un objet, deux canaux sont activés simultanément et en parallèle. Le premier est responsable du déplacement de la main vers l'objet lors de la phase d'atteinte ; l'autre est responsable de l'ouverture de la main avant la saisie de l'objet. Ces deux canaux sont couplés fonctionnellement et sont contrôlés par une structure responsable de leur coordination au service d'une action dirigée vers un but (Jeannerod, 1981). La localisation et les caractéristiques de l'objet, telles que sa taille ou sa forme, participent au paramétrage du patron du mouvement et à la coordination entre ces deux composantes de l'action, l'atteinte et la saisie. En utilisant un système cinématique 3D, Mari et coll. (2003) ont exploré les caractéristiques de la coordination des mouvements d'atteinte et de saisie d'un objet chez des enfants autistes comparés à des enfants contrôles du même âge. Les enfants avaient pour consigne de saisir un objet placé à des distances différentes. Un mouvement d'atteinte plus long a été trouvé dans le groupe des enfants avec autisme, en particulier pour ceux qui appartenaient à un sous-groupe de « bas niveau ». De plus, les enfants de ce sous-groupe semblaient éprouver des difficultés à initier les deux composantes, l'atteinte et la saisie, d'une manière simultanée. Les auteurs concluent que le déficit de synchronisation de ces deux programmes indique une atteinte spécifique de la réalisation de programmes coordonnés, qui pourrait être due à des anomalies des mécanismes centraux responsables de la superposition des deux programmes moteurs.

Atteinte des processus d'anticipation

Dans la vie de tous les jours, il est nécessaire d'anticiper, c'est-à-dire de prévoir quelles seront les conséquences de notre action sur l'environnement ou sur nous-même. Le développement de la fonction d'anticipation permet de rendre le monde prédictible et cohérent. Anticiper nécessite d'utiliser une représentation du soi, du monde extérieur et des interactions entre les deux. Les représentations ne sont pas innées et nécessitent un temps de maturation assez long au cours de l'enfance (Forssberg *et al.*, 1991). La représentation du soi évolue avec la croissance du corps d'un enfant, c'est-à-dire avec la maturation de son système musculo-squelettique. De même, les représentations des propriétés des objets dépendent de l'expérience que l'enfant a de l'objet. C'est sur la base de l'intégrité d'une construction de ces représentations, au sein d'un cerveau lui-même en pleine maturation, qu'un enfant apprend à anticiper de la façon la mieux ajustée alors qu'il grandit. Les études développementales montrent qu'à 9 ans les ajustements anticipés utilisés afin de paramétrer les forces appliquées à un objet pour le soulever ne présentent pas encore les caractéristiques matures de celles de l'adulte, parce que les enfants n'ont toujours pas une représentation fidèle des interactions entre leur corps et l'environnement (Forssberg *et al.*, 1991 ; Eliasson *et al.*, 1995). Il faut également une dizaine d'années avant que les ajustements anticipés qui permettent de stabiliser l'avant-bras lorsque l'on soulève un objet posé sur celui-ci ne soient comparables à ceux de l'adulte (Schmitz *et al.*, 2002), et la capacité à acquérir un nouveau type d'ajustements anticipés est également limitée par des facteurs maturationnels aux mêmes âges (Schmitz et Assaiante, 2002). Ainsi, l'anticipation se développe tardivement au cours de l'enfance, en même temps que se construisent les représentations internes.

Imaginez que vous êtes un garçon de café portant un plateau chargé de verres. Votre tâche quotidienne est de décharger un verre sans mettre en péril l'équilibre du plateau posé sur votre bras, ce que vous réussissez parfaitement. Chaque fois que vous soulevez un verre, le poids exercé par le plateau sur l'avant-bras diminue, et ce changement soudain de la force exercée par le poids peut avoir comme conséquence de déstabiliser le plateau et son contenu. En réalité, votre bras et le plateau restent parfaitement stabilisés en position horizontale parce que, sur la base d'une représentation acquise au cours de votre expérience antérieure, vous anticipez ce changement de poids. À l'inverse, si une autre personne soulève le verre avec l'intention généreuse de vous aider, même si vous guettez le moment où le verre va décoller du support, vous aurez beaucoup plus de difficulté à stabiliser le plateau. La raison en est que, dans cette situation, on ne peut anticiper que sur la base de sa propre action. Cette situation de la vie courante a été astucieusement convertie en un paradigme expérimental, connu sous le nom du « test du garçon de café », ou encore tâche bimanuelle de délestage (Hugon *et al.*, 1982), afin d'étudier les propriétés des ajustements posturaux anticipés utilisés dans cette tâche. Nous avons proposé à des enfants autistes de réaliser cette tâche. Tout comme lorsque le garçon de café soulève un verre posé sur le plateau, nous avons demandé aux enfants d'utiliser leur main droite pour soulever un objet posé sur un petit réceptacle posé sur leur avant-bras gauche. Des enregistrements cinématiques et électromyographiques ont été réalisés au cours de cette tâche et ont été comparés aux enregistrements réalisés dans une étude précédente (Schmitz *et al.*, 2002). Ils ont permis de montrer que les enfants avec autisme ralentissaient significativement le mouvement de soulèvement de l'objet (Schmitz *et al.*, 2003). Notre interprétation est que ce ralentissement relève d'une adaptation fonctionnelle puisqu'il leur permet de stabiliser l'avant-bras de façon comparable aux enfants contrôles, quoique avec plus de variabilité ; ils ont ainsi le temps d'utiliser les informations de variations du poids de l'objet sur leur avant-bras afin de le stabiliser. Au cours de cette tâche, il semble que les enfants autistes n'utilisent pas un mode de contrôle anticipé, mais un mode de contrôle rétroactif. En d'autres mots, au lieu d'anticiper ils réagissent. Une étude posturographique, réalisée chez des enfants autistes, des enfants sains et des enfants mentalement retardés, indique une grande variabilité des réponses posturales, et un contrôle postural anormal et instable chez les enfants autistes (Kohen-Raz *et al.*, 1992). Les résultats de l'étude utilisant le « test du garçon de café » chez les enfants autistes suggèrent que le contrôle postural est altéré au travers d'un dysfonctionnement de l'anticipation posturale (Schmitz *et al.*, 2003).

Déficit général de planification

Curieusement, on peut noter certaines particularités quant à l'acquisition de la motricité fine dans l'autisme. Par exemple, certains enfants autistes peuvent passer des heures à manipuler avec une grande expertise de petits objets, tels que des perles ou du sable. À la lumière de ces observations, il semblerait que la séquence motrice soit intacte, ce qui leur permettrait durant des heures de réaliser avec précision le même geste. En revanche, l'organisation de la séquence motrice au service d'une action finalisée et dirigée vers un but serait atteinte.

En général, il semble que les enfants autistes aient des difficultés à exécuter une séquence de mouvements. En utilisant une tâche de « attrape, saisie et pose », Hugues et coll. (1994) montrent que les enfants avec autisme ont des difficultés à enchaîner cette courte séquence de mouvements. L'atteinte de la coordination des deux programmes utilisés pour l'atteinte et la saisie d'un objet qui a été montrée chez des enfants autistes (Mari *et al.*, 2003) pourrait également être le résultat d'un déficit général de planification. Ces difficultés dans la réalisation d'une séquence de mouvements ont été suggérées comme étant secondaires à une atteinte de la fonction exécutive (Hugues *et al.*, 1994), ou bien comme résultant d'une absence de signal interne à l'origine d'un mouvement auto-initié, c'est-à-dire un mouvement qui n'est pas provoqué par un déclencheur externe (Pennington et Ozonoff, 1996). Un déficit fondamental dans la réalisation d'une séquence, la difficulté à prévoir un mouvement, ou bien l'atteinte du contrôle visuel du mouvement sont autant d'anomalies suggérées par Hughes (1996) pour expliquer les faibles performances de planification des enfants autistes. Ces différents résultats amènent à se demander à quel niveau la réalisation du mouvement est atteinte : au stade de la planification/préparation, ou bien au stade de l'exécution. En utilisant un paradigme qui permet de distinguer les étapes de préparation du mouvement et d'exécution du mouvement, Rinehart et coll. (2001) montrent que la phase d'exécution du mouvement présente des caractéristiques normales chez les enfants autistes. Cependant, les auteurs mettent en évidence des anomalies dans la préparation du mouvement, caractérisées principalement par une absence d'anticipation.

Atteinte de la fonction d'intentionnalité

La fonction d'intentionnalité suppose non seulement une motivation pour agir, mais aussi l'organisation de l'action vers un but. Elle permet dans une large mesure à un système sensori-moteur intègre d'être au service de la curiosité de l'enfant et de le conduire à communiquer et à découvrir le monde. Privé d'intentionnalité, le comportement moteur est vidé de son sens et par là même inadapté, ce qui peut entraîner des dysfonctionnements dans l'organisation sensori-motrice elle-même. La fonction d'intentionnalité est également la source des combinaisons multiples des acquisitions motrices de base, qui augmentent de façon considérable les relations de l'enfant avec le monde extérieur. Chez l'enfant autiste, une perturbation du développement de cette fonction, parmi d'autres fonctions psychophysiologiques « élémentaires », telles que l'attention ou l'association, provoque des dysfonctionnements majeurs qui affectent la socialisation et la communication de l'enfant (Barthélémy, 1986 ; Lelord et Sauvage, 1991).

Un examen détaillé des caractéristiques de la locomotion chez de jeunes enfants autistes, au moyen d'un système d'analyse du mouvement, révèle que les paramètres locomoteurs tels que la vitesse de la marche, ou bien l'amplitude du pas sont intacts (Vernazza-Martin *et al.*, 2005). Cependant, au cours de cette expérience qui impliquait une locomotion orientée vers un but, les auteurs de cette étude notent des anomalies dans la trajectoire qui seraient révélatrices d'une atteinte de la fonction d'intentionnalité en elle-même, plus que des caractéristiques intrinsèques de la locomotion. Il est particulièrement frappant de constater que la marche ne constitue pas pour les jeunes enfants autistes un moyen d'augmenter leur potentiel d'exploration, mais qu'ils semblent marcher pratiquement sans but. L'action dirigée vers un but semble être un stade que les enfants autistes ont du mal à atteindre. Selon Bullinger (1989), chez l'enfant autiste, l'activité de locomotion n'a pas pour fonction principale l'exploration de l'espace, mais elle serait utilisée pour susciter un ensemble de sensations qui peuvent se substituer à l'atteinte spatiale du but.

Qu'apporte l'imagerie cérébrale à la compréhension de l'autisme ?

Contrairement à d'autres pathologies, pour lesquelles l'association directe entre un symptôme et une structure du cerveau permet de concentrer les recherches sur la structure ou le circuit en question, il n'est pas encore possible d'identifier clairement quelle partie du cerveau est atteinte, quel processus dans le développement du cerveau est défaillant. Les récents progrès réalisés par les études génétiques permettent d'aborder une partie du problème. Les études en imagerie cérébrale, à l'autre bout de la chaîne, tentent de compléter le tableau (voir également Zilbovicius, ce volume).

ANOMALIES DE L'ANATOMIE DU CERVEAU

La taille du cerveau est un paramètre qui apparaît déjà comme différent chez les personnes autistes. Les mesures de la circonférence de la tête retrouvées dans les rapports médicaux d'enfants atteints d'autisme rapportent des valeurs anormales au cours du développement. Ainsi, le cerveau aurait à la naissance une circonférence inférieure chez les enfants autistes (Courchesne *et al.*, 2003), et supérieure à la normale entre 6 et 16 mois (Gillberg et de Souza, 2002 ; Courchesne *et al.*, 2003). Ces résultats indiquent que les anomalies de la taille du cerveau dans l'autisme seraient développementales, puisqu'elles varient avec l'âge des enfants. Une mesure plus approfondie des volumes cérébraux au moyen de l'IRM (imagerie par résonance magnétique) chez des enfants et des adultes présentant un autisme sans retard mental indique que le développement du cerveau suit une courbe anormale. Celle-ci serait caractérisée par une croissance accélérée dans les premiers stades de la vie, puis par une légère diminution des volumes cérébraux à un stade plus avancé alors qu'au même moment une augmentation apparaît chez des enfants normaux (Aylward *et al.*, 2002). L'examen du profil morphométrique du cerveau, qui inclut à la fois une mesure du volume total et une mesure du volume des régions cérébrales principales, a été utilisé afin de comparer les cerveaux d'enfants autistes de haut niveau avec ceux d'un groupe d'enfants contrôles du même âge. Des valeurs supérieures à la normale ont été trouvées dans certaines régions (thalamus, cervelet ainsi que le globus pallidus et le putamen), alors que pour d'autres il est rapporté une tendance inverse (cortex cérébral, hippocampe et amygdale) (Herbert *et al.*, 2003).

De même, l'aspect extérieur du cerveau, étudié par l'analyse de la carte des sillons corticaux, montre des différences chez les enfants autistes. En particulier, il semblerait qu'il y ait un déplacement du sillon frontal supérieur, de la scissure de Sylvius, du sillon frontal inférieur et du sillon temporal supérieur (Levitt *et al.*, 2003). On note également des anomalies structurales plus subtiles au niveau de la matière blanche et de la matière grise chez les personnes autistes. Des analyses morphologiques à partir d'images anatomiques acquises par IRM, réalisées selon une comparaison statistique voxel par voxel, montrent des anomalies dans plusieurs parties du cerveau, incluant le gyrus temporal supérieur, le cortex orbitofrontal (Salmond *et al.*, 2003), le gyrus temporal inférieur (Abell *et al.*, 1999), ainsi que l'amygdale et le cervelet (Abell *et al.*, 1999 ; Salmond *et al.*, 2003). Cependant, une hétérogénéité importante apparaît entre les individus concernant le patron d'anormalité. Enfin, une étude récente rapporte des anomalies de la structure de la matière blanche au niveau des fibres reliant les deux hémisphères ainsi qu'au niveau du cortex préfrontal et de la jonction temporo-pariétale (Barnea-Goraly *et al.*, 2004).

COMMENT FONCTIONNE LE CERVEAU DES PERSONNES AUTISTES AU COURS D'UNE TÂCHE MOTRICE ?

L'imagerie par résonance magnétique fonctionnelle (IRMf) est utilisée pour établir des cartes fonctionnelles des changements en concentration d'oxygène du sang veineux cérébral, qui sont corrélés à l'activité neuronale. Dans le cadre de l'atteinte du développement du cerveau telle qu'elle est rapportée dans l'autisme, il apparaît nécessaire de s'intéresser aux aspects fonctionnels des anomalies révélées sur le plan anatomique ou physiologique. Pouvoir mettre en relation un fonctionnement moteur déviant avec l'atteinte du développement du circuit cérébral assurant cette fonction au cours du développement normal est une perspective prometteuse. L'étude en cours que nous présentons a pour but d'explorer au moyen de l'IRMf l'activité du cerveau lors d'une tâche motrice, chez des enfants avec autisme comparés à des enfants présentant un développement normal.

Lors de la manipulation d'objets, l'expérience permet la formation et le stockage de représentations des caractéristiques des objets manipulés, qui sont utilisées par le système nerveux pour programmer les forces nécessaires pour soulever l'objet (Clarapède, 1902). Au cours d'une étude récente chez l'adulte sain, nous nous sommes intéressés aux circuits cérébraux impliqués dans l'utilisation de ces représentations, dites sensori-motrices. L'objectif était de mettre en évidence un circuit cérébral spécifiquement lié à l'utilisation et à la réactualisation des représentations associées aux informations sensori-motrices issues du soulèvement de l'objet. En particulier, il s'agissait de la représentation du poids de l'objet. Les sujets avaient donc pour consigne de soulever un objet dont le poids était soit gardé constant au cours d'une séquence de 18 soulèvements, soit changé de façon régulière et donc prévisible entre chaque soulèvement, soit changé de façon irrégulière et donc imprévisible lors de la séquence de soulèvements. Des études antérieures ont montré que soulever un objet active de façon classique un certain nombre de régions dans le cerveau : les aires sensori-motrices controlatérales à la main qui soulève l'objet, les aires prémotrices, l'aire motrice supplémentaire et l'aire motrice cingulaire, mais également le thalamus et le cervelet (Ehrsson *et al.*, 2000 ; 2001 ; 2003 ; Kinoshita *et al.*, 2000). Nos résultats indiquent que l'utilisation d'une représentation, le passage d'une représentation à une autre ou bien encore la réactualisation de la représentation interne font appel de façon plus spécifique au recrutement croissant d'un circuit fronto-pariétal (Schmitz *et al.*, 2005).

Au cours d'une étude pilote, nous avons enregistré l'activité cérébrale de 4 enfants avec autisme, et de 4 enfants contrôles scolarisés et ne présentant aucun trouble neurologique ou psychiatrique. Les enfants avec autisme ont été recrutés dans un des centres pour enfants autistes de Stockholm (Habcenter för barn och ungdomar med autism). Les enfants autistes ayant participé à l'expérience ne présentaient pas de retard mental, n'avaient pas de traitement médicamenteux et ne présentaient pas de pathologie neurodéveloppementale associée. Ils répondaient tous aux critères établis par le DSM-IV (APA, 1994), et une évaluation de leur psychomotricité a été réalisée au moyen d'une échelle d'évaluation motrice standard (Movement-ABC). L'expérience leur était d'abord proposée alors que le lit sur lequel ils étaient allongés était à l'extérieur du tunnel du scanner, afin de les familiariser avec l'environnement et vérifier qu'ils comprenaient les différentes conditions. Avec leur accord le lit était déplacé à l'intérieur dans un second temps. Un casque audio permettait de communiquer avec eux, d'entendre une histoire au cours des séquences anatomiques et d'écouter les instructions au cours de la réalisation de la tâche.

Nous avons utilisé trois conditions au cours desquelles l'unique consigne était de soulever l'objet et de le reposer en suivant le tempo imposé par un bip. Au début de chaque condition, une instruction sonore précisait à l'enfant le déroulement de la séquence, qui consistait en 18 soulèvements successifs. Au cours des deux premières conditions de soulèvement de l'objet, le poids ne changeait pas (*poids constant*). La première condition présentait un objet de poids « léger », la deuxième un objet de poids « lourd ». Au cours de la troisième condition, le poids était changé entre chaque soulèvement, alternativement léger puis lourd (*alter-*

nance de poids). La première partie de l'expérience, réalisée à l'extérieur du scanner, permettait à l'expérimentateur de vérifier que l'enfant adaptait autant que possible la force à appliquer à l'objet, sans excès mais suffisamment pour qu'il ne glisse pas au cours du soulèvement.

Un scanner IRM à 1.5 T a été utilisé pour enregistrer les séquences d'images anatomiques et les séquences d'images fonctionnelles. Les images obtenues ont été analysées au moyen du logiciel SPM-99 (Wellcome Department, Londres). Un système optique non magnétique permettait de mesurer dans le scanner les deux types de forces appliquées sur l'objet par les doigts, la force de saisie (perpendiculaire) et la force de soulèvement (tangentielle) ainsi que la position de l'objet au cours de l'enregistrement de l'activité cérébrale. Ces données comportementales ont été enregistrées et analysées à l'aide du système d'acquisition SC/ZOOM (Département de physiologie, Université d'Umeå).

Nos premiers résultats, obtenus chez 4 enfants autistes comparés à 4 enfants contrôles, indiquent que, lorsque les enfants soulèvent de façon répétitive un objet de même poids, la force de saisie exercée par les doigts est comparable dans les deux groupes, et calibrée en fonction du poids de l'objet, léger ou lourd (figure 1). En revanche, lorsque la difficulté augmente au cours d'une séquence de soulèvement de poids alternativement lourd puis léger, les enfants autistes montrent une difficulté à ajuster la force de saisie à

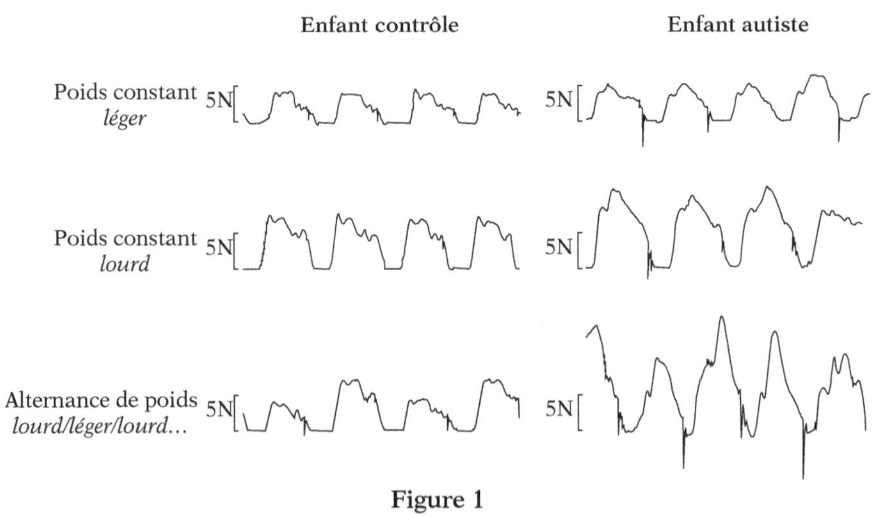

Figure 1

appliquer à l'objet. Cela se traduit par l'application dans cette condition d'une force excessive lorsque l'objet est léger.

Nous avons moyenné l'activité cérébrale pour les deux groupes d'enfants en réunissant les trois conditions, afin d'obtenir une cartographie générale des circuits impliqués dans le soulèvement d'un objet (figure 2). Ces résultats préliminaires révèlent que les aires du cerveau classiquement impliquées dans le soulèvement d'un objet, c'est-à-dire les aires sensori-motrices controlatérales à la main qui soulève l'objet, l'aire motrice supplémentaire et l'aire motrice cingulaire au niveau central, et la partie antérieure du cervelet ipsilatéral sont recrutées de façon plus étendue et hétérogène chez les enfants autistes lors du soulèvement de l'objet que chez les enfants contrôles. Une comparaison directe entre les deux groupes indique qu'une zone du cerveau est recrutée de façon supérieure chez les enfants autistes lors de la condition de *poids constant* (léger et lourd réunis) et lors de la condition d'*alternance de poids* : la partie antérieure du cervelet (figure 3).

Lorsque l'objet a un poids constant au cours d'une séquence de soulèvements, l'enfant utilise la même représentation sensori-motrice des caractéristiques de l'objet pour paramétrer correctement les forces à appliquer à l'objet. La représentation du poids n'a pas besoin d'être actualisée. Les enfants avec autisme qui ont été enregistrés dans cette étude pilote ne semblent pas présenter de difficulté lorsqu'il n'est pas nécessaire de changer la représentation du poids de

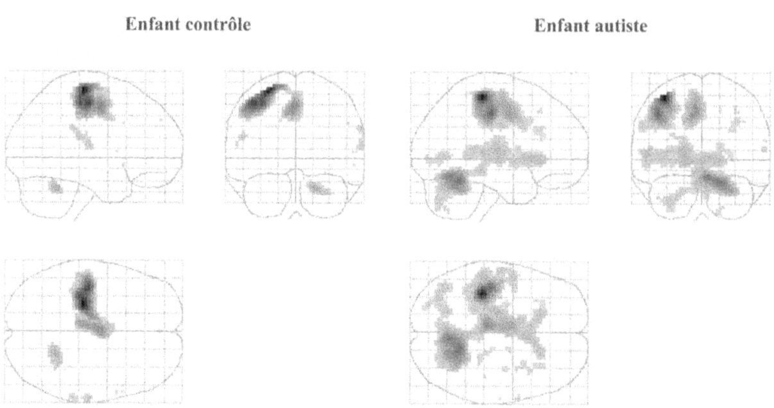

Figure 2

l'objet. En revanche, au cours de la séquence de poids alternativement lourd puis léger, pour pouvoir ajuster les forces à appliquer à l'objet, il est nécessaire de changer de représentation entre chaque soulèvement. Cette situation est plus difficile. Il semblerait que les enfants avec autisme aient des difficultés à adapter la force de saisie en fonction du poids de l'objet lorsque le poids change, ce qui indiquerait qu'ils ne réactualisent pas la représentation du poids de l'objet entre chaque soulèvement. Comme le défaut d'utilisation d'un contrôle anticipé lors de la tâche bimanuelle de délestage l'indiquait (Schmitz *et al.*, 2003), les enfants atteints d'autisme semblent présenter des difficultés concernant l'utilisation de représentations sensori-motrices.

Les résultats préliminaires obtenus par IRMf indiquent une activité moins prononcée dans les aires impliquées dans le soulèvement d'un objet dans le groupe des enfants autis-

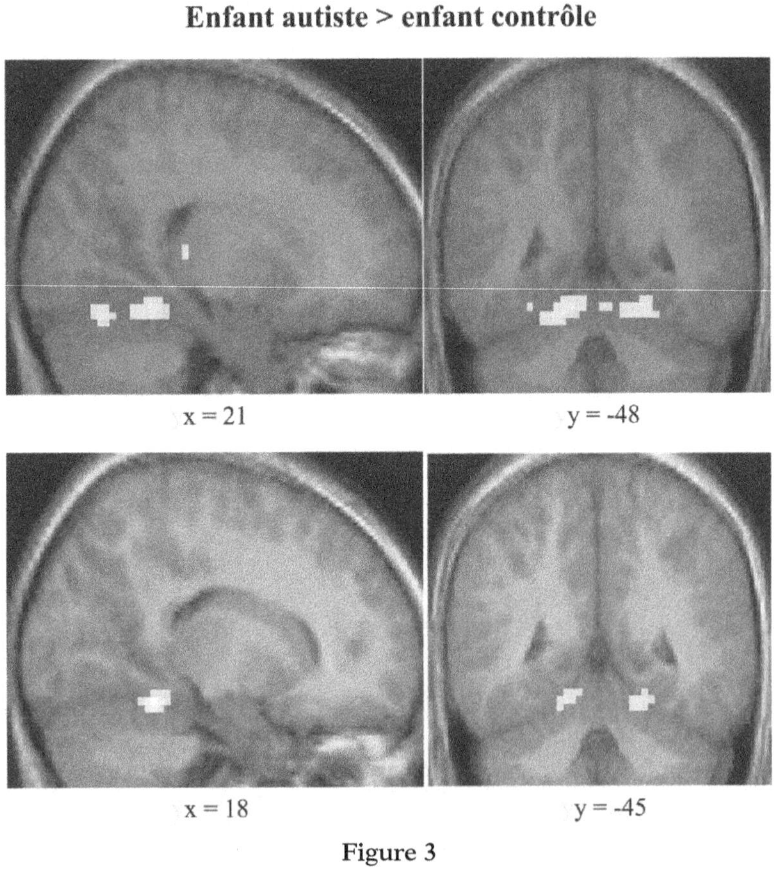

Figure 3

tes, ainsi qu'une variabilité plus importante de ces activations. L'activité cérébrale d'adolescents et d'adultes autistes sans retard mental a été mesurée alors qu'ils pressaient un bouton au moyen d'une flexion du doigt de façon régulière et répétée suivant la présentation de stimuli visuels (Müller *et al.*, 2001). Les résultats de cette étude indiquent que les régions du cerveau impliquées dans ce mouvement très simple sont activées de façon moins prononcée chez les personnes autistes que chez les personnes normales. Plus précisément, une variabilité spatiale anormale des activations apparaît autour du sillon central, accompagnées d'activations fronto-pariétales dispersées. Les auteurs concluent que cette diminution de la spécialisation fonctionnelle de certaines régions du cerveau pourrait être due à des anomalies développementales (Müller *et al.*, 2001 ; 2003).

Nos résultats indiquent également que, chez les enfants autistes enregistrés, le cervelet montre une activité supérieure à la normale lors du soulèvement d'un objet. L'importance des hypoplasies cérébelleuses mises en évidence dans l'autisme (Courchesne *et al.*, 1988) a pu être corrélée avec la diminution de comportements exploratoires chez des enfants autistes (Pierce et Courchesne, 2001). Ces auteurs ont montré également que la fréquence des comportements stéréotypés était négativement corrélée avec la taille du vermis cérébelleux et était positivement corrélée avec le volume du lobe frontal dans un groupe d'enfants avec autisme. La mesure de l'activité cérébrale lors de la tâche motrice qui consiste à presser un bouton, chez des adolescents et des adultes atteints d'autisme mais sans retard mental, indiquait également une activité supérieure à la normale du cervelet (Allen et Courchesne, 2003). De façon intéressante, lors de la même étude les auteurs montrent une activité inférieure à la normale du cervelet au cours d'une tâche visant à tester les capacités attentionnelles des individus autistes enregistrés. Le cervelet joue un rôle important dans les aspects temporaux et spatiaux de l'organisation des activités musculaires (voir Hallett et Grafman, 1997, pour revue). Il est également impliqué dans le réglage fin du gain des activités anticipées (Timmann et Horak, 1997). Enfin, il a également été suggéré qu'une des fonctions clé du cervelet serait de prédire les aspects sensoriels des conséquences du mouvement (Blakemore *et al.*, 2001). Si le cervelet est une des structures cérébrales dont le développement est atteint dans l'autisme, son dysfonctionnement pourrait donc affecter un certain nombre de fonctions, motrices ou cognitives, pour lesquelles il joue un rôle.

Une atteinte de la construction des représentations dans l'autisme ?

Dans le domaine de la motricité, la construction d'une représentation est une étape préliminaire et indispensable à l'utilisation d'un comportement anticipé, ainsi qu'à la planification de tout comportement moteur. Ornitz (1974) postulait que le retard maturationnel observé chez les enfants autistes se manifestait dans leur besoin de recevoir des informations en *feed-back* à partir de réponses autogénérées, supposées acquises. Il se pourrait que les informations en *feed-back* soient utilisées afin de nourrir une représentation qui ne parviendrait pas à être engrangée. Maurer et Damasio (1982) avaient formulé l'hypothèse que les stéréotypies observées dans l'autisme pouvaient être expliquées par un déficit de mise en mémoire des représentations sensorimotrices suite à la répétition d'un mouvement. Il est également possible que la pauvreté gestuelle des enfants autistes, leur motricité diminuée ou limitée à des stéréotypies, leur difficulté à prendre en compte le contexte et la faiblesse de leur comportement explorateur soient un frein à l'élaboration de ces représentations, issues de l'interaction avec l'environnement. Kanner (1943) avait noté que les enfants autistes étaient significativement réduits dans leurs activités spontanées. Or le mouvement volontaire révèle l'intention, la volonté, le pouvoir d'agir de celui qui le produit. Il devient alors acte de création de communication, de transformation du milieu. Il devient ainsi le moyen par lequel l'organisme interagit avec l'environnement et à l'aide duquel le sujet construit sa représentation du réel (Jeannerod, 1983). Il n'est pas étonnant, au vu des différentes atteintes de la motricité : l'intention, la planification, l'anticipation et la coordination d'un programme moteur, qu'à un niveau d'intégration plus élevé la représentation du réel soit affectée dans l'autisme.

Dans le domaine cognitif, de nombreuses études ont indiqué une atteinte de la théorie de l'esprit, ou défaut de mentalisation qui limite les enfants autistes dans leur possibilité d'avoir accès à la pensée de l'autre, et de façon plus large aux relations sociales (Baron-Cohen *et al.*, 1985 ; Frith, 2001). Il se pourrait qu'un mécanisme commun limite ou perturbe la construction des représentations de l'action et des représentations sociales. Comme Frith et Frith (1999) l'écrivent, le développement des capacités liées aux représentations de l'action, au but implicite de l'action et à l'intention qui en est l'origine est probablement un prérequis à l'émergence de la mentalisation.

Pour conclure, les anomalies précoces du comportement moteur dans l'autisme semblent indiquer que l'atteinte de la motricité n'est pas secondaire aux atteintes cognitives qui constituent pourtant le noyau des troubles. Il apparaît donc nécessaire de s'interroger sur la maturation des structures et sur la mise en place des circuits qui sous-tendent le contrôle moteur. Il existe une chronologie dans la maturation des structures cérébrales. Certaines structures motrices, comme le cervelet en particulier, se construisent tôt au cours du développement. Une meilleure connaissance des anomalies cérébrales en amont d'une motricité déviante permettrait de révéler les atteintes précoces du développement du cerveau dans l'autisme.

Références

ABELL F., KRAMS M., ASHBURNER J., PASSINGHAM R., FRISTON K., FRACKOVIAK R., HAPPÉ F., FRITH C. & FRITH U. (1999) The neuroanatomy of autism : a voxel-based whole brain analysis of structural scans. *NeuroReport,* 10 : 1647-1651.

ADRIEN J. L., LENOIR P., MARTINEAU J., PERROT A., HAMEURY L., LARMANDE C. & SAUVAGE D. (1993) Blind ratings of early symptoms of autism from family home movies. *Journal of the American Academy of Child and Adolescent Psychiatry,* 32 : 617-626.

ALLEN G. & COURCHESNE E. (2003) Differential effects of developmental cerebellar abnormality on cognitive and motor functions in the cerebellum : an fMRI study of autism. *American Journal of Psychiatry,* 160 : 262-273.

AMERICAN PSYCHIATRIC ASSOCIATION (1994) *Diagnostic and Statistical Manual of Mental Disorders : DSM-IV. 4th ed.* Washington (DC) : American Psychiatric Association.

AYLWARD E. H., MINSHEW N. J., FILED K., SPARKS B. F. & SINGH N. (2002) Effects of age on brain volume and head circumference in autism. *Neurology,* 59 : 175-183.

BARANEK G. T. (1999) Autism during infancy : a retrospective video analysis of sensory-motor and social behaviors at 9-12 months of age. *Journal of Autism and Developmental Disorders,* 29 : 213-224.

BARNEA-GORALY N., KWON H., MENON V., ELIEZ S., LOTSPEICH L. & REISS A. L. (2004) White matter structure in autism : preliminary evidence from diffusion tensor imaging. *Biological Psychiatry,* 55 : 323-326.

BARON-COHEN S., LESLIE A. M. & FRITH U. (1985) Does the autistic child have a « theory of mind » ? *Cognition,* 21 : 37-46.

BARTHÉLÉMY C. (1986) Evaluations cliniques quantitatives en pédopsychiatrie. *Neuropsychiatrie Enfance Adolescence,* 17 : 407-416.

BLAKEMORE S. J., FRITH C. D. & WOLPERT D. M. (2001) The cerebellum is involved in predicting the sensory consequences of action. *NeuroReport,* 12 : 1879-1884.

BULLINGER A. (1989) Locomotion, posture et manipulation manuelle chez l'enfant autiste. *In Autisme et troubles du développement global de l'enfant* (LELORD G., MÜH J. P., PETIT M., SAUVAGE D. EDS) p. 38-43. Paris : Expansion scientifique française.

CLARAPÈDE E. (1902) Expériences sur la vitesse de soulèvement de poids de volumes différents. *Archives de psychologie,* 1 : 69-94.

COURCHESNE E., CARPER R. & AKSHOOMOFF N. (2003) Evidence of brain overgrowth in the first year of life in autism. *Journal of the American Medical Association,* 290 : 337-344.

COURCHESNE E., YEUNG-COURCHESNE R., PRESS G. A., HESSELING J. R. & JERNIGAN T. L. (1988) Hypoplasia of cerebellar vermal lobules VI and VII in autism. *The New England Journal of Medicine,* 318 : 1349-1354.

EHRSSON H. H., FAGERGREN E. & FORSSBERG H. (2001) Differential fronto-parietal activation depending on force used in a precision grip task : an fMRI study. *Journal of Neurophysiology,* 85 : 2613-2623.

EHRSSON H. H., FAGERGREN A., JONSSON T., WESTLING G., JOHANSSON R. S. & FORSSBERG H. (2000) Cortical activity in precision versus power-grip tasks : an fMRI study. *Journal of Neurophysiology*, 83 : 528-536.

EHRSSON H. H., FAGERGREN A., JOHANSSON R. S. & FORSSBERG H. (2003) Evidence for the involvement of the posterior parietal cortex in coordination of fingertip forces for grasp stability in manipulation. *Journal of Neurophysiology*, 90 : 2978-2986.

ELIASSON A. C., FORSSBERG H., IKUTA K., APPEl I., WESTLING G. & JOHANSSON R. (1995) Development of human precision grip V. Anticipatory and triggered grip actions during sudden loading. *Experimental Brain Research*, 106 : 425-33.

FORSSBERG H., ELIASSON A. C., KINOSHITA H., JOHANSSON R. S. & WESTLING G. (1991) Development of human precision grip I. Basic coordination of force. *Experimental Brain Research*, 85 : 451-457.

FRITH C. D. & FRITH U. (1999) Interacting minds – a biological basis. *Science*, 286 : 1692-1695.

FRITH U. (2001) Mind blindness and the brain in autism. *Neuron*, 32 : 969-979.

GILLBERG C. & de SOUZA L. (2002) Head circumference in autism, Asperger syndrome, and ADHD : a comparative study. *Developmental Medicine and Child Neurology*, 44 : 296-300.

HALLETT M. & GRAFMAN J. (1997) Executive function and motor skill learning. *International Review of Neurobiology*, 41 : 297-323.

HERBERT M. R., ZIEGLER D. A., DEUTSCH C. K., O'BRIEN L. M., LANGE N., BAKARDJIEV A., HODGSON J., ADRIEN K. T., STEELE S., MAKRIS N., KENNEDY D., HARRIS G. J. & CAVINESS Jr. V. S. (2003) Dissociations of cerebral cortex, subcortical and cerebral white matter volumes in autistic boys. *Brain*, 126 : 1182-1192.

HUGHES C. (1996) Brief report : planning problems in autism at the level of motor control. *Journal of Autism and Developmental Disorders*, 26 : 99-108.

HUGHES C., RUSSELL J. & ROBBINS T. W. (1994) Evidence for executive dysfunction in autism. *Neuropsychologia*, 32 : 477-492.

HUGON M., MASSION J. & WIESENDANGER M. (1982) Anticipatory postural changes induced by active unloading and comparison with passive unloading in man. *Pflügers Archiv European Journal of Physiology*, 393 : 292-296.

JEANNEROD M. (1981) Intersegmental coordination during reaching at natural visual objects. *In Attention and Performance IX* (Long J. & Baddeley A., éds) p. 153-168. Hillsdale, NJ : Lawrence Erlbaum Associates.

JEANNEROD M. (1983) *Le Cerveau-Machine. Physiologie de la volonté*. Paris : Arthème Fayard.

KANNER L. (1943) Autistic disturbances of affective contact. *Nervous Child*, 2 : 217-250.

KINOSHITA H., OKU N., HASHIKAWA K. & NISHIMURA T. (2000) Functional brain areas used for the lifting of objects using a precision grip : a PET study. *Brain Research*, 857 : 119-130.

KOHEN-RAZ R., VOLKMAR F. R. & COHEN D. J. (1992) Postural control in children with autism. *Journal of Autism and Developmental Disorders*, 22 : 419-432.

LELORD G. & SAUVAGE D. (1991) *L'Autisme de l'enfant*. Paris : Masson.

LEVITT J. G., BLANTON R. E., SMALLEY S., THOMPSON P. M., GUTHRIE D., MCCRACKEN J. T., SADOUN T., HEINICHEN L. & TOGA A. W. (2003) Cortical sulcal maps in autism. *Cerebral Cortex,* 13 : 728-735.

LÖSCHE G. (1990) Sensorimotor and action development in autistic children from infancy to early childhood. *Journal of Child Psychology and Psychiatry,* 31 : 749-761.

MARI M., CASTIELLO U., MARKS D., MARRAFFA C. & PRIOR M. (2003) The reach-to-grasp movement in children with autism spectrum disorder. *Philosophical Transactions of the Royal Society Biological Sciences,* 358 : 393-403.

MAURER R. G. & DAMASIO A. R. (1982) Childhood autism from the point of view of behavioral neurology. *Journal of Autism and Developmental Disorders,* 12 : 195-205.

MÜLLER R-A., KLEINHANS N., KEMMOTSU N., PIERCE K. & COURCHESNE E. (2003) Abnormal variability and distribution of functional maps in autism : an fMRI study of visuomotor learning. *American Journal of Psychiatry,* 160 : 1847-1862.

MÜLLER R-A., PIERCE K., AMBROSE J. B., ALLEN G. & COURCHESNE E. (2001) A typical patterns of cerebral motor activation in autism : a functional magnetic resonance study. *Biological Psychiatry,* 49 : 665–676.

ORNITZ E. M. (1974) The modulation of sensory input and motor output in autistic children. *Journal of Autism and Childhood Schizophrenia,* 4 : 197-215.

PENNINGTON B. F. & OZONOFF S. (1996) Executive functions and developmental psychopathology. *Journal of Child Psychology and Psychiatry,* 37 : 51-87.

PIERCE K. & COURCHESNE E. (2001) Evidence for a cerebellar role in reduced exploration and stereotyped behavior in autism. *Biological Psychiatry,* 49 : 655-664.

RINEHART N. J., BRADSHAW J. L., BRERETON A. V. & TONGE B. J. (2001) Movement preparation in high-functioning autism and Asperger disorder : a serial choice reaction time task involving motor reprogramming. *Journal of Autism and Developmental Disorders,* 31 : 79-88.

SALMOND C. H., de HAAN M., FRISTON K. J., GADIAN D. G. & VARGHA-KHADEM F. (2003) Investigating individual differences in brain abnormalities in autism. *Philosophical Transactions of the Royal Society Biological Sciences,* 358 : 405-413.

SAUVAGE D. (1984) *Autisme du jeune enfant et du nourrisson.* Paris : Masson.

SCHMITZ C. & ASSAIANTE C. (2002) Acquisition of a new coordination in a bimanual load-lifting task : developmental aspects. *Neuroscience Letters,* 330 : 215-218.

SCHMITZ C., JENMALM P., EHRSSON H. H. & FORSSBERG H. (2005) Brain regions involved in the forming of internal representations used to programme fingertip forces during precision grip lifts. *Journal of Neurophysiology,* 93 : 1498-1509.

SCHMITZ C., MARTIN N. & ASSAIANTE C. (2002) Building anticipatory postural adjustments during childhood : a kinematics and electromyographic analysis of unloading in children from 4 to 8 years of age. *Experimental Brain Research,* 142 : 354-364.

SCHMITZ C., MARTINEAU J., BARTHÉLÉMY C. & ASSAIANTE C. (2003) Motor control and children with autism : deficit of anticipatory function ? *Neuroscience Letters,* 348 : 17-20.

TEITELBAUM P., TEITELBAUM O., NYE J., FRYMAN J. & MAURER R. G. (1998) Movement analysis in infancy may be useful for early diagnosis of autism. *Proceedings of the National Academy of Sciences of the United States of America*, 95 : 13982-13987.

TIMMANN D. & HORAK F. B. (1997) Prediction and set-dependent scaling of early postural responses in cerebellar patients. *Brain*, 120 : 327-337.

VERNAZZA-MARTIN S., MARTIN N., VERNAZZA A., LEPELLEC-MULLER A., RUFO M., MASSION J. & ASSAIANTE C. (2005) Goal directed locomotion and balance control in autistic children. *Journal of Autism and Developmental Disorders*, 35 : 91-102.

VILENSKY J. A., DAMASIO A. R. & MAURER R. G. (1981) Gait disturbances in patients with autistic behavior. *Archives of Neurology*, 38 : 646-649.

L'échange par le regard

Par ALAIN BERTHOZ

« *La vision est palpation par le regard.* »

M. MERLEAU-PONTY

Introduction

Le regard n'est pas seulement l'orientation de l'œil vers un point de l'espace pour y récolter les informations sur le monde que la vision donnera, il est projection sur le monde de préperceptions, il est décision de regarder en fonction des intentions du sujet ; le regard est capture du monde et d'autrui, il est anticipation, il est construction d'un monde par le sujet percevant en fonction de ses expériences passées, de sa visée vers le futur, de ses désirs et de ses craintes, de ses croyances et des règles sociales qui le guident. Nombreux sont aujourd'hui les ouvrages qui tentent de décrire l'importance du regard et d'en dévoiler la fonction et les mystères[1]. Le regard qui établit le contact avec l'autre peut être le « mauvais œil », familier à toutes les civilisations méditerranéennes. Au Maghreb et au Proche-Orient, il est ressenti comme un organe ambivalent : à la fois récepteur du monde et émetteur de force vivante. Cette

1. Par exemple P. Assoun dans *Le Regard et la Voix* insiste sur l'importance du regard, témoigne de l'intérêt de certains courants de la psychanalyse et de la philosophie pour le regard échangé, ou encore des ouvrages sur le regard et l'art dans la suite du livre de Paul Claudel *L'œil écoute* ou les travaux de Damisch sur la perspective. Ainsi *L'Œil du quatrocento*, où le pamphlet de Jacques Thuillier qui critique les historiens de l'art et conseille de revenir à un regard de « phénoménologue » comme le fait Maurice Merleau-Ponty dans *Le Visible et l'Invisible*.

force s'écoule comme l'eau d'une source dont l'œil, en langue arabe, porte le nom.

Le regard échappe donc à la seule approche de la physiologie car il est condensé de biologie et de culture. C'est la première interaction de l'enfant avec le monde. Avant de marcher avec ses jambes, il marche avec son regard, il interroge sa mère. Il suffit de contempler un moment cet extraordinaire échange entre la maman et son jeune bébé lorsqu'ils se regardent pour comprendre qu'il s'agit là de beaucoup plus qu'un simple mouvement, une simple « visée », la simple création d'une image. Il s'agit d'une pénétration réciproque, d'une « commune union », ou communion au sens plein du terme, d'un vécu partagé, dans laquelle le monde extérieur n'existe plus pour deux êtres complètement absorbés par cette fascination réciproque où l'on sent que s'échangent, se donnent et se prennent de multiples messages, mais surtout s'élabore un vécu partagé.

Dans cet immense champ des possibles, que peut-on dire sur le regard et l'autisme ? Je ne suis pas un spécialiste de l'autisme et de surcroît, n'étant pas médecin, je ne puis ici que proposer quelques idées des mécanismes concernant la physiologie du regard. C'est dans cette perspective que se place ce texte. Il n'a pas pour objectif de résumer toutes les connaissances sur les bases neurales du contrôle du regard. De nombreuses revues récentes accomplissent cette tâche. Je ne puis qu'indiquer quelques aspects essentiels et proposer quelques idées simples. Je tenterai, toutefois, de proposer quelques pistes de réflexion plus générales sur le regard échangé.

Les regards

LE REGARD QUI SE PROJETTE

L'idée que le regard est une projection du cerveau sur le monde n'est pas nouvelle. Déjà à Babylone le regard était mâle et se projetait, ou femelle et recevait la lumière. Chez les Grecs, Empédocle (490-430 av. J.-C.) déclare que l'intérieur de la vue est du feu, autour duquel se trouvent de l'eau, de la terre et de l'air à travers lesquels il peut passer grâce à sa subtilité, à la façon de la lumière dans les lanternes. Les pores du feu et de l'eau sont disposés en quinconces. À travers le feu, nous percevons les objets blancs, à travers l'eau les noirs. Chaque donnée sensible s'harmonise à chaque type de pores. Les couleurs viennent à la vue par l'« effluve ». Sa théorie dite de l'« extra-mission » suppose que ce feu interne produit de la lumière qui se reflète sur les objets et retourne vers l'œil. Platon (426-348 av. J.-C.) a proposé une théorie dite de l'interaction. Des rayons visuels seraient produits par l'organisme et entreraient en interaction avec la lumière ambiante et formeraient le « cône de vision » dont le sommet est dans l'œil et la base sur l'objet. Ce cône touche l'objet qui le met en vibration, laquelle est transmise à l'œil. Ce signal vient activer les composantes cognitives de l'âme qui sont situées dans le cerveau. Alahazen (965-1038) a lui aussi proposé une théorie « interactionniste » du regard : des signaux visuels efférents produits par le cerveau (*spiritus visibilis*), au niveau du chiasma optique, pénètrent dans l'œil et interagissent avec les ondes visuelles produites par les objets. Cette interaction est ensuite renvoyée dans le cerveau et se combine avec les informations de l'autre œil pour donner une perception.

L'art de la Renaissance italienne est en partie fondé sur l'exploitation de la perspective. Le regard y est un « point de vue » sur le monde. La révolution qu'ont entraînée les théories d'Alberti sur la perspective vient de l'idée que le monde est décrit du « point de vue » du sujet percevant dont on reproduit la visée, il est guide des rapports de l'architecture. Cette idée des mouvements du regard comme moyen de changer de « point de vue » sera très importante dans l'école soviétique des années 1950 dont les travaux, malheureusement ont été oubliés par la littérature occidentale[2].

LE REGARD QUI PALPE

« La vision est palpation par le regard », écrivait Merleau-Ponty. L'équivalence entre les perceptions visuelle et tactile a été démontrée par Bach Y Rita dans ses expériences célèbres

2. Il s'agit de travaux d'une école de psychologie qui a travaillé autour des années 1960-1980 à Moscou en particulier et dont les principaux auteurs ont été Yarbus, Zinchenko, Vergiless, Gippenreiter, etc.

qui ont permis de faire « voir » des aveugles de naissance en leur appliquant sur la peau des vibrations. Cette technique est limitée et n'est pas aussi efficace que la lecture en braille, qui utilise sans doute l'exploration active tactile par le sujet, mais elle a démontré que les prévisions de Sartre qui avait annoncé que le sens tactile était l'« analogon » de la vision étaient une pensée juste. Une expérience récente d'imagerie cérébrale vient de confirmer l'intuition du philosophe. Lorsqu'on présente à des sujets une image de leur propre jambe en train d'être caressée par une main, il se produit une activation dans les aires du cerveau (aires somato-sensorielles S2) (Keysers *et al.*, 2004) qui sont aussi activées lorsqu'on touche réellement la jambe du sujet[3]. La vision est donc bien palpation par le regard.

Je suggère que, d'une certaine façon, le « contact » par le regard est l'équivalent du contact par la main. Merleau-Ponty écrivait : « L'objet est au bout du regard. »

LE REGARD QUI ORIENTE L'ATTENTION ET GUIDE L'ACTION

Le regard est d'abord orientation. Elle peut être déterminée soit par un événement dans le monde extérieur, soit de façon endogène par l'intention du sujet. Les « réactions d'orientation » dirigent le regard, et parfois le corps vers un site ou une cible d'intérêt. Ces mouvements sont en général faits sur place, sans locomotion. Nous désignons aussi par ce terme des changements implicites de la direction de l'attention.

L'orientation vers une source sensorielle est un comportement que l'on retrouve chez les organismes les plus simples. Il a été généralement décrit sous le nom de « taxie » par les éthologistes qui ont ainsi distingué « phototaxie », « héliotaxie », « thermotaxie », etc. Chez les insectes comme la mouche, les mouvements d'orientation sont réalisés grâce

3. Keysers *et al.* ont montré récemment que, lorsque nous regardons une image d'un de nos membres touchés par quelqu'un sur un film, il y a une activation des aires somato-sensorielles comme lorsqu'on nous touche réellement ! Il serait intéressant de voir si les enfants autistes ont cette activation. Si elle n'est pas présente, la piste à suivre serait d'étudier des méthodes de réhabilitation de cet aspect fondamental de la relation avec le corps propre, elle-même nécessaire pour établir la relation avec autrui.

à des mécanismes automatiques d'une grande subtilité. Mais ces circuits sont relativement rigides en ce sens qu'ils ne comprennent que très peu de stations. Lorenz a beaucoup insisté sur le rôle fondamental qu'a joué l'*insight*[4]. Il a montré par exemple que les mouvements d'orientation des bébés oiseaux vers la mère revenant au nid avec de la nourriture contiennent en réalité deux éléments du répertoire moteur : un mouvement d'élévation du bec vers la mère, distinct d'un véritable mouvement d'orientation qui, lui, dépend de la direction de laquelle vient la mère. Il a par ailleurs insisté sur le fait qu'une partie des synergies qui sont mises en jeu dans les mouvements sont parfaitement indépendantes des entrées sensorielles. Chez les psychologues, bien qu'elle soit loin de l'analyse des mécanismes neuronaux, la théorie dite « écologique » de Gibson nous rappelle que le développement de la vision fovéale qui s'est accompagnée de la migration des yeux d'une position latérale à une position frontale a permis la mesure de la distance frontale des objets, sans doute pour faciliter la capture manuelle et pour la poursuite oculaire. Mais ces avantages de la vision frontale ont eu pour conséquence que les animaux ont dû développer des mécanismes pour prélever successivement des échantillons du monde visuel.

Il fallut que des mouvements de la tête apparaissent et que la coordination des mouvements d'exploration permette un recouvrement des images successives qui, d'après lui, est essentielle pour assurer la cohérence de la représentation de l'ensemble d'une pièce dans laquelle on se trouve par exemple. Gibson se demande, au sujet de la réaction d'orientation, comment sont guidés les déplacements du regard, et ce qui conduit le regard à se diriger dans une direction et non pas dans une autre, et à s'arrêter à un endroit de l'espace plutôt qu'à un autre. La réponse, d'après lui, doit être que des structures intéressantes de la scène, et des morceaux intéressants de structure, plus particulièrement des mouvements, entraînent la fovéa vers elles. Les variables de la structure optique contiennent de l'*information* et du *sens* et spécifient les actions qu'ils permettent de faire (*affordances,* en anglais).

4. K. Lorenz, *L'Envers du miroir*, Paris, Flammarion, 1975, p. 182.

La capacité d'explorer l'espace activement par des mouvements d'orientation produits non pas seulement en réponse à des stimulations de l'environnement, mais en fonction des désirs du sujet est donc un aspect important des mouvements d'orientation qui nous intéressent.

Parmi les physiologistes, Pavlov (1927) a donné cette description de la réaction d'orientation : « L'apparence d'un stimulus nouveau évoque immédiatement un réflexe de recherche, l'animal fixe tous ses récepteurs sensoriels pertinents vers la source de perturbation, élevant les oreilles, dirigeant son regard vers la source et reniflant l'air. » Le réflexe d'orientation est donc un état d'éveil généralisé qui n'est pas spécifique à une seule modalité sensorielle.

Pour expliquer le fait que la réponse au stimulus disparaît avec la répétition (extinction), Sokolov a introduit un concept fondamental de « modèle neuronal du stimulus ». On retrouve aujourd'hui ce concept dans bien des spéculations sous les noms de « modèle interne », d'« estimation centrale », de « prédiction », d'« hypothèse intrinsèque ». Ce concept est celui d'une trace qui enregistre les propriétés du stimulus.

Donc le réflexe d'orientation n'implique pas seulement des boucles sensori-motrices courtes : il implique une connexion entre le néocortex comme mécanisme de base de l'analyse des signaux et l'hippocampe comme système détecteur de nouveauté. Dans la littérature soviétique, la réaction d'orientation est donc plus une *préparation à l'action* qu'une simple réaction.

On doit aussi citer les travaux de Hess en Allemagne. Il fit de nombreuses expériences de stimulation électrique concernant le rôle des structures du diencéphale et du tectum dans l'organisation des réactions d'orientation. Il a bien établi que l'orientation du regard est une action qui implique l'ensemble de la posture de l'animal et que les réactions d'orientation sont incluses dans l'expression corporelle des émotions. Elles ont par conséquent une signification liée aussi au contexte de l'action. Les mécanismes automatiques de l'orientation du regard, c'est-à-dire le mouvement combiné de la tête et des yeux, incluent aussi des prédictions de l'effet de la gravité sur la tête, par exemple. Ils sont donc prédictifs.

Ma propre conception de la réaction d'orientation est qu'elle permet au système nerveux central de diriger l'attention ou de capturer un objet d'intérêt en construisant une configuration d'états de capteurs sensoriels définie par une hypothèse, formulée par le cerveau, sur la nature possible de l'objet visé ; elle est préparation à l'action. D'où l'intérêt porté aujourd'hui sur la « désignation » par le regard.

Le regard est donc guide pour l'action. Johansson a montré récemment que le regard se porte toujours en premier, avant la main, sur l'objet que l'on va saisir. Il sert de référentiel à l'action de préhension. Dans ce contexte, l'orientation du regard est toujours accompagnée d'une hypothèse à la fois sur l'objet de l'orientation et sur l'action envisagée. C'est ce qui fait la difficulté de son étude. Elle n'est pas seulement un mouvement, mais un mouvement orienté vers un but et préparatoire de l'action. Il y aura donc plusieurs façons de s'orienter vers un même but. De plus, elle fait sans doute appel à un répertoire, prédéterminé génétiquement, de comportements d'orientation.

LE REGARD GUIDE DE L'ACTION

Lorsque l'orientation est volontaire, endogène, qu'elle procède de l'intention de saisir, un objet par exemple, elle anticipe l'action. Nous avons montré que, chez l'adulte, au cours de la locomotion, la trajectoire est anticipée par le regard, comme si le cerveau la planifiait et la simulait en interne. Le regard projetterait ainsi sur l'espace la trajectoire imaginée, et le guidage visuopostural de la locomotion serait ainsi le fait du regard. Cette fonction anticipatrice du regard correspond aussi à la stabilisation de la tête pendant les mouvements complexes du corps. Elle n'est pas présente chez l'enfant très jeune, mais apparaît toutefois au cours des premières années. Tout déficit dans la capacité de construire une visée unique du regard dans l'espace induira ainsi des déficits dans la capacité de produire des trajectoires locomotrices vers un but. Il y a peut-être là aussi une piste à suivre dans les recherches sur l'autisme, mais, à ce stade, il ne s'agit que de spéculations.

Les déficits du regard dans l'autisme pourraient aussi induire un déficit dans l'usage du regard comme référentiel pour l'action. En effet, de nombreux travaux récents indiquent que, lors de la saisie d'un objet, le regard se porte d'abord sur l'objet qui va être saisi, et ensuite la main se déplace vers lui, comme si la direction du regard était en fait utilisée comme référence pour le geste de saisie. La découverte d'une région du cortex pariétal appelée région pariétale de la saisie, où l'on trouve des activités qui pourraient être liées à la coordination entre les gestes de la main et le regard, comme la découverte de neurones dans le colliculus qui codent à la fois les mouvements du regard et de la main, suggère cette intime liaison entre la saisie et le regard, déjà si évidente chez l'enfant dès le plus jeune âge. Il serait intéressant d'étudier chez l'autiste le fonctionnement de cette coordination car, si elle s'avérait déficitaire, il serait peut-être possible d'aider les enfants à retrouver une coordination par l'entraînement.

LE REGARD QUI S'ÉCHANGE

Le regard qui nous intéresse est donc aussi le regard qui régule les relations sociales avec l'autre. Le regard a une fonction de prise d'information, il a aussi un rôle fondamental d'« équilibre interactionnel ». L'échange du regard est vital pour la sélection naturelle. On doit à l'éthologiste Golani une extraordinaire description des échanges de regard entre deux chiens qui vont s'égorger. Il utilisa la technique de description des mouvements utilisée par la chorégraphe israélienne Eshkol. Cette technique consiste à décrire par une simple notation manuelle les mouvements des danseurs dans trois référentiels différents et simultanés : un référentiel dit « corporel » que nous pourrions appeler égocentrique, un référentiel « environnemental » que nous pourrions nommer allocentrique, et enfin un référentiel « lié aux deux partenaires » lorsque deux danseurs dansent ensemble. C'est en exploitant ce dernier référentiel que Golani pu décrire un lien extraordinairement rigide entre les yeux des deux chiens qui s'observent avant de se sauter à la gorge. En effet, les conditions concrètes qui permettent à un chien de sauter à la gorge de l'autre sont telles qu'il suffit d'un écart de position relative de quelques centimètres entre l'un et l'autre pour induire l'agression fatale. Ainsi se construit entre les yeux des deux chiens une ligne de regard aussi dure qu'une tige d'acier puisque toute déviation par rapport à cette ligne signifie la mort pour l'un des chiens. Cette ligne de regard est tellement solide qu'il suffit au chien dominant d'incliner soudain la tête pour éventuellement faire tomber l'autre chien sans même le toucher.

Cet échange est aussi celui qui conditionne le statut social de l'individu dans un groupe. Dans *Le Sens pratique*, Pierre Bourdieu[5] décrit ainsi les « habitus » en matière de maintien du regard : « L'homme viril qui va droit au but, sans détours, est aussi celui qui, excluant les regards, les mots, les gestes, les coups tors et retors, fait front et regarde au visage celui qu'il veut accueillir où vers qui il se dirige toujours en alerte, parce que toujours menacé, il ne laisse rien échapper de ce qui se passe autour de lui, un regard perdu en l'air ou rivé au sol étant le fait d'un homme irresponsable, qui n'a rien à craindre parce qu'il est dépourvu de poids au sein de son groupe. Au contraire, on attend de la femme bien élevée, celle qui ne commet aucune inconvenance "ni avec sa tête ni avec ses mains, ni avec ses pieds" qu'elle aille légèrement courbée, les yeux baissés, se gardant de tout geste, de tout mouvement déplacé du corps, de la tête ou des bras, évitant de regarder rien d'autre que l'endroit où elle posera le pied, surtout si elle passe devant l'assemblée des hommes... Bref, la vertu proprement féminine, la *lah'ia*, pudeur, retenue, réserve, oriente tout le corps féminin vers le bas, vers la terre, vers l'intérieur, vers la maison, tandis que l'excellence masculine, le *nif* s'affirme dans le mouvement vers le haut, vers le dehors, vers les autres hommes. »

Dans cette définition extrême de la réaction d'orientation, le stimulus n'est plus simplement une configuration de stimuli sensoriels. Comme le précise Bourdieu dans les définitions qu'il donne, « les stimuli n'existent pas pour la pratique dans leur vérité objective de déclencheurs conditionnels et conventionnels, n'agissant que sous condition de rencontrer des agents conditionnés à les reconnaître... L'habitus ne peut produire la réponse objectivement inscrite dans sa "formule" que pour autant qu'il confère à la situation son effica-

5. P. Bourdieu, *Le Sens pratique*, Paris, Minuit, 1980, p. 119.

cité de déclencheur en la constituant selon ses principes, c'est-à-dire en la faisant exister comme question pertinente par référence à une manière particulière d'interroger la réalité. Ce texte est à mon avis fondamental, car il montre que le sociologue, comme le physiologiste, arrive à la conclusion que le cerveau ne se contente pas de subir l'ensemble des événements sensoriels du monde environnant, mais au contraire l'interroge en fonction de présupposés sur la réalité. Une véritable physiologie de l'action est fondée sur ce principe ».

LE REGARD ABSENT

Le regard peut aussi être absent. Uta Frith décrit ainsi le petit Pierre, enfant autiste : « Contrairement à ce que tout le monde espérait, le langage n'ouvrit pas les portes de la communication. Curieusement, Pierre répétait souvent ce que disaient les autres. Par ailleurs, il était incapable de jouer à faire semblant ou de participer à une quelconque activité de groupe… Souvent, la famille avait l'impression qu'un mur invisible les empêchait d'entrer en contact avec Pierre… La plupart du temps, il semblait regarder les gens sans les voir. » Le regard des enfants de la guerre et des prisonniers de la Shoah est aussi un regard qui regarde sans voir. Le cerveau est fermé sur lui-même et n'interroge plus un monde d'où ne vient que l'horreur.

LE REGARD NARRATEUR

Enfin, le regard peut être le véhicule des narrations, des contes et légendes, de l'histoire vécue et de la mémoire comme dans le théâtre. Un des exemples les plus remarquables et les plus anciens d'usage du regard au théâtre est celui du Kathakali qui a influencé de nombreux metteurs en scène modernes comme Mnouchkine. Voici quelques aspects de l'usage du regard dans cet art chorégraphique hindou tels qu'ils sont rapportés par Eugenio Barba. Une des règles qu'enseignent les maîtres du Kathakali à leurs élèves stipule que là où vont les mains pour représenter une action, là doivent se poser les yeux ; là où vont les yeux, là doit suivre l'intellect, et l'action représentée par les mains doit donner naissance à un sentiment déterminé qui se reflète sur le visage de l'acteur[6].

Le Kathakali joue donc sur deux registres : le visage qui exprime l'émotion et les réactions subjectives du personnage dans les situations où il se trouve, et les mains et le corps qui communiquent l'aspect narratif des épisodes. Le regard est l'objet d'exercices nombreux. Voici par exemple un exercice pratiqué par les Chakyars, communauté de Kérala connue pour ses acteurs excellents. Le premier jour, l'élève s'assied pour exercer ses yeux dès que la Lune fait son apparition. Ses yeux sont oints avec du beurre. Il tourne ses iris autour de la Lune sans cesse jusqu'à la disparition de l'astre. Le premier jour, cet exercice dure environ une heure, temps de passage de la Lune dans le ciel. Le deuxième jour, l'élève s'assied à la même heure en s'appliquant au même genre d'exercice qui, cette fois, durera deux fois plus longtemps, car tel est le laps de temps entre l'apparition et la disparition de l'astre nocturne. De même le troisième jour. Il continue ainsi à exercer ses yeux chaque nuit, la durée de l'exercice augmentant toujours. Le quinzième jour, nuit de pleine Lune, l'élève est assis de six heures du soir à six heures du matin, bougeant sans interruption ses iris en haut et en bas, à gauche et à droite, en rond et en diagonale, d'un coin à l'autre. Il ne s'arrête qu'à l'aube. Le beurre est utilisé pour donner un effet rafraîchissant à la rotation continuelle des iris. Ce système est connu sous le nom de *Nilavirikkuka*, littéralement « être assis au clair de lune ».

Les acteurs s'entraînent au moins une heure par jour pendant huit ans ! L'entraînement à l'orientation vers un objet est le suivant : les yeux sont grands ouverts, et la tête tourne tout en observant, comme si les iris conduisaient les mouvements de la tête. Soudain, d'un mouvement brusque, la tête s'arrête, et les iris se fixent sur un objet qui n'est pas le but décidé. La tête reste dans sa position immobile tandis

6. Le jeu de l'acteur du Kathakali est constitué d'un alphabet complexe de signes, formé des mimiques du visage, des gesticulations et d'une cinétique corporelle préétablie. Il y a ainsi neuf mouvements de la tête, onze façons de regarder, six mouvements des sourcils, quatre positions du cou, soixante-quatre mouvements des membres. Les gestes des mains et des doigts ont une fonction narrative dont la composition est déterminée à partir de figures fixes : les *mudras* (« signes », en sanscrit).

que les iris se déplacent (lentement ou rapidement selon l'intention) vers le but fixé à l'avance et l'atteignent. Alors seulement la tête se tourne vers le but, et, au moment où elle arrive sur celui-ci, le visage assume une expression particulière (haine, mépris, joie, etc.).

UNE NEUROÉTHOLOGIE DU REGARD ÉCHANGÉ ?

La difficulté de comprendre les déficits de la communication par le regard dans l'autisme vient sans doute du fait qu'il n'y a pas qu'un seul mode d'échange par le regard (Emery, 2000 ; Emery et *al.*, 1997). Il faudrait construire une véritable « neuroéthologie du regard » échangé. Emery a tenté une classification en cinq catégories. Le *regard partagé ou échangé* dont l'exemple typique est l'échange entre la mère et le bébé. Il distingue ici deux classes : le regard direct et le regard dévié comme deux variantes de la même classe. Le fait de *suivre du regard*. C'est encore un mode de lien mais dynamique qui met en jeu, nous le savons, la poursuite oculaire. L'*attention conjointe*. Dans sa forme élémentaire, elle n'implique pas la désignation par le regard ni l'échange, mais simplement le fait que le regard de l'autre induit une attention portée au même objet. L'*attention partagée* dans laquelle il y a une triade entre les deux agents et l'objet regardé. Ce n'est pas encore la « désignation » de Degos et Bachoud-Lévi qui exige une implication active d'autrui dans le partage de l'attention. On a proposé récemment que, chez le primate en tout cas, la capacité d'imiter un geste soit liée à la capacité d'attention conjointe. La *théorie de l'esprit* dans laquelle le sujet attribue à autrui une intention sur l'objet comme dans le cas de l'enfant qui attribue à la personne qu'il voit l'intention de saisir la peluche par la seule observation de son regard.

Autrement dit, il existerait bien une véritable hiérarchie de mécanisme de l'échange du regard qui se construit au cours de l'ontogenèse (y compris l'utilisation du regard dévié). Cela montre clairement que le contrôle des déplacements du regard et l'échange du regard sont produits par des mécanismes hiérarchisés emboîtés les uns dans les autres et en compétition. Le fait que les structures préfrontales n'interviennent que tardivement au cours de l'ontogenèse est peut-être la raison de l'apparition progressive, au cours de l'enfance, des formes les plus sophistiquées du regard conjoint, de ses contrôles cognitif, affectif et social.

REGARD ET ÉMOTION

Les bases neurales des émotions et leur relation avec les processus cognitifs sont maintenant mieux connues. Le regard échangé est chargé d'émotion, et il n'est pas possible d'évoquer l'échange du regard sans insister sur l'importance de l'émotion dans la détection du regard d'autrui. La première preuve de ce fait est l'activation de l'amygdale par le contact direct du regard d'autrui. Elle est bien sûr concomitante de l'activation des aires visuelles consacrées à la perception des visages le long de la voie temporale. Mais il n'est pas nécessaire de percevoir la totalité du visage pour que cette activation par le regard direct entraîne l'activation de l'amygdale ; il suffit par exemple de voir le « blanc de l'œil » pour que l'amygdale soit activée de façon massive si le visage dont on a extrait le blanc de l'œil exprime la peur par exemple (Whalen et Schreibman, 2003). De plus, les cortex cérébraux droit et gauche ne traitent pas les visages de la même façon. L'implication de l'amygdale dans les mécanismes émotionnels est bien connue.

Le cortex droit semble être impliqué de façon prépondérante, et non consciente, dans le caractère émotionnel de l'expression faciale. De même, dans le cas du syndrome de Capgras, on a fait l'hypothèse que l'impossibilité pour le patient d'identifier le visage d'autrui est due à une interruption du lien entre le traitement cognitif de l'identité du visage, le long des voies du lobe temporal, et la reconnaissance des aspects affectifs du visage (qui incluent nécessairement le regard), qui impliquent l'amygdale et le cortex préfrontal ventro-médian (Adolphs, Baron-Cohen et Tranel, 2002 ; Damasio, Tranel et Damasio, 1990). Il ne faut d'ailleurs pas, comme le suggère trop souvent l'imagerie cérébrale, limiter au cortex la contribution des aspects motivationnels ou affectifs au contrôle du regard.

Les ganglions de la base sont aussi un site de convergence (dans le noyau caudé par exemple) car les neurones de cette structure qui sont impliqués dans le contrôle de la direction du regard sont influencés par la récompense ou même l'attente d'une récompense.

Je voudrais proposer que les différentes classes d'échange du regard correspondent à la mise en jeu de systèmes neuronaux qui se mettent en place au cours de l'ontogenèse et qui répondent, d'une certaine façon, à la phylogenèse. Le simple contact par le regard, la fixation réciproque, est sans doute un mécanisme très ancien, apparaissant en premier au cours du développement, qui implique les colliculus supérieur et inférieur, et l'amygdale, les premiers apportant la réaction d'orientation et l'amygdale l'évaluation par l'émotion. Plus tard apparaît le « désengagement » du regard, rendu possible grâce à une série de mécanismes d'inhibition dont certains impliquent les ganglions de la base et d'autres des projections inhibitrices venant du cortex frontal. Les cortex frontal et préfrontal de l'enfant ne se développent que tardivement, et le bébé reste donc plus facilement ancré sur le regard ou au contraire sera plus facilement distrait par une stimulation sensorielle. Il maîtrise moins son regard. Le subtil jeu inhibiteur ou désinhibiteur que permet le cortex frontal et préfrontal n'est pas à sa disposition (Diamond et Goldman-Rakic, 1989).

L'attention conjointe simple, sans échange réciproque, suppose l'apparition chez l'enfant d'un mécanisme qui intègre la perception de l'espace égocentré liant les objets au corps propre, ce qui correspond à des stades décrits par Piaget sur l'appréhension de l'espace et la différentiation du corps propre et des objets par exemple. C'est pour cela que les parties du lobe temporal qui sont impliquées dans l'élaboration multimodale du corps propre, la perception du mouvement biologique, la perception des visages seront concernées, ce que suggèrent à mon avis les travaux de M. Zilbovicius.

L'attention conjointe avec désignation suppose, elle, comme l'ont proposé Degos et Bachoud-Lévi, l'établissement d'une triade (je-tu-il) et un changement de référentiel qui permette à l'enfant de sortir de son référentiel égocentré, de changer de point de vue, ce qu'il ne fait qu'à partir de 1 an. Mais le développement complet de la capacité de partager avec l'autre ses intentions à travers le regard n'apparaît que tardivement, sans doute autour de 7-8 ans, en même temps que l'enfant peut réellement envisager, comme dans l'expérience des « trois montagnes » de Piaget (Piaget et Inhelder, 1981), le monde perçu sous plusieurs points de vue.

Quelques hypothèses

L'idée qu'il est possible de proposer une théorie fonctionnelle qui rende compte des déficits de communication induits par les anomalies génétiques de l'autisme a été renforcée par les travaux pionniers du groupe de Baron-Cohen qui a proposé une « théorie amygdalienne de l'autisme » (Baron-Cohen, 2004 ; Baron-Cohen *et al.*, 2000) après avoir observé une très faible activation de l'amygdale chez les autistes dans des tâches d'inférence de l'intention d'autrui par leur regard[7]. Mais, dès sa première publication, ce groupe a précisé, tout en attribuant un rôle essentiel à l'amygdale, que celle-ci n'était qu'une des régions anormales dans l'autisme. Par exemple, deux aires du système limbique sont impliquées dans l'émotion : l'amygdale et le cortex orbito-frontal. On sait maintenant le rôle décisif du cortex orbito-frontal à la fois dans l'évaluation (*appraisal*) de l'environnement et dans la capacité de changer le jugement que l'on fait de la valeur d'un stimulus (*reversal*), alors que l'amygdale est, semble-t-il, plus impliquée, chez l'animal, en tout cas dans l'association assez rigide d'une valeur à une configuration de stimuli.

Il est, à mon avis, important d'explorer aussi plus avant la fonction du lobe temporal dans ses fonctions d'élaboration de la conscience de soi : il joue un rôle essentiel dans l'orientation spatiale (Kahane *et al.*, 2003).

Le véritable défi aujourd'hui est de comprendre le réseau des aires du cerveau qui contribuent à l'élaboration du regard partagé et surtout de comprendre les informations qui y sont traitées, car le problème n'est pas de faire une simple phrénologie mais de comprendre les processus mis en jeu. Pour cela, je voudrais proposer quelques hypothèses qui guideront notre examen des bases neurales du regard.

---

7. Cette théorie avait été influencée par la suggestion de Brothers (*Concepts in Neuroscience*, 1990, 1, 27,51) de l'existence d'un réseau d'aires du « cerveau social ».

UNE HIÉRARCHIE DES REGARDS

La première hypothèse est que le regard est sous-tendu par des mécanismes neuronaux hiérarchisés qui se sont précisés au cours de l'évolution. Il n'y a donc pas *un*, mais de multiples regards, certains automatiques, réactifs, d'autres élaborés, exploratoires, d'autres encore projectifs, ou même qui se sont libérés du mouvement de l'œil comme dans l'expression « jeter un certain regard sur ». C'est le regard symbolique de la pensée sur le monde ou même sur soi-même qui est visé. Il faut donc élaborer une théorie physiologique hiérarchique des mécanismes « des regards ». L'histoire nous a montré que toutes les grandes notions inventées par la langue pour désigner les fonctions cérébrales (mémoire, émotion, langage, attention) recouvrent en réalité des mécanismes très variés et que toutes ces notions doivent aujourd'hui être mises au pluriel !

LE REGARD ÉVITÉ

Ensuite, ce n'est pas parce qu'une personne ne dirige pas son regard vers autrui ou vers un objet qu'elle ne les perçoit pas. Elle peut en réalité avoir déplacé son regard pour éviter ce que l'on appelle le « contact » par le regard. L'évitement du regard est une certaine façon de regarder dans laquelle il n'y a pas de visée. La périphérie de la rétine, même si elle ne donne pas une image précise, permet quand même de « percevoir » le monde, de le saisir dans ses mouvements, ses relations, etc. Elle permet aussi beaucoup plus d'analyse fine que l'on croit : des expériences de psychologie réalisées dans les années 1950 ont montré par exemple que, si l'on demande à un sujet de fixer un point et qu'on lui présente à la périphérie du champ visuel un chiffre, il dira qu'il ne peut pas lire ce chiffre. Toutefois, si on lui demande de dire un chiffre au hasard, il est souvent parfaitement correct ! J'ai parlé dans *Le Sens du mouvement* de ces enfants amblyopes profonds qui, au Lycée pour aveugles de Montgeron, pouvaient jouer au ping-pong. Ils ne pouvaient pas lire car leur vision fovéale était très pauvre, mais pouvaient percevoir le mouvement, sans doute avec la vision sous-corticale. Attention donc à ce que j'appelle la « perception inconsciente ».

On accorde aujourd'hui beaucoup trop d'importance aux formes conscientes de perception, alors qu'une partie importante de notre perception résulte de mécanismes sous-corticaux parfaitement inconscients et pourtant qui influencent profondément nos pensées et notre relation avec le monde.

REGARD ET ATTENTION

Un grand débat du siècle dernier a porté sur les relations entre attention et regard. Déjà à Moscou, il y a plus de cinquante ans, nos amis russes avaient appelé « fovéa fonctionnelle » cette pseudo-fovéa qui peut balayer le monde sans que les yeux bougent. On appelle aujourd'hui « attention » ce balayage du champ visuel sans mouvement des yeux. L'autiste pourrait non seulement percevoir le monde avec la périphérie de son champ visuel, comme nous l'avons suggéré plus haut, mais aussi « regarder » autrui ou le monde avec ce regard de l'œil dévié et figé ?

Pour certains, l'attention est un processus indépendant, superposé aux fonctions motrices et cognitives, mettant en jeu des modules cérébraux distincts et spécialisés qui exercent des actions de filtrage, de modulation, etc., sur les traitements sensoriel et moteur. Je pense personnellement que cette vue est erronée : l'« attention » est, comme la « décision », un terme qui désigne un ensemble complexe hiérarchisé de processus fondamentaux du fonctionnement cérébral lié au fait que le cerveau est essentiellement une machine qui prédit, présélectionne, anticipe, etc. S'il est juste d'étudier les mécanismes de cette sélection, il est, à mon avis, faux de les séparer dans une fonction unique que l'on appellerait l'« attention » au singulier.

En ce qui concerne le regard, on a proposé une théorie appelée « théorie motrice de l'attention » (Barton et Rizzo, 1994 ; Rizzolatti *et al.*, 1987 ; Sheliga, Riggio et Rizzolatti, 1994) qui suggérait qu'en réalité, comme l'avaient pressenti les chercheurs russes, les mêmes mécanismes sont impliqués dans l'organisation motrice de l'orientation du regard et dans les déplacements attentionnels. Nous avons été les premiers à démontrer, par imagerie cérébrale, que les mêmes aires du cortex sont activées par ce que nous avions appelé des « saccades imaginées » et des « saccades exécutées » (Lang *et al.*, 1994). Par la suite, de nombreux travaux ont confirmé ce résultat et ont proposé l'idée d'un réseau commun pour le contrôle de l'attention visuelle et le contrôle du regard (Corbetta *et al.*, 1993 ; Corbetta, 1998 ; Corbetta *et al.*, 1998). Toutefois, une dissociation a aussi été montrée (Astafiev *et al.*, 2003 ; Simon *et al.*, 2002). Le débat n'est donc pas clos sur ce sujet, et mon sentiment est que la tâche dans laquelle est impliquée le sujet est déterminante pour l'étroitesse du couplage entre attention et action.

REGARD ET CONSCIENCE DE SOI

Une quatrième hypothèse est qu'échanger un regard exige que le sujet ait construit une perception cohérente de lui-même et de ses relations avec le monde. En effet, pour mettre en œuvre les mécanismes les plus cognitifs que nous utilisons pour la communication avec autrui, il faut que soit constituée une unité des trois niveaux que je distingue dans la perception du corps : le corps perçu, le corps vécu, le corps conçu. Or toute la physiologie moderne révèle l'extraordinaire éclatement des codages et des référentiels dans lesquels sont organisées les perceptions du corps et de l'espace. Diriger son regard, c'est décider d'une seule visée, c'est faire un choix unique et drastique. Chaque saccade est une décision sans retour, et il existe d'ailleurs un mécanisme dans le cerveau qui s'appelle « inhibition du retour » et qui empêche que notre regard se porte deux fois de suite sur le même lieu (les bases neurales de cette inhibition du retour ne sont pas connues).

Mon hypothèse est que, si, comme le suggèrent de nombreux travaux, l'enfant autiste a du mal à construire une perception cohérente des relations entre son corps et le monde, comment l'enfant pourrait-il prendre cette décision de consacrer, même un instant, toute son attention à un seul petit morceau du monde s'il n'a pas construit un monde qui ait un sens pour lui ? Il est absolument nécessaire d'étudier plus à fond les stratégies d'utilisation du regard chez le patient autiste à la fois pour comprendre et peut-être pour rééduquer cette fonction si cruciale.

REGARD ET CHANGEMENTS DE POINT DE VUE

Une cinquième hypothèse suggère que, bien que le contrôle des mouvements du regard soit par essence « égocentré », c'est-à-dire dirigé du point de vue de celui qui regarde, l'échange des regards exige que soient possibles à la fois le maintien du point de vue du sujet (égocentré) et le changement de point de vue qui le met à la place d'autrui (allocentré). Je ne peux échanger un regard avec autrui que si je me vois de sa place et avec ses intentions. Mais il s'agit ici de relever un défi : il faut adopter le point de vue de l'autre en entrant dans l'autre (*einfühlung*), c'est-à-dire en adoptant un point de vue égocentré mais du point de vue de l'autre. Et sans doute tout cela en restant soi-même. J'appellerais cette opération remarquable une « multiperspective simultanée ». On voit ici le défi que va représenter l'espoir de comprendre ce mécanisme visiblement plus complexe que ce que laisse entendre la physiologie des « neurones miroirs ». Une théorie complète des mouvements du regard exigera donc que nous comprenions le rôle du regard d'autrui sur mon propre regard. Une véritable théorie de l'interaction des regards est donc à construire[8].

REGARD, MÉMOIRE ET ÉMOTION

Enfin, nous devons formuler une dernière hypothèse : le contrôle du regard est influencé par la mémoire, mais aussi par le système limbique qui contrôle les émotions si bien que toute interruption des relations entre émotion et perception aura des conséquences délétères sur le contrôle du regard. On voit ici la complexité du problème et le défi que va représenter dans les années à venir la compréhension des relations entre regard et autisme. Il faut donc se garder de tirer des conclusions trop hâtives de données partielles. Mais prenons un peu de distance et examinons de façon générale la fonction des regards.

---

8. Y compris en tenant compte des hallucinations qu'ont certains malades psychiatriques que le regard est dans le monde environnant, comme le décrit si bien le livre *La Fonction du regard*, Dubois, Poulsen *et al.*, Colloque INSERM, 1971.

Quelques considérations sur la perception des visages

L'échange par le regard est lié à la perception du visage d'autrui. Le contact par le regard ne peut être limité au contact avec l'œil de l'autre. Il est inscrit dans l'identification du visage et de son expression[9]. Dans les sociétés de primates non humains, l'interprétation des expressions du visage est importante pour l'identification de la position sociale dans la hiérarchie, des intentions, etc. La capacité de reconnaître instantanément un visage dans une foule est une propriété bien connue, mais qui révèle l'extraordinaire efficacité des systèmes neuronaux de détection des visages chez l'homme. En fait, il est possible que la capacité d'examiner un visage, de le reconnaître ait été très développée bien avant l'apparition de l'*Homo erectus sapiens-sapiens*, car les primates les plus évolués ne disposant pas du langage devaient se reposer, plus que nous encore, sur un examen des visages pour leurs interactions sociales. Le visage permet d'anticiper les intentions et les actions d'autrui. D'où l'intérêt

9. L'étude de l'expression des visages a intéressé de nombreux auteurs depuis le traité fameux d'Aristote sur la physiognomonie. Sous la Renaissance, Giambattista Della Porta (1538-1615) consacra un volume à ce sujet intitulé *De humana physiognomonia.* Il chercha à construire une caractérologie par comparaison entre les visages animaux et humains. La caractérologie atteint un sommet avec l'ouvrage de Johann Kaspar Lavater (1741-1801), *Fragments physiognomoniques pour accroître la connaissance et l'amour de l'homme*, et avec celui de Johan Jacob Engels (1794-1802), *Ideen Zu einer Mimk.* Au cours du XIXe siècle, C. Bell s'intéresse au rôle des différents muscles du visage dans l'expression faciale (*Anatomie et Physiologie de l'expression*, 1806-1844), et le livre de Ch. Darwin sur l'expression des émotions chez l'homme et chez l'animal (1872) établit un standard pour des études ultérieures sur l'expression. Darwin se base en fait sur des travaux de Duchenne de Boulogne (*Mécanismes de la physiognomonie humaine*, 1862) qui effectue des stimulations électriques de muscles de la face et étudie l'impact des stimulations sur l'expression. Il faut aussi citer les tentatives de Piderit en 1858 et Gratiolet (1865). Dans les temps modernes, on peut citer la tentative de mon grand-oncle J. R. Bloch sur *Le Physique au théâtre* qui relève de cette ligne de pensée. Ce domaine de la reconnaissance des visages a été l'objet d'une littérature considérable depuis vingt ans. On peut, par exemple, construire des « matrices de Lorenz » qui indiquent comment les sentiments sont inscrits dans des expressions du visage qui ont un sens comportemental et intentionnel.

de ce problème car il peut être abordé chez l'homme et chez l'animal pour en saisir les mécanismes neuronaux.

L'exploration active par le regard d'un visage est en général biaisée en faveur d'un côté. En inspectant des visages humains, la partie droite est en général préférée 60 à 70 % du temps au moins dans des tâches d'explorations qui impliquent une décision émotionnelle. De façon générale, on a pu montrer que l'on a tendance à effectuer plus de saccades vers le côté gauche d'un objet exploré, c'est-à-dire vers le coté droit de l'objet. Cette tendance à explorer de façon asymétrique les visages a son corrélat dans l'asymétrie des expressions émotives. On pense en général que la partie gauche du visage (qui correspond au cortex cérébral droit dont le rôle dans les émotions est prépondérant) exprime les émotions plus finement que la partie droite qui est considérée comme plus « officielle ». Il est intéressant de noter que les peintres gothiques de la Renaissance avaient tendance à montrer le visage gauche et que cette tendance a disparu au cours des siècles suivants.

La reconnaissance de l'identité des visages est une propriété particulière de la voie visuelle dite « ventrale » qui lie les aires primaires visuelles (V1, V2) au lobe temporal (Perrett, Rolls et Caan, 1982 ; Tovée *et al.*, 1993). On a aussi suggéré que quatre opérations successives sont nécessaires pour extraire les propriétés des visages (Perrett, Mistlin et Chitty, 1987 ; Perrett, 1992) : un liage progressif des attributs des visages codés dans les premiers relais visuels où le visage est éclaté en ses composantes (couleur, forme, luminance, mouvement etc.) jusqu'à une généralisation[10].

C'est dans les parties inférieures du lobe temporal que sont réellement reconstruits les visages, comme le montrent les déficits appelés « prosopagnosie » induits chez l'homme

10. Une décomposition possible serait : a) extraction de contours et groupement de traits (V1-V2/V3) ; b) développement de détecteurs de traits assez complexes à de nombreuses localisations rétiniennes (V4, PIT, CIT) ; c) établissement de patterns approximatifs de traits des objets pour des orientations et des tailles particulières ; d) l'invariance par rapport au point de vue, appelée par Perrett opération de « centrage par rapport au point de vue de l'objet », par contraste avec le centrage par rapport au point de vue de l'observateur. Ce traitement séquentiel (centripète) serait accompagné par des influences de haut en bas (centrifuges) qui seraient principalement dues à des prédictions, des anticipations ou des attentes en partie dues à la mémoire mais aussi l'existence de prototypes qui seraient stockés dans des colonnes du cortex temporal.

par des lésions de cette zone et des enregistrements de neurones qui ont révélé l'existence de « neurones des visages » dans le sillon temporal supérieur et la région du lobe temporal inférieur chez le singe.

Les neurones de visages répondent à certaines configurations ou combinaisons de distances entre des éléments spécifiques comme les cheveux, la bouche, les yeux, etc. On a suggéré que les neurones de visage pouvaient être divisés en quatre classes en fonction du profil que préfère la cellule : face, profil gauche ou droit, dos. Certains neurones sont sensibles à l'orientation du regard par rapport à la verticale, d'autres pas du tout. Parfois les neurones « préfèrent » certains visages, etc.

Des études récentes ont suggéré que les réponses neuronales discutées jusqu'à présent ne sont en réalité que l'un des éléments d'une fonction beaucoup plus large de « contact social par le regard ». En effet, ils ont montré que le regard du partenaire social a un effet dramatique sur les neurones de STS qui sont donc sensibles à la fois à la direction de la tête et à la direction du regard dans l'orbite (Baker *et al.*, 2001 ; Emery *et al.*, 1997 ; Perrett, 1992 ; Perrett, Rolls et Caan, 1982). Les neurones qui répondent au regard du partenaire social ont atteint un niveau d'abstraction plus élevé que les cellules de visages classiques. L'hypothèse que le cortex temporal autour de STS contient un champ impliqué dans la reconnaissance sociale du regard et non pas dans la reconnaissance des visages a été confirmée par l'étude de Cowey et Heywood (1992) ; ceux-ci ont en effet montré que la capacité du singe à traiter les visages à savoir a) discriminer entre visages et non-visages, b) sélectionner un visage particulier dans une liste de visages, c) effectuer une tâche d'appariement avec délai pour des visages, d) discriminer entre visages connus et non connus n'était pas détruite par des lésions bilatérales de STS.

Ces découvertes sont importantes car elles suggèrent que la région du sillon temporal pourrait ne pas être concernée par le visage seulement mais, de façon plus générale, par la reconnaissance de la direction du regard dans le champ social d'intérêt. Grüsser avait proposé que soit décrit un syndrome consécutif à des lésions du lobe temporal médian : l'agnosie sociale du regard qui serait distincte de la prosopagnosie et pourrait être associée à des difficultés à reconnaître des expressions de la face. La littérature moderne d'imagerie cérébrale confirme en grande partie cette prédiction.

Ontogenèse du regard

LE DÉVELOPPEMENT DES MOUVEMENTS DES YEUX

On trouvera dans la littérature spécialisée de nombreuses revues du développement des mouvements oculaires chez l'enfant. Chez le fœtus, on a décrit en 1981 des mouvements oculaires lents à 16 semaines. Les mouvements rapides commenceraient vers 23 semaines. Quelques équipes, dont celles de Prechtl, ont étudié les mouvements de la tête. On doit aux équipes d'Ajurriaguerra, de Minkowski et de sa collaboratrice Saint Anne d'Argassi des observations concernant le développement des mouvements oculaires et du regard chez le nouveau-né. Cette apparition des mouvements oculaires doit être mise en relation avec le développement de la fonction visuelle. En effet, la maturation de la fovéa ne devient rapide qu'à partir de 4 mois. L'acuité visuelle croît linéairement en fonction du temps au cours de la première année. La sensibilité au contraste croît de 2,5 mois à 1 an environ. Ces quelques données indiquent la constante de temps du développement visuel. En ce qui concerne les mouvements d'orientation, on dispose de quelques études sur leur développement chez le jeune singe. Entre 6 et 10 jours apparaissent les principaux éléments du répertoire des mouvements d'orientation qui se complètent pendant les six premières semaines.

La saccade oculaire se développe progressivement chez l'enfant. (Voir par exemple Klein et Fœrster, 2001 et Yang, Bucci, Kapoula, 2002.) Celle-ci est composée de plusieurs phases – un mouvement rapide suivi d'une petite saccade dite « de correction ». Cette séquence est programmée par le cerveau. Il existe une relation linéaire entre l'amplitude de la saccade et sa vitesse ou sa durée. Chez l'enfant, on a mesuré le placement du regard sur une cible après une saccade. L'enfant âgé de quelques mois peut déjà fixer une cible avec une précision moyenne de 0,8 degré contre 0,4 degré chez l'adulte. La précision de la fixation est donc supérieure à ce qu'on pourrait attendre de la maturation fovéale. Le système nerveux peut ainsi développer en plus de la fovéa anatomique une « fovéa fonctionnelle », comme l'appelait l'école soviétique dans les années 1950. Chez l'enfant âgé de quelques semaines seulement, les saccades oculaires sont fractionnées en plusieurs saccades dites « multiples » (jusqu'à 5 ou 6). Il faut attendre 15 semaines postnatales pour que l'enfant puisse faire des orientations du regard d'une seule saccade. La séquence principale chez l'enfant dépend très fortement du contexte dans lequel est produit le mouvement d'orientation.

Lorsqu'on présente des stimuli qui ont les caractéristiques adéquates, l'enfant âgé de quelques mois peut avoir une séquence principale semblable à l'adulte. Les bases neurales du contrôle de la saccade sont donc en place très tôt. Un autre paramètre qui varie avec l'âge est la latence de la saccade oculaire qui diminue au fil des années.

La convergence est plus lente et de moindre amplitude chez des enfants de 4 mois, bien que les yeux puissent converger vers des cibles à moins de 50 cm. Chez le bébé de 1 à 3 mois, seuls ces derniers peuvent combiner poursuite et vergence. Une demande de refixation en vergence n'apparaît qu'à 4 à 6 mois et correspond sans doute au développement de la convergence accommodative. Ces résultats doivent être comparés à ceux qui ont été accumulés depuis quelques années sur le développement neuronal des voies visuomotrices. La poursuite oculaire n'apparaît que vers 6 à 8 semaines. Cette maturation est plus lente, bien que certains auteurs aient récemment mesuré des mouvements lents chez des enfant de 2 à 3 jours ressemblant à une poursuite.

ATTRIBUER DES INTENTIONS À AUTRUI PAR LE REGARD

On sait que l'enfant jeune est très capable d'attribuer des intentions à autrui à partir de la direction de son regard. La capacité d'associer à un déplacement du regard se développe avec l'âge. Par exemple, on montre à un enfant une personne assise à une table devant laquelle sont disposées deux peluches. On habitue d'abord l'enfant à assister à une scène où la personne regarde une des peluches puis la saisit. La direction du regard indique ici l'intention de saisir la peluche. On répète la scène jusqu'à ce que l'enfant n'y prête plus attention. Puis on montre successivement deux scènes : soit la personne regarde une peluche puis saisit la peluche qu'elle a regardée (situation congruente), soit, au contraire, elle saisit une peluche différente de celle qu'elle à regardée. Cette dernière situation (non congruente) évoque la curiosité de l'enfant, ce qui implique qu'il utilise bien la direction du regard pour inférer une intention.

LE REGARD RÉFÉRENTIEL POUR L'ACTION

Le regard est un référentiel fondamental pour l'action. Il sert à l'enfant et à l'adulte, comme nous l'avons mentionné plus haut, à anticiper la saisie d'un objet. C'est aussi une référence pour le maintien de l'équilibre et le guidage de la locomotion ; il est également essentiel pour la navigation. Il existe une relation très intéressante entre le développement des réactions d'orientation du regard par les yeux ou la tête et la capacité d'un enfant à naviguer dans l'espace avec l'ensemble du corps lors d'activités locomotrices. Lorenz avait suggéré que l'organisation d'un cheminement suppose une séquence de mouvements d'orientation. De même, Gibson a suggéré que nous ne pouvons nous représenter l'espace qu'en combinant des mouvements d'orientation successifs. Lorsque l'enfant ne peut pas marcher, il se constitue d'abord une représentation de l'espace dans un référentiel égocentré. Lorsqu'il commence à marcher, il développe une stratégie très remarquable qui consiste à accrocher (ancrer) le regard sur des éléments successifs de la pièce. Il fait alors un mouvement en gardant le regard fixé sur cet « amer » qui correspondra pour sa mémoire à ce que l'on appelle aujourd'hui une « vue locale ». Il changera ensuite d'amer et pourra donc ainsi se construire une série de vues locales de son déplacement. Cette succession de mouvements d'accrochage du regard permet de construire une représentation de nature intermédiaire. Puis, plus tard, il se libérera de cet usage du regard comme amer et pourra, sans doute grâce à une simulation mentale de l'espace, naviguer sans être tributaire de son regard.

LE REGARD REGARDÉ DANS LE MIROIR

Je suggère une idée qui, je crois, n'a pas encore été exploitée : lorsque l'enfant se reconnaît dans le miroir, cette reconnaissance est, à mon avis, fondée d'abord sur le regard échangé. En effet, l'image du miroir regarde l'enfant comme l'enfant la regarde. On se trouve dans cette dualité tant décrite lorsque nous joignons les deux mains et que chaque main est à la fois « touchante et touchée ». Ici, l'enfant est à la fois « regardant et regardé », et je suppose que la conscience de soi qui permet de « se » reconnaître dans le miroir est profondément liée à la capacité qu'a l'enfant de « prendre conscience » du fait que celui qui « le » regarde est le même que celui qui regarde.

Cette capacité d'attribuer une fonction « double » au regard-regardé exige que l'enfant très jeune puisse analyser la direction du regard de l'autre (Farroni *et al.*, 2002, 2003). L'enregistrement des potentiels évoqués corticaux chez des bébés de 4 mois a, en effet, révélé une réponse évoquée occipitale (N170) plus importante lors de la présentation de figures dont le regard est direct que s'il est dévié. En effet, le bébé de 5 jours fait une grande différence entre le regard direct et le regard dévié. Nous savons par l'imagerie cérébrale que le contact direct par le regard active l'amygdale en plus du gyrus fusiforme qui est impliqué dans l'identification du visage. L'amygdale du bébé fonctionne donc déjà pour détecter le regard qui le fixe. On pourrait suggérer qu'il y a là la base neurale de cette « réaction magnétique » qui entraîne une fascination réciproque entre la mère et l'enfant.

Le regard est sans doute le premier porteur des changements de référentiels liés aux changements de point de vue. On attribue en général à la reconnaissance de soi dans le miroir le premier signe d'une « conscience de soi ». Mais, en fait, la conscience de soi est construite progressivement. On a pu par exemple proposer cinq niveaux de conscience de soi au cours des cinq premières années (Rochat, 2003).

Bases neurales des mouvements d'orientation du regard

Le regard est contrôlé par un répertoire de mouvements à la fois indépendants et en interaction ou en compétition. D'abord, des mouvements qui *stabilisent l'image du monde sur la rétine*. Il s'agit essentiellement des réflexes vestibulo-oculaires et optocinétiques. De plus, la poursuite oculaire permet à l'œil de suivre une cible en mouvement et d'en garder l'image sur la fovéa. Ensuite, des *mouvements d'orientation* comme la saccade oculaire et, de façon plus générale, les mouvements d'orientation de la tête et du corps qui portent le regard vers une cible d'intérêt. Ils peuvent être réactifs, c'est-à-dire induits par l'apparition d'une cible visuelle ou acoustique, ou endogènes, c'est-à-dire guidés par l'intention d'explorer le monde. Enfin, des *mouvements de convergence et d'accommodation*.

On trouvera dans trois livres (Berthoz, 1997, Berthoz, 2003, Berthoz et Jorland, 2004) diverses descriptions des bases neurales du regard et du rôle du regard dans l'échange avec autrui. Je me limiterai ici à quelques considérations concernant la saccade oculaire. Elle peut être produite par un stimulus externe qui déclenche un mouvement d'orientation du regard ou par une commande interne (endogène) pour l'exploration volontaire de l'environnement. Deux mécanismes sous-tendent ces deux modes de contrôle du regard. Ils impliquent deux voies, l'une, la plus ancienne, la plus rapide, directement à travers le colliculus supérieur, l'autre, à travers de nombreuses aires du cortex cérébral et des ganglions de la base.

LA VOIE RAPIDE D'ORIENTATION DU REGARD

Une voie rapide produit des mouvements réactifs d'orientation vers des cibles visuelles ou acoustiques et la capture visuelle de cibles en mouvement. Cette voie transmet au cerveau les informations rétiniennes à travers le thalamus directement vers une carte interne du monde visuel : les couches superficielles du colliculus supérieur. De là, l'information est transmise aux couches inférieures, et des neurones descendent vers le tronc cérébral où sont situés les générateurs de saccade pour les mouvements horizontaux et vers la formation réticulée mésencéphalique pour les mouvements verticaux (Olivier *et al.*, 1993 ; Berthoz et Grantyn, 1986 ; Grantyn, Hardy et Berthoz, 1988 ; Grantyn, Ong-Meang et Berthoz, 1987 ; Moschovakis *et al.*, 1998).

Ce mécanisme est apparu très tôt au cours de l'évolution, il est très rapide et efficace, mais il est aussi très élaboré puisque c'est grâce à lui que l'on peut anticiper le mouvement d'un objet en mouvement pour l'attraper. On a tendance aujourd'hui à sous-estimer le rôle du colliculus dans le contrôle du regard, et l'avenir montrera sans doute les remarquables capacités de ce système pour la perception non consciente qui est peut-être plus importante qu'on croit, en particulier dans des pathologies comme l'autisme. Les informations qui transitent par le colliculus peuvent aussi atteindre le cortex cérébral par le pulvinar.

La séquence motrice fixation-saccade est induite par une activité des motoneurones oculaires composée par une bouffée phasique d'activité suivie d'une décharge tonique qui maintient l'œil dans une position stable[11]. Le mécanisme d'intégration de la saccade met en œuvre en partie sans doute le noyau *prepositus hypoglossi* (PH) (Baker, Gresty et Berthoz, 1976). La position finale de l'œil dans l'orbite est donc construite au niveau immédiatement prémoteur.

La position de l'œil, codée au niveau du tronc cérébral dans le générateur de saccades, est envoyée sous forme de décharge corollaire vers le colliculus, mais aussi vers le cortex cérébral. Cette influence de la direction du regard, appelée « dépendance orbitaire », se rencontre dans la plupart des structures impliquées dans les transformations visuomotrices, par exemple le cortex pariétal (Andersen, 1988, 1997).

11. Ce pattern de décharge est dû à la combinaison d'une activité de neurones prémoteurs phasiques dont la fréquence de décharge code la vitesse instantanée de l'œil dans l'orbite, et d'un mécanisme intégrateur situé dans le tronc cérébral. Ce mécanisme est sous contrôle d'un système de neurones appelés neurones pauseurs qui déchargent de façon tonique et inhibent les neurones phasiques prémoteurs. La saccade ne peut se produire que si ces neurones pauseurs cessent de décharger. Il s'agit là d'un premier mécanisme de verrouillage de la saccade.

Ainsi, de nombreuses stations du cerveau sont informées en permanence de la direction du regard. La fonction de cette information « extra-rétinienne » est multiple. Elle contribue dans certains centres à des changements de coordonnées, dans d'autres à la stabilisation perceptive ; dans le cortex dit MST, où se construisent les signaux de la poursuite oculaire, un signal de mouvement du regard permet de continuer la poursuite, même si la cible disparaît un moment ; dans les noyaux vestibulaires mêmes, on trouve une activité liée à la direction du regard.

Chez l'autiste, le déficit dans l'utilisation de la mobilité du regard a donc des conséquences sur le fonctionnement cérébral qui sont loin d'avoir été évaluées. Toutefois, on voit ici l'importance que pourraient représenter des tentatives de « rééducation du regard » qui sont d'ailleurs incluses dans certaines méthodes utilisées par les spécialistes. Mais une coopération entre physiologistes et cliniciens sur ce sujet serait certainement féconde.

LE CERVELET

Si l'attention s'est portée sur des mécanismes corticaux et sur l'amygdale dans les théories de l'autisme, il ne faudrait pas sous-estimer la possibilité que des modifications génétiques entraînent des déficits de fonctionnement de structures sous-corticales. On sait par exemple que le cervelet est une structure fondamentale, non seulement pour la coordination des mouvements (des membres et du regard), mais aussi pour des activités cognitives. Des projections réciproques existent par exemple entre le noyau dentelé et l'aire préfrontale 46 qui sont impliqués dans la mémoire de travail. Or des données récentes suggèrent une modification possible de l'expression des récepteurs métrabotropiques au glutamate (mGLUR1) (Baer *et al.*, 2004) qui touchent de façon importante le cervelet et le colliculus. Si cela était confirmé, alors un certain nombre des déficits qui ont été attribués à des problèmes au niveau cortical seraient dus à des déficits sous-corticaux. Des données récentes d'imagerie cérébrale suggèrent en effet que le cervelet peut être impliqué dans les aspects attentionels ou dans l'attention conjointe, et ceci rejoint des observations faites aussi dans le cas de la schizophrénie confirmant la possibilité de déficits semblables dans les deux maladies.

LE COLLICULUS SUPÉRIEUR

L'activation par des cibles visuelles du colliculus supérieur induit des réactions d'orientation des yeux, de la tête, ou de l'ensemble du corps par des voies de projection croisées. Mais il est aussi impliqué dans des réactions d'évitement. L'ablation du colliculus induit un syndrome de négligence chez le chat par exemple. Les couches superficielles sont multimodales, elles constituent des cartes rétinotopiques, mais il faut noter que la représentation visuelle du colliculus supérieur est aussi complétée par des projections tactiles et acoustiques. La distribution de ces cartes a évolué en parallèle avec l'apparition de la fovéation. L'activité des neurones de ces couches superficielles en réponse à des stimulations multimodales a plusieurs propriétés importantes. La conjonction spatiale ou temporelle d'un signal acoustique et visuel peut, par exemple, entraîner une facilitation ou bien une inhibition de la réponse. Ces mécanismes permettent d'effectuer une sélection des stimuli dans l'espace[12].

LE CONTRÔLE NIGRAL SUR LE COLLICULUS SUPÉRIEUR : UN MÉCANISME DE SÉLECTION SPATIALE ET TEMPORELLE DES SACCADES

Un des exemples les plus spectaculaires des relations complexes entre le cortex cérébral et le colliculus dans les réactions d'orientation a été donné par Sprague dans une expérience célèbre. Une lésion unilatérale du cortex visuel chez le chat induit une hémi-négligence controlatérale à la lésion. Toutefois, une lésion du colliculus controlatéral au cortex lésé supprime la négligence. Cette interaction com-

---

12. Meredith et Stein proposent deux règles de combinaison dans le SC : a) les stimuli qui coïncident produisent une facilitation, et ceux qui sont délocalisés sont atténués. De plus, le référentiel fondamental est le champ récepteur et non pas la localisation dans l'espace. Ce qui produit la facilitation ou l'inhibition, c'est la coïncidence des champs récepteurs ; b) l'interaction dépend de la latence, mais deux stimuli peuvent encore se renforcer s'ils sont décalés dans le temps dans une fenêtre de 200 ms par exemple. Cela est très important par suite des décalages de transmission de l'information (par exemple les sons arrivent après la vision). Le cerveau a donc appris à tenir compte du décalage temporel naturel.

plexe n'est pas encore complètement élucidée. Il existe des boucles cortex-ganglions de la base-thalamus-cortex qui contribuent à l'élaboration des mouvements. Parmi ces boucles, il semble que certaines soient particulièrement impliquées dans le contrôle des mouvements du regard.

Une partie importante de ces boucles est constituée par les projections du cortex sur le striatum et du striatum sur la substance noire. Celle-ci exerce une inhibition GABA-ergique sur le colliculus (Hikosaka et Wurtz, 1983 ; Deniau et Chevalier, 1981). Nous avons déjà vu que les neurones du tronc cérébral ne peuvent déclencher la saccade que si les neurones pauseurs s'arrêtent de décharger. De même, les neurones des couches intermédiaires et profondes du colliculus qui activent les générateurs saccadiques ne déchargent que lorsque les neurones, inhibiteurs de la substance noire qui se projettent sur le colliculus, cessent de décharger. J'ai souligné l'importance de ce mécanisme dans *Le Sens du mouvement.*

Comme la projection nigrale est très spécifique et qu'elle est organisée avec une topie précise, cette inhibition permet une sélection spatiale sur la carte rétinotopique colliculaire. Il est possible que cette distribution soit différente suivant les espèces, en fonction de leur répertoire comportemental. Ces neurones de la substance noire sont eux-mêmes sous contrôle inhibiteur du noyau caudé et ne déchargent pas seulement lorsque l'animal fait des saccades visuellement guidées simples mais aussi lorsqu'il fait des saccades mémorisées.

La production d'un mouvement d'orientation du regard est donc due à la fois à des mécanismes excitateurs, mais aussi à des cascades de mécanismes inhibiteurs qui assurent la sélection spatiale et temporelle. Ce rôle de l'inhibition est très peu représenté dans les modèles actuels. Pourtant, je pense qu'elle joue un rôle déterminant pour deux fonctions cognitives : l'attention sélective et l'imagination du mouvement.

Il serait très important de comprendre si certaines formes d'autisme s'accompagnent d'une hyperactivité des mécanismes inhibiteurs du regard induisant une difficulté à effectuer son désengagement nécessaire pour explorer le monde et interagir avec autrui. J'ai remarqué de façon anecdotique que, dans l'échange avec autrui (qui est aussi une propriété du cortex frontal), les moments où l'on fixe le regard de l'autre ne sont pas très nombreux et durent assez peu. L'échange du regard avec autrui est donc une succession de contacts et d'évitements qui demandent un jeu très subtil de tous ces mécanismes neuronaux.

LA DEUXIÈME VOIE DE CONTRÔLE DE LA SACCADE PAR LE CORTEX CÉRÉBRAL

Si la voie par le colliculus supérieur permet des réactions très rapides et prédictives pour capturer une cible par le regard, la construction de mouvements d'exploration du monde par le regard en fonction des intentions, de la mémoire, du contexte, des décisions, etc., met en jeu des mécanismes corticaux complexes apparus au cours de l'évolution qui empruntent une voie différente. Les images du monde sont transmises vers le cortex visuel. Puis deux voies corticales traitent séparément l'identité des objets ou de l'environnement (voie temporale), et les aspects spatiaux ou d'action (voie dorsale). Une troisième voie a été récemment identifiée. Ces deux voies convergent vers le cortex préfrontal où les informations spatiales et d'identité sont combinées avec les aspects émotionnels (motivation, récompense, etc.) et de mémoire.

Il est hors de mon propos ici de détailler les mécanismes complexes de production de la saccade. Toutefois, je voudrais faire quelques remarques qui pourraient ouvrir des pistes pour comprendre les déficits de l'échange du regard dans l'autisme.

LE CORTEX PARIÉTAL

Le cortex pariétal est une station fondamentale pour la sélection et la planification des mouvements du regard. C'est la principale structure du cerveau pour construire, à partir des informations des sens et des données de la mémoire, ce que les neurologues ont appelé le « schéma corporel » ou l'image du corps. Les informations sur le corps sont traitées dans le cortex pariétal dans un système de références égocentré, et l'on discute encore pour savoir si le cortex pariétal code la direction de la saccade oculaire dans des coordonnées rétinotopiques, céphaliques ou dans des coordonnées liées à l'espace. Il est certainement impliqué aussi dans la planification, l'intention, de regarder. Cette partie du cerveau est divisée en de multiples aires, impliquées dans le contrôle des mouvements aussi bien des yeux que de la tête et du corps entier. Il est aussi clair qu'une asymétrie existe entre les cortex pariétaux droit et gauche comme en témoigne par exemple le fait que c'est la lésion du cortex pariétaux droit qui induit la « négligence spatiale » dont les symptômes incluent une difficulté d'explorer par le regard la partie gauche de l'espace égocentré.

L'hypothèse que je formulerai ici est que, si l'enfant autiste ne peut pas reconstruire une perception cohérente du monde environnant, c'est-à-dire s'il ne peut pas intégrer au niveau du cortex pariétal les différentes informations sur son corps propre et sur l'environnement, alors la production de mouvements du regard pour l'échange avec autrui doit nécessairement être perturbée. Un résultat intéressant et récent rapporté dans ce volume par M. Zilbovicius pourrait être interprété dans le sens de cette hypothèse. Elle a découvert une hypoactivité dans la région pariéto-temporale qui s'étend le long du gyrus temporal supérieur. Or c'est une région cruciale pour l'exploitation des données multisensorielles, et nous avons proposé (Kahane *et al.*, 2003), en accord avec les données anciennes de Penfield, qu'elle joue un rôle fondamental dans la perception du corps propre et ses relations avec l'espace.

LA VOIE FINALE COMMUNE DE LA SACCADE : LE CHAMP OCULOMOTEUR FRONTAL

Chez l'homme, les champs oculomoteurs frontaux constituent une, si ce n'est *la* voie finale commune pour la production de saccades (en effet d'autres projections existent à partir du cortex pariétal). Les COF se projettent sur le colliculus supérieur, mais aussi vers la région des neurones pauseurs du tronc cérébral et vers la formation réticulée paramédiane, et ils ont des relais cérébelleux dans le noyau *reticularis tegmenti pontis*, vraisemblablement impliqué dans la production de la poursuite oculaire. La localisation du champ oculomoteur frontal chez l'animal est bien connue. La stimulation électrique induit des saccades, et sa lésion supprime les saccades controlatérales à la lésion. Les animaux lésés ne peuvent pas faire de saccades complexes ni même mémorisées.

Des patients ayant des lésions frontales ne peuvent pas réussir le paradigme dit d'« antisaccade » (faire une saccade dans la direction opposée à l'apparition d'une cible visuelle), mais il n'était pas évident dans cette étude de savoir si la lésion provenait d'un déficit des COF ou de structures préfrontales[13].

L'exécution de saccades volontaires dans le noir induit une activation du COF, de l'aire motrice supplémentaire, du gyrus cingulaire médian et d'autres structures sous-corticales. L'exécution de saccades mémorisées active en outre un module pariéto-frontal.

La physiologie de ces neurones du champ oculomoteur frontal a été étudiée chez le singe. Une étude récente montre qu'une partie de ces neurones se projettent sur les couches intermédiaires du colliculus supérieur, mais une partie aussi directement sur la région du tronc cérébral. Leur activité est une bouffée de décharge semblable à celle du niveau prémoteur.

Le profil de décharge des neurones du COF qui codent le mouvement et se projettent vers le colliculus se présente sous la forme d'une décharge phasique. Il est important de noter que l'influence de ces neurones des COF sur le colliculus peut dépendre du contexte comportemental dans lequel se place cette décharge. Il faut donc envisager une grande flexibilité dans la mise en œuvre de ces mécanismes. On a suggéré récemment que le COF constituerait une « carte de salience » (*saliency map*) (Gottlieb, Kusunoki et Goldberg, 1998) qui permettrait de réaliser une sélection des saccades vers des cibles d'intérêt et que cette structure serait impliquée dans un processus complexe de prise de décision et de modulation par l'attention.

Mais les signaux des saccades intentionnelles sont aussi élaborés dans des structures du cortex frontal et préfrontal qui sont les équivalents pour le regard des structures impliquées dans le contrôle du mouvement des membres. Ainsi l'aire oculomotrice supplémentaire (AOS), qui a une composante frontale et une autre préfrontale (pré-AOS), et le

13. Nous avons vérifié par imagerie cérébrale la localisation du champ oculomoteur frontal chez l'homme (Petit *et al.*, 1995, 1995, 1996). Celui-ci est situé dans la partie rostrale du gyrus précentral, et nous avons aussi découvert qu'il y a deux aires qui répondent à cette définition.

champ oculomoteur cingulaire (COC). Les trois aires COF, AOS, COC sont impliquées dans la production de saccades endogènes volontaires même dans le noir et sont aussi activées pendant les saccades imaginées, c'est-à-dire des déplacements de l'attention (Lang *et al.*, 1994).

Lorsqu'on demande à un sujet d'effectuer une tâche de production de séquences de saccades mémorisées, donc avec un traitement visuospatial, on voit intervenir un module pariéto-frontal en plus des trois aires citées ci-dessus. Lorsqu'on teste l'apprentissage de séquences, on découvre que le cortex préfrontal (pré-COS) est impliqué dans l'apprentissage de nouvelles séquences (Grosbras, Lobel et Berthoz, 2004).

RÔLE DU CORTEX CINGULAIRE DANS LE CONTRÔLE DE LA SACCADE

Le cortex cingulaire a été étudié par divers groupes qui lui ont attribué un rôle dans les processus émotionnels comme dans l'attention sélective, et des enregistrements par les méthodes d'imagerie cérébrale chez l'homme ont montré son implication lorsque les sujets devaient effectuer des gestes dont les caractéristiques n'étaient pas déterminées en réponse à un stimulus externe mais par une production interne du cerveau. Nous avons démontré qu'il existe une zone du cortex cingulaire, située sous l'aire motrice supplémentaire, qui est impliquée dans le contrôle du regard, et des données de patients (Gaymard *et al.*, 1998) ont confirmé l'importance du « champ oculomoteur cingulaire » dans le contrôle des mouvements des yeux[14].

Le cortex cingulaire pourrait être impliqué dans la relation entre la direction du regard à un moment donné et l'intérêt que porte l'animal à tel ou tel endroit de l'espace. On a pu parler de fonction « cognitive » du cortex cingulaire pour

---

14. L'enregistrement de neurones dans le cortex cingulaire postérieur chez le singe a révélé que des neurones déchargent après la saccade. Leur décharge dépend aussi de la position de l'œil dans l'orbite. Ils ont une direction préférentielle. Leur décharge est indépendante de la réafférence visuelle, bien que leur décharge soit supérieure lorsque le mouvement de l'œil se fait sur un fond structuré. Leur champ récepteur visuel est large. Cette structure a des connexions anatomiques avec l'aire 7a du cortex pariétal chez le singe et avec l'aire LIP. Il y a donc sans doute une coopération entre cette aire et le cortex pariétal.

indiquer que cette structure ne serait pas responsable des détails de la programmation ou de l'exécution de la saccade mais de sa mise en contexte par rapport aux intentions cognitives de l'animal. On a aussi proposé un rôle important du cortex cingulaire pour transformer les intentions en action.

La littérature récente montre qu'il y a une subdivision fonctionnelle dans le cortex cingulaire antérieur avec une aire rostrale liée au système limbique (cingulaire antérieur « affectif »), une aire ensuite impliquée dans le traitement cognitif (cingulaire antérieur cognitif) et une aire située au-dessous de l'aire motrice supplémentaire qui aurait une fonction « motrice ». L'avenir dira si ces aires fonctionnent en parallèle ou si elles sont liées entre elles pour intégrer ces trois aspects affectif, cognitif et moteur du contrôle du regard par exemple.

LA CONTRIBUTION DE L'AIRE OCULOMOTRICE SUPPLÉMENTAIRE

Dans le cortex frontal (aire 6 chez le singe), une petite zone appelée « champ oculomoteur supplémentaire » (COS) contient des neurones qui déchargent pendant les saccades. Cette aire est voisine de l'aire motrice supplémentaire (AMS) située à la partie médiane dorsale du cortex frontal. Sa localisation est connue par des travaux chez l'homme avec la caméra à émission de positons et l'électro-encéphalographie. On sait que l'AMS est impliquée dans la préparation du mouvement et la coordination de mouvements complexes. Cette aire est donc importante dans la translation de l'intention de l'action vers l'exécution du mouvement. Nous l'avons trouvée activée pendant les saccades chez l'homme au cours de travaux d'imagerie mentionnés plus haut.

Les neurones du champ oculomoteur supplémentaire ont une direction préférentielle et sont modulés par la position de l'œil dans l'orbite ; certains déchargent lors de la fixation de l'œil. Cette aire est en relation avec le cortex cingulaire. Cela est compatible avec l'observation de déficits chez des patients ayant des lésions du COS lorsqu'on leur demande d'effectuer des séquences de saccades.

Ces neurones pourraient jouer un rôle excitateur, mais peuvent aussi inhiber les neurones. Le cortex cérébral peut bloquer l'exécution de la saccade au moins à deux niveaux :

d'une part, grâce à la cascade caudé-substance noire-colliculus et, d'autre part, directement par l'action du COF au niveau des neurones pauseurs. J'ai proposé une théorie hiérarchique du contrôle de la saccade oculaire (Berthoz, 1996). Les causes de troubles du regard sont donc multiples.

PULVINAR ET ATTENTION SÉLECTIVE

Le pulvinar participe à l'élaboration des mouvements d'orientation. Cette structure est intéressante car elle relie la production de la saccade aux mécanismes généraux de l'attention. En cela, elle a des points communs avec le gyrus cingulaire. En effet, les neurones du pulvinar qui ont une activité liée à la saccade oculaire déchargent après la saccade. Le pulvinar, qui reçoit une projection importante de la rétine mais aussi du colliculus supérieur, est donc bien placé pour être sur une voie de réafférence interne. Il se projette, entre autres, sur l'aire MT. Il est donc anatomiquement dans une position stratégique pour participer à la correction de la saccade en fonction du contexte visuel. Dès 1938, on a découvert que la stimulation électrique du pulvinar produit des mouvements contraversifs directionnels très rapides des yeux, de la tête et des mouvements d'exploration visuelle. Il faut que l'animal soit très éveillé pour que cette structure soit activée. Lorsque l'animal s'endort, on trouve des mouvements lents. L'activité des neurones du pulvinar peut être liée soit à la projection de la main ou de l'œil, soit à la fixation attentive ou des synergies de l'œil et de la tête. Il faut que ces mouvements soient hautement intentionnels. La décharge des neurones liés aux saccades commence pendant ou après la saccade. La latence est d'environ 70 ms après la fin de celle-ci. Ces neurones ont une sensibilité directionnelle. Certains sont inhibés après la saccade. D'autres ont une réponse purement visuelle. Ils reflètent donc une décharge corollaire qui pourrait informer les structures visuelles corticales des déplacements du regard.

Cette structure est peut-être fondamentale pour l'ajustement de la saccade sur la cible mais aussi pour les mécanismes adaptatifs. Dans une étude récente, la sensibilité visuelle de ces neurones avant, pendant et après la saccade a été étudiée. Les résultats révèlent que les réponses visuelles des neurones du pulvinar sont modulées pendant les différentes phases du mouvement de l'œil. La facilitation est limitée à certaines parties du champ récepteur, et donc le pulvinar est le lieu d'une sélection intéressante dans l'environnement visuel. La signification fonctionnelle de ces activités est encore inconnue. Il est possible qu'elle contribue à l'élaboration d'invariances dans la perception spatiale pendant les mouvements du regard. Pour comprendre le fonctionnement de ces structures et leur implication dans les processus cognitifs, il faut sans doute échapper à une conception trop « entrée-sortie » du fonctionnement du système visuomoteur et, comme le fait le modèle de mémoire dynamique, privilégier l'existence de boucles internes de réafférence qui permettent d'ajuster le mouvement, son contexte et le but de l'action. Les lésions du pulvinar chez l'homme induisent un allongement de la latence des saccades, mais surtout des déficits de la fixation attentive.

LA DÉCISION DE REGARDER

Enfin, on peut envisager un ultime stade de cette hiérarchie : la possibilité de décider de partager le regard en fonction de règles cognitives ou sociales. Cette décision implique, selon moi, les aires les plus antérieures du cortex préfrontal et une coopération complexe entre le cerveau cognitif, le cerveau des émotions et la mémoire. Des structures comme le cortex cingulaire antérieur, l'aire BA10, le cortex préfrontal dorsolatéral, etc, sont sûrement crucialement impliquées. À l'appui de cette thèse, on peut citer une étude récente des aires du cortex cérébral impliquées dans la prise de décision[15]. Les résultats indiquent une

---

15. Le sujet devait fixer une cible centrale sur un écran et il voyait deux autres cibles situées respectivement à gauche et à droite de ce point de fixation central. Le point central se transformait d'abord en une flèche qui indiquait la direction de la saccade oculaire qu'il devait exécuter (gauche ou droite). Puis il devait fixer le point central de nouveau en se souvenant de l'ordre qu'il devait exécuter. Cette phase de mémorisation active, de préparation d'une saccade mémorisée (en mémoire de travail) était suivie de l'apparition sur l'écran d'une flèche qui commandait l'exécution de la saccade. Dans une seconde condition, le sujet fixait d'abord le point central où il voyait apparaître une double flèche qui le laissait libre de décider de quel côté il voulait faire une saccade. Cette décision était mémorisée, puis une commande d'exécuter apparaissait.

véritable hiérarchie d'aires cérébrales impliquées successivement dans l'exécution, la préparation et la décision d'effectuer un changement de direction du regard.

L'*exécution* implique les aires de la préparation motrice, le champ oculomoteur frontal (COF), le champ oculomoteur supplémentaire (AOS), etc. La *préparation* implique une aire préfrontale : le cortex fronto-polaire qui est connu pour être impliqué dans les tâches de choix et de branchement logique, etc. La *prise de décision* implique plusieurs aires frontales et préfrontales (comme le cortex cingulaire antérieur, l'aire oculomotrice préfrontale, le cortex préfrontal dorsolatéral, etc.). Ces données confirment bien le rôle essentiel du cortex préfrontal dans l'élaboration de décisions complexes et ouvrent aussi la voie à l'étude chez l'autiste des déficits fonctionnels liés à cette hiérarchie de mécanismes.

LE CONTACT PAR LE REGARD

On sait maintenant que le contact par le regard active l'amygdale en plus du gyrus fusiforme qui est spécialisé dans la perception des visages (George *et al.*, 2000 ; Kawashima *et al.*, 1999).

L'activation de l'amygdale entraîne la mise en jeu de tout le système limbique. Mais ce contact est sans doute lui-même lié à une fonction plus générale de transmission des émotions de soi et de détection des intentions, et des émotions d'autrui. Il permet aussi de déterminer les intentions d'autrui.

L'identification du regard d'autrui met certainement en jeu des aires du lobe inféro-temporal où l'on trouve des neurones activés aussi bien par la direction du regard que par la direction de la tête ou du corps d'autrui. L'étude du rôle du regard dans l'interaction avec autrui a donné lieu récemment à de nombreux travaux (Baker *et al.*, 2001 ; Wicker *et al.*, 1998, 2003 ; Hofmann *et al.*, 1997 ; Adolphs *et al.*, 2002 ; Calder *et al.*, 2002 ; Stone *et al.*, 2003 ; Kampe, Frith et Frith, 2003). L'amygdale est loin d'être la seule aire activée. Par exemple, le striatum ventral est modulé en fonction d'une combinaison de l'attirance pour un visage et de la direction du regard (contact direct ou évitement).

On peut résumer, de façon très succincte, les données concernant l'homme de la façon suivante : le sillon temporal supérieur est impliqué à la fois dans la reconnaissance du regard et des intentions d'autrui, mais avec une prédilection pour la détection du regard dévié. C'est une aire importante pour les interactions sociales (Allison, 2000). Le regard dévié n'est donc pas simplement un « non-regard », c'est, il me semble, une inhibition de l'attraction naturelle par le regard de l'autre. Le regard dévié est une fuite active, une intention de ne pas se laisser enfermer par le regard de l'autre. D'où la gêne que nous éprouvons devant une personne qui nous parle sans nous regarder. C'est un refus de regarder qui convient bien avec la fonction, en générale inhibitrice, du cortex préfrontal et le fait que sa lésion induit un déficit dans le paradigme dit d'« antisaccade » qui consiste à demander à un sujet de faire une saccade dans une direction opposée à une cible que l'on présente d'un côté du champ visuel.

Conclusion

Pour conclure cet aperçu, j'aimerais insister sur un point. La variété et la complexité du répertoire de production des mouvements du regard, son importance fondamentale pour les interactions sociales, nous suggèrent que des méthodes comportementales utilisées précocement pourraient aider des enfants autistes à surmonter les déficits que des facteurs héréditaires ont entraînés. Le fait de savoir aujourd'hui que l'autisme est une maladie génétique nous laisse la responsabilité de trouver, ensemble, avec les parents et les médecins, en approfondissant les bases neurales de ces déficits, des moyens de les compenser. Il faut pour cela faire confiance à la remarquable plasticité du cerveau lorsqu'on sait la solliciter. Ce défi est immense, mais la souffrance des patients et des familles ne l'est pas moins.

Références

Adolphs R., Baron-Cohen S. & Tranel. D. (2002) Impaired recognition of social emotions following amygdala damage. *Journal of Cognitive Neuroscience*, 14, 8 : 1264-74.

Adolphs R. *et al.* (1999) Recognition of facial emotion in nine individuals with bilateral amygdala damage. *Neuropsychologia,* 37, 10 : 1111-17.

Andersen R. A. (1997) Multimodal integration for the representation of space in the posterior parietal cortex. *Philosophical Transactions of the Royal Society of London. Series B, Biological Sciences*, 352.1360 (1997) : 1421-28.

Andersen R. A. (1988) Visual and Visual-Motor Functions of the Posterior Parietal Cortex. *In Neurobiology of Neocortex*, P. Rakic & W. Singer (éd.) Chichester : John Wiley & Sons, 285-95.

Astafiev S. V. *et al.* (2003) Functional organization of human intraparietal and frontal cortex for attending, looking, and pointing. *The Journal of Neuroscience*, 23, 11 : 4689-4699.

Baker C. I. *et al.* (2001) Neuronal representation of disappearing and hidden objects in temporal cortex of the macaque. *Experimental Brain Research,* 140, 3 : 375-81.

Baker R., M. Gresty & Berthoz A. (1976) Neuronal activity in the prepositus hypoglossi nucleus correlated with vertical and horizontal eye movements in the cat. *Brain Research,* 101 : 366-71.

Baron-Cohen S. (2004) The cognitive neuroscience of autism. *Journal of Neurology, Neurosurgery, and Psychiatry*, 75, 7 : 945-48.

Baron-Cohen S. *et al.* (2000) The amygdala theory of autism. *Neuroscience and Biobehavioral Reviews*, 24, 3 : 355-64.

Barton J. J. S. & Rizzo M. (1994) Motion perception in optic neuropathy. *Neurology,* 44 : 273-78.

Bear M. F. *et al.* (2004) The mGluR theory of fragile X mental retardation. *Trends in Neurosciences*, 27, 7.

Berthoz A. (1996) The role of inhibition in the hierarchical gating of executed and imagined movements. *Cognitive Brain Research,* 3 : 101-13.

Berthoz A.(1997) *Le Sens du mouvement*, Paris : Odile Jacob. [*Il Senso di movimento*, Milan, McGraw Hill Libri, 1999 ; *The Brain's Sense of Movement*, Cambridge, MA, Harvard University Press, 2000.]

Berthoz A. (2000) *La Décision*, Paris, Odile Jacob.

Berthoz A. & Jorland G. (2004) *L'Empathie*, Paris, Odile Jacob.

Berthoz A. & Grantyn A. (1986) Neuronal mechanisms underlying eye-head coordination. *Progress in Brain Research*, 64 : 325-43.

Calder A. J. *et al.* (2002) Reading the mind from eye gaze. *Neuropsychologia,* 40, 8 : 1129-38.

Corbetta M. (1998) Frontoparietal cortical networks for directing attention and the eye to visual locations : identical, independent, or overlapping neural systems ? *Proceedings of the National Academy of Sciences of the United States of America*, 95, 3 : 831-38.

Corbetta M. *et al.* (1998) A common network of functional areas for attention and eye movements. *Neuron*, 21 : 761-73.

Corbetta M. *et al.* (1993) A PET study of visuospatial attention. *The Journal of Neuroscience*, 13 : 1202-26.

Damasio A. R., Tranel D. & Damasio H. (1990) Individuals with sociopathic behaviour caused by frontal damage fail to respond autonomically to social stimuli. *Behavioural Brain Research*, 41 : 81-94.

Degos J. D. & Bachoud-Lévi A. C. (2004) Désignation et rapport à autrui. In A. Berthoz, G. Jorland (éd.) *L'Empathie*, Paris, Odile Jacob : 89-115

Deniau J. M. & Chevalier G. (1981) Disinhibition as a basic process in the expression of striatal functions. The striatonigral influence on thalmo-cortical cells of the ventromedial thalamic nucleus. *Brain Research*, 334 : 227-33.

Diamond A. & Goldman-Rakic P. S. (1989) Comparison of human infants and rhesus monkeys on Piaget's AB task : Evidence for dependence on dorsolateral prefrontal cortex. *Experimental Brain Research*, 74 : 24-40.

Emery N. J. (2000) The eyes have it : the neuroethology, function and evolution of social gaze. *Neuroscience and Biobehavioral Reviews*, 24, 6 : 581-604.

Emery N. J. & *al.* (1997) Gaze following and joint attention in rhesus monkeys (Macaca mulatta). *Journal of Comparative Psychology*, 111, 3 : 286-93.

Eshkol N. & Wachmann A. (1958) *Movement Notation.* Londres, Weidenfeld and Nicolson, 1-203.

Farroni T. *et al.* Eye contact detection in humans from birth. (2002) *Proceedings of the National Academy of Sciences of the United States of America*, 99, 14 : 9602-05.

Farroni T. *et al.* (2003) Infants perceiving and acting on the eyes : tests of an evolutionary hypothesis. *Journal of Experimental Child Psychology*, 85, 3 : 199-212.

Frith U. (1992) *L'Énigme de l'autisme*, Paris, Odile Jacob, 1-317.

Gaymard B. *et al.* (1998) Effects of anterior cingulate cortex lesions on ocular saccades in humans. *Experimental Brain Research*, 120 : 173-83.

George N., Driver J. & Dolan R. (2001) Seen gaze direction activates fusiform gyrus and its coupling with other brain areas during face processing. *Neuroimage*, 13 : 1102-1112.

Gibson J. J. (1966) *The Senses Considered as Perceptual Systems*. Boston, Houghton Mifflin.

Gottlieb J. P., Kusunoki M. & Goldberg M. E. (1998) The representation of visual salience in monkey parietal cortex. *Nature*, 391 : 481-84.

Grantyn A., Hardy O. & Berthoz A. (1988) Activity and ponto-bulbar connections of reticulo-spinal neurons subserving visually triggered orienting eye and head movements. *Abstracts-Society for Neuroscience*, 14, 959.

Grantyn A., Ong-Meang J. & Berthoz A. (1987) Reticulo-spinal neurons participating in the control of synergic eye and head movements during orienting in the cat. II. Morphological properties as revealed by intra-axonal injections of horseradish peroxidase. *Experimental Brain Research*, 66 : 355-77.

Grasso R. *et al.* (1998) Eye-head coordination for the steering of locomotion in humans : an anticipatory synergy. *Neuroscience Letters*, 253 : 115-18.

Gray J. (1982) *The Neuropsychology of Anxiety*, New York, Oxford University Press.

GROSBRAS M. H., LOBEL E. & BERTHOZ A. (2004) The control of gaze (2) : cortical control of ocular saccades : functional brain imaging data. *Medecine sciences : M/S (Paris)*, 20, 2 : 225-30.

HESS W. R., BURGI J. & BUCHER V. (1946) Motorishe funktion des tectal und tegmental gebietes. *Monatsschrift fur Psychiatrie und Neurologie*, 112 : 1-52.

HIKOSAKA O. & WURTZ R. E. (1983) Visual and oculomotor functions of the monkey substantia nigra pars reticulata : IV. Relation of substantia nigra and superior colliculus. *The Journal of Neurophysiology*, 49 : 1285-301.

HOFMANN S. G. *et al.* (1997) Speech disturbances and gaze behavior during public speaking in subtypes of social phobia. *Journal of Anxiety Disorders*, 11, 6 : 573-85.

KAHANE P. *et al.* (2003) Reappraisal of the human vestibular cortex by cortical electrical stimulation. *Annals of Neurology*, 54 (5) : 615-24.

KAMPE K. K., FRITH C. D. & FRITH U. (2003) « Hey John » : signals conveying communicative intention toward the self activate brain regions associated with « mentalizing », regardless of modality. *The Journal of Neuroscience*, 23, 12 : 5258-63.

KAWASHIMA R. *et al.* (1999) The human amygdala plays an important role in gaze monitoring : A PET study. *Brain*, 122 : 779-783.

KEYSERS C. *et al.* (2004) A touching sight : SII/PV activation during the observation and experience of touch. *Neuron*, 42, 2 : 335-46.

KLEIN C. & FŒRSTER F., (2001) Development of prosaccade and antisaccade task performance in participants aged 6 to 26 years. *Psychophysiology*, 8 (2) : 179-89.

LANG W. *et al.* (1994) A positron emission tomography study of oculomotor imagery. *Neuroreport*, 5 : 921-24.

MORRIS J. S. *et al.* (1996) A differential neural response in the human amygdala to fearful and happy facial expressions. *Nature*, 383, 6603 : 812-15.

MOSCHOVAKIS A. K. *et al.* (1998) An anatomical substrate for the spatiotemporal transformation. *The Journal of Neuroscience*, 18 : 10219-29.

OLIVIER E. *et al.* (1993) The control of slow orienting eye movements by tectoreticulospinal neurons in the cat : Behavior, discharge patterns and underlying connections. *Experimental Brain Research*, 93 : 435-49.

PERRETT D. (1992) Organisation and junction of cells responsive to faces in the temporal cortex. *Philosophical Transactions of the Royal Society of London. Series B, Biological Sciences*, 223 : 293-317.

PERRETT D., MISTLIN A. J. & CHITTY A. J. (1987) Visual cells responsive to faces. *Trends in Neuroscience*, 10 : 358-64.

PERRETT D. I., ROLLS E. & CAAN W. (1982) Visual neurons responsive to faces in the monkey temporal cortex. *Experimental Brain Research*, 47, 329 : 342.

PETIT L. *et al.* (1996) Functional anatomy of a prelearned sequence of horizontal saccades in humans. *The Journal of Neuroscience*, 16, 11 : 3714-26.

PETIT L. *et al.* (1993) PET study of voluntary saccadic eye movements in humans : Basal ganglia-thalamocortical system and cingulate cortex involvement. *The Journal of Neurophysiology*, 69 : 1009-17.

PETIT L. *et al.* (1995) Functional anatomy of the human visual fixation system. *The European Journal of Neuroscience*, 7 : 169-74.

PIAGET J. & INHELDER B. (1981) *La Représentation de l'espace chez l'enfant*. Paris : Presses universitaires de France, 1-574.

RIZZOLATTI G. *et al.* (1987) Reorienting attention across the horizontal and vertical meridians : evidence in favor of a premotor theory of attention. *Neuropsychologia*, 25 : 31-40.

ROCHAT P. (2003) Five levels of self-awareness as they unfold early in life. *Consciousness and Cognition*, Dec ; 12 (4) : 717-31.

SHELIGA B. M., RIGGIO L. & RIZZOLATTI G. (1994) Orienting of attention and eye movements. *Experimental Brain Research*, [98], 507-22.

SIMON O. *et al.* (2002) Topographical Layout of Hand, Eye, Calculation, and Language-Related Areas in the Human Parietal Lobe. *Neuron*, 33 : 475-487.

SOKOLOV E. N. & VINOGRADOVA O. S. (éd) (1975) *Neuronal Mechanisms of the Orienting Reflex*. Hillsdale, NJ : Lawrence Erlbaum Ass., 302.

STONE V. E. *et al.* (2003) Acquired theory of mind impairments in individuals with bilateral amygdala lesions. *Neuropsychologia,* 41, 2 : 209-20.

TOVÉE M. J. *et al.* (1993) Information encoding and the responses of single neurons in the primate temporal visual cortex. *The Journal of Neurophysiology*, 70 : 640-54.

Whalen C. & SCHREIBMAN L. (2003) Joint attention training for children with autism using behavior modification procedures. *Journal of Child Psychology and Psychiatry, and Allied Disciplines*, 44, 3 : 456-68.

WICKER B. *et al.* (1998) Brain regions involved in the perception of gaze : a PET study. *Neuroimage,* 8, 2 : 221-27.

WICKER B. *et al.* (2003) Being the target of another's emotion : a PET study. *Neuropsychologia,* 41, 2 : 139-46.

YANG Q., BUCCI M. P., KAPOULA Z. (2002) The latency of saccades, vergence, and combined eye movements in children and in adults Invest. Ophtalmol. Vis. Sc., 43 (9) : 2939-49.

Contagion motrice et émotionnelle

Par Julie Grèzes et Béatrice de Gelder

La perception des comportements d'autrui permet de reconnaître, de comprendre et d'inférer ses émotions et ses intentions. Cette capacité de prédire et d'attribuer des états mentaux à autrui pourrait reposer, en partie, sur l'existence d'un lien entre le système de représentations de nos propres actions et celui d'autrui. Depuis une dizaine d'années, de nombreux travaux expérimentaux réalisés chez le singe macaque et chez l'homme suggèrent, en effet, que la perception d'une action réalisée par une personne active dans le cerveau de l'observateur une représentation similaire à celle qu'il aurait formée s'il avait lui-même exécuté cette action. Dans ce chapitre, nous présenterons dans un premier temps ces études sur la perception des actions d'autrui, puis des données sur la perception des émotions et la contagion émotionnelle, et, enfin, nous discuterons de leurs implications pour l'autisme.

Introduction générale : importance de la communication non verbale

L'homme est adapté pour vivre au sein d'un groupe, et ce par le jeu de patterns complexes d'interactions sociales. Certains auteurs suggèrent que l'évolution chez les primates et chez l'homme a été, entre autres, contrainte par la nécessité de traiter des informations sociales complexes (Humphreys, 1983, Barresi et Moore, 1996) et que ce contexte de l'évolution expliquerait également la capacité très sophistiquée qu'est la conscience. Dans cette perspective écologique, la compréhension des comportements d'autrui est indispensable à la coexistence intra-espèce. Leur dimension expressive apparaît dans les postures, les gestes, et les mimiques faciales qui sont autant d'indices et de signaux de l'état subjectif, émotionnel et intentionnel d'une personne. Le mouvement est donc socialisé, il est porteur de signification tant pour celui qui le produit que pour celui qui l'observe. L'homme, ainsi que d'autres espèces animales, est à l'évidence accoutumé à décoder ces gestes et à y réagir. La perception des comportements d'autrui permet de reconnaître, de comprendre et d'inférer ses intentions et ses émotions. Comprendre autrui, c'est aussi aller au-delà de la perception immédiate pour trouver dans l'environnement et autrui les informations permettant d'identifier son intention.

L'homme, et peut-être lui seul, posséderait la capacité de prendre la perspective d'autrui et de s'identifier à lui afin de comprendre ce qu'il croit et désire, de lire ses émotions, d'appréhender le but de ses actions et d'apprendre par imitation (Tomasello, 1999). Cette capacité de prédire, de comprendre et d'attribuer des intentions à autrui, mais aussi d'imiter à partir de son observation pourrait reposer en partie sur l'existence d'un système de représentations à la fois de nos propres actions et de celles d'autrui, et d'un lien étroit entre ces représentations (Barresi et Moore, 1996 ; Jeannerod, 1997 ; Knoblich et Flach, 2001 ; Shiffrar et Pinto, 2002). D'où l'idée que la perception est contrainte par l'action comme l'ont proposé Gibson (1979) puis Shepard (1984). Dans un ouvrage récent, Berthoz (1997) décrit bien cette idée selon laquelle « la perception n'est pas seulement une interprétation des messages sensoriels, elle est contrainte par l'action, elle est simulation interne de l'action, elle est jugement et prise de décision, elle est anticipation des conséquences de l'action ». Depuis une dizaine d'années, de nombreux travaux expérimentaux réalisés chez le singe macaque et chez l'homme suggèrent en effet que la perception d'une action réalisée par une personne active dans le cerveau de l'observateur une représentation similaire à celle qu'il aurait formée s'il avait lui-même exécuté cette action (théorie des représentations partagées, Jeannerod, 1997, Prinz, 1997).

Dans ce chapitre, nous présenterons dans un premier temps des études sur la perception des actions chez le singe et chez l'homme, puis des données sur la perception des émotions, et enfin nous discuterons de leurs implications pour l'autisme.

Perception de l'action chez le singe

À l'aide des méthodes utilisées en physiologie chez le primate, il est possible d'enregistrer l'activité de populations ou de neurones individuels en réponse à la perception visuelle de mouvements réalisés par d'autres primates. Des enregistrements ont été réalisés au sein de régions cérébrales pariétales et prémotrices dont le rôle est connu dans la programmation et la planification des mouvements volontaires, et qui ont été identifiées comme étant sélectivement impliquées dans la perception des actions. Ces résultats fournissent un support physiologique à la théorie d'un recouvrement partiel des substrats neuronaux qui sous-tendent la perception et l'action.

Des populations de neurones, localisées au sein du cortex prémoteur ventral F5 et de l'aire pariétale 7b, répondent lorsque l'animal réalise une certaine action ou observe l'expérimentateur ou un autre animal exécutant cette même action (di Pelligrino *et al.*, 1992). Ces neurones, appelés « neurones miroirs », répondent, pour leur majorité, à l'observation d'une action spécifique. L'acte de préhension d'un objet est le plus représenté, mais d'autres neurones répondent à une action de déplacement, de manipulation d'un objet, ou encore à une action bimanuelle. En plus de cette spécificité pour une action donnée, certains de ces neurones sont sensibles à la direction de l'action et à la main utilisée par l'expérimentateur.

Des neurones présentant des propriétés visuelles similaires à celles des neurones miroirs de l'aire prémotrice F5 ont été enregistrés dans la région du sillon temporal supérieur (STS, Perrett *et al.*, 1989). Les deux populations sont sensibles aux interactions entre l'agent d'une action (une main) et l'objet ou le but de cette action, et ne répondent ni à l'objet seul ni au mouvement mimant cette action. Enfin, certains neurones de ces deux populations sont actifs non seulement au cours de la présentation visuelle d'une action, mais aussi lorsque la partie finale de l'action est cachée et ne peut donc être vue dans son intégralité. Ces neurones pourraient donc également jouer un rôle dans la prédiction et l'anticipation du but de l'action perçue. La différence entre les neurones des régions F5 et STS réside principalement dans le fait que seuls les neurones de la région F5 sont actifs lorsque le singe exécute une action et perçoit cette même action.

L'observation d'une action effectuée par autrui évoque une activité neuronale similaire à celle générée lorsque le singe exécute cette même action. La possibilité pour le système nerveux de se représenter une action en l'absence de contingence motrice a ouvert des horizons prometteurs quant à l'interprétation des mécanismes perceptifs. L'activité de ces neurones miroirs pourrait permettre de reconnaître le sens des actions perçues dans l'environnement grâce à la similarité entre ces deux représentations (Rizzolatti *et al.*, 1996).

Perception de l'action chez l'homme

Chez l'homme, de nombreuses études utilisant les techniques d'imagerie cérébrale fonctionnelle ont avancé des arguments physiologiques en faveur de l'hypothèse selon laquelle les représentations motrices joueraient un rôle essentiel non seulement dans l'organisation de nos comportements moteurs et leur réalisation, mais pourraient aussi intervenir dans la perception et la compréhension des comportements moteurs d'autrui. Ces études ont mis en évidence des réponses hémodynamiques au niveau du cortex prémoteur et du cortex pariétal, régions sous-tendant la génération et la planification d'actions, lorsque nous observons des actions réalisées par une autre personne (revue par Grèzes et Decety, 2001). Le sillon temporal supérieur (STS), impliqué dans la perception du mouvement biologique et dans l'observation d'actions réalisées par différentes parties du corps (*cf.* revue Allison *et al.*, 2000), est également activé. De même que chez le singe macaque, ces régions cérébrales sont actives non seulement lorsque le sujet observe passivement une action réalisée par autrui, mais également lorsqu'il exécute cette même action (Grèzes *et al.*, 2003). Cette correspondance entre percevoir et agir est décrite sous le terme de phénomène de résonance motrice (Rizzolatti et Arbib, 1998).

Cette résonance motrice est organisée de façon somatotopique, c'est-à-dire qu'elle respecte les différents territoires corporels représentés au sein du cortex prémoteur. Ainsi, les régions du cortex prémoteur qui s'activent au cours de la perception d'une action réalisée par une autre personne sont précisément celles qui sous-tendent l'exécution de cette action (Buccino *et al.*, 2001). Par exemple, la perception d'un geste réalisé avec la bouche est associée à des activations de la zone corticale représentant la bouche, tandis que la perception d'un geste réalisé avec la main sera associée à une activation de la zone corticale de la main. Ces travaux renforcent l'idée que, lorsqu'on observe le geste d'autrui, le programme moteur de ce même geste est activé dans le cerveau de l'observateur indiquant que celui-ci se sert de son propre système moteur afin de se représenter le geste d'autrui.

Ce phénomène de « résonance motrice » n'apparaît cependant que sous certaines conditions. Gibson (1979) suggère en particulier que les liens entre la perception et l'action sont déterminés, d'une part, par les attributs physiques des objets, d'autre part, par les compétences/capacités motrices de l'observateur. Le mouvement perçu doit être biologique, c'est-à-dire qu'il doit respecter les lois de productions motrices qui sous-tendent la génération de nos actions motrices. Prenons l'exemple des jeux vidéo actuels. Certains d'entre eux seulement mettent en jeu des personnages dont les mouvements proviennent d'enregistrement de la cinématique réelle (biologique) d'une personne humaine. Si cette cinématique biologique est de plus associée à un dessin de bonne qualité, notre système moteur entre en résonance avec les mouvements perçus. Perani *et al.* (2001) ont ainsi montré au cours d'une étude en neuro-imagerie que seule la perception d'une action présentée sous la forme d'une vidéo est associée à des activations du cortex pariétal et prémoteur, tandis que la perception d'actions présentées sous la forme de dessins assez schématiques en réalité virtuelle n'est pas associée à l'activation de ces régions. Ce résultat suggère que le phénomène de résonance motrice est contraint par les attributs physiques des actions perçues.

D'autre part, ce phénomène de résonance ne semble exister que pour les mouvements qui respectent les contraintes biomécaniques de notre corps, imposées par notre squelette, par nos articulations, et que nous sommes capables de réaliser. En utilisant la technique du mouvement apparent qui consiste à présenter successivement deux photos de positions corporelles, Shiffrar et Freyd (1990) ont montré qu'il est possible d'influencer la perception des sujets en variant le temps de présentation entre ces deux photos. La première photo consiste, par exemple, en une personne dont l'avant-bras droit est posé sur son avant-bras gauche, tandis que, dans la seconde, l'avant-bras gauche est cette fois-ci sous l'avant-bras droit. Dans des conditions temporelles appropriées, les sujets rapportent qu'ils voient des trajectoires conformes aux limitations du corps humain, qui respectent donc les contraintes biomécaniques (par exemple, l'avant-bras gauche fait le tour de l'avant-bras droit), plutôt qu'une trajectoire plus courte et biomécaniquement impossible (l'avant-bras gauche traverse l'avant-bras droit). En utilisant cette technique, Stevens *et al.* (2000) ont présenté à leurs participants des gestes biomécaniquement possibles et des gestes biomécaniquement impossibles. Ils montrent que seule la perception d'un mouvement biomécaniquement possible est associée à des activations au sein des cortex prémoteur et pariétal. La perception de mouvements biomécaniquement impossibles est associée à des activations des régions orbitofrontales médianes jouant un rôle dans la résolution de conflits. Ces résultats suggèrent que la résonance motrice respecte les règles générales de la production motrice.

Enfin, ce phénomène de résonance motrice dépend également des capacités motrices propres de l'observateur. Chaque personne possède un répertoire moteur qui est non seulement contraint par sa musculature et son squelette, mais également par ses capacités motrices acquises. Le système moteur est plus ou moins fortement engagé en fonction du répertoire moteur de l'observateur. Prenons l'exemple d'un spectacle de danse. Le public étant constitué de personnes n'ayant pas (ou peu) d'expérience de la danse mais également de danseurs, leur système moteur réagira différemment. En utilisant les techniques de neuro-imagerie, nous avons testé cette idée en présentant des vidéos de mouvements de danse classique ou de danse capoeira à des danseurs classiques, capoeiristes et des sujets contrôles non experts (Calvo-Merino *et al.*, 2004). Le sillon temporal supérieur, le cortex pariétal et le cortex prémoteur sont activés lorsque l'action perçue fait partie du répertoire moteur du sujet, ce qui correspond au danseur classique regardant du ballet classique et au danseur capoeira regardant de la capoeira. Ces résultats indiquent que les bases neurales sous-tendant la production d'une action sont intimement associées aux bases neurales responsables de la perception d'actions réalisées par autrui. En reprenant l'exemple du spectacle de danse, le système « miroir » (composé du cortex prémoteur, du cortex pariétal et du sillon temporal supérieur) de chaque spectateur va entrer en résonance avec les mouvements perçus. Cependant, le degré de résonance motrice sera beaucoup plus important chez les individus ayant une expérience en danse car les mouvements perçus appartiennent à leur répertoire moteur.

L'exemple du spectacle de danse correspond à une situation au cours de laquelle l'observateur est passif. Qu'en est-il lorsque l'observateur est lui-même actif ? Il apparaît que le phénomène de résonance motrice influence la réalisation de nos propres actions. Plusieurs études en psychologie expérimentale ont montré que notre contexte social, en particulier la perception d'actions réalisées par autrui, facilite l'exécution de nos propres actions ou bien au contraire interfère avec celles-ci (Sebanz *et al.*, 2003 ; Wegner et Bargh, 1998 ; Brass, Bekkering et Prinz, 2001 ; Prinz et Meltzoff, 2002). Prenons l'exemple de l'étude réalisée par Sebanz et coll. (2003). Il s'agit d'un protocole classique de compatibilité entre stimulus et réponse. Sur un écran d'ordinateur, le sujet perçoit une main dont l'index est pointé soit vers la droite, soit vers la gauche. Cet index porte un anneau qui peut être soit rouge, soit vert. La tâche du sujet consiste à répondre par exemple avec sa main droite si l'anneau est vert et avec sa main gauche si l'anneau est rouge, et d'ignorer l'information directionnelle donnée par l'index. Sebanz *et al.* (2003) montrent que le sujet est plus rapide lorsque la couleur de l'anneau et l'index indiquent la même direction de réponse, et plus lent lorsque ces deux informations sont divergentes.

Sebanz *et al.* (2003) ont eu, de plus, l'ingénieuse idée de tester cet effet lorsque deux sujets réalisent cette tâche ensemble en ayant pour consigne d'ignorer l'action de la personne assisse à leur côté. L'un des participants a pour consigne de répondre à la couleur, l'autre à la direction de l'index. Les temps de réactions des sujets sont plus rapides lorsque la direction de leur réponse est congruente avec celle de leur voisin, et plus lentes lorsqu'elle est incongruente. Ces résultats suggèrent que les participants forment de façon automatique une représentation de leurs actions, mais également de celles de leur voisin, même si celles-ci interfèrent avec leurs propres performances. Au cours d'une interaction sociale, ce phénomène de contagion motrice pourrait être l'un des mécanismes possibles qui nous permettrait de former des représentations communes avec autrui (Barresi et Moore, 1996 ; Jeannerod, 1997 ; Prinz, 1997).

Signification de la contagion motrice

À l'heure actuelle, la portée explicative de ce mécanisme de résonance motrice reste encore à clarifier. S'agit-il de cognition motrice basée sur un couplage perception-action tel qu'il a été observé chez le singe au niveau des neurones miroirs et qui est restreint au domaine de mouvements simples, ou d'un mécanisme intégré à un ensemble de compétences plus sophistiquées comme le raisonnement social et l'empathie ? Récemment, plusieurs auteurs ont en effet proposé de généraliser ce mécanisme de résonance motrice aux cognitions sociales, et suggèrent que ce phénomène pourrait jouer un rôle dans notre capacité d'inférer à autrui des états mentaux, tels que des intentions, désirs, croyances et émotions. En particulier, Gallese et Goldman (1998) proposent que l'activité des neurones miroirs pourrait être le processus précurseur sous-jacent à la théorie de la simulation. Cette approche est défendue par certains psychologues du développement et rejoint ainsi les théories simulationnistes fondées sur la notion que les humains épousent la perspective d'autrui par simulation afin d'avoir accès à leurs états mentaux.

Dans ce débat, les pathologies liées aux compétences socio-affectives telles que l'autisme ou la schizophrénie occupent une place spéciale. En effet, les déficits des compétences affectives, communicatives et sociales caractéristiques des syndromes autistiques offrent un modèle d'étude particulièrement pertinent. Avant d'examiner la contribution des études disponibles à l'heure actuelle sur l'autisme à ce débat, nous décrirons l'état actuel de nos connaissances, d'une part, de ce phénomène de résonance motrice dans le domaine des émotions chez l'adulte normal, d'autre part, des déficits de perception émotionnelle dans les syndromes autistiques. La mise en correspondance de ces deux courants de recherche permettra d'entrevoir une contribution possible de cette perspective théorique de la contagion émotionnelle à une nouvelle approche de l'autisme.

Perception des émotions chez l'homme et contagion émotionnelle

Si l'on poursuit l'hypothèse qui suggère que ce mécanisme de contagion motrice joue un rôle dans les cognitions sociales, on pourrait s'attendre à ce qu'il intervienne également au cours de la perception des comportements émotionnels. En d'autres termes, on est amené à formuler l'hypothèse selon laquelle la perception de comportements émotionnels (par exemple l'expression de la colère) ou de la composante émotionnelle d'une action instrumentale (s'emparer d'un objet avec peur, hésitation ou colère) active chez l'observateur les mécanismes sous-tendant la génération de cette émotion (Adolphs, 2002). Deux possibilités s'offrent : soit la dimension affective est perçue et représentée séparément de la contagion motrice, et elle est sous-tendue par d'autres centres cérébraux, soit il existe une variante proprement émotionnelle du phénomène de contagion motrice. Dans la première, il s'agirait de deux systèmes indépendants mais travaillant en synergie au cours de la perception d'expressions émotionnelles. Dans la seconde, il existerait un système de résonance spécifique pour les expressions corporelles des émotions et donc différent de celui qui nous avons décrit précédemment pour les actions motrices neutres.

Nous décrirons dans un premier temps des études concernant le mimétisme automatique d'expressions faciales émotionnelles perçues, suivies des premières données obtenues sur la perception des expressions corporelles des émotions. Nous discuterons brièvement ces études en séparant les données qui supportent le phénomène de contagion émotionnelle de celles qui sont associées à des champs d'interprétations plus vastes. Il est important de préciser dès à présent que la plupart de ces études ont été réalisées chez des sujets sains.

Un ensemble d'études a mis en évidence que la perception d'une expression émotionnelle déclenche chez l'observateur l'imitation automatique de cette expression. Wallbott (1991) a, par exemple, demandé à des sujets de juger les émotions faciales de visages photographiés, tout en les filmant à leur insu. Quelques semaines plus tard, il a présenté à ces mêmes sujets les enregistrements vidéo réalisés et leur a demandé de juger quelle était l'émotion qu'ils étaient en train d'évaluer dans la première session. Les sujets étaient capables d'identifier l'émotion jugée dans la première session à partir de leurs propres expressions faciales. Dimberg (1982) a déjà montré, en utilisant l'électromyographie (EMG), que, lorsque les sujets sont exposés à des expressions faciales de joie ou de colère, des réactions musculaires faciales spontanées, et distinctes en fonction de l'émotion évaluée, sont enregistrées au niveau du visage de l'observateur. Ce mimétisme est également observé lorsque le sujet ne perçoit pas consciemment le visage (Dimberg *et al.*, 2000). D'autre part, il est possible de mettre en évidence des différences interindividuelles en EMG en réponse à la perception d'expression faciale émotionnelle, en fonction des traits de personnalité des sujets (Sonnby-Borgstrom *et al.*, 2002). En séparant des sujets en deux groupes en fonction de leurs scores à un questionnaire d'empathie, Sonnby-Borgstrom *et al.* (2002) détectent des réactions musculaires plus importantes pour les sujets présentant des scores élevés en empathie par rapport à l'autre groupe. La perception d'une expression émotionnelle provoque donc chez l'observateur l'activation des représentations motrices correspondant à la génération de cette expression.

Cette résonance motrice est-elle accompagnée d'une contagion émotionnelle ? Les données récentes en neuro-imagerie montrent qu'au cours de la perception d'expressions faciales émotionnelles présentées sous forme de films vidéo des variations de débit sanguin cérébral sont détectées au sein des régions sous-tendant l'exécution de ces expressions faciales, en particulier le cortex prémoteur, et aussi au sein des régions cérébrales impliquées dans le traitement des émotions (par exemple l'amygdale) (Carr *et al.*, 2003 ; Decety et Chaminade, 2003 ; Sato *et al.*, 2004 ; Wild *et al.*, 2003). Une autre étude en neuro-imagerie est également en faveur de cette idée d'un lien entre résonance motrice et contagion émotionnelle. Cette étude s'est intéressée aux corrélats neuronaux associés à la perception d'expression corporelle des émotions, en particulier de la peur et de la joie (De Gelder *et al.*, 2004). Les sujets observaient des photographies d'acteurs exprimant soit la peur, soit la joie, soit en train de réaliser une action dirigée vers un objet (boire, se peigner, etc.). Cette dernière condition faisait office de situation de contrôle. Le visage de ces acteurs était brouillé afin que seule l'expression corporelle reflète l'émotion étudiée. La comparaison entre perception d'une expression corporelle de peur et perception d'actions dirigées vers un objet révèle à nouveau des augmentations du signal hémodynamique au sein des structures sous-tendant la réalisation d'une action, mais également au sein de l'amygdale, de structures sous-corticales, et d'aires corticales visuelles et frontales. Les réponses hémodynamiques au sein de ces régions, supérieures dans la condition de perception d'expression corporelle de la peur par rapport à la joie ou aux actions dirigées vers un objet, indiquent qu'il pourrait s'agir d'un mécanisme de contagion émotionnelle propre à la perception de la peur. Nous avons vu précédemment que la perception d'une action réalisée par autrui est associée à un phénomène de contagion motrice, et donc à des activations de régions cérébrales sous-tendant l'exécution de cette action. La perception d'actions dirigées vers un objet dans la présente étude est également associée à ce phénomène. Il reste à expliquer pourquoi les activations au sein du système moteur sont plus importantes lorsque l'on perçoit une expression de peur par rapport à une expression corporelle neutre ou une expression de joie.

Signification de ce phénomène de contagion émotionnelle

La signification fonctionnelle de cette contagion émotionnelle et ses liens avec le mimétisme automatique des expressions perçues sont un sujet de spéculations dans la littérature récente (Hess et Blairy, 2001). Certains auteurs proposent qu'il n'y a aucun lien entre le mimétisme automatique et la contagion émotionnelle (Hess et Blairy, 2001). D'autres, plus nombreux, suggèrent que la contagion émotionnelle implique trois étapes différentes : la perception d'une émotion, par exemple sous la forme d'une expression faciale, engendre son mimétisme, qui provoque à son tour des *feedback* afférents en provenance des récepteurs faciaux ou des structures neuronales impliquées dans cette expression faciale, qui eux-mêmes provoquent l'évocation de l'émotion perçue (Lipps, 1907 ; Hatfield *et al.*, 1993 ; Adolphs, 2002).

Il est cependant nécessaire d'envisager, dans certains cas, une étape supplémentaire à ce modèle, qui consiste en l'action évoquée chez l'observateur en réaction à une émotion perçue (Frijda, 1986 ; Bagozzi *et al.*, 1998). Cette étape permettrait d'expliquer les résultats décrits précédemment concernant la perception d'une expression corporelle de la peur. Une augmentation d'activité plus importante dans les régions cérébrales sous-tendant l'exécution d'action est observée lors de la perception d'une expression de peur par rapport à la perception d'une action instrumentale. Ces deux actions sont associées à un phénomène de contagion motrice qui conduit à des activations de ces régions. Cependant, seule la perception de peur engage une étape supplémentaire, celle de se préparer à agir en réaction à l'émotion perçue.

Les émotions pourraient différer entre elles sur au moins deux dimensions, l'une d'entre elles caractérise notamment le lien de l'émotion à l'action/réaction. L'autre dimension est le degré de socialisation de l'expression émotionnelle. Or il existe une forte tendance dans la littérature à traiter l'ensemble des émotions de la même façon, du moins les émotions dites « de base » que sont la peur, la joie, la colère, le dégoût, la tristesse (Ekman, 2003 ; Russell, 2003). Cette tendance à regrouper les émotions dites « de base » autour d'un même modèle pourrait trouver son origine dans le fait que la distinction entre les émotions de base et les autres repose sur un critère de comparaisons interculturelles, les émotions de base étant définies comme celles qui sont reconnues spontanément par l'ensemble des cultures. Cependant, ce principe de reconnaissance interculturelle généralisée n'est peut-être pas le seul important, ni même le plus fondamental pour la compréhension des émotions et des troubles sociocognitifs associés et illustrés par exemple dans l'autisme.

Nous aimerions développer l'idée selon laquelle les émotions sont très différentes lorsqu'on les considère du point de vue de l'action et de leur contexte social (y compris leurs fonctions interpersonnelles). Les degrés de relation à l'action permettraient non seulement de caractériser différents types d'émotions et états émotionnels, mais également de déterminer dans quelle mesure les émotions et les actions qui leur sont associées sont pénétrables par d'autres capacités mentales (c'est-à-dire cognition, raisonnement, mémoire et croyances) et sont socialisées, au sens où elles sont contextualisées et interprétées dans un environnement social. Prenons le cas de la peur, qui est peut-être l'exemple le plus évident dans le cadre de cette discussion. L'action ou réaction associée le plus souvent à la peur est la fuite face au danger. Il existe un certain nombre de situations connues pour déclencher les réactions de peur (par exemple, un bruit fort, un mouvement soudain, etc.). La détection de ces stimuli et la préparation à l'action de fuite font partie de ces mécanismes très élémentaires qui sont sans doute implémentés dans des structures anciennes du cerveau. Par exemple, un mouvement d'orientation rapide vers la source d'un bruit est assuré par des structures sous-corticales telles que le colliculus, et ce de façon relativement indépendante de la vision et de l'audition traitées au niveau du cortex. Ces réactions ou réflexes émotionnels se seraient adaptés à l'environnement sans passer par des processus d'élaboration cognitive et sociale. Enfin et surtout, la vision de ces réactions ou réflexes émotionnels par des congénères engendre une contagion motrice chez les primates (Preston et de

Waal, 2002) et chez l'homme (De Gelder *et al.*, 2004). Ce point de vue permettrait d'expliquer le fait que, dans le cadre des recherches sur la perception non consciente des expressions faciales, la peur se révèle être l'émotion la mieux perçue en l'absence de conscience ou d'attention. En effet, cela indiquerait que l'action évoquée chez l'observateur en réaction à sa propre peur ou à celle d'autrui n'a rien à gagner à être filtrée, interprétée et enrichie, ou même le cas échéant bloquée par des traitements cognitifs et des informations contextuelles qui accompagnent l'étape de contagion motrice. Le dégoût pourrait être similaire à la peur quant à son rapport à l'action. La réaction de rejet immédiat provoqué lors de l'ingestion d'une mauvaise chose semble être également un réflexe automatique qui, pour être optimal, n'a pas non plus besoin d'interprétation ni de contexte social.

Si la colère représente, de même que la peur, un danger potentiel dans l'environnement, elle semble être cependant intrinsèquement plus sociale. Tandis qu'un visage exprimant la peur reflète le plus souvent un danger potentiel perçu par celui ou celle qui l'exprime dans son environnement immédiat, un visage en colère signale une agression possible de la part de celui ou celle qui l'exprime, dirigée le plus souvent vers une personne. La colère est le plus souvent associée à un contexte d'interaction sociale. De fait, Adams et ses collègues (2003) ont montré que leurs sujets répondent plus rapidement lorsqu'ils perçoivent un visage exprimant la colère avec le regard de face plutôt qu'avec le regard vers le côté, et le résultat inverse pour l'expression de la peur. Ainsi, indépendamment de son degré de relation à l'action, une émotion pourrait être également définie selon son degré de contextualisation sociale. La prise en compte de la relation d'une émotion à l'action et à son contexte social semble être un premier pas explicatif possible de la variabilité observée dans le traitement des émotions. Ces dimensions ont été pourtant peu explorées jusqu'à présent.

Pour conclure cette section, la variabilité observée entre les différentes émotions étudiées paraît difficilement conjugable avec l'idée que le mécanisme de contagion possède à lui seul les clés pour comprendre les émotions. En partant du postulat que ce phénomène joue un rôle dans les cognitions sociales, il est probable que ce phénomène ne soit pourtant qu'une étape dans l'ensemble des composantes nécessaires à un comportement adapté à son environnement physique et social. Aussi, afin que ce mécanisme de contagion puisse avoir une valeur explicative, ses relations avec les autres composantes doivent être déterminées. Une telle clarification est *a fortiori* d'autant plus importante lorsqu'il s'agit de comprendre comment un dysfonctionnement du système miroir pourrait intervenir dans les troubles de communication et d'interaction sociale observés dans les syndromes autistiques.

Implications pour l'autisme

Les syndromes autistiques se caractérisent par des troubles précoces du développement de l'enfant qui altèrent l'ensemble des capacités permettant d'établir des interactions sociales entre le sujet et son environnement. Si l'étiologie des troubles autistiques reste mal identifiée, ce trouble hétérogène est caractérisé par des déficits de la communication sociale, un manque d'imagination, l'incapacité à comprendre autrui comme agent intentionnel, un manque d'empathie, des déficits d'imitation, etc. Ce tableau clinique des troubles autistiques varie avec l'âge. De plus, la variabilité interindividuelle est considérable (Frith, 2001). Plusieurs courants de recherche sur les causes possibles des troubles de communication sociale et des déficits dans le traitement des émotions existent à l'heure actuelle.

Au cours de la dernière décennie, une avalanche de données a été produite impliquant l'amygdale dans le traitement des expressions faciales émotionnelles, et plus particulièrement dans la perception de la peur (voir revue Zald, 2003). Or certaines recherches ont montré que les troubles autistiques étaient associés à des anomalies cérébrales fonctionnelles et structurelles de l'amygdale, mais également du pôle temporal et du cortex cingulaire (Abell *et al.*, 1999 ; Baron-Cohen *et al.*, 2000 ; Howard *et al.*, 2000 ; Boddaert et Zilbovicius, 2002). Ces mêmes régions cérébrales sont justement impliquées non seulement dans des tâches de perception d'expression faciale d'émotions, mais également dans de nombreuses tâches d'attribution d'états mentaux chez le sujet sain, en particulier le sillon temporal supérieur (STS), le cortex cingulaire antérieur, le cortex orbitofrontal latéral et l'amygdale (Goel *et al.*, 1995 ; Brunnet *et al.*, 2000 ; Gallagher *et al.*, 2000 ; Castelli *et al.*, 2000 ; Vogeley *et al.*, 2001 ; Berthoz *et al.*, 2002).

Chez le macaque, l'amygdale reçoit des connexions du STS, du cortex frontal ventrolateral, orbital et médian (Amaral *et al.*, 1992). Ces connexions réciproques entre le cortex orbitofrontal et l'amygdale suggèrent que le cortex orbitofrontal pourrait exercer un contrôle sur les processus internes de l'amygdale (Ghashghaei et Barbas, 2002). Des anomalies congénitales et des lésions acquises au cours du développement de l'amygdale, du cortex frontal ventrolatéral et du cortex cingulaire antérieur, ainsi que des déficits de la fonctionnalité de leurs connexions, provoquent des changements dans le comportement social chez le jeune macaque (Bachevalier, 1996 ; Amaral *et al.*, 2003 ; Hadland *et al.*, 2003) et des déficits dans les tests de théories de l'esprit chez l'homme (Fine *et al.*, 2001 ; Anderson *et al.*, 1999). Une lésion de l'amygdale chez le singe adulte provoque une désinhibition sociale (Amaral *et al.*, 2003) ; chez l'homme, elle provoque la tendance à faire plus confiance à autrui par rapport à des sujets contrôles (Adolphs *et al.*, 1998). Ces résultats indiquent que le cortex cingulaire, le cortex frontal ventrolatéral et l'amygdale joueraient un rôle crucial dans le développement des fonctions sociales. L'amygdale semble plus particulièrement impliquée dans la détection des signaux permettant de juger les dangers potentiels présents dans l'environnement (Adolphs, 2001 ; Amaral, 2003). La fonction de ces régions cérébrales pourrait être cependant différente à l'âge adulte, mais l'absence de données développementales dans ce domaine reste encore un obstacle important à une meilleure compréhension de l'autisme comme trouble développemental.

Les données disponibles dans la littérature illustrent la plupart du temps l'existence de déficits dans le traitement des émotions chez les autistes. Avant d'entrer dans la description de certains résultats, il est important de remarquer que peu de données sont décisives sur ces déficits émotionnels associés à l'autisme et peuvent prétendre servir de support solide à des généralisations, cela étant en partie dû à l'hétérogénéité de la population testée. De plus, des sujets autistes, doués intellectuellement, peuvent présenter un déficit relativement léger dans des tâches nécessitant la reconnaissance de stimuli émotionnels et de situations sociales à un niveau d'analyse élaboré. En revanche, dès qu'il s'agit de se représenter spontanément et automatiquement les émotions d'autrui, leur déficit peut être beaucoup plus grand (De Gelder *et al.* 1987). Cette dissociation entre deux types de compétences est cohérente avec des données en neuropsychologie suggérant deux voies opérant en parallèle dans le traitement de l'émotion, l'une implicite et non consciente, l'autre explicite et impliquant des processus cognitifs ouverts à l'inspection consciente (De Gelder *et al.*, 2002 ; Glascher et Adolphs, 2003). À l'heure actuelle, peu d'études ont cependant cherché à appliquer cette distinction entre processus implicites et explicites à l'autisme (Critchley *et al.*, 2000).

L'utilisation de la technique d'électro-encéphalographie (EEG) a permis de montrer qu'il existait chez le sujet sain des différences dans l'amplitude d'une composante négative (N300) évoquée par la vue d'un visage exprimant la peur par rapport à la perception d'un visage neutre. Cette différence n'est pas retrouvée dans l'EEG des enfants autistes. Des anomalies sont observées au niveau des composantes tardives, indiquant une absence de discrimination entre visages neutres et expressions de peur chez ces enfants autistes (Dawson *et al.*, 2004). Cependant, en séparant les sujets en deux groupes en fonction de leurs performances à des tâches comme l'attention conjointe qui dénotent leurs capacités sociales, les auteurs montrent que le groupe ayant les meilleures performances présente les mêmes tracés EEG que le groupe contrôle (Dawson *et al.*, 2004). Les différences interindividuelles au sein de cette population sont donc importantes à prendre en compte.

L'étude des mécanismes sous-tendant la reconnaissance des visages et des expressions faciales a également été abordée avec les techniques d'imagerie cérébrale. Il existe pourtant relativement peu d'études, et les conclusions ne sont donc pas encore définitives. L'une des hypothèses envisagées est que ce déficit dans le traitement des visages se traduit par une faible activation au niveau du gyrus fusiforme lors de la perception d'un visage ainsi que par une moindre spécificité des activations au sein de cette région (Piggot *et al.*, 2004). Ces observations cohérentes avec les données comportementales qui suggèrent l'existence de déficits dans le traitement de différents types d'informations faciales comme l'identité personnelle, le genre ou la lecture labiale de la parole (De Gelder et Vroomen, 1991) sont toutefois en contradiction avec une étude récente qui détecte un niveau d'activation normal au sein du gyrus fusiforme lors de la présentation de visages (Hadjikhani et De Gelder, 2003). La signification fonctionnelle d'une activation du gyrus fusiforme devrait être néanmoins considérée non pas seule, mais en rapport à l'ensemble du réseau cérébral impliqué dans le traitement des informations faciales.

Si de nombreuses études ont porté sur les déficits sociocognitifs et émotionnels des sujets autistes, très peu ont cherché à déterminer si ces sujets présentent également des déficits dans les capacités qui sont supposées précéder, voire sous-tendre ces capacités sociocognitives. Nous faisons ici référence à un dysfonctionnement du système miroir supposé être impliqué dans la génération des syndromes autistiques (Williams *et al.*, 2001). À l'heure actuelle, il n'y a pas encore de données suffisantes permettant d'évaluer cette hypothèse. Plusieurs auteurs qui entrevoient le potentiel explicatif des neurones miroirs citent les résultats obtenus en électromyographie (EMG) chez le sujet sain comme un argument en faveur du rôle des neurones miroirs dans la perception des expressions faciales (Gallese *et al.*, 2004). En conséquence, un déficit dans la perception des expressions faciales chez le sujet autiste pourrait se manifester par une absence d'imitation faciale mesurée en EMG. Jusque très récemment, cette hypothèse n'avait pas été encore testée.

De Gelder et ses collaborateurs ont étudié un groupe de 10 jeunes adultes autistes et un groupe contrôle du même âge et de même niveau intellectuel. Le but était de déterminer si le phénomène classique de contagion automatique d'une expression faciale était présent chez les sujets autistes. Chez le sujet sain, ce phénomène consiste en une augmentation de l'activité électrique dans le muscle zygomatique lors de la perception d'un stimulus positif tel qu'un visage exprimant la joie et d'une augmentation dans le corrugateur lors de la perception d'un stimulus négatif tel qu'une expression faciale de peur. Ce groupe possède d'autres données qui indiquent par ailleurs que ces effets spécifiques s'observent également pour des stimuli auditifs comme des fragments de paroles énoncées sur un ton positif ou négatif (Magnee *et al.*, 2005). De Gelder et ses collaborateurs ont utilisé dans le cadre de cette étude différentes expressions faciales et des fragments de phrases parlées sur différents tons émotionnels (De Gelder et Vroomen, 2000). De plus, la combinaison de ces deux types d'informations, visuelle et auditive, permettait d'étudier les effets de congruence entre expression faciale et voix. Pendant que les sujets regardaient et écoutaient ces stimuli visuels et auditifs, l'EMG du corrugateur et du zygomatique était enregistré. Les résultats révèlent qu'au cours de la perception d'une expression faciale de joie une augmentation de l'activité électrique est enregistrée au niveau du zygomatique chez les sujets témoins aussi bien que chez les sujets autistes. De même, une augmentation d'activité au niveau du corrugateur est détectée chez ces deux populations au cours de la perception d'expression faciale de peur. Des effets similaires sont observés lors de la combinaison visage-voix exprimant la joie et la peur. Ces données indiquent donc clairement que le phénomène de contagion, mesuré avec l'EMG, fonctionne chez les sujets autistes étudiés. Les résultats récents de Sebanz et coll. (sous presse) obtenus avec le protocole déjà décrit, ainsi que les études de Nadel (voir chapitre dans ce volume) sur l'imitation supportent également l'idée selon laquelle le système sous-tendant la contagion motrice pourrait être intact chez ces sujets autistes.

Conclusion

Les résultats que nous venons de présenter soulèvent un certain nombre de questions quant à l'hypothèse selon laquelle le phénomène de contagion motrice – système « miroir » – joue un rôle essentiel dans le développement des capacités sociocognitives. Ils montrent en effet qu'il est possible d'observer, chez certains groupes d'autistes, une contagion motrice intacte associée à des déficits socio-affectifs persistants. Ces résultats suggèrent que ce mécanisme, tout en étant fonctionnel, pourrait être découplé des capacités socio-affectives. Chez les sujets sains, une coactivation des régions sous-tendant, d'une part, le phénomène de résonance motrice et, d'autre part, celles associées au traitement des émotions est observée (De Gelder *et al.*, 2004). Une dissociation entre ces deux mécanismes chez certains sujets autistes est envisageable au regard des études rapportant des problèmes de traitement de l'information au niveau du sillon temporal supérieur et de l'amygdale (Castelli *et al.*, 2002 ; Boddaert *et al.*, 2004 ; Gervais *et al.*, 2004 ; Adolphs, 2002) ou de connectivité entre ces deux régions. Le sillon temporal supérieur est justement une région commune à ces deux domaines d'études que sont la contagion motrice et la contagion émotionnelle. Les données présentées sur la contagion motrice d'expressions émotionnelles chez des sujets autistes ne nous renseignent cependant pas sur l'état émotionnel de ces sujets, et les résultats disponibles à ce jour sur la contagion émotionnelle chez les sujets autistes sont contradictoires (Blair, 2003). À l'avenir, il serait intéressant d'étudier les interactions entre ces mécanismes de résonance motrice et ceux de contagion émotionnelle. Dans ce cadre, la prise en compte des différentes dimensions des émotions (liens à l'action et référence sociale) ainsi que des différences interindividuelles dans les comportements sociocognitifs (Dawson *et al.*, 2004) pourrait permettre une meilleure définition des différents phénotypes associés aux difficultés des relations sociales qui sont au centre des troubles autistiques.

Références

Abell F., Krams M., Ashburner J., Passingham R., Friston K., Frackowiak R., Happe F., Frith, C. & Frith U. (1999). The neuroanatomy of autism : a voxel-based whole brain analysis of structural scans. *Neuroreport*, 10 (8) : 1647-1651.

Adams R. B. & Kleck R. E. (2003). Perceived gaze direction and the processing of facial displays of emotion. *Psychological Science,* 14 : 644-647.

Adolphs R., Tranel D. & Damasio A. R. (1998). The human amygdala in social judgment. *Nature*, 393 (6684) : 470-4.

Adolphs R. (2001). The neurobiology of social cognition. *Current Opinion in Neurobiology,* 11 (2) : 231-9. Review.

Adolphs R. (2002). Neural systems for recognizing emotion. *Current Opinion in Neurobiology,* 12 (2) : 169-177.

Allison T., Puce A. & McCarthy G. (2000). Social perception from visual cues : role if the STS region. *TICS* 4 : 267-278.

Amaral D. G. & Insausti R. (1992) Retrograde transport of D- [3H]-aspartate injected into the monkey amygdaloid complex. *Experimental Brain Research*, 88 (2) : 375-88.

Amaral D. G., Bauman M. D. & Mills Schumann C. (2003). The amygdala and autism : implications from non-human studies. *Genes, Brain and Behavior*, 2 : 295-302.

Amaral D. G. (2003). The amygdala, social behavior, and danger detection. *Annals of the New York Academy of Sciences,* 1000 : 337-347.

Anderson S. T., Bechara A., Damasio H., Tranel D. & Damasio A. R. (1999). Impairment of social and moral behaviour related to early damage in human prefrontal cortex. *Nature Neuroscience*, 2 (11) : 1032-7.

Bachevalier J. (1996) Brief report : medial temporal lobe and autism : a putative animal model in primates. *Journal of Autism and Developmental Disorders,* 26 (2) : 217-20. Review.

Bagozzi R. P., Baumgartner H. & Pieters R. (1998) Goal-directed Emotions. *Cognition and Emotion,* 12 (1) : 1-26.

Baron-Cohen S., Ring H. A., Bullmore E. T., Wheelwright S., Ashwin C. & Williams S. C. (2000) The amygdala theory of autism. *Neuroscience and Biobehavioral Reviews,* 24 (3), 355-364.

Barresi J. & Moore C. (1996). Intentional relations and social understanding. *The Behavioral and Brain Sciences*, 19 : 107-154.

Berthoz A. (1997). *Le Sens du mouvement*. Paris, Odile Jacob.

Berthoz S., Armony J. L., Blair R. J. R. & Dolan R. J. (2002) An fMRI study of intentional and unintentional (embarrassing) violations of social norms. *Brain*, 125 : 1696-1708.

Blair R. J. R. (2003) Facial expressions, their communicatory functions and neuro-cognitive substrates. *Philosophical Transactions of the Royal Society of London. Series B, Biological Sciences,* B 358, 561–572.

Boddaert N. & Zilbovicius M. (2002) Functional neuroimaging and childhood autism. *Pediatric Radiology, 32* (1), 1-7.

Boddaert N., Chabane N., Gervais H., Good C. D., bourgeois M., Plumet M. H., Barthélémy C., Mouren M. C., Artiges E., Samson Y., Brunelle F., Frackowiak R. S. & Zilbovicius M. (2004) Superior temporal sulcus anatomical abnormalities in childhood autism : a voxel-based morphometry MRI study. *Neuroimage,* 23 (1), 364-369.

Brass M., Bekkering H. & Prinz W. (2001) Movement observation affects movement execution in a simple response task. *Acta Psychologica, 106* (1-2), 3-22.

Brunnet E., Sarfati Y., Hardy-Bayle M.-C. & Decety J. (2000). A PET investigation of the attribution of intentions with a nonverbal task. *Neuroimage* 11 : 157-166.

Buccino G., Binkofski F., Fink G. R., Fadiga L., Fogassi L., Gallese V., Seitz R. J., Zilles K., Rizzolatti G. & Freund H. J. (2001). Action observation activates premotor and parietal areas in a somatotopic manner : an fMRI study. *The European Journal of Neuroscience,* 13 (2), 400-404.

Calvo-Merino B., Glaser D. E., Grezes J., Passingham R. E. & Haggard P. (2004) Action Observation and Acquired Motor Skills : An fMRI Study with Expert Dancers. *Cerebral Cortex.* Dec 22 ; [Epub ahead of print].

Carr L., Iacoboni M., Dubeau M. C., Mazziotta J. C. & Lenzi G. L. (2003). Neural mechanisms of empathy in humans : a relay from neural systems for imitation to limbic areas. *Proceedings of the National Academy of Sciences of the United States of America,* 100 (9) : 5497-502.

Castelli F., Happe F., Frith U. & Frith C. (2000). Movement and mind : a functional imaging study of perception and interpretation of complex intentional movement patterns. *Neuroimage,* 12 (3), 314-325.

Castelli F., Frith C., Happe F. & Frith U. (2002). Autism, Asperger syndrome and brain mechanisms for the attribution of mental states to animated shapes. *Brain,* 125 : 1839-49.

Critchley H., Daly E., Phillips M., Brammer M., Bullmore E., Williams S., Van Amelsvoort T., Robertson D., David A. & Murphy D. (2000). Explicit and implicit neural mechanisms for processing of social information from facial expressions : a functional magnetic resonance imaging study. *Human Brain Mapping,* 9 (2), 93-105.

Dawson G., Webb S. J., Carver L., Panagiotides H. & McPartland J. (2004) Young children with autism show atypical brain responses to fearful versus neutral facial expressions of emotion. *Developmental Science,* 7 : 340–359.

De Gelder B. (1987) On not having a theory of mind. *Cognition, 27* (3), 285-290.

De Gelder B. & Vroomen J. (1991) Phonological deficits : beneath the surface of reading-acquisition problems. *Psychological Research,* 53 (1), 88-97.

De Gelder B. & Vroomen J. (2000) The perception of emotions by ear and by eye. *Cognition & Emotion,* 14 (3), 289-311.

De Gelder B., Pourtois G. & Weiskrantz L. (2002). Fear recognition in the voice is modulated by unconsciously recognized facial expressions but not by unconsciously recognized affective pictures. *Proceedings of the National Academy of Sciences of the United States of America,* 99 (6) : 4121-6.

De Gelder B., Snyder J., Greve D., Gerard G. & Hadjikhani N. (2004) Fear fosters flight : A mechanism for fear contagion when perceiving emotion expressed by a whole body. *Proceedings of the National Academy of Sciences of the United States of America*, 101 (47), 16701-16706.

DECETY, J. & CHAMINADE T. (2003) Neural correlates of feeling sympathy. *Neuropsychologia*, 41 (2) : 127-38.

DI PELLEGRINO G., FADIGA L., FOGASSI L., GALLESE V. & RIZZOLATTI G. (1992) Understanding motor events : a neurophysiological study. *Experimental Brain Research,* 91 (1), 176-180.

DIMBERG U. (1982) Facial reactions to facial expressions. *Psychophysiology,* 19 (6), 643-647.

DIMBERG U., THUNBERG M. & ELMEHED K. (2000) Unconscious facial reactions to emotional facial expressions. *Psychological Science : A Journal of the American Psychological Society*, 11 (1) : 86-9.

EKMAN P. (2003) Emotions inside out. 130 Years after Darwin's « The Expression of the Emotions in Man and Animal ». *Annals of the New York Academy of Sciences*, 1000 : 1-6.

FINE C., LUMSDEN J. & BLAIR R. J. (2001) Dissociation between « theory of mind » and executive functions in a patient with early left amygdala damage. *Brain,* 124 (Pt 2) : 287-298.

FRIJDA N. H. (1986) *The Emotions*. Cambridge, UK : Cambridge University Press.

FRITH U. (2001) Mind blindness and the brain in autism. *Neuron,* 32 (6) : 969-979.

GALLAGHER H. L., HAPPÉ F., BRUNSWICK N., FLETCHER P. C., FRITH U. & FRITH C. D. (2000) Reading the mind in cartoons and stories : an fMRI study of « theory of mind » in verbal and non-verbal tasks. *Neuropsychologia*, 38 : 11-21.

GALLESE V. & GOLDMAN A. (1998) Mirror neurons and the simulation theory of mind-reading. *TICS* 2 : 493-501.

GALLESE V., KEYSERS C. & RIZZOLATTI G. (2004) A unifying view of the basis of social cognition. *Trends in Cognitive Sciences,* 8 (9) : 396-403.

GERVAIS H., BELIN P., BODDAERT N., LEBOYER M., COEZ A., SFAELLO I., BARTHÉLÉMY C., BRUNELLE F., SAMSON Y. & ZILBOVICIUS M. (2004) Abnormal cortical voice processing in autism. *Nature Neuroscience,* 7 (8) : 801-802.

GHASHGHAEI H. T. & BARBAS H. (2002) Pathways for emotion : interactions of prefrontal and anterior temporal pathways in the amygdala of the rhesus monkey. *Neuroscience,* 115 (4) : 1261-1279.

GIBSON J. (1979) *The Ecological Approach to Visual Perception*. Boston, MA : Houghton Mifflin.

GLASCHER J. & ADOLPHS R. (2003) Processing of the arousal of subliminal and supraliminal emotional stimuli by the human amygdala. *The Journal of Neuroscience,* 23 (32) : 10274-82.

GOEL V., GRAFMAN J., SADATO N. & HALLETT M. (1995) Modeling other minds. *Neuroreport,* 6 (13) : 1741-1746.

GRÈZES, J. & DECETY J. (2001) Functional anatomy of execution, mental simulation, observation, and verb generation of actions : a meta-analysis. *Human Brain Mapping,* 12 (1) : 1-19.

GRÈZES J., ARMONY J. L., ROWE J. & PASSINGHAM R. E. (2003) Activations related to « mirror » and « canonical » neurones in the human brain : an fMRI study. *Neuroimage,* 18 (4) : 928-937.

HADJIKHANI N. & de GELDER B. (2003) Seeing fearful body expressions activates the fusiform cortex and amygdala. *Current Biology*, 13 (24) : 2201-2205.

HADLAND K. A., RUSHWORTH M. F., GAFFAN D. & PASSINGHAM R. E. (2003) The effect of cingulate lesions on social behaviour and emotion. *Neuropsychologia*, 41 (8) : 919-31.

HATFIELD E., CACIOPPO J. T. & RAPSON R. L. (1993) *Emotional Contagion*. Cambridge University Press.

HESS U. & BLAIRY S. (2001) Facial mimicry and emotional contagion to dynamic emotional facial expressions and their influence on decoding accuracy. *International Journal of Psychophysiology,* 40 (2) : 129-141.

HOWARD M. A., COWELL P. E., BOUCHER J., BROKS P., MAYES A., FARRANT A. & ROBERTS N. (2000) Convergent neuroanatomical and behavioural evidence of an amygdala hypothesis of autism. *Neuroreport,* 11 (13) : 2931-2935.

HUMPHREYS N. (1983) *Consciousness Regained*. Oxford : Oxford University Press.

JEANNEROD M. (1997) *The Cognitive Neuroscience of Action*. Oxford : Blackwell.

KNOBLICH G. & FLACH R. (2001) Predicting the effects of actions : interactions of perception and action. *Psychological Science : A Journal of the American Psychological Society,* 12 (6) : 467-472.

LIPPS T. (1907) Das wissen von fremden ichen. *Psychologische Untersuchnung,* 1 : 694-722.

MAGNEE M. J. C. M., STEKELENBURG J. J., DE GELDER B., VAN ENGELAND H. & KEMNER C. (2005) Facial EMG and affect processing in autism. 4th International Meeting for Autism Research (IMFAR) May 5-7, 2005 Boston, Mass. États-Unis.

NADEL J. (Présent volume) Imitation et autisme.

PERANI D., FAZIO F., BORGHESE N. A., TETTAMANTI M., FERRARI S., DECETY J. & GILARDI M. C. (2001) Different brain correlates for watching real and virtual hand actions. *Neuroimage,* 14 (3) : 749-758.

PERRETT D. I., HARRIES M. H., BEVAN R., THOMAS S., BENSON P. J., MISTLIN A. J., CHITTY A. J., HIETANEN J. K. & ORTEGA J. E. (1989) Frameworks of analysis for the neural representation of animate objects and actions. *The Journal of Experimental Biology*, 146 : 87-113. Review.

PIGGOT J., KWON H., MOBBS D., BLASEY C., LOTSPEICH L., MENON V., BOOKHEIMER S. & REISS A. L. (2004) Emotional attribution in high-functioning individuals with autistic spectrum disorder : a functional imaging study. *Journal of the American Academy of Child and Adolescent Psychiatry,* 43 (4) : 473-480.

PRESTON S. D. & DE WAAL F. B. (2002) Empathy : Its ultimate and proximate bases. *The Behavioral and Brain Sciences*, 25 (1) : 1-20 ; discussion 20-71.

PRINZ W. (1997) Perception and action planning. *European Journal of Cognitive Psychology,* 9 (2) : 129-154.

PRINZ W. & MELTZOFF A. N. (2002) An introduction to the imitative mind and brain. *In* W. PRINZ & A. N. N. SEBANZ *et al.*/Cognition 88 (2003) B11 – B21 20 Meltzoff (Eds.), *The Imitative Mind : Development, Evolution, and Brain Bases* (p. 1–15). New York : Cambridge University Press.

RIZZOLATTI G. & ARBIB M. A. (1998) Language within our grasp. *Trends in Neuroscience,* 21 (5) : 188-194.

RIZZOLATTI G., FADIGA L., GALLESE, V. & FOGASSI L. (1996) Premotor cortex and the recognition of motor actions. *Brain Research. Cognitive Brain Research,* 3 (2) : 131-141.

RUSSELL J. A. (2003) Core affect and the psychological construction of emotion. *Psychological Review,* 110 : 145-172.

SATO W., KOCHIYAM T., YOSHIKAWA S., NAITO E. & MATSUMURA M. (2004) Enhanced neural activity in response to dynamic facial expressions of emotion : an fMRI study. *Cognitive Brain Research,* 20 : 81-91.

SEBANZ N., KNOBLICH G. & PRINZ W. (2003) Representing others' actions : just like one's own ? *Cognition,* 88 (3) : B11-21.

SEBANZ N., KNOBLICH G., STUMPF L. & PRINZ W. (In press) Far from action-blind : Representation of others' actions in individuals with autism. *Journal of Cognitive Neuropsychology.*

SHEPARD R. N. (1984) Ecological constraints on internal representation : resonant kinematics of perceiving, imagining, thinking, and dreaming. *Psychological Review,* 91 (4) : 417-447.

SHIFFRAR M. & FREYD J. (1990) Apparent motion of the human body. *Psychological Science,* 1 : 257-264.

SHIFFRAR M. & PINTO, J. (2002) The visual analysis of bodily motion. Common mechanisms in perception and action. *In* W. Prinz & B. Hommel (Eds.), *Attention and Performance, Vol. XIX.* (p. 381-399). Oxford : Oxford University Press.

SONNBY-BORGSTROM M. (2002) Automatic mimicry reactions as related to differences in emotional empathy. *Scandinavian Journal of Psychology,* 43 (5) : 433-443.

STEVENS J. A., FONLUPT P., SHIFFRAR M. & DECETY J. (2000) New aspects of motion perception : selective neural encoding of apparent human movements. *Neuroreport,* 11 (1) : 109-115.

TOMASELLO M. (1999) *The Cultural Origins of Human Cognition.* Harvard University Press.

VOGELEY K., BUSSFELD P., NEWEN A., HERRMANN S., HAPPE F., FALKAI P., MAIER W., SHAH N. J., FINK G. R. & ZILLES K. (2001) Mind reading : neural mechanisms of theory of mind and self-perspective. *Neuroimage,* 14 : 170-181.

WALLBOTT H. G. (1991) Recognition of emotion from facial expression via imitation ? Some indirect evidence for an old theory. *The British Journal of Social Psychology,* 30 : 207-219.

WEGNER D. M. & BARGH J. A. (1998) Control and automaticity in social life. *In* S. T. FISKE & D. T. GILBERT (Eds.), *The Handbook of Social Psychology* (p. 446-496). New York : McGraw Hill.

WILD B., ERB M., BARTELS M. & GRODD W. (2003) Why are smiles contagious ? An fMRI study of the interaction between perception of facial affect and facial movements. *Psychiatry Research : Neuroimaging,* 123 : 17-36.

WILLIAMS J. H. G., WHITEN A., SUDDENDORF T. & PERRETT D. I. (2001) Imitation, mirror neurons and autism. *Neuroscience and Biobehavioral Reviews,* 25 : 287-295.

ZALD D. H. (2003) The human amygdala and the emotional evaluation of sensory stimuli. *Brain Research. Brain Research Reviews,* 41 (1) : 88-123.

Amygdale et autisme : apport des études chez le primate non humain[1]

Par David G. Amaral, M. D. Bauman, et C. Mills Schumann

En 1990, Brothers définit l'amygdale comme étant une structure clé du réseau nerveux sous-tendant les comportements sociaux. Une neuropathologie de l'amygdale a été mise en évidence, post mortem, *dans des cerveaux de sujets autistes (Kemper et Bauman, 1993). Associés aux récentes données de la neuro-imagerie, ces résultats ont conduit Baron-Cohen et son équipe (2000) à proposer qu'un dysfonctionnement de l'amygdale pourrait être responsable, pour une part, des déficits sociaux caractéristiques de l'autisme. Cependant, des lésions de l'amygdale récemment réalisées, dans notre laboratoire, chez des macaques (jeunes et adultes) ne semblent pas confirmer ce rôle fondamental de l'amygdale dans le domaine social. Ainsi, si l'amygdale n'est pas essentielle aux comportements sociaux, comme le suggèrent les données chez le primate non humain et les patients présentant des lésions bilatérales de l'amygdale, elle ne pourrait expliquer le déficit social autistique.*

Toutefois, des lésions de l'amygdale chez le singe provoquent des réactions anormales aux stimuli induisant la peur, comme celle relative aux serpents, et suppriment la tendance naturelle à hésiter à entrer en relation avec de nouveaux pairs. Ainsi, l'amygdale jouerait un rôle prépondérant dans la détection du danger et dans la mise en jeu de réponses appropriées, comme la peur. L'anxiété faisant également partie des caractères autistiques (Muris et al., *1998), il est possible que les*

1. Cet article a été précédemment publié en anglais sous le titre « The amygdala and autism : implications from non human primate studies » dans *Genes, Brain and Behavior* p. 295-302 (volume 2, issue 5) Éditions Blackwell.

anomalies de l'amygdale soient à l'origine des réponses de peur inappropriées ainsi que de l'extrême anxiété observée dans l'autisme plutôt que du comportement social anormal.

Comment en est-on arrivé à suspecter l'amygdale dans l'autisme ?

L'autisme est un trouble neurologique qui se manifeste dès l'âge de 3 ans et persiste tout le long de la vie. Les personnes atteintes d'autisme sont très sévèrement déficitaires dans les interactions sociales ; leur développement cognitif et leur communication, verbale et non verbale, sont également perturbés. D'autres difficultés, comme d'importants problèmes moteurs, un niveau de peur et d'anxiété inhabituel, une hyperphagie ou encore une incapacité à moduler les afférences sensorielles sont également rapportés. Depuis la description initiale de Leo Kanner, cinquante ans plus tôt, la définition du spectre autistique a largement évolué. Elle englobe aujourd'hui une large gamme de troubles sociaux et émotionnels, et des degrés de fonctionnement cognitif et linguistique très variables. Au même moment que Kanner, Hans Asperger (1944) décrivait un groupe d'enfants présentant une « psychopathie autistique ». Ces enfants présentaient des centres d'intérêt restreints comme les autistes de haut niveau, mais leur capacité verbale semblait s'être développée normalement. Bien que quelques études se soient intéressées aux origines biologiques de l'autisme au cours des dix dernières années, la ou les causes du spectre autistique restent aujourd'hui encore inconnues ; les relations entre les anomalies structurelles cérébrales et l'autisme sont toujours floues. Mais, récemment, la littérature propose un lien possible entre l'autisme et un développement anormal de l'amygdale (Baron-Cohen *et al.*, 2000 ; Sweeten *et al.*, 2002) en mettant en évidence des différences structurelles dans l'observation *post mortem* du tissu cérébral ou *in vivo*, en imagerie par résonance magnétique (IRM).

Neuropathologie de l'amygdale dans l'autisme

Aujourd'hui, moins de quarante observations *post mortem* de sujets atteints d'autisme ont été rapportées dans la littérature (Bailey *et al.*, 1998 ; Coleman *et al.*, 1985 ; Kemper et Beauman, 1993 ; Ritvo et Freeman, 1984 ; Rodier *et al.*, 1996 ; Williams *et al.*, 1980). L'une des plus importantes de ces études a été réalisée sur six cerveaux, elle est la seule à rapporter des anomalies dans l'organisation microscopique de l'amygdale (Kemper et Beauman, 1993). Des coupes de tissu cérébral de patients avec autisme colorées selon la méthode de Nissl ont été observées au microscope et comparées à celles de sujets témoins appariés en âge. Il apparaît alors que les neurones sont de taille plus petite et sont plus densément distribués chez les autistes que chez les témoins. Cet effet est plus prononcé dans les noyaux corticaux, médians et centraux, tandis que les noyaux latéraux paraissent semblables à ceux des témoins. Le noyau basal de l'amygdale présente également des différences. Kemper et Bauman (1993) proposent qu'une telle densité de distribution des neurones de l'amygdale se manifeste normalement à un stade précoce du développement, lorsque la taille des neurones et la complexité du neuropile n'ont pas encore atteint le niveau adulte. Ces différences pourraient donc être le résultat d'un arrêt du développement normal.

Ces résultats sont toutefois à relativiser ; en effet, quatre des six cerveaux analysés par Kemper et Bauman (1993) présentaient des problèmes d'épilepsie. Des études de patients épileptiques sans autisme rapportent une diminution de 10 à 30 % du volume de l'amygdale, avec une perte neuronale dans les noyaux latéraux et basaux de l'amygdale (Pitkanen *et al.*, 1998). Aujourd'hui, la seule autre étude sur l'amygdale ayant examiné six cerveaux autistes *post mortem* dont quatre d'entre eux présentaient également des crises épileptiques ne rapporte aucune différence significative par rapport aux témoins (Bailey *et al.*, 1998). Ces deux études ont inclus des sujets d'âges très variables, ce qui ne leur permet donc pas de mettre en évidence d'éventuels changements avec l'âge au cours du développement. De plus, aucune de ces études ne présente de résultats quantitatifs.

Apport de l'imagerie structurelle

À l'heure actuelle, aucune donnée en imagerie à résonance magnétique (IRM) ne rapporte de façon consistante des volumes anormaux de l'amygdale dans l'autisme. Alors que certaines études montrent une diminution de ce volume (Aylward *et al.*, 1999 ; Pierce *et al.*, 2001), d'autres rapportent une augmentation (Howard *et al.*, 2000 ; Sparks *et al.*, 2002), ou une augmentation de la partie antérieure associée à une diminution de la partie postérieure (Abell *et al.*, 1999), d'autres encore ne trouvent aucune différence (Haznedar *et al.*, 2000). Certains facteurs peuvent expliquer ces données contradictoires, telles que des différences de critères de diagnostic et d'exclusion, l'âge des sujets étudiés, les techniques d'imagerie ou encore la définition anatomique de l'amygdale.

La plupart des études ont inclus des sujets d'âges différents. Aylward *et al.* (1999) ont réalisé un traçage du contour de l'amygdale chez 14 autistes de haut niveau âgés de 11 à 37 ans, et ont trouvé une diminution du volume de l'amygdale dans l'autisme par comparaison aux témoins appariés en âge. Pierce *et al.* (2001) ont analysé 6 autistes de haut niveau, entre 23 et 41 ans, et ont montré une diminution du volume de l'amygdale d'environ 15 % par rapport aux témoins.

Howard *et al.* (2000) ont utilisé à la fois une technique de traçage manuel et d'analyse stéréologique chez 10 hommes âgés de 15 à 40 ans avec un autisme de haut niveau ou un syndrome d'Asperger. Ils ont mis en évidence une amygdale plus grosse chez les personnes présentant des troubles du spectre autistique que chez les témoins. Abell *et al.* (1999) ont employé une approche différente pour analyser les images structurelles, ils ont réalisé une analyse voxel par voxel de l'ensemble du cerveau de 15 autistes de haut niveau et Asperger dont l'âge moyen était de 28 ans. Les sujets dont le diagnostic appartient au spectre autistique présentaient un volume de matière grise inférieur dans la région antérieure de l'amygdale, mais supérieur dans les portions plus postérieures.

Sparks *et al.* (2000) ont mesuré l'amygdale chez des enfants de sexe masculin âgés de 36 à 56 mois, et l'ont trouvé plus grande, de 16 % à droite et de 13 % à gauche, dans l'autisme. Ces auteurs proposent qu'un arrêt du développement ou une augmentation de l'apoptose puisse contribuer aux différents résultats rapportés dans les études chez l'adulte et le jeune enfant.

Les études en IRM ayant mesuré le volume de l'amygdale chez des sujets témoins rapportent également une augmentation de sa taille chez les garçons entre 5 et 15 ans (Giedd *et al.*, 1996). Ces résultats supportent l'hypothèse selon laquelle des changements avec l'âge auraient lieu au cours du développement et pourraient donc être à l'origine de la variabilité des résultats rapportés, associés aux différences de critères de diagnostic et de techniques d'analyse.

Apport de l'imagerie fonctionnelle

Lorsque l'on demande de porter un jugement sur les sentiments ou l'état d'esprit d'une personne à partir de son regard, les sujets atteints d'autisme présentent une moindre activation de leur amygdale que les sujets témoins (Baron-Cohen *et al.*, 1999). Il a également été rapporté, chez des sujets de haut niveau, une activité limitée de l'amygdale lors de jugement implicite d'émotions faciales (Critchley *et al.*, 2000). Schultz *et al.* (2003) ont montré que l'amygdale ainsi que d'autres régions comme le gyrus fusiforme sont activées par une tâche d'attribution sociale, impliquant la perception de mouvements à caractère social réalisés à partir de trois formes géométriques simples. Howard *et al.* (2000) ont également mis en évidence le rôle de l'amygdale dans l'autisme. En effet, ils montrent un déficit spécifique dans la reconnaissance de visages exprimant la peur, dans des tâches de détection de la direction du regard et de reconnaissance mnésique de visages, effets caractéristiques d'une lésion de l'amygdale. De plus, en utilisant des techniques quantitatives d'analyses des images obtenues par résonance magnétique, ils trouvent chez ces mêmes sujets une augmentation bilatérale des volumes de l'amygdale. Ils proposent ainsi qu'une malformation de l'amygdale au cours du développement pourrait être à l'origine des déficits socio-cognitifs caractéristiques de l'autisme. Alors que ces données pourraient être une preuve tangible de l'implication de l'amygdale dans la compréhension des stimuli sociaux, quelques problèmes méthodologiques ont été relevés (Davidson et Slagter, 2000). Par exemple, les sujets avec autisme étant réticents à réaliser des contacts oculaires, il n'est pas évident qu'ils observent les visages ou les autres stimuli sociaux de la même façon que les sujets témoins. Il est alors possible de se demander si l'activation anormale reflète une anomalie de l'organisation fonctionnelle cérébrale ou bien la mise en jeu de processus différents au cours du traitement des stimuli.

Lésions des lobes temporaux médians chez les macaques

Brown et Shaffer (1988), suivis par Kluver et Bucy (1939), ont les premiers rapporté que de vastes lésions des lobes temporaux, incluant l'amygdale, entraînaient de profonds changements dans les comportements émotionnels des primates non humains. Les macaques, à la suite de lésion des lobes temporaux, développent des intérêts compulsifs pour les objets, des préférences alimentaires anormales et des changements dans leurs comportements face à leur situation de captivité ainsi que des modifications de leurs comportements sexuels. D'autres études ont montré que ces changements peuvent apparaître après des lésions de l'amygdale seule (Aggleton et Passingham, 1981 ; Weiskrantz, 1956). Le rôle de l'amygdale dans les comportements sociaux a été pour la première fois établi par les expériences classiques de Rosvold (Rosvold *et al.*, 1954). Dans cette étude, les membres les plus dominants d'un groupe de huit mâles rhésus subirent une lésion bilatérale de l'amygdale. Les observations comportementales montrèrent que deux des trois membres, autrefois les plus dominants, développèrent des comportements de soumission et se retrouvèrent alors au bas de l'échelle de dominance hiérarchique, alors que le troisième développa des comportements agressifs. Ces résultats montrent que des lésions de l'amygdale provoquent d'importants changements dans la production des comportements sociaux, et ainsi des changements dans l'organisation sociale du groupe. Le rôle de l'amygdale dans les comportements sociaux a été plus largement étudié dans une série d'expériences menées par Kling et ses collaborateurs chez divers primates non humains, en laboratoire comme en milieu naturel (Kling, 1992). L'ensemble des résultats indique que les lésions bilatérales de l'amygdale conduisent à une perturbation des comportements sociaux typiques de l'espèce, se traduisant généralement par une diminution des comportements filiaux et un isolement dans les milieux sociaux complexes (Steklis et Kling, 1985). Par exemple, sept rhésus ont été extraits de leur milieu naturel pour subir une ablation bilatérale de l'amygdale puis ont été réinsérés dans leur milieu d'origine ; ils sont alors devenus solitaires et incapables de récupérer leur place au sein du groupe (Dicks *et al.*, 1968). L'absence de communication sociale rapportée dans ces premières études de lésion de l'amygdale situe cette structure comme un composant essentiel du circuit neuronal sous-tendant le comportement social, une théorie développée par Brothers (1990).

Récemment, des études développementales ont réalisé des lésions de l'amygdale dans le but d'identifier les structures impliquées dans les troubles du développement comme l'autisme (Bachevalier, 2000 ; Machado et Bachevalier, 2003). Bachevalier et ses collègues ont mené une série d'expériences sur les effets de lésions néonatales de l'amygdale sur le développement social. De jeunes macaques élevés parmi leurs pairs ont subi une ablation bilatérale de l'amygdale. À l'âge de 2 mois, les singes lésés affichent une inactivité et présentent une moins grande exploration de leur environnement que les singes témoins. Les altérations dans le comportement social sont rapportées dès 6 mois, les singes lésés présentant moins d'initiation aux contacts sociaux et plus de retrait que les témoins. À cet âge, les singes lésés comme les témoins ont des comportements stéréotypés. De plus larges lésions du lobe temporal médian, incluant l'amygdale, l'hippocampe et le cortex temporal ventromédian, produisent des effets plus prononcés sur les interactions sociales, notamment l'absence de « capacités sociales », un affect émoussé et une augmentation des comportements stéréotypés. Étant donné que le déficit de communication sociale et l'absence d'intérêt social constituent les critères de définition de l'autisme, ces auteurs suggèrent que des lésions du lobe temporal médian, spécialement de l'amygdale, pourraient constituer un modèle animal de l'autisme.

Les récentes études chez le primate non humain et chez l'homme remettent-elles en cause un rôle potentiel de l'amygdale dans l'autisme ?

L'ABSENCE DE CONTACT MATERNEL PRÉCOCE INFLUENCE NETTEMENT LE COMPORTEMENT SOCIAL DU PRIMATE

Dans le but d'évaluer les études précédentes sur les effets des lésions néonatales de l'amygdale chez le primate non humain, il est important de noter que presque tous ces animaux ont été privés des soins maternels ordinaires. Il est donc possible de penser que cette manipulation, procédure classique dans la gestion des animaux dans de nombreux centres de primatologie, serait suffisante pour produire de profonds troubles socio-émotionnels chez les animaux. Il existe des indices qui tendent à montrer que l'élevage des singes par des pairs conduit à des pathologies socio-émotionnelles telles qu'une dépendance et des démonstrations affectives excessives (Novak et Sackett, 1997). Sackett et ses collaborateurs (2002) ont récemment montré qu'en fait un nombre important de mesures est nécessaire pour partiellement estomper les effets d'un élevage en nursery. De plus, l'absence précoce de soin maternel entraîne également des incapacités à répondre aux difficultés de l'environnement (Suomi, 1991). Parr et son équipe (2002) ont montré que de jeunes rhésus élevés entre eux avaient un niveau de réaction à la peur supérieur à celui des rhésus du même âge élevés par leur mère. Cela semble suggérer qu'il existerait une altération fondamentale des circuits neuronaux qui régulent les réponses émotionnelles. De plus, Wallen (1996) a montré que la capacité à exprimer les comportements sexuels typiques de l'espèce « résultait de prédispositions, elles-mêmes induites par voie hormonale, à s'engager très tôt dans des patterns spécifiques de comportements dont l'expression est elle-même régie par les expériences environnementales et sociales du singe en développement ». Les conditions environnementales de développement de l'animal ont également des conséquences sur la maturation des systèmes monoaminergiques (Clarke *et al.*, 1996) laissant supposer que le contact maternel influence le développement psychobiologique des systèmes de neurotransmission des centres nerveux. Finalement, Coe et son équipe (Lubach *et al.*, 1995) ont mis en évidence de façon très convaincante que l'absence de la mère affectait sévèrement plusieurs aspects de l'immunité cellulaire. Par exemple, des singes élevés en nursery produisent significativement moins de cellules CD8, et une plus faible activité de défense cellulaire que les singes élevés par leur mère. Cette étude a influencé notre décision de ramener auprès de leur mère les jeunes macaques ayant subi des interventions neurochirurgicales et de s'assurer qu'ils recevaient les stimulations sociales caractéristiques de leur espèce tout au long de leur développement.

LES LÉSIONS DE L'AMYGDALE N'AFFECTENT PAS LES COMPORTEMENTS SOCIAUX CHEZ LES RHÉSUS, ADULTES ET NOUVEAU-NÉS

Nous avons dans un premier temps examiné les effets de lésions sélectives de l'amygdale dans un groupe de rhésus mâles adultes qui avaient au préalable fait l'expérience d'une vie sociale dans un environnement semi-naturel (Emery *et al.*, 2001). Contrairement aux études précédentes réalisées chez l'adulte, nous observons que les singes lésés sont toujours capables de communiquer avec leurs pairs grâce aux divers moyens sociaux spécifiques de leur espèce. Lorsque l'on observe les interactions dyadiques, les macaques adultes privés de leur amygdale engagent de façon prépondérante des interactions sociales, notamment dans les premiers stades de la rencontre ; ils semblent, en fait, ne pas présenter la réticence normale à engager une relation avec un pair avant d'avoir estimé les risques de cette approche. Ces résultats montrent que des lésions de l'amygdale chez des sujets matures n'altèrent pas les processus mis en jeu dans les comportements sociaux (par exemple, production et interprétation de signaux sociaux, et intérêt social). Cependant, ces lésions pourraient indirectement affecter le comportement social en altérant la capacité à évaluer un danger potentiel et à répondre de façon appropriée à celui-ci (figure 1).

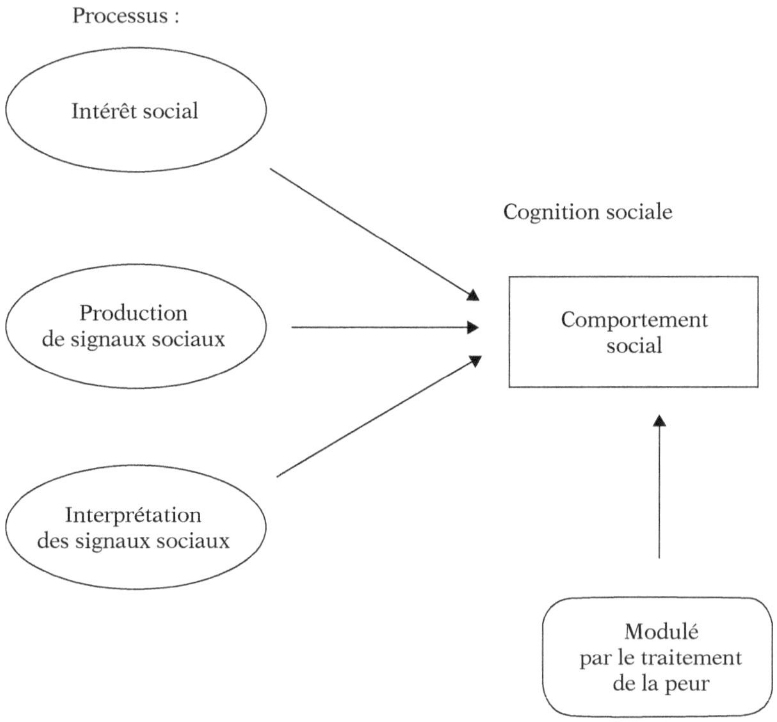

Figure 1 : Modèle de la cognition sociale : les processus nécessaires au comportement social sont potentiellement modulés par le traitement de la peur.

Bien qu'il ne semble pas que l'amygdale soit indispensable à la production des comportements sociaux chez le macaque adulte, il reste possible qu'elle soit nécessaire à l'acquisition des outils sociaux dans les premières étapes du développement. Afin de vérifier ce point, nous avons réalisé des lésions sélectives de l'amygdale chez des rhésus âgés de 2 semaines et examiné systématiquement leur développement comportemental (Bauman *et al.*, 2003 ; Prather *et al.*, 2001b). Ces jeunes singes ont été élevés avec leur mère et ont été quotidiennement en contact avec un groupe social constitué de 5 autres dyades mère-enfant et un adulte mâle. Cet environnement enrichi ressemble en de nombreux points à l'organisation sociale naturelle du macaque (Berman, 1980). Ainsi, les altérations sociales observables doivent être attribuées aux effets de la lésion plus qu'à l'environnement.

Nos résultats indiquent que les jeunes singes lésés et élevés par leur mère développent un répertoire complet des signaux sociaux spécifiques de leur espèce, notamment les expressions faciales, vocalisations et postures corporelles. Nous n'avons constaté aucune indication d'un affect émoussé, de stéréotypies motrices ou encore d'absence de capacités sociales durant la première année de développement. De plus, les jeunes singes lésés affichent un intérêt social pour leurs pairs. Les mesures de fréquence de regard révèlent que les singes lésés regardent leurs pairs autant que les témoins (Prather *et al.*, 2001a). Dans certaines conditions de tests, les sujets avec lésion de l'amygdale présentent un intérêt social accru pour les nouveaux arrivants dans le groupe (c'est-à-dire qu'ils suivaient plus fréquemment leur partenaire social ; Bauman *et al.*, 2003). Bien que la motivation pour cet intérêt accru ne soit pas encore comprise, il semble clair que les singes lésés mais élevés par leur mère ne présentent ni un affect diminué ni un désintérêt social.

Le fait que les aspects fondamentaux des comportements sociaux soient préservés chez les jeunes singes privés d'amygdale pose la question de la validité de la théorie amygdalienne dans l'autisme. Selon le DSM-IV, les critères de diagnostic de l'autisme comportent un déficit qualitatif dans les interactions sociales, incluant deux des caractéristiques suivantes :

— Altération marquée dans l'utilisation des comportements non verbaux qui régulent les interactions sociales.

— Incapacité à établir des relations avec les pairs.

— Absence de recherche spontanée de partage des plaisirs, intérêts ou réussites.

— Manque de réciprocité sociale ou émotionnelle (APA, 1994).

Les aspects de ces comportements complexes ne peuvent être tous modélisés chez les primates non humains. Cependant, nous sommes capables d'étudier les aspects fondamentaux des comportements sociaux des macaques, comme le développement et l'utilisation des signaux de communication sociale, l'intérêt social et les relations avec les pairs. Nos résultats indiquent que les jeunes rhésus présentant des lésions bilatérales de l'amygdale développent une communication non verbale typique de leur espèce, mettant en jeu contacts oculaires, expressions faciales, postures, ainsi qu'un intérêt social et une capacité à interagir avec leurs semblables. En outre, les anomalies comportementales observées chez ces jeunes singes lésés semblent affecter les processus impliqués dans les situations de peur plus que ceux de la communication sociale. Par exemple, les jeunes macaques sans amygdale présentent des difficultés à évaluer correctement des stimuli dangereux par rapport à des stimuli banals, comme le démontre leur absence de réaction de peur lorsqu'ils sont confrontés à des objets induisant normalement la peur, un serpent en caoutchouc par exemple, et au contraire une surexpression des comportements de peur (c'est-à-dire que les expressions faciales de peur et les cris de frayeur sont plus fréquents que chez les témoins) face à des congénères non menaçants (Prather *et al.*, 2001b). L'existence d'une peur exagérée chez les sujets ayant subi une lésion néonatale de l'amygdale (Thompson *et al.*, 1969 ; Thompson, 1981) offre une explication alternative des changements observés par Bachevalier et son équipe dans les comportements sociaux des jeunes singes lésés (Bachevalier, 1994). Il semble donc plausible que l'absence d'interactions sociales observée par Bachevalier ne soit pas le résultat d'une symptomatologie de type autistique, mais plutôt l'expression d'une peur sociale exacerbée, caractéristique des lésions de l'amygdale. Cette explication est consistante avec l'idée que l'amygdale n'est pas essentielle aux processus fondamentaux du comportement social, comme la production de signaux sociaux et l'interaction avec les pairs. Cependant, l'amygdale pourrait indirectement moduler les comportements sociaux par la détection du danger et la mise en jeu d'une réponse appropriée.

LES SUJETS HUMAINS PRÉSENTANT DES LÉSIONS FOCALES DE L'AMYGDALE NE SONT PAS AUTISTES

Chez l'humain, les cas de lésions de l'amygdale sont rares. Le patient SM présente une lésion sélective et bilatérale de l'amygdale, il est l'un des sujets les plus étudiés (Adolphs *et al.*, 1994 ; Bechara *et al.*, 1995). Sa lésion s'est développée au cours de l'adolescence suite à la maladie d'Urbach-Wiethe, laissant un espace vide là où se situe normalement l'amygdale. Malgré l'absence d'amygdale, le comportement social du patient SM est resté relativement intact. Il a un niveau de terminale de lycée, vit de façon indépendante et son niveau verbal comme ses fonctions exécutives et son QI sont normaux. Il est marié, élève ses enfants et peut exercer une profession. Cependant, il présente un déficit dans la reconnaissance des expressions faciales émotionnelles, essentiellement la peur, mais ne présente aucun des symptômes autistiques définis par les critères du DSM-IV (APA, 1994). SM est capable de mener une vie sociale relativement normale, et aucune étude n'a rapporté chez lui de difficultés à établir des relations. Ni SM ni aucun autre patient avec des lésions de l'amygdale ne présentent d'activités, d'intérêts ou de comportements restreints, répétitifs ou stéréotypés.

Bien que les patients avec des lésions de l'amygdale ne soient pas autistes, quelques-uns présentent des difficultés également observées dans l'autisme. Les patients dont l'amygdale est lésée (Adolphs, 2003), comme les sujets ayant le diagnostic d'autisme (Adolphs, 2001 ; Critchley *et al.*, 2000), semblent avoir des problèmes dans la reconnaissance d'émotions complexes exprimées par le visage. Cependant, le rôle de l'amygdale dans le jugement de stimuli visuels n'est pas retreint aux stimuli sociaux (Adolphs et Tranel, 1999). Celle-ci pourrait alors jouer un rôle plus vaste dans la détection du danger, et cette fonction pourrait être nécessaire pour de nombreux processus cognitifs chez l'homme.

Le rôle de l'amygdale dans le traitement des stimuli traduisant un danger potentiel peut être élargi aux jugements plus complexes qui ont lieu lorsque nous rencontrons et approchons de nouvelles personnes, ou leur faisons confiance. Dans une étude récente (Adolphs *et al.*, 1998), des patients avec des lésions de l'amygdale, incluant SM, présentent des difficultés à évaluer la confiance qu'inspire une personne à partir de son seul visage. Ils estiment tous les personnes plus fiables et accessibles que les sujets témoins. Adolphs et ses collaborateurs (2001) ont récemment mené une tâche similaire chez des sujets avec autisme. Ils ont alors constaté que les sujets autistes se comportent comme les patients présentant des lésions de l'amygdale. Cependant, les deux populations sont capables de donner une description verbale de l'absence de confiance en autrui et de juger correctement les protagonistes d'une histoire qui leur a été lue. Une limitation à ces données reste qu'il n'est pas évident que les sujets autistes traitent les stimuli faciaux de la même façon que les témoins. Toutefois, les autistes et les sujets lésés sont capables de juger si une personne est digne de confiance et bienveillante, mais ils ont tous deux des difficultés à estimer l'absence de fiabilité d'une personne.

Bien que SM ait une mémoire déclarative normale (Bechara *et al.*, 1995), lui et d'autres patients avec des lésions unilatérales gauches de l'amygdale semblent avoir des problèmes de mémoire déclarative à long terme pour les stimuli émotionnels (Adolphs *et al.*, 1997 ; Adolphs *et al.*, 2001). L'amygdale ayant des connexions directes avec l'hippocampe (Amaral, 1986), son rôle potentiel dans la détection du danger pourrait moduler ou influencer l'intensité du stockage en mémoire des événements (Cahill et McGaugh, 1998 ; Packard et Cahill, 2001). Dans l'autisme, la mémoire déclarative semble normale, voire exceptionnelle dans certains cas, mais la mémoire émotionnelle n'a été que peu étudiée. Avec un niveau d'anxiété anormal et des difficultés dans la perception des stimuli de danger, l'amygdale pourrait indirectement affecter cet aspect de l'autisme, constituant une future orientation de recherche.

Un autre cas exceptionnel, le patient HM, a montré avec plus d'évidence encore que l'amygdale n'était pas nécessaire à un comportement social normal. HM a subi une lobectomie temporale bilatérale, suite à une épilepsie rebelle, qui a totalement éliminé l'amygdale et la moitié postérieure de la formation hippocampique. Alors que HM est clairement amnésique, il est capable d'interactions sociales normales. Aucun de ces deux patients ne présente de symptômes caractéristiques de l'autisme. Ces patients confirment donc que des lésions de l'amygdale ne conduisent pas forcément à des comportements sociaux anormaux ou autistiques.

SI L'ANOMALIE AMYGDALIENNE N'EST PAS RESPONSABLE DU DÉFICIT SOCIAL AUTISTIQUE, QUELLES EN SONT SES CONSÉQUENCES ?

La neuropathologie de l'amygdale pourrait contribuer à l'anxiété observée chez les patients avec autisme.

Dans sa description initiale, Kanner (1943) rapporte des déficits sociaux et linguistiques, mais il insiste aussi sur le fait que l'ensemble des enfants observés avaient un fort comportement anxieux. Bien que l'anxiété ait été notée dans les descriptions (APA, 1994) et les classifications de l'autisme (Wing et Gould, 1979), ses caractéristiques et sa prévalence n'ont pas encore été bien étudiées. Cependant, de récentes études suggèrent que l'anxiété est un trait extrêmement fréquent dans le spectre autistique.

Muris et ses collaborateurs (Muris *et al.*, 1998) ont examiné la co-occurrence de l'anxiété auprès de 44 enfants avec des troubles du spectre autistique. L'échantillon inclut 15 enfants avec autisme et 29 avec des troubles envahissants du développement non spécifiés (PDD-NOS). Ils trouvent que 84,1 % des enfants présentent au moins un trouble de type anxieux. Par ordre décroissant, le pourcentage d'enfants répondant aux critères de diagnostic des troubles de l'anxiété sont les suivants : simple phobie (63,6 %), agoraphobie (45,5 %), anxiété de séparation (27,3 %), superanxieux (22,7 %), phobie sociale (20,5 %), trouble de l'évitement (18,2 %), trouble obsessionnel compulsif (11,4 %), panique (9,1 %). Alors que les auteurs soulignent le fait que les symptômes d'anxiété sont évalués par le biais d'entretien avec les parents, ils notent que souvent les parents sous-estiment les symptômes internes tels que l'anxiété.

Plus récemment, Gillot *et al.* (2001) ont comparé des enfants de haut niveau de fonctionnement avec autisme à deux groupes d'enfants témoins, le premier présentant des troubles spécifiques du langage et le second ayant un développement normal, sur des mesures d'anxiété et d'inquiétude sociale. Les enfants avec autisme sont plus anxieux sur les deux indices. En fait, quatre des six facteurs de l'échelle d'anxiété étaient élevés, les troubles obsessionnels compulsifs et l'anxiété de séparation ont obtenu les plus hauts scores.

Parmi les études récentes, certaines ont mis en évidence qu'un dérèglement de l'amygdale pouvait être à l'origine des troubles émotionnels comme l'anxiété (Davidson *et al.*, 1999 ; Fredrikson et Furmark, 2003 ; Rauch *et al.*, 2003). Thomas *et al.* (2001) ont utilisé des visages exprimant la peur comme stimuli en IRM fonctionnelle, ils ont montré que les enfants anxieux présentaient une activité amygdalienne élevée. De Bellis (De Bellis *et al.*, 2000) montre également que l'amygdale droite est plus grande chez les enfants ayant des troubles de l'anxiété que celle des enfants témoins de même âge. Ces données sont en accord avec les résultats de nos études chez les primates non humains pour lesquels l'ablation de l'amygdale atténue la réaction de peur face aux objets inanimés.

Conclusion

Il a été suggéré que l'amygdale jouait un rôle essentiel dans la production des comportements sociaux normaux. Alors que les données comportementales et les résultats intéressants de la neuro-imagerie indiquent que l'amygdale chez l'humain est activée par une variété des signes sociaux, les études de lésions chez le singe et l'homme montrent que l'amygdale n'est pas indispensable à la mise en place des interactions sociales caractéristiques de l'espèce. Comme l'ensemble des études de lésions, nos travaux ne rejettent pas complètement l'implication potentielle de l'amygdale dans les comportements sociaux. Peut-être existe-t-il une redondance dans les systèmes cérébraux impliqués dans l'organisation des comportements sociaux, et d'autres structures pourraient compenser et accomplir les fonctions normales de l'amygdale lorsque celle-ci est lésée. Ou bien encore, la perte de l'amygdale pourrait activer d'autres structures normalement non impliquées dans les pratiques sociales mais qui pourraient alors prendre en charge cette fonction. Cependant, il est évident, au travers des différentes espèces étudiées, que l'amygdale joue un rôle important dans la détection des dangers de l'environnement. Ainsi, nous interprétons la somme des données disponibles comme indiquant qu'il est invraisemblable qu'un dysfonctionnement de l'amygdale puisse être à la base des déficits dans les interactions sociales caractéristiques de l'autisme. Cependant, si l'amygdale est bien affectée dans l'autisme, cela pourrait contribuer aux anomalies des réactions de peur et d'anxiété qui semblent être un caractère classiquement associé à l'autisme.

Références

ABELL F., KRAMS M., ASHBURNER J., PASSINGHAM R., FRISTON K., FRACKOWIAK R., HAPPE F., FRITH C. & FRITH U. (1999) The neuroanatomy of autism : a voxel-based whole brain analysis of structural scans. *NeuroReport*, 10 : 1647-1651.

ADOLPHS R. (2003) Is the human amygdala specialized for processing social information ? *Annals of the New York Academy of Sciences*, 985 : 326-340.

ADOLPHS R., CAHILL L., SCHUL R. & BABINSKY R. (1997) Impaired declarative memory for emotional material following bilateral amygdala damage in humans. *Learning and Memory*, 4 : 291-300.

ADOLPHS R., SEARS L. & PIVEN J. (2001) Abnormal processing of social information from faces in autism. *Journal of Cognitive Neuroscience*, 13 : 232-240.

ADOLPHS R. & TRANEL D. (1999) Preferences for visual stimuli following amygdala damage. *Journal of Cognitive Neuroscience*, 11 : 610-616.

ADOLPHS R., TRANEL D. & DAMASIO A. R. (1998) The human amygdala in social judgment. *Nature*, 393 : 470-474.

ADOLPHS R., TRANEL D., DAMASIO H. & DAMASIO A. R. (1994) Impaired recognition of emotion in facial expressions following bilateral damage to the human amygdala. *Nature*, 372 : 669-672.

AGGLETON J. P. & PASSINGHAM R. E. (1981) Syndrome produced by lesions of the amygdala in monkeys (Macaca mulatta). *Journal of Comparative and Physiological Psychology*, 95 : 961-977.

AMARAL D. G. (1986) Amygdalohippocampal and amygdalocortical projections in the primate brain. *Advances in Experimental Medicine and Biology*, 203 : 3-17.

APA (1994) *Diagnostic and Statistical Manual of Mental Disorders (DSM-IV)*. Washington, D. C. : American Psychiatric Association.

ASPERGER H. (1944) Die « Autistischen Psychopathan » im Kindesalter. *Arch fur Psychiatrie Nervenkrankheiten*, 117 : 76-136.

AYLWARD E. H., MINSHEW N. J., GOLDSTEIN G., HONEYCUTT N. A., AUGUSTINE A. M., YATES K. O., BARTA P. E. & PEARLSON G. D. (1999) MRI volumes of amygdala and hippocampus in nonmentally retarded autistic adolescents and adults. *Neurology*, 53 : 2145-2150.

BACHEVALIER J. (1994) Medial temporal lobe structures and autism – a review of clinical and experimental findings. *Neuropsychologia*, 32 : 627-648.

BACHEVALIER J. (2000) The amygdala, social cognition, and autism. *In The Amygdala : a Functional Analysis* (Aggleton, J. P. ed.) p. 509-543. New York : Oxford University Press.

BAILEY A., LUTHERT P., DEAN A., HARDING B., JANOTA I., MONTGOMERY M., RUTTER M. & LANTOS P. (1998) À clinicopathological study of autism. *Brain*, 121 : 889-905.

BARON-COHEN S., RING H. A., BULLMORE E. T., WHEELWRIGHT S., ASHWIN C. & WILLIAMS S. C. (2000) The amygdala theory of autism. *Neuroscience and Biobehavioral Reviews*, 24 : 355-364.

BARON-COHEN S., RING H. A., WHEELWRIGHT S., BULLMORE E. T., BRAMMER M. J., SIMMONS A. & WILLIAMS S. C. (1999) Social intelligence in the normal and autistic brain : an fMRI study. *European Journal of Neurosciences*, 11 : 1891-1898.

BAUMAN M. D., LAVENEX P., MASON W. A., CAPITANIO J. P. & AMARAL D. G. (2003) Persistence of social fear and evidence of social interest in rhesus monkeys with neonatal amygdala lesions. Abstract Viewer/Itinerary Planner : Society for Neuroscience, 2003. New Orleans.

BECHARA A., TRANEL D., DAMASIO H., ADOLPHS R., ROCKLAND C. & DAMASIO A. R. (1995) Double dissociation of conditioning and declarative knowledge relative to the amygdala and hippocampus in humans. *Science*, 269 : 1115-1118.

BERMAN C. I. (1980) Mother-infant relationships among free ranging rhesus monkeys on Cayo Santiago : A comparison with captive pairs. *Animal Behaviour*, 28 : 860-873.

BROTHERS L. (1990) The social brain : a project for integrating primate behaviour and neurophysiology in a new domain. *Concepts Neuroscience*, 1 : 27-51.

BROWN S. & SHAFER E. A. (1888) An investigation into the functions of the occipital and temporal lobes of the monkey's brain. *Philosophical Transactions of the Royal Society Biological Sciences*, 179 : 303-327.

CAHILL L. & MCGAUGH J. L. (1998) Mechanisms of emotional arousal and lasting declarative memory. *Trends in Neuroscience*, 21 : 294-299.

CLARKE A. S., HEDEKER, D. R., EBERT M. H., SCHMIDT D. E., MCKINNEY W. T. & KRAEMER G. W. (1996) Rearing experience and biogenic amine activity in infant rhesus monkeys. *Biological Psychiatry*, 40 : 338-352.

COLEMAN P. D., ROMANO J., LAPHAM L. & SIMON W. (1985) Cell counts in cerebral cortex of an autistic patient. *Journal of Autism and Developmental Disorders*, 15 : 245-255.

CORKIN S., AMARAL D. G., GONZALEZ R. G., JOHNSON K. A. & HYMAN B. T. (1997) H. M.'s medial temporal lobe lesion : findings from magnetic resonance imaging. *Journal of Neurosciences*, 17 : 3964-3979.

CRITCHLEY H. D., DALY E. M., BULLMORE E. T., WILLIAMS S. C., VAN AMELSVOORT T., ROBERTSON D. M., ROWE A., PHILLIPS M., MCALONAN G., HOWLIN P. & MURPHY D. G. (2000) The functional neuroanatomy of social behaviour : changes in cerebral blood flow when people with autistic disorder process facial expressions. *Brain*, 123 : 2203-2212.

DAVIDSON R. J., ABERCROMBIE H., NITSCHKE J. B. & PUTNAM K. (1999) Regional brain function, emotion and disorders of emotion. *Current Opinion in Neurobiology*, 9 : 228-234.

DAVIDSON R. J. & SLAGTER H. A. (2000) Probing emotion in the developing brain : functional neuroimaging in the assessment of the neural substrates of emotion in normal and disordered children and adolescents. *Mental Retardation and Developmental Disabilities Research Reviews*, 6 : 166-170.

DE BELLIS M. D., CASEY B. J., DAHL R. E., BIRMAHER B., WILLIAMSON D. E., THOMAS K. M., AXELSON D. A., FRUSTACI K., BORING A. M., HALL J. & RYAN N. D. (2000) A pilot study of amygdala volumes in pediatric generalized anxiety disorder. *Biological Psychiatry*, 48 : 51-57.

DICKS D., MYERS R. E. & KLING A. (1968) Uncus and amygdala lesions : effects on social behavior in the free-ranging rhesus monkey. *Science*, 165 : 69-71.

EMERY N. J., CAPITANIO J. P., MASON W. A., MACHADO C. J., MENDOZA S. P. & AMARAL D. G. (2001) The effects of bilateral lesions of the amygdala on dyadic social interactions in rhesus monkeys (Macaca mulatta). *Behavioural Neurosciences*, 115 : 515-544.

FREDRIKSON M. & FURMARK T. (2003) Amygdaloid regional cerebral blood flow and subjective fear during symptom provocation in anxiety disorders. *Annals of the New York Academy of Sciences*, 985 : 341-347.

GIEDD J. N., VAITUZIS, A. C., HAMBURGER S. D., LANGE N., RAJAPAKSE J. C., KAYSEN D., VAUSS Y. C. & RAPOPORT J. L. (1996) Quantitative MRI of the temporal lobe, amygdala, and hippocampus in normal human development : ages 4-18 years. *Journal of Comparative Neurology*, 366 : 223-230.

GILLOTT A., FURNISS F. & WALTER A. (2001) Anxiety in highfunctioning children with autism. *Autism*, 5 : 277-286.

HAZNEDAR M. M., BUCHSBAUM M. S., WEI T. C., HOF P. R., CARTWRIGHT C., BIENSTOCK C. A. & HOLLANDER E. (2000) Limbic circuitry in patients with autism spectrum disorders studied with positron emission tomography and magnetic resonance imaging. *American Journal of Psychiatry*, 157 : 1994-2001.

HOWARD M. A., COWELL P. E., BOUCHER J., BROKS P., MAYES A., FARRANT A. & ROBERTS N. (2000) Convergent neuroanatomical and behavioural evidence of an amygdala hypothesis of autism. *NeuroReport*, 11 : 2931-2935.

KANNER L. (1943) Autistic disturbances of affective contact. *Nervous Child*, 2 : 217-250.

KEMPER T. L. & BAUMAN M. L. (1993) The contribution of neuropathologic studies to the understanding of autism. *Neurologic Clinics*, 11 : 175-187.

KLING A. S. (1992) The amygdala and social behavior. In *The Amygdala : Neurobiological Aspects of Emotion, Memory, and Dysfunction* (Aggleton, J. P. ed.) p. 353-378. New York : Wiley-Liss.

KLUVER H. & BUCY P. (1939) Preliminary analysis of functioning of the temporal lobes in monkeys. *Archives of Neurology and Psychiatry*, 42 : 979-1000.

LUBACH G. R., COE C. L. & ERSHLER W. B. (1995) Effects of early rearing environment on immune responses of infant rhesus monkeys. *Brain, Behavior and Immunity*, 9 : 31-46.

MACHADO C. J. & BACHEVALIER J. (2003) Non-human primate models of childhood psychopathology : the promise and the limitations. *Journal of Child Psychology and Psychiatry*, 44 : 64-87.

MURIS P., STEERNEMAN P., MERCKELBACH H., HOLDRINET I. & MEESTERS C. (1998) Comorbid anxiety symptoms in children with pervasive developmental disorders. *Journal of Anxiety Disorders*, 12 : 387-393.

NOVAK M. F. & SACKETT G. P. (1997) Pair-rearing infant monkeys (Macaca nemestrina) using a « rotating-peer » strategy. *American Journal of Primatology*, 41 : 141-149.

PACKARD M. G. & CAHILL L. (2001) Affective modulation of multiple memory systems. *Current Opinion in Neurobiology*, 11 : 752-756.

PARR L. A., WINSLOW J. T. & DAVIS M. (2002) Rearing experience differentially affects somatic and cardiac startle responses in rhesus monkeys (Macaca mulatta). *Behavioural Neurosciences*, 116 : 378-386.

PIERCE K., MULLER R. A., AMBROSE J., ALLEN G. & COURCHESNE E. (2001) Face processing occurs outside the fusiform'face area'in autism : evidence from functional MRI. *Brain*, 124 : 2059-2073.

PITKANEN A., TUUNANEN J., KALVIAINEN R., PARTANEN K. & SALMENPERA T. (1998) Amygdala damage in experimental and human temporal lobe epilepsy. *Epilepsy Research*, 32 : 233-253.

PRATHER M. D., LAVENEX P., MAULDIN M., MASON W. A., CAPITANIO J. P., MENDOZA S. P. & AMARAL D. G. (2001a) Neonatal amygdala lesions in the nonhuman primate -implications for an animal model of autism. Abstract Viewer/Itinerary Planner : International Meeting for Autism Research, 2001. San Diego.

PRATHER M. D., LAVENEX P., MAULDIN-JOURDAIN M. L., MASON W. A., CAPITANIO J. P., MENDOZA S. P. & AMARAL D. G. (2001b) Increased social fear and decreased fear of objects in monkeys with neonatal amygdala lesions. *Neuroscience*, 106 : 653-658.

RAUCH S. L., SHIN, L. M. & WRIGHT C. I. (2003) Neuroimaging studies of amygdala function in anxiety disorders. *Annals of the New York Academy of Sciences*, 985 : 389-410.

RITVO E. R. & FREEMAN B. J. (1984) A medical model of autism : etiology, pathology and treatment. *Pediatric Annals*, 13 : 298-305.

RODIER P. M., INGRAM J. L., TISDALE B., NELSON S. & ROMANO J. (1996) Embryological origin for autism : developmental anomalies of the cranial nerve motor nuclei. *Journal of Comparative Neurology*, 370 : 247-261.

ROSVOLD H. E., MIRSKY A. F. & PRIBRAM K. H. (1954) Influence of amygdalectomy on social behavior in monkeys. *Journal of Comparative and Physiological Psychology*, 47 : 173-178.

SACKETT G. P., RUPPENTHAL G. C. & DAVIS A. E. (2002) Survival, growth, health, and reproduction following nursery rearing compared with mother rearing in pigtailed monkeys (Macaca nemestrina). *American Journal of Primatology*, 56 : 165-183.

SCHULTZ R. T., GRELOTTI D. J., KLIN A., KLEINMAN J., VAN DER GAAG C., MAROIS R. & SKUDLARSKI P. (2003) The role of the fusiform face area in social cognition : implications for the pathobiology of autism. *Philosophical Transactions of the Royal Society Biological Sciences*, 358 : 415-427.

SPARKS B. F., FRIEDMAN S. D., SHAW D. W., AYLWARD E. H., ECHELARD D., ARTRU A. A., MARAVILLA K. R., GIEDD J. N., MUNSON J., DAWSON G. & DAGER S. R. (2002) Brain structural abnormalities in young children with autism spectrum disorder. *Neurology*, 59 : 184-192.

STEKLIS H. & KLING A. S. (1985) Neurobiology of affiliative behavior in nonhuman primates. *In The Psychobiology of Attachment and Separation* (Reite M. & Field T. eds), p. 93-134. Orlando, FL : Academic Press, Inc.

SUOMI S. J. (1991) Early stress and adult emotional reactivity in rhesus monkeys. *Ciba Foundation Symposium*, 156 : 171-183.

SWEETEN T. L., POSEY, D. J., SHEKHAR A. & MCDOUGLE C. J. (2002) The amygdala and related structures in the pathophysiology of autism. *Pharmacology Biochemistry and Behavior*, 71 : 449-455.

THOMAS K. M., DREVETS W. C., DAHL R. E., RYAN N. D., BIRMAHER B., ECCARD C. H., AXELSON D., WHALEN P. J. & CASEY B. J. (2001) Amygdala response to fearful faces in anxious and depressed children. *Archives of General Psychiatry*, 58 : 1057-1063.

THOMPSON C. I. (1981) Long-term behavioral development of rhesus monkeys after amygdalectomy in infancy. *In The Amygdaloid Complex* (Ben-Ari, Y. ed.), pp. 259-270. Amsterdam : Elsevier.

THOMPSON C. I., SCHWARTZBAUM J. S. & HARLOW H. F. (1969) Development of social fear after amygdalectomy in infant rhesus monkeys. *Physiology and Behavior*, 4 : 249-254.

WALLEN K. (1996) Nature needs nurture : the interaction of hormonal and social influences on the development of behavioral sex differences in rhesus monkeys. *Hormones and Behavior*, 30 : 364-378.

WEISKRANTZ L. (1956) Behavioral changes associated with ablation of the amygdaloid complex in monkeys. *Journal of Comparative and Physiological Psychology*, 49 : 381-391.

WILLIAMS R. S., HAUSER S. L., PURPURA D. P., DELONG G. R. & SWISHER C. N. (1980) Autism and mental retardation : neuropathologic studies performed in four retarded persons with autistic behavior. *Archives of Neurology*, 37 : 749-753.

WING L. & GOULD J. (1979) Severe impairments of social interaction and associated abnormalities in children : epidemiology and classification. *Journal of Autism and Developmental Disorders*, 9 : 11-29.

Imitation et autisme

Par Jacqueline Nadel

L'imitation joue un rôle essentiel dans le développement de tout enfant. En effet elle remplit deux fonctions essentielles pour s'adapter : elle permet d'apprendre à faire ce que l'on voit faire, et elle permet aussi de communiquer sans mots. Comment peut-on communiquer par l'imitation ? Tout simplement en utilisant ses deux versants : imiter et être imité. Quand deux enfants utilisent chacun l'un des versants, ils coordonnent deux rôles : celui de modèle et celui d'imitateur. Ils aboutissent ainsi à montrer sans mots qu'ils s'intéressent l'un à l'autre et qu'ils s'intéressent à la même chose ensemble. Ils sont en synchronie, parce qu'ils font la même activité en même temps.

Étant donné les troubles de la communication dont souffrent tous les enfants atteints d'autisme, il est important de prendre en compte et d'exploiter leur plus élémentaire capacité à imiter spontanément et à reconnaître qu'ils sont imités. Nos études montrent qu'ils ont tous une capacité, même faible, dans ce domaine, et qu'elle peut être exercée. Ainsi peut-on leur apprendre les deux capacités qui sont nécessaires à toute communication : l'usage du tour de parole (à toi d'imiter, à toi d'être imité) et celui de la synchronie temporelle (nous faisons en même temps la même chose). Lorsqu'il est imité en simultané, l'enfant apprend que son action peut être à l'origine de l'action de quelqu'un d'autre, sa reconnaissance de soi s'exerce. Lorsqu'il imite quelqu'un en simultané, l'enfant apprend qu'il peut à volonté produire l'action de quelqu'un comme lui, l'idée qu'il est une personne intentionnelle s'exerce. Imiter et être imité sont des expériences uniques pour aider à s'exprimer en tant que personne.

Introduction

L'imitation n'est pas une réponse obligée, comme l'est le fait de fermer les yeux lorsque la lumière est trop intense, ou de tourner la tête dans la direction d'un son. Ce n'est pas non plus une réponse dictée par les circonstances, comme l'est le fait d'attraper un ballon qui vient dans votre direction. Elle peut porter sur des modèles humains qui n'ont rien suscité. Ce n'est pas une réponse, c'est une initiative. Il n'y a donc paradoxalement rien de plus personnalisé que l'imitation : elle est « à volonté ». C'est pourquoi ses fonctions sont si décisives pour l'adaptation.

Je dis ses fonctions parce que l'usage de l'imitation est double. L'imitation sert à l'apprentissage. Pour cela elle exploite la capacité d'un être humain à être attiré par la nouveauté. Mais l'imitation sert aussi à communiquer. Cette fonction est moins connue et plus complexe, puisqu'elle requiert de mobiliser les deux facettes du phénomène : être capable d'imiter et de reconnaître qu'on est imité. Ainsi peut-on coordonner deux rôles, celui d'imitateur et celui de modèle, et pratiquer le tour de parole (Nadel *et al.*, 1999). On voit cette double facette concrètement réalisée sur la figure 1 où le modèle contrôle son imitation tandis que l'imitateur assure la reproduction simultanée de l'action du modèle.

Du fait qu'elle sert deux fonctions essentielles à l'adaptation, l'imitation a un rôle développemental primordial, et

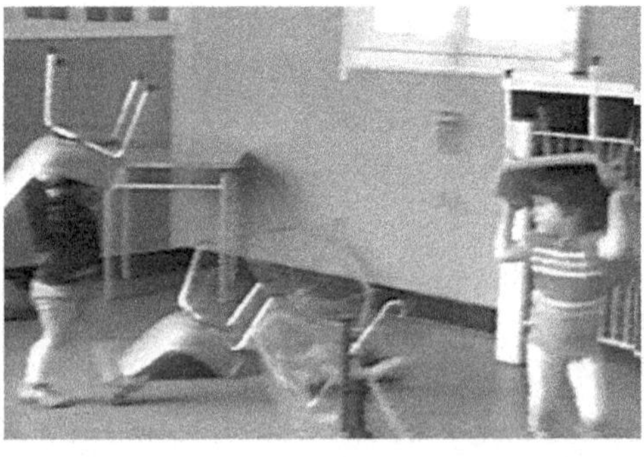

Figure 1 : Imiter et être imité : une communication sans mots.

son dysfonctionnement précoce ne peut manquer de créer des troubles et déficits majeurs. Elle est d'emblée disponible pour les humains et peut-être d'autres hominidés (Bard *et al.*, 2001), puisque leurs nouveau-nés sont capables d'imiter. Mais au fait, en sont-ils tous capables ? Définira-t-on les problèmes de développement et d'adaptation présentés par l'enfant avec autisme par le fait qu'il n'imite pas, comme il est dit et écrit couramment ?

La question est difficile. En effet, le seul dénominateur commun entre les diverses formes, les divers degrés et profils d'autisme est constitué par les déficits qualitatifs et quantitatifs d'interaction sociale, de communication et de symbolisation. Un seul item du manuel de diagnostic DSM-IV (American Psychiatric Association, 1996) concerne d'éventuels déficits d'imitation. Les trois modèles neuropsychologiques de l'autisme les plus cités diffèrent sur le rôle de l'imitation. Pour le modèle représentationnel de Baron-Cohen *et al.* (1985), si l'on constate un déficit imitatif, c'est à la déficience mentale qu'il faut l'attribuer. Par contre, le modèle émotionnel de Hobson (1986) postule bien un déficit imitatif, mais en tant que conséquence du déficit de partage émotionel. Enfin, le modèle de Rogers et Pennington (1991) fait de l'incapacité à imiter le facteur primaire de l'autisme, attribuable à une anomalie de cartographie cérébrale qui interdit d'extraire des patterns de similitude entre moi et l'autre.

Bien entendu, chaque modèle étaie son argumentation sur des données de recherche. Baron-Cohen (1988) cite des études utilisant l'échelle d'évaluation d'Uzgiris-Hunt (1975) et ses propres résultats expérimentaux (Charman et Baron-Cohen, 1994 ; Charman *et al.*, 1997) pour montrer qu'il n'y a pas de déficit majeur d'imitation chez le très jeune enfant autiste comparé au jeune enfant non autiste, à niveau mental similaire. Rogers et Pennington (1991) citent sept études où les enfants autistes sont moins bons imitateurs que des enfants présentant une déficience mentale appariée. Dans leurs propres recherches, Rogers et coll. (Rogers *et al.*, 1996) utilisent des épreuves neuropsychologiques susceptibles de dépister l'apraxie et mettent en évidence des déficits praxiques chez des adolescents performants « à spectre autistique ». Pourtant, certains sous-groupes d'autisme ne montrent pas un score inférieur pour l'imitation par rapport aux autres compétences cognitives mesurées (Adrien, 1996).

Une imitation « vraie » ou des imitations ?

Une telle confusion ne peut s'expliquer que par un désaccord sur la définition de l'imitation. La capacité qui nous intéresse ici est celle qui consiste à produire l'action que l'on voit faire. On peut considérer que cette capacité est déjà fonctionnelle sous forme d'un simple couplage entre perception et action chez le nouveau-né qui tire la langue à la vue d'une protrusion de langue. C'est la définition qu'adoptent Meltzoff et Moore (1983), Kugiumutzakis (1999), Field et coll. (1982) et de nombreux autres auteurs lorsqu'ils parlent d'imitation néonatale. Mais on peut au contraire soutenir que l'imitation « vraie » concerne exclusivement les cas de reproduction de nouvelles stratégies et de programmes d'actions (Heyes, 2001). L'émergence de cette capacité serait une des manifestations de la révolution cognitive des 9-12 mois postulée par Tomasello (1998), et qui se manifesterait par un changement radical de comportement lié à la compréhension des personnes comme intentionnelles. Dans cette acception restrictive, l'imitation nécessite de pouvoir planifier une action que l'on n'a encore jamais accomplie et de comprendre son but – des capacités requérant l'intégrité des fonctions exécutives. Un dysfonctionnement exécutif pourrait bien alors rendre difficile aux personnes autistes ce type de reproduction, mais il rendrait difficile au même titre la production spontanée de toute action nécessitant une planification. Ce ne serait pas l'imitation qui serait basiquement déficiente mais des processus nécessaires à sa réalisation et affectant également d'autres domaines de l'action. La description prévalente depuis les premiers travaux recherchant des spécificités dans l'autisme est celle d'une déficience particulière dans le domaine de l'imitation (DeMyer *et al.*, 1981) : cette description ne serait-elle pas liée à l'adoption de la définition restrictive de l'imitation ?

Une alternative à cette définition restrictive est que plusieurs mécanismes sont impliqués hiérarchiquement dans différents types d'imitation qui ont tous en commun de réagir à la perception de mouvements ou d'actions finalisés par la production de comportements similaires. D'où l'option d'un continuum que nous sommes quelques-uns à défendre, depuis des univers disciplinaires divers, la robotique épigénétique (Andry *et al.*, 2001) ; la psychologie comparative (Mitchell, 2002) et la psychologie et psychopathologie développementale (Nadel, 2002). Selon cette option, il n'y a pas d'imitation vraie mais des imitations de niveaux divers qui constituent un continuum du simple au complexe, du familier au nouveau, et représentent des étapes phylogénétiques et ontogénétiques de cette remarquable capacité : pouvoir faire ce que l'on voit faire. L'imitation se développe avec son usage, et avec elle se façonnent des répertoires d'action, des représentations motrices, des relations entre objets et actions, et avec elle s'exerce la distinction entre ce que je fais et ce que je vois l'autre faire, entre moi, auteur et responsable de mes actions, et l'autre. S'exprimant à différents niveaux, cette capacité à reproduire à l'identique devrait être également au bénéfice du développement des enfants à diagnostic d'autisme. L'hypothèse est que la variété des capacités des enfants avec autisme se retrouve dans une diversité de niveaux d'imitation. Il n'y a pas de limite inférieure à l'imitation : tout est exploitable.

Continuum d'imitations et représentations motrices partagées

Cette conception d'un continuum entre différents niveaux d'imitations est encouragée par les découvertes récentes de la neurobiologie qui montrent que faire une action, regarder faire une action, imaginer faire une action, et, jusqu'à un certain point, imiter une action, ont en commun certains mécanismes neuronaux et cognitifs, rassemblés sous le concept de représentations motrices partagées (Decety et Grèzes, 1999 ; Georgieff et Jeannerod, 1998). Ce concept est diversement interprété mais peut étendre le couplage entre perception et action à deux individus (Decety, 2002), ce qui le rend encore plus important pour définir l'imitation, en particulier lorsque l'on prend en compte les caractéristiques d'un système neuronal miroir identifié par

Rizzolatti et son équipe (Fadiga *et al.*, 1995 ; Iacoboni *et al.*, 1999) dans le cortex prémoteur. Les neurones de ce système sont appelés « miroir » en ce qu'ils déchargent aussi bien lorsqu'on observe une action que lorsqu'on l'exécute. Les neurones F5 en sont l'exemple le plus connu. Ils déchargent lorsque l'on observe ou lorsque l'on produit une action sur un objet. Mais, d'après des expériences en cours dans la même équipe, il semblerait qu'il y ait également des neurones pourvus des mêmes propriétés mais déchargeant cette fois à la vue d'un simple mouvement biologique, et non plus d'une action sur un objet. Les mécanismes de résonance s'exprimeraient à deux niveaux en fonction des centres cérébraux impliqués : un bas niveau de résonance exprimé par les centres cérébraux codant le mouvement, et un haut niveau correspondant à l'observation ou à la représentation d'actions encodées (Rizzolatti *et al.*, 2002).

La flexibilité du système neuronal miroir telle que spéculée par l'équipe italienne nous encourage dans la proposition d'une définition de l'imitation en termes d'un continuum entre différents niveaux. La résonance de bas niveau pourrait expliquer les imitations élémentaires comme celles du nouveau-né et du très jeune enfant jusqu'à 6-8 mois, et permettre de proposer l'idée qu'*a minima* ce niveau fonctionne chez les enfants autistes les plus touchés.

Continuum d'imitations et développement

L'étude de l'évolution de l'imitation au cours des premiers mois de la vie du jeune enfant apporte également un support empirique à la perspective d'un continuum. Si le nouveau-né imite d'emblée des mouvements faciaux inscrits dans son répertoire fœtal, il lui faut entre 6 et 9 mois pour parvenir aux premières imitations intentionnelles d'action, et 12 mois pour commencer à imiter des actions nouvelles pour lui. Entre-temps il a développé des imitations qui suivent le rythme de ses acquisitions sensori-motrices, il est devenu capable à 2 mois d'imiter des mouvements des bras, des poignets, des mains, de la tête, à 3 mois d'imiter des trajectoires de mouvements ciblés sur son corps, après 6 mois d'imiter des actions impliquant des objets, et qui préfigurent, puisque ces actions ont des effets, les capacités ultérieures à comprendre le but du modèle. À 15 mois, l'enfant comprend l'intention d'une action puisqu'il peut la réussir alors que le modèle a échoué (Meltzoff, 2002). Après 18 mois, l'enfant commence à concevoir l'imitation comme un moyen d'attirer l'attention et d'entrer en contact.

Parallèlement, la reconnaissance d'être imité évolue elle aussi continûment. À la naissance, le nouveau-né regarde celui qui l'imite, mais il est impossible de déterminer s'il s'agit d'une première forme de détection ou de son intérêt général pour le mouvement. À 2 mois apparaissent des imitations en réponse aux imitations des mères (Nadel *et al.*, 2004), et à 5 mois des manifestations émotionnelles intenses accompagnant le regard à l'imitateur (Nadel et Potier, 2002). Vers 7 mois, on note l'émergence de répétitions d'une action ponctuées d'attentes de l'action de l'autre, et, à 10 mois, des stratégies de test de l'imitateur comme une modification de l'action ou de son rythme. Meltzoff (1990) a décrit ces stratégies comme pleinement manifestes à 14 mois. Enfin, après 18 mois, l'enfant reconnaît l'imitateur non seulement comme imitant intentionnellement, mais aussi comme désireux d'utiliser l'imitation pour communiquer (Nadel, 2002).

Le parallélisme de développement des deux facettes de l'imitation est en conformité avec les études de neuro-imagerie fonctionnelle conduites par Decety et coll. (2002) montrant chez l'adulte de larges zones communes d'activation dans le cas où l'on imite et dans celui où l'on est imité.

Imiter pour communiquer sans mots

Il est très éclairant de noter la convergence de date entre l'apparition des premières imitations intentionnelles à visée de communication et les premières réponses au fait d'être imité en termes de communication. C'est juste à cette période que les enfants commencent à utiliser entre eux l'imitation comme un système de communication sans mots. Nous avons découvert cette fonction transitoire de l'imitation en créant un environnement composé d'objets identiques (Nadel-Brulfert et Baudonnière, 1982 ; Nadel, 1986). Depuis, il a été démontré que la perception d'objets suscite des représentations motrices d'actions possibles. Des études en tomographie par émission de positons (TEP) ont décrit des activations cérébrales similaires pour la perception d'objets et pour la perception des actions en rapport avec ces objets (Grèzes et Decety, 2002). La perception d'objets identiques active de ce fait des représentations d'action similaires, et devrait ainsi faciliter l'imitation.

En utilisant un espace expérimental garni d'objets identiques où se rencontrent deux ou trois enfants sans présence adulte, nous avons pu montrer qu'entre 18-24 mois et 42 mois – c'est-à-dire avant la maîtrise de la communication verbale – ces enfants utilisent l'imitation comme un langage sans mots, où se retrouvent les trois paramètres constitutifs de toute communication intentionnelle : la synchronie entre le locuteur et l'interlocuteur (ici, faire la même chose en même temps), l'alternance des rôles de locuteur et d'interlocuteur (ici, alterner entre imiter et être imité) et le partage de thème (ici, utiliser l'objet identique comme référent d'un thème : par exemple, prendre chacun un parapluie pour évoquer ensemble la pluie) (Nadel, 2002).

Imiter pour communiquer : est-ce possible pour un enfant autiste ?

En quoi cette description intéresse-t-elle les enfants autistes ? S'ils sont capables d'imiter et de reconnaître être imités, ils devraient pouvoir utiliser eux aussi ce système de communication sans mots. C'est ce que nous avons cherché à montrer.

Dans un espace expérimental où les objets sont tous en double exemplaire, nous avons évalué les capacités à imiter et à reconnaître être imités d'une cinquantaine d'enfants âgés de 3 à 7 ans, ayant tous reçu le diagnostic d'autisme à l'aide du DSM-IV (APA, 1996) et du CARS (Schopler *et al.*, 1988). Les niveaux cognitifs sont très divers, situés entre 6 et 60 mois, tels qu'estimés au moyen du PEP révisé (Schopler *et al.*, 1988) et complétés par des évaluations cognitives appropriées au niveau.

Trois procédures se succèdent sur vingt minutes au plus. La première, destinée à explorer les capacités d'imitation spontanée, la deuxième à apprécier si l'enfant reconnaît être imité, et la troisième consacrée à évaluer les capacités d'imitation lorsqu'elle est induite par l'expérimentateur qui demande : « Fais comme moi. »

Pourquoi deux évaluations des capacités d'imitation ? Dans la quasi-totalité des études, l'imitation est induite. Se pose alors le problème de savoir si cette forme d'imitation mobilise les mêmes capacités que l'imitation spontanée. Du point de vue des capacités exécutives, l'imitation induite est plus exigeante et donc plus informative que l'imitation spontanée : en effet une tâche requiert d'autant plus un contrôle exécutif qu'elle exige le respect d'une règle fixée conventionnellement (Biro et Russell, 2001) et ne se trouve pas en cohérence avec les préoccupations propres de la personne, ce qui est le cas des tâches d'imitation induite.

Par contre, du point de vue de la capacité à sélectionner ses modèles, et à inhiber la réalisation de certaines actions perçues, l'imitation spontanée est plus informative que l'imitation induite. Un autre intérêt de mesurer l'imitation spontanée est que celle-ci concerne l'usage fonctionnel de l'imitation, tel qu'il est piloté par l'enfant lui-même. Nous sommes ainsi tout près de voir s'exprimer l'imitation dans sa fonction de communication : non seulement l'enfant reproduit, mais regarde l'autre (c'est nécessaire pour imiter), se rapproche de l'autre, suit l'autre, son rythme et ses postures. Le jeune de la figure 2, avec ses 36 mois d'âge développemental, en est manifestement capable.

À partir de 18 mois d'âge développemental, le plus grand nombre des enfants est capable d'imitations complexes et d'imitation d'actions nouvelles, mais tous les enfants de notre population, même les enfants non verbaux de très bas niveau de fonctionnement, ont été capables d'imiter au moins quelques actions simples avec un objet familier. Or, pour pratiquer la communication par l'imitation, la question n'est pas d'un accès à l'apprentissage d'actions nouvelles, elle est d'une utilisation des deux facettes de l'imitation dans les deux rôles que ces deux facettes permettent tour à tour de remplir : imiter et être imité.

Figure 2 : Un jeune avec autisme en interaction imitative synchrone.

D'où l'intérêt de la question suivante : les enfants avec autisme reconnaissent-ils être imités ? La troisième procédure proposée par notre tâche vise à évaluer si l'enfant peut, et dans quelles conditions, et avec quelles réponses, reconnaître qu'il est imité. Dans ce but, l'expérimentateur imite l'enfant dans toutes ses postures, toutes ses activités familières ou nouvelles, simples ou complexes, avec l'objet identique, et ce en simultané. La simultanéité est très importante. Voir son mouvement reproduit en même temps par quelqu'un d'autre donne une impression très forte et positive : l'impression d'être la source de ce que fait l'autre, d'avoir l'initiative, de provoquer l'événement. Cette expérience sans doute rare pour l'enfant autiste le mène à s'assurer qu'il est bien imité, à changer d'activité ou d'objet, ou de rythme, ou de posture, tout en regardant l'autre pour voir s'il « suit ». L'enfant reconnaît être imité, il fait l'expérience d'être l'auteur de ce qu'il voit l'autre faire, il anticipe l'imitation de l'autre, il la contrôle, la teste. À partir de 18 mois d'âge développemental, les enfants de notre population d'étude manifestent tous une reconnaissance d'être imités.

Nous avons réalisé une recherche (Nadel *et al.*, 2000) qui a été dupliquée par plusieurs équipes aux États-Unis et en Suède, et mesure l'importance que peut avoir cette capacité à attribuer à soi-même l'origine des actions de l'autre. Nous avons pu montrer qu'en trois minutes d'imitation un étranger imitateur est traité par l'enfant autiste non verbal qu'il a imité comme un intime, il est caressé, embrassé, choyé, ce qui indique l'impact émotionnel positif qui s'attache à la reconnaissance de son importance personnelle.

Plus même, des séances répétées dans les mêmes conditions d'imitation systématique augmentent la reconnaissance d'être imité, engendrent l'imitation réciproque, provoquent un contact physique étroit avec l'imitateur, font décroître l'inactivité ainsi qu'il est détaillé dans la figure 3 (Field *et al.*, 2001).

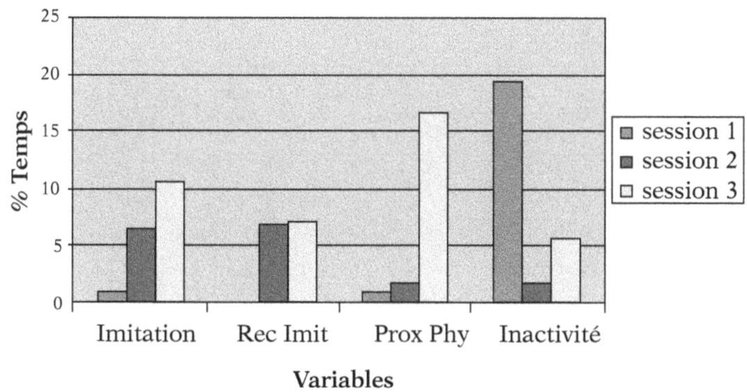

Figure 3 : Effets de séances répétées d'imitation.

Ces résultats nous ont encouragé à nous concentrer notamment sur l'analyse des rapports entre la capacité à communiquer, le fait de reconnaître être imité et la conscience d'être à l'origine de perceptions et d'actions chez autrui. Un premier pas vers la reconnaissance de sa propre agentivité (c'est-à-dire du sentiment d'être l'auteur et le responsable de ses actions) est de discriminer entre les perceptions dont sa propre action est la cause et les perceptions causées par l'extérieur (et notamment par les autres agents).

Imiter et être imité sont deux composantes importantes de ce processus. Imiter est un phénomène unique où les perceptions externes causées par l'action d'autrui engendrent dans votre corps des perceptions internes à travers la reproduction de l'action perçue. Être imité est un phénomène unique où les perceptions externes causées par votre action vous sont rendues accessibles par l'imitation qu'en fait autrui. Cet intime entrelacs entre l'action de l'un et la perception de l'autre est une sorte d'altermodalité dont la synchronie temporelle est la condition.

Dans une expérience en cours, nous étudions la capacité du jeune enfant autiste à reconnaître qu'il est imité synchroniquement par un petit robot à condition qu'il exécute un type particulier de mouvements des bras. Des séances répétées devraient permettre à ces enfants de mieux contrôler les conséquences de leurs actions et plus généralement d'évaluer les effets de leurs actions sur les perceptions et les actions des autres.

Figure 4 : Un enfant avec autisme se fait imiter par Robota.
Robota est une poupée-robot réalisée par Aude Billard à l'École polytechnique fédérale de Lausanne. L'intérêt est que Robota n'imite que certains gestes : il faut donc sélectionner ce qu'elle sait faire si l'on veut être imité (étude en cours de Libert, Nadel et Billard).

Conclusions et perspectives

Il est convenu de considérer que les enfants souffrant d'autisme imitent très peu et très mal. Mais toutes les évaluations se font à partir de tâches où il est demandé d'imiter des actions qui n'ont pas un objectif immédiat intéressant l'enfant. Or les performances qui doivent s'exécuter hors d'un contexte motivant sollicitent la mise en jeu de fonctions exécutives que l'on sait déficientes dans l'autisme. Lorsque, au contraire, on produit devant un enfant autiste, sans rien lui demander, des activités attractives et de niveaux divers, il est très fréquent de le voir imiter spontanément. Le niveau de ce que ces enfants imitent diffère selon leurs capacités, mais ils imitent. Ils imitent en particulier si l'on n'est pas trop rapide dans l'exécution des mouvements – ce qui pourrait rencontrer les données témoignant d'un déficit d'intégration du mouvement rapide (Gepner et Mestre, 2002 ; Gepner, ce volume). L'imitation spontanée mobilise l'intérêt présent. Elle sélectionne ses modèles. Elle donne l'initiative à l'enfant. C'est elle qui est en jeu dans la communication par l'imitation, en coordination avec la reconnaissance d'être imité. Cette capacité à reconnaître être imité a été très négligée par les études scientifiques, alors que les cliniciens l'utilisent intuitivement comme l'une des meilleures ressources pour attirer et retenir l'attention de l'enfant autiste.

Bien entendu, les enfants atteints d'autisme imitent moins que des enfants sans troubles du développement, mais pas forcément moins que des enfants sans autisme et atteints de troubles du langage. En fait, la question n'est pas là. Ces enfants agissent moins, explorent moins, prennent moins d'initiatives destinées à vivre de nouvelles expériences. Alors leur répertoire d'action est pauvre. L'imitation peut leur fournir des occasions d'expériences qu'ils n'auraient jamais suscitées eux-mêmes.

Un autre point est fondamental : la possibilité de création de nouvelles actions que recèle l'imitation n'a pas de limites inférieures. L'imitation complexe est une émergence de l'imitation élémentaire. C'est pourquoi il n'est pas primordial de comparer la quantité ou le niveau des imitations entre enfants avec et sans autisme. Ce qui est primordial est d'exploiter ce qui existe en chaque enfant autiste. Car imiter et reconnaître son imitation sont des expériences uniques qui lient deux personnes par la ressemblance de leur action, mais les distingue par le fait que l'un est à l'origine de l'action de l'autre. De ce fait, et au risque de contredire l'assertion positiviste du philosophe Auguste Comte, il n'est pas impossible de se mettre à la fenêtre pour se regarder passer dans la rue, grâce au miroir de son action que constitue l'imitation.

Références

ADRIEN J.-L. (1996) *L'Autisme du jeune enfant.* Paris : Expansion scientifique française.

AMERICAN PSYCHIATRIC ASSOCIATION (1996) *Diagnostic Criteria from DSM-IV.* Washington, DC : APA.

ANDRY P., GAUSSIER P, MOGA S., BANQUET J. P. & NADEL J. (2001) Learning and communication via imitation : An autonomous robot perspective. *IEEE Transactions on Systems, Man and Cybernetics,* 31 : 5, 31-442.

BARON-COHEN S. (1988) Social and pragmatic deficits in autism : Cognitive or affective ? *Journal of Autism and Developmental Disorders,* 18 : 379-402.

BARD K. A., PLATZMAN K., LESTER B. & SUOMI, S. J. (2001) Développement neurobiologique et émotions chez les nouveau-nés chimpanzés et humains. *Enfance,* 53 (3) : 226-235.

BARON-COHEN S., LESLIE A. & FRITH U. (1985) Does the autistic child have a « theory of mind » ?, *Cognition,* 21 : 37-46.

BIRO S. & RUSSELL J. (2001) The execution of arbitrary procedures by children with autism. *Development and Psychopathology,* 12 : 97-110.

CHARMAN T. & BARON-COHEN S. (1994) An other look on imitation in autism. *Development and Psychopathology,* 6 : 403-413.

CHARMAN T., SWETTENHAM J., BARON-COHEN S., COX A., BAIRD G. & DREW A. (1997) Infants with autism : an investigation of empathy, pretend play, joint attention, and imitation. *Developmental Psychology,* 33 : 781-789.

DECETY J. (2002) Neurobiologie des représentations motrices partagées. *In Imiter pour découvrir l'humain : psychologie, neurobiologie, robotique et philosophie de l'esprit* (Nadel J. & Decety J. eds) pp. 105-130, Paris : PUF.

DECETY J. & GREZES J. (1999) Neural mechanisms subserving the perception of human actions. *Trends in Cognitive Sciences,* 3 : 172-178.

DECETY J., CHAMINADE T., GRÈZES J. & MELTZOFF A. (2002) A PET exploration of the neural mechanisms involved in reciprocal imitation. *Neuroimage,* 15 (1) : 265-272.

DEMYER M., HINTGEN J. & JACKSON R. (1981) Infantile autism reviewed : a decade of research. *Schizophrenia Bulletin,* 7 : 388-449.

FADIGA L., FOGASSI L., PAVESI G. & RIZZOLATTI G. (1995) Motor facilitation during action observation : A magnetic stimulation study. *Journal of Neurophysiology,* 73 : 2608-2611.

FIELD T. M., WOODSON R. W., GREENBERG R. & COHEN C. (1982) Discrimination and imitation of facial expressions by neonates. *Science,* 218 : 179-181.

FIELD T., FIELD T., SANDERS C. & NADEL J. (2001) Children with autism display more social behaviors after repeated imitation sessions. *Autism,* 5 : 317-323.

GEORGIEFF N. & JEANNEROD M. (1998) Beyond consciousness of external reality : A who system for consciousness of action and self-consciousness. *Consciousness and Cognition,* 7 : 465-477.

GEPNER B. & MESTRE D. (2002) Rapid visual-motion integration deficit in autism. *Trends in Cognitive Sciences*, 6 : 11, 455.

GRÈZES J. & DECETY J. (2002) Does visual perception of object afford action ? Evidence from a neuroimaging study. *Neuropsychologia*, 40 : 2, 212-222.

HEYES C. (2001) Causes and consequences of imitation. *Trends in Cognitive Sciences*, 6 : 253-261.

HOBSON R. P. (1986) The autistic child's appraisal of expressions of emotions : A further study. *Journal of Child Psychology and Psychiatry*, 27 : 321-342.

IACOBONI M., WOODS R., BRASS M., BEKKERING H., MAZZIOTTA J. C. & RIZZOLATTI G. (1999) Cortical mechanisms of human imitation. *Science*, 286 : 2526-2528.

KUGIUMUTZAKIS G. (1999) Genesis and development of early infant mimesis to facial and vocal models. *In Imitation in Infancy* (Nadel J. & Butterworth G. eds.), pp. 36-59. Cambridge : Cambridge University Press.

MELTZOFF, A. N. (1990) Foundations for developing a concept of self : the role of imitation in relating self to other and value of social mirroring, social modelling, and self practice in infancy. *In The Self in Transition : Infancy to Chidhood* (Cicchetti D. & Beeghly M. eds) Chicago : The University of Chicago Press.

MELTZOFF A. N. (2002) La théorie du « like me », précurseur de la compréhension sociale chez le bébé. *In Imiter pour découvrir l'humain : psychologie, neurobiologie, robotique et philosophie de l'esprit* (Nadel J. & Decety J. eds) pp. 33-58. Paris : PUF.

MELTZOFF A. N. & MOORE M. K. (1983) Newborn infants imitate adult facial gestures. *Child Development*, 54 : 702-809.

MITCHELL, R. (2002) *Pretending and Imagination in Animals and Children*. Cambridge : Cambridge University Press.

NADEL J. (1986) *Imitation et communication entre jeunes enfants*. Paris : Presses universitaires de France.

NADEL J. (2002) Imitation and imitation recognition. *In The Imitative Mind : Development, Evolution and Brain Bases* (Meltzoff A. & Prinz W. eds), pp. 42-62. Cambridge : Cambridge University Press.

NADEL J., CROUÉ S., MATTLINGER M-J., CANET P., HUDELOT C., LÉCUYER C. & MARTINI M. (2000) Do autistic children have expectancies about the social behaviour of unfamiliar people ? A pilot study with the still face paradigm, *Autism*, 2 : 133-145.

NADEL J., GUÉRINI C, PEZÉ A. & RIVET C. (1999) The evolving nature of imitation as a transitory means of communication. *In Imitation in Infancy* (Nadel J. & Butterworth G. eds), pp. 209-234. Cambridge, Ma : Cambridge University Press.

NADEL J. & POTIER C. (2002) Imiter et être imité dans le développement de l'intentionnalité. *In Imiter pour découvrir l'humain : psychologie, neurobiologie, robotique et philosophie de l'esprit* (Nadel J. & Decety J. eds) pp. 83-104. Paris : PUF

NADEL J., REVEL A., ANDRY P. & GAUSSIER P. (2004) Toward communication : first developmental steps of imitation in infants, children with autism and robots. *Studies of Interaction*, 5 : 1, 45-75.

NADEL-BRULFERT J. & BAUDONNIÈRE P. M. (1982) The social function of reciprocal imitation in 2-year-old peers, *International Journal of Behavioral Development*, 5 : 95-109.

RIZZOLATTI G., FADIGA L., FOGASSI L. & GALLESE V. (2002) From mirror neurons to imitation : Facts and speculations, *In The Imitative Mind : Development, Evolution and Brain Bases* (Meltzoff A. & Prinz W. eds) pp. 247-266. Cambridge, Ma : Cambridge University Press.

ROGERS S. & BENNETTO L. (2002) Le fonctionnement moteur dans l'autisme. *Enfance*, 54 : 1, 63-73.

ROGERS S. J., BENNETTO L., MCEVOY R. & PENNINGTON B. F. (1996) Imitation and pantomime in high-functioning adolescents with autism spectrum disorders, *Child Development*, 67 : 2060-2073.

ROGERS S. J. & PENNINGTON B. F. (1991) A theoretical approach to the deficits in infantile autism, *Development and Psychopathology*, 3 : 137-162.

SCHOPLER E., REICHLER R. J., BASFORD A., LANSING M. D. & MARCUS I. M. (1988) *Individualized Assessment and Treatment for Autistic and Developmentally Disabled Children Vol. I. Psycho-Educational Profile*. Austin, TX : Pro-Ed.

SCHOPLER E., REICHLER R. J. & ROCHEN-RENNER B. (1988) *The Childhood Autism Rating Scale (CARS)*. Chapel Hill : Western Psychological Services.

TOMASELLO, M. (1998) Emulation learning and cultural learning. *Behavioral and Brain Sciences*, 21 : 703-704.

UZGIRIS I. C. & HUNT J. V. (1975) *Assessment in Infancy : Ordinal Scales of Psychological Development*, Chicago : University of Illinois Press

IV

AUTISME : DE LA RECHERCHE À LA PRATIQUE

Éthique et autisme : histoire médicale et sociale

Par Anne Fagot-Largeault

Cet article analyse le lien entre l'évolution de la connaissance des troubles autistiques et la façon dont les personnes atteintes de ces troubles ont été accueillies et insérées socialement. D'abord confondu avec l'arriération mentale, puis défini par Bleuler comme un trait caractéristique de la schizophrénie, l'autisme a trouvé ses premiers critères diagnostiques avec les travaux simultanés (et indépendants) de Kanner (Baltimore, 1943) et Asperger (Vienne, 1944). Mais il y avait loin du diagnostic comportemental au diagnostic étiologique, et une distance plus grande encore du diagnostic à la thérapeutique. Les vaccinations précoces, la relation de l'enfant avec sa mère, l'intoxication par le mercure des amalgames dentaires, etc., furent tour à tour accusés de produire la maladie. De nombreux traitements furent essayés, sans succès ; d'où le désarroi des familles, et souvent aussi des soignants. Depuis une vingtaine d'années cependant, les avancées dues aux sciences cognitives, en permettant une analyse plus fine des troubles, ont inspiré de nouveaux modes de prise en charge. La recherche génétique a donné quelques résultats. Et la collaboration qui s'est instituée entre les familles, les malades, les soignants et les chercheurs permet d'espérer qu'on sélectionne peu à peu les approches thérapeutiques les plus pertinentes à la fois sur le plan scientifique et sur le plan humain[1].

---

1. Sur l'histoire de l'autisme, on peut consulter : en langue anglaise, Houston et Frith, 2000 ; en langue française, Tardif et Gepner, 2003.

Du retard mental à l'autisme-symptôme

Jusqu'au début du XXe siècle le cadre dans lequel sont compris les troubles que nous appelons maintenant « autistiques » est celui du retard mental. En témoigne encore le célèbre *Manuel de psychiatrie* d'Henri Ey, qui mentionne l'autisme infantile dans le chapitre sur les *états d'arriération*, et donne la mesure du quotient intellectuel (QI) comme un repère pour le diagnostic[2]. Dans sa quatrième édition, largement revue (Ey H., Bernard P., Brisset Ch., 1974), ce manuel note cependant qu'au problème *déficitaire* (qui tend à faire rejeter les enfants atteints comme *irrécupérables*) s'ajoute possiblement un problème *relationnel*, éclairé par l'approche psychanalytique : le lien *inhibiteur* de l'enfant avec son entourage (particulièrement sa mère) est susceptible d'atténuer ou d'aggraver les déficits (d'où l'idée que chez ces enfants, contrairement à ce qu'on observe chez les débiles, le retard mental est au moins en partie *récupérable*).

Le terme « autisme » est introduit en 1911 par Eugen Bleuler (1911), un psychiatre suisse, chef de l'hôpital psychiatrique de l'université de Zurich (le Burghölzli Asylum, de 1898 à 1927) et exact contemporain de Sigmund Freud. Bleuler propose d'appeler schizophrénies un groupe de maladies qu'Émile Kraepelin avait appelé « démences précoces ». Il veut signifier par ce mot nouveau que ce ne sont pas des états de détérioration, mais des états de dissociation, qu'il caractérise par deux traits principaux : *ambivalence* (coexistence d'états mentaux contradictoires) et *autisme* (perte du contact avec le réel, repli sur soi, productions délirantes) (Bleuler E., 1912). Bleuler était convaincu que ces maladies avaient un substrat biologique, et qu'elles n'étaient pas forcément incurables, mais il ne disposait d'aucun moyen de traitement biologique ou pharmacologique. Il choisit de communiquer avec ses malades, pour tenter de comprendre comment ils fonctionnaient. Ian Hacking (1999)

---

2. Il est longtemps resté des traces de cette tradition : voir Misès et Barande, 1963.

le dit avec force : « Il croyait en une psychiatrie organique, mais il pratiquait une psychiatrie dynamique[3]. » Bleuler est l'un des premiers psychiatres à avoir pratiqué une approche psychanalytique des psychoses (et non pas, comme Freud, des névroses). Pour autant qu'on le sache, ses malades (qui étaient des adultes) s'en trouvèrent bien.

De l'autisme-symptôme à l'autisme-maladie

C'est vers le milieu du XXe siècle que l'autisme infantile se dégage comme maladie autonome, et trouve ses critères diagnostiques, avec les travaux simultanés, et indépendants, de Leo Kanner (à la clinique psychiatrique pour enfants de l'hôpital Johns Hopkins, Baltimore, États-Unis) et de Hans Asperger (à la clinique pour enfants de Vienne, Autriche). Kanner publie en 1943 un article intitulé « troubles autistiques du contact affectif », dans lequel, sur la base de onze observations détaillées, il décrit un syndrome qu'il distingue soigneusement de la schizophrénie (on *devient* schizophrène, on *naît* autiste). Le trait fondamental (*pathognomonique*) de l'autisme est, selon Kanner[4], un trouble de la relation à autrui (voir Kanner, 1964). Ainsi, ceux de ces enfants qui ont acquis le langage (8 sur 11) ne l'utilisent pas pour communiquer : ils répètent en écho ce qu'ils entendent,

3. « *He believed in organic psychiatry, but practiced dynamic psychiatry* » (Hacking, 1999, p. 118).

4. « Le trouble fondamental le plus frappant, pathognomonique, est l'incapacité de ces enfants d'établir des relations de façon normale avec les personnes et les situations, dès le début de leur vie. Leurs parents parlaient d'eux en ces termes : depuis toujours, enfant "se suffisant à lui-même", "comme dans une coquille" ; "plus heureux tout seul", "agissant comme si les autres n'étaient pas là", "parfaitement inconscient de tout ce qui l'entoure" ; "donnant l'impression d'une sagesse silencieuse", "échouant à développer une sociabilité normale", "agissant presque comme sous hypnose". Il ne s'agit pas, comme chez les enfants ou les adultes schizophrènes, d'une rupture de relations préalablement établies ; il ne s'agit pas d'un retrait succédant à une participation. Il existe d'emblée un repli autistique extrême qui, chaque fois que c'est possible, fait négliger, ignorer, refuser à l'enfant tout ce qui lui vient de l'extérieur. Un contact physique direct, un mouvement ou un bruit qui menacent d'interrompre cet isolement sont traités "comme s'ils n'existaient pas" ; si cela ne suffit plus, ils sont alors douloureusement ressentis comme des intrusions bouleversantes » (Kanner, 1943).

ils ont des difficultés avec l'usage des pronoms personnels. Asperger, la même année, soumet pour publication un article dans lequel, sur la base d'observations faites sur plus de 400 enfants, il caractérise ce qu'il appelle la « psychopathie autistique » par trois traits : pauvreté du lien social, difficultés de communication, caractère étroit et stéréotypé des intérêts et des activités.

L'autisme infantile apparaît dans la Classification internationale des maladies (CIM) en 1965 (8e révision) comme une forme de la schizophrénie (rubrique 295.8). Il se dissocie de la schizophrénie et intègre le cadre des psychoses infantiles lors de la révision suivante (CIM-9, 1975), qui donne les critères diagnostiques de Kanner. En 1989 la CIM 10 (World Health Organisation/Organisation mondiale de la santé., 1993) sort l'autisme infantile des psychoses et le place dans le cadre des *troubles envahissants du développement* (F84[5]). L'Arapi a suivi cette évolution en modifiant l'interprétation de son sigle : de « association pour la recherche sur l'autisme et les psychoses infantiles » à « association pour la recherche sur l'autisme et la prévention des inadaptations ». La CIM 10, d'autre part, identifie un syndrome d'Asperger (F84.5) distinct du syndrome de Kanner (F84.0).

5. ***F84.0 Childhood autism***
A type of pervasive developmental disorder that is defined by :
a) the presence of abnormal or impaired development that is manifest before the age of 3 years, and
b) the characteristic type of abnormal functioning in all the three areas of psychopathology :
- *reciprocal social interaction,*
- *communication,*
- *and restricted, stereotyped, repetitive behaviour.*

In addition to these specific diagnostic features, a range of other nonspecific problems are common, such as phobias, sleeping and eating disturbances, temper tantrums, and (self-directed) agression.
(autistic disorder, infantile autism, infantile psychosis, Kanner's syndrome)

F84.5 Asperger's syndrome
A disorder of uncertain nosological validity, characterized by the same type of qualitative abnormalities of reciprocal social interaction that typify autism, together with a restricted, stereotyped, repetitive repertoire of interests and activities. It differs from autism primarily in the fact that there is no general delay or retardation in language or in cognitive development. This disorder is often associated with marked clumsiness. There is a strong tendency for the abnormalities to persist into adolescence and adult life. Psychotic episodes occasionally occur in early adult life.
(autistic psychopathy, schizoid disorder of childhood)
(CIM 10, 1993).

Les critères diagnostiques que donne la classification américaine (DSM-IV, 1994) convergent avec ceux de la classification internationale.

La notion de syndrome d'Asperger est utile, dans la mesure où elle permet d'identifier un *handicap autistique* chez des personnes adultes par ailleurs assez bien adaptées, en dépit d'une certaine excentricité qui les isole socialement. Qu'il s'agisse de deux entités différentes est cependant incertain et discutable, même si Asperger lui-même a confirmé la distinction. Lorna Wing (1991) parle d'un *continuum autistique* ; Uta Frith (1991) pense que le trouble central de l'autisme est *un*.

Diagnostiquer la présence de la maladie ne suffit pas...

Un diagnostic fondé sur des critères comportementaux, c'est intéressant, mais cela ne donne pas la clef du traitement. Kanner, qui trente ans après ses premières observations a cherché à savoir ce qu'étaient devenus les onze enfants qui avaient fait l'objet de la publication de 1943, conclut que, malgré « beaucoup d'efforts sincères, personne n'a encore réussi à trouver un environnement thérapeutique, une méthode, un médicament qui aient apporté [...] des résultats durables ». On peut seulement constater, avec Kanner, que ceux des enfants qui ont été placés dans des institutions où ils étaient regroupés, soit avec des déficients mentaux, soit avec des psychotiques, se sont plutôt détériorés. C'est un résultat négatif, qui montre ce qu'il vaut mieux ne pas faire ; mais ce qu'il faut faire positivement pour aider ces enfants, nul ne le sait dans les années 1970. En bref, « il y a eu un fatras de *théories*, d'*hypothèses*, de *spéculations* et de multiples et courageux essais bien intentionnés », mais « guère de progrès concrets, [...] si ce n'est un raffinement dans les critères diagnostiques » (Kanner, 1971).

Hypothèses étiologiques et tâtonnements thérapeutiques

Quelle est la *cause* de l'autisme ? Au cours des ans, les conjectures ont foisonné. Les infections virales, les vaccinations (du vaccin rougeole-rubéole-oreillons aux vaccins contre la grippe ou l'hépatite B), l'intoxication par le mercure des amalgames dentaires (ou par le plomb, le cadmium, l'aluminium, etc.), certaines carences alimentaires (comme la carence en zinc), certaines allergies (au lait, au gluten [...]), une mauvaise relation de l'enfant avec sa mère, ou un dysfonctionnement de certains neurotransmetteurs, ont été tour à tour accusés de produire la maladie. Inspirés par l'une ou l'autre conjecture, de nombreux traitements ont été essayés, des régimes alimentaires au refus des vaccinations, des antibiotiques aux immunoglobulines intraveineuses, des neuroleptiques aux antidépresseurs inhibiteurs de la recapture de la sérotonine, sans qu'aucun fasse la preuve d'une action spécifique sur le « trouble central » de l'autisme ; d'où le désarroi des familles, et souvent aussi des soignants.

L'hypothèse la plus dévastatrice, en raison de sa popularité, a sans doute été l'hypothèse psychogénétique[6] formulée par Bruno Bettelheim après qu'à Chicago en 1944 il fut chargé de diriger l'École orthogénique Sonia Shankman. Son idée était la suivante : l'enfant initialement s'est trouvé placé, du fait d'un environnement familial glaçant, dans une « situation extrême », à laquelle il n'a pu résister qu'en adoptant une stratégie de survie « psychotique » (l'enfermement dans une « forteresse intérieure ») (Bettelheim B., 1967). Il faut pour réparer le trouble séparer l'enfant de son milieu familial, et le plonger dans un milieu institutionnel chaleureux. Bettelheim croyait que cette prise en charge institutionnelle pouvait *guérir* l'autisme (Pollak R., 2003 ; Sutton N.,

6. Adopter une hypothèse psychogénétique, c'est croire que la cause de l'autisme est psychologique (et non pas biologique) ; autrement dit, que l'autisme est dû à des erreurs éducatives, ou à des traumatismes de la petite enfance.

1995). La version continentale (et spécialement française) de l'hypothèse psychogénétique (voir Maud Mannoni, 1982 ; Françoise Dolto dans Muel A., 1972) s'est développée au sein d'une culture psychiatrique tardivement venue à la psychanalyse, et fière (à juste titre) de ce que l'approche psychanalytique avait contribué à délivrer les enfants autistes de services hospitaliers où ils étaient parqués, souvent attachés, traités comme des rebuts. Cette culture véhiculait par ailleurs le stéréotype de la « mère de psychotique », envahissante et pathogène : une version naïve de l'intuition qu'il pourrait y avoir dans les psychoses schizophréniques un élément de transmission familiale.

Orientations nouvelles de la recherche et de la prise en charge

Depuis une trentaine d'années cependant, les avancées de la recherche dans l'ensemble des *sciences de la cognition*, en permettant une analyse plus fine des troubles, ont inspiré de nouvelles hypothèses sur le « déficit central » de l'autisme (déficit initial dans la perception des visages, déficit de « théorie de l'esprit », déficit des fonctions exécutives, déficit de « cohérence centrale », déficit émotionnel, etc., (Baron-Cohen S., Leslie A. M., Frith U., 1985 ; Frith U., 1989 ; *Journal of the American Academy of Child and Adolescent Psychiatry*, 2002), et de nouveaux modèles de prise en charge fondés sur ces hypothèses pathogénétiques. Le plus connu des modèles thérapeutiques d'inspiration cognitive-comportementale est le programme TEACCH (Treatment and Education of Autistic and Related Communication Handicapped Children) élaboré par Eric Schopler autour de 1970 en Caroline du Nord, où il a remplacé la prise en charge en thérapie de groupe psychanalytique. La mise en place de ce type de programme a rencontré en France une certaine résistance : les partisans d'une approche d'inspiration psychanalytique et les partisans d'une approche comportementale se sont longtemps ignorés.

Mais l'ambiance a globalement changé (ministère des Affaires sociales, de la Santé et de la Ville, Circulaire n° 9 512 du 27 04 1995 ; Rapport ANDEM, 1994). Le Comité consultatif national d'éthique, saisi en 1994 par l'association Autisme-France de la question des prises en charge d'enfants autistes dans notre pays, constatait les insuffisances de la recherche scientifique et les obstacles à la qualité de cette recherche (ainsi, le fait que les critères diagnostiques utilisés en France ne concordaient que partiellement avec les critères internationaux[7]). Il recommandait, en même temps qu'un effort de recherche, une amélioration de la prise en charge des personnes atteintes d'autisme qui évite aussi bien l'impérialisme d'une méthode que la culpabilisation des patients et de leurs familles. Le Comité écrit : « Il convient de veiller à la qualité des soins en évitant notamment tout ce qui, dans une méthode thérapeutique, serait de nature à culpabiliser les patients et leurs familles et à aggraver leur souffrance », et aussi : « En l'absence de certitudes sur la nature et l'étiologie du syndrome autistique, et en l'absence actuelle de thérapeutiques suffisamment efficaces dans cette indication, toute méthode doit impérativement faire l'objet d'une évaluation scientifique rigoureuse, qu'il s'agisse de médicament, de psychothérapie, de méthodes éducatives, de traitement dit "institutionnel", ou de leur association » (CCNE, 1996, Rapport ANDEM, 1994).

Il semble que ces recommandations aient été entendues. L'esprit n'est plus à la stigmatisation. Il faut toutefois être vigilant pour qu'à la discrimination contre des mères supposées abusives ne succède pas une discrimination contre de mauvais gènes. Une recherche génétique devenue très active, dans le sillage du projet « génome humain », et grâce à la participation des familles d'enfants autistes, a signalé la découverte de deux facteurs génétiques pouvant jouer un rôle dans la *prédisposition* aux troubles autistiques (voir *International Molecular Genetic Study*..., 1998 ; Jamain, 2003). Mais on est encore loin de savoir expliquer par quels mécanismes ces facteurs contribuent éventuellement à l'apparition des troubles. L'approche la plus sage de ces troubles est probablement multifactorielle (voir *Psychologie française*, 1998).

7. Voir Misès, 1982.

En tout cas, nous sommes aujourd'hui entrés dans une phase de recherche internationale coopérative, dont on peut attendre à la fois des connaissances objectives plus précises et plus humbles, et une meilleure concertation entre les familles, les malades, les soignants et les chercheurs pour l'élaboration des approches thérapeutiques les plus pertinentes à la fois sur le plan scientifique et sur le plan humain.

Références

AMERICAN PSYCHIATRIC ASSOCIATION (1994) *DSM-IV*. Washington DC ; tr. fr. sous la dir. de J. D. Guelfi, *Manuel diagnostique et statistique des troubles mentaux*, traduit en français sous la direction de Julien D. Guelfi, Quatrième édition, Version Internationale, avec les codes CIM 10, Paris : Masson, 1996 (1008 p).

ASPERGER H. (1944) « Die "autistischen Psychopathen" im Kindesalter », *Archiv für Psychiatrie und Nervenkrankheiten*, Berlin, 117 : 76-136 ; Engl. tr. « Autistic psychopathy in childhood », Engl. transl. Lorna Wing, in : Frith Uta, ed., *Autism and Asperger Syndrome*, Cambridge : CUP, 1991, 34-92.

BARON-COHEN S., LESLIE A. M., FRITH U. (1985) « Does the autistic child have a "theory of mind" ? », *Cognition*, 21 : 37-46.

BETTELHEIM B. (1967) *The Empty Fortress : Infantile Autism and the Birth of the Self*, New York : The Free Press ; *La Forteresse vide*, tr. fr. 1968.

BLEULER E. (1912) « Das autistische Denken », *Jahrbuch der Psycho-Analyse* : 1912 (4).

BLEULER E. (1911) *Dementia praecox oder die Gruppe der Schizofrenien* ; *in* : Gustav Aschaffenburg, ed., *Handbuch der Psychiatrie*, Leipzig & Vienna, 1911-1928. Engl. transl. 1950, *Dementia Praecox, or the Group of Schizophrenias*.

Comité consultatif national d'éthique pour les sciences de la vie et de la santé (CCNE). (1996) Avis et rapport n° 047 sur la prise en charge des personnes autistes en France, Paris : CCNE <http://comite-ethique.fr>

EY H., BERNARD P., BRISSET Ch. (1974) *Manuel de psychiatrie*, Paris : Masson, 4e ed. entièrement remaniée.

FRITH U. (1989) *Autism – Explaining the Enigma* ; 2nd ed. paperback, 272 p., 2003.

FRITH U, ed. (1992) *Autism and Asperger Syndrome*, Cambridge : CUP, 1992.

FRITH U., MORTON J., LESLIE A. M. (1991. « The cognitive basis of a biological disorder : autism », *Trends in Neurosciences*, 14 (10) : 433-438.

HACKING I. (1999) *The Social Construction of What ?* Cambridge, Mass : Harvard University Press.

HOUSTON R. A., FRITH U. (2000) *Autism in History*, paperback, Oxford : Blackwell.

International Molecular Genetic Study of Autism Consortium. (1998) « A full genome screen for autism with evidence for linkage to a region on chromosome 7q », *Human Molecular Genetics*, 7 (3) : 571-578.

JAMAIN S., *et al.* (2003) « Mutations of the X-linked genes encodage neuroligins NLGN3 and NLGN4 are associated with autism », *Nature Genetics*, May 2003 <http://www.nature.com/ng/>

Journal of the American Academy of Child and Adolescent Psychiatry (2002) « Genetics of Childhood Disorders : XLII. Autism, Part 1 : Diagnosis and assessment in autistic spectrum disorders », by C. Lord & F. VOLKMAR, 41 (9) : 1134-1136, Sept ; « XLIII. Autism, Part 2 : Neural foundations », by

R. T. Schultz & A. Klin, 41 (10) : 1259-1262, Oct ; « XLIV. Autism, Part 3 : Psychopharmacology of autism », by C. J. McDougle & D. Posey, 41 (11) : 1380-1383, Nov ; « XLV. Autism, Part 4 : Serotonin in autism », by G. M. Anderson, 41 (12) : 1513-1516, Dec.

KANNER L. (1943) « Autistic disturbances of affective contact », *Nervous Child*, 2 : 217-250 ; tr. fr. « Les troubles autistiques du contact affectif », *Neuropsychiatrie de l'enfance*, 1990, 38 (1-2) : 65-84.

KANNER L. (1971) « Follow up study of eleven children originally reported in 1943 », *Journal of Autism and Childhood Schizophrenia*, 1 (2) : 119-145.

KANNER L. (1964) *A History of the Care and Study of the Mentally Retarded*, Springfield : C. C. Thomas, III.

MANNONI M. (1982) *D'un impossible à l'autre*, Paris : Seuil.

MINISTÈRE DES AFFAIRES SOCIALES, DE LA SANTÉ ET DE LA VILLE, Circulaire n° 9512 du 27 04 1995 sur « La prise en charge des enfants, adolescents et adultes autistes ».

MISÈS R., BARANDE I. (1963) Étude clinique de formes précoces intriquant relation psychotique et symptomatologie de type déficitaire, *in La Psychiatrie de l'enfant*, Paris : PUF, 6 : 1-78.

MISÈS R. (1982) Aspects cliniques des psychoses de l'enfant, in : Koupernik C., Loo H., Zarifian E., eds., *Précis de psychiatrie*, Paris : Flammarion « Médecine-Sciences ».

MUEL A. (1972). *L'Éveil de l'esprit chez l'enfant inadapté, nouvelle pédagogie rééducative*, préface de Françoise Dolto, Paris : Aubier Montaigne.

POLLAK R. (2003) *Bruno Bettelheim ou la Fabrication d'un mythe*, traduit de l'anglais (États-Unis) par Agnès Fonbonne, Paris : Les Empêcheurs de penser en rond.

Psychologie française. (1998) Nadel J. & Rogé B., *Autisme : l'option biologique, 1. Recherche*, 43 (2) ; Rogé B. & NADEL J., *Autisme : l'option biologique, 2. Prise en charge*, 43 (3), Grenoble : PUG.

Rapport ANDEM. (1994) *L'Autisme*. Rapport DAS. (1994). *Propositions sur l'accueil des adultes autistes*. Rapport IGAS. (1994). *La Prise en charge des enfants et adolescents autistes*.

SUTTON N. (1995) *Bruno Bettelheim. Une vie*, Paris : Stock.

TARDIF C., GEPNER B. (2003) *L'Autisme*, Paris : Nathan.

WING L. (1991) The relationship between Asperger's syndrome and Kanner's autism, in Frith Uta (éd.), *Autism and Asperger Syndrome*, Cambridge : CUP, 1991, 93-121.

WORLD HEALTH ORGANISATION/ORGANISATION MONDIALE DE LA SANTÉ (1993) *International Classification of Diseases/Classification Internationale des Maladies*, 10e révision (ICD 10/CIM 10), Genève : OMS-WHO.

Les recommandations issues de la recherche internationale en autisme

Par Bernadette Rogé

La France s'est récemment engagée dans la démarche de recommandations cliniques pour le dépistage des troubles du développement et le diagnostic de l'autisme. Nous ne pouvons qu'en être satisfaits car la vaste réflexion que cela suppose implique la prise en compte des connaissances les plus récentes en vue de l'amélioration des pratiques. Plusieurs pays ont déjà réalisé ce type de travail et sont parvenus à un consensus auquel les chercheurs et cliniciens les plus avertis se réfèrent déjà. Il nous est apparu nécessaire de rappeler ici les données qui ont déjà fait l'objet d'un travail au niveau international car elles ne manqueront pas d'inspirer la démarche qui est près d'aboutir sur le territoire français. Ces éléments permettent aussi d'introduire les chapitres suivants qui portent sur les bonnes pratiques en matière de diagnostic et de prise en charge.

La recherche dans le domaine de l'autisme progresse, mais les applications pratiques en termes de services pour les personnes atteintes d'autisme restent relativement limitées. Cependant, la perception de l'autisme se modifie peu à peu, et les nouvelles conceptions vont induire d'autres pratiques en accord avec les informations actualisées et avec les recommandations des experts qui en sont issues.

Ce qui est confirmé par la recherche

Des avancées majeures ont été enregistrées dans le domaine de l'autisme depuis sa première description. Ces points qui réunissent le consensus au niveau international (Ozonoff *et al.*, 2003) doivent être rappelés car ils fondent les nouvelles pratiques et les recommandations issues des travaux de recherche :

— **L'autisme est un désordre appartenant à un spectre** dans lequel les manifestations peuvent être plus ou moins caractéristiques ou marquées, et associées ou non à la déficience mentale qui s'exprime à des degrés divers (Rutter, 1999).

— **Les désordres du spectre autistique ne sont pas aussi rares qu'on ne l'avait pensé.** L'augmentation de la prévalence (Baird *et al.* 2001 ; Bertrand *et al.*, 2001 ; Chakrabarti et Fombonne, 2001 ; MIND Institute, 2002) ne semble pas seulement être due à une meilleure information et à la détection plus rapide qui en découle. L'utilisation d'outils plus sensibles, l'expérience accrue des cliniciens qui sont maintenant capables de détecter les formes les plus subtiles et l'extension de la définition des troubles autistiques peuvent aussi contribuer à l'augmentation du nombre de cas répertoriés. Cependant, il pourrait exister d'autres facteurs de risque parmi lesquels des facteurs environnementaux, comme des substances toxiques par exemple, qui font l'objet d'études à l'heure actuelle.

— **L'autisme est un désordre du développement.** Cette notion est apparue lorsque des travaux ont souligné les différences entre l'autisme et la schizophrénie (Rutter, 1972), montrant qu'il s'agissait bien de deux pathologies clairement différentes par la nature et l'âge d'apparition. L'aspect développemental de l'autisme implique de solides connaissances sur le développement typique car il réunit une majorité de caractéristiques qui, pour avoir une dimension pathologique, doivent être rapportées à l'âge de développement de la personne. Les symptômes positifs sont des comportements qui ne sont pas communs pour les personnes de même âge et de même âge développemental. Les symptômes négatifs correspondent à l'absence ou à la faible fréquence de comportements attendus à l'âge de développement de la personne. L'aspect développemental du trouble est donc un élément à prendre en compte pour le diagnostic, pour l'évaluation et pour l'intervention (Cohen *et al.*, 1997 ; Filipek *et al.*, 1999 ; Schopler *et al.*, 2001 ; Ozonoff *et al.*, 2003).

— **L'autisme est un désordre neurodéveloppemental avec une base biologique.** Il est confirmé maintenant que l'autisme a une base biologique au travers des différents travaux dans le domaine de la génétique, de la neurologie, de l'imagerie cérébrale et de la neuropsychologie. Plusieurs techniques ont permis de mettre en évidence des différences fonctionnelles et structurelles dans le développement du cerveau, et les hypothèses concernant les liens entre les particularités de fonctionnement des personnes atteintes d'autisme et certaines structures cérébrales se consolident peu à peu (Coleman et Gilberg, 1986 ; Cohen *et al.*, 1997 ; Filipek *et al.*, 1999 ; Filipek *et al.*, 2000 ; National Research Council, 2001 ; Schopler *et al.*, 2001 ; Rapport INSERM, 2001 ; Ozonoff *et al.*, 2003).

— **L'autisme peut être identifié précocement.** Les premiers signes apparaissent dans la plupart des cas avant l'âge de 3 ans. Mais il existe un décalage qui peut atteindre plusieurs mois, voire plusieurs années entre ces premières manifestations et la confirmation du diagnostic. Le problème du diagnostic différé va souvent de pair avec la discrétion des troubles dans les formes les plus légères. Les manifestations au niveau du langage, de la communication et de l'engagement social sont relativement bien connues, mais la question qui se pose est de savoir à partir de quel âge les particularités de développement peuvent être identifiées de manière fiable. À l'heure actuelle, les travaux sur le dépistage se multiplient et ont abouti à l'élaboration d'outils qui pourraient s'avérer suffisamment sensibles et suffisamment valides pour être utilisés dès le courant de la deuxième année (Filipek *et al.*, 1999 ; Filipek *et al.*, 2000 ; National Research Council, 2001 ; Schopler *et al.*, 2001 ; Rapport INSERM, 2001 ; Ozonoff *et al.*, 2003).

— **Le diagnostic et l'évaluation de l'autisme requièrent des compétences spécifiques.** Le diagnostic de l'autisme repose sur un jugement clinique dans la mesure où il n'existe pas de marqueurs biologiques. Ce jugement clinique requiert un entraînement spécifique, une supervision et le *feed-back* d'experts ainsi qu'une expérience prolongée avec de nombreux enfants. La description clinique et les limites du syndrome ont changé durant les vingt dernières années, ce qui requiert une mise à jour permanente des connaissances. L'évaluation clinique s'appuie sur des instruments standardisés, et, dans ce domaine aussi, les praticiens ont à s'informer régulièrement des progrès réalisés (Cohen *et al.*, 1997 ; Filipek *et al.*, 1999 ; Filipek *et al.*, 2000 ; National Research Council, 2001 ; Schopler *et al.*, 2001 ; Rapport INSERM, 2001 ; Ozonoff *et al.*, 2003).

— **Il existe des traitements efficaces pour améliorer la qualité de vie des personnes atteintes d'autisme.** La recherche a montré que les enfants pouvaient être fortement améliorés grâce à différents types d'interventions qui sont le traitement comportemental intensif et précoce, les interventions sur le langage, certaines médications psychoactives, l'entraînement aux compétences sociales, l'intégration scolaire. Les variations sont telles entre les sous-groupes qu'il est important de rester ouvert à toutes les opportunités de faire évoluer l'enfant et parfois de combiner différentes méthodologies. Il est toutefois important de veiller à ce que les traitements proposés soient suffisamment fondés sur des données empiriques et qu'ils ne soient pas préjudiciables aux enfants (National Research Council, 2001 ; Schopler *et al.*, 2001 ; JADD special issue, 2002 ; Rapport INSERM, 2004).

— **Il est indispensable de travailler avec les familles.** Il est essentiel d'expliquer correctement ce qu'est l'autisme aux familles et de leur dire de manière non équivoque que cette pathologie n'est pas liée à un dysfonctionnement parental. L'une des manières les plus efficaces d'aider les parents à surmonter le problème qu'ils vivent lorsqu'ils apprennent le diagnostic est de leur permettre de s'engager activement dans le traitement de l'enfant. Toutes les interventions qui ont montré une efficacité incluaient l'action des parents. Leur rôle est essentiel pour permettre le développement de compétences fonctionnelles parce que utilisées au quotidien dans le cadre familial (Filipek *et al.*, 1999 ; National Research Council, 2001 ; Schopler *et al.*, 2001 ; JADD special issue, 2002 ; Rapport INSERM, 2004).

Les recommandations

À l'heure actuelle, la nette augmentation du nombre de cas d'autisme ou d'autres troubles du spectre autistique identifiés, la forte progression des connaissances dans le domaine et le développement de pratiques susceptibles d'améliorer le devenir des enfants atteints imposent la mise en œuvre d'une véritable politique d'information de tous les professionnels de la santé et de l'éducation. Il est en effet indispensable d'améliorer le repérage des enfants concernés et ce, dès le plus jeune âge, et de recourir à des actions efficaces pour promouvoir leur développement, leur qualité de vie et leur insertion dans la communauté sociale. L'identification rapide des enfants atteints permet également d'aider plus rapidement les familles dont la tâche est très lourde et engendre beaucoup de stress.

Cette nécessité de faire le lien entre l'avancée des recherches et les services disponibles pour aider les enfants atteints d'autisme et leur famille a donné lieu à des réflexions collectives menées par des experts, scientifiques et cliniciens, qui au vu de la littérature scientifique ont défini les bonnes pratiques en matière d'autisme. La définition de ces bonnes pratiques s'appuie sur la synthèse des travaux les plus récents et susceptibles d'aboutir à des recommandations dans le domaine du diagnostic, du suivi médical, de l'éducation, de l'accompagnement à l'âge adulte et de la formation des professionnels. Plusieurs rapports issus de ce type de démarche ont été publiés (Filipek *et al.*, 1999 ; National Research Council, 2001 ; Schopler *et al.*, 2001 ; Barnard *et al.*, 2001 ; Ozonoff *et al.*, 2003 ; Rapport INSERM, 2001 et 2004 ; MIND Institute, 2002 ; JADD special issue, 2002).

Ces rapports constituent une excellente base pour la réflexion qui doit maintenant être menée en France afin d'obtenir, au bénéfice des enfants atteints d'autisme, la mise en pratique des nouvelles connaissances scientifiques.

En guise d'introduction aux textes qui suivent, nous rappelons ici les recommandations qui font l'objet d'un consensus dans ces différents groupes d'experts ayant publié des rapports diffusés au niveau national et international.

DIAGNOSTIC, ÉVALUATION

Il existe une continuité et des traits communs, notamment au niveau des relations sociales, entre les différents troubles du spectre autistique. Les différents tableaux de ce continuum sont les troubles autistiques, le syndrome d'Asperger, l'autisme atypique/troubles du développement non spécifiés, le syndrome de Rett et les troubles désintégratifs de l'enfance. Quel que soit le degré de sévérité, quel que soit le niveau d'adaptation des enfants dont les troubles se situent dans ce spectre, ils doivent tous bénéficier de services spécifiques pour leur éducation (Filipek *et al.*, 1999 ; National Research Council, 2001 ; Schopler *et al.*, 2001 ; Barnard *et al.*, 2001 ; Ozonoff *et al.*, 2003 ; Rapport INSERM, 2001 et 2004).

L'identification d'un trouble du spectre autistique doit se faire à partir d'un ensemble de signes tels qu'ils sont répertoriés dans les classifications reconnues au niveau international : CIM 10 de l'OMS et DSM-IV-R (Filipek *et al.*, 1999 ; National Research Council, 2001 ; Schopler *et al.*, 2001 ; Barnard *et al.*, 2001 ; Ozonoff *et al.*, 2003 ; National Initiative for Autism, 2003).

Plusieurs niveaux de repérage des troubles peuvent être distingués (Filipek *et al.*, 1999 ; Filipek *et al.*, 2000 ; Rapport INSERM, 2001).

En première ligne se situe le dépistage de routine. Il concerne tous les professionnels de la petite enfance (pédiatres, neurologues, psychiatres, psychologues, médecins ORL, orthophonistes, kinésithérapeutes, psychomotriciens et autres professionnels au contact des enfants les plus jeunes) qui doivent être suffisamment familiarisés avec les signes de l'autisme, afin de reconnaître les indicateurs de perturbation dans la sphère sociale, au niveau de la communication et dans les comportements. Ils doivent pouvoir relever des indices justifiant une évaluation diagnostique ultérieure par un spécialiste.

Le dépistage d'une anomalie de développement devrait être réalisé pour chaque enfant lors des visites de routine durant la petite enfance, mais aussi à l'âge scolaire, et ultérieurement lorsque l'enfant présente des signes préoccupants dans les comportements sociaux et au niveau de l'adaptation et des apprentissages. Il s'agit à ce stade de repérer les éventuels retards et/ou déviances par rapport au développement ordinaire.

Un retard et/ou une déviance par rapport à une des étapes du développement nécessite des investigations supplémentaires. Le retard dans la réalisation de ce type d'évaluation peut contribuer au retard du diagnostic avec des conséquences importantes liées à la prise en charge différée. Les signes qui indiquent un problème sont :

— l'absence de babillage à 12 mois,

— l'absence de gestes (indiquer du doigt, faire « au revoir », etc.) à 12 mois,

— l'absence de mots à 16 mois,

— l'absence de phrases de 2 mots spontanés à 24 mois (qui ne soient pas uniquement écholaliques),

— la perte de toute forme de langage ayant une valeur de communication, ou la perte de compétences sociales à n'importe quel âge.

Des examens médicaux sont indispensables dès cette première étape : toute inquiétude d'un parent ou d'un professionnel concernant la parole, le langage, ou un problème d'audition doit déboucher sur un examen ORL au cours duquel l'audition sera évaluée.

Les professionnels de la petite enfance doivent également être familiarisés avec les outils de dépistage, par exemple le Checklist for Autism in Toddlers (CHAT), le Pervasive Developmental Disorders Screening Test (PDDST) ou, pour les enfants plus grands, l'Échelle australienne pour l'identification du syndrome d'Asperger. Ils doivent pouvoir appliquer ces échelles à la recherche de signes qui pourraient renvoyer à l'autisme.

Le développement et le comportement social, de communication et de jeu des frères et sœurs d'enfants autistes doivent être suivis très attentivement, non seulement pour une identification éventuelle de symptômes relatifs à l'autisme, mais aussi pour un dépistage des retards de langage, des difficultés d'apprentissage, des symptômes d'anxiété et de dépression.

Le praticien de première ligne doit adresser les enfants dépistés aux services spécialisés.

En première ligne se situent *le diagnostic et l'évaluation de l'autisme.*

À ce niveau d'intervention, le diagnostic et l'évaluation doivent être réalisés par des professionnels spécialistes de l'autisme. Une approche pluridisciplinaire impliquant des psychologues, neuropédiatres, pédiatres, orthophonistes, pédopsychiatres, psychomotriciens et éducateurs est nécessaire.

Le *diagnostic d'autisme* doit être posé sur base de la clinique et des critères reconnus au niveau international (DSM-IV et CIM 10), et doit s'appuyer sur un instrument diagnostique qui a une sensibilité suffisante et une bonne spécificité pour l'autisme.

Un entretien standardisé, par exemple l'ADI-R, doit être mené avec les parents. Il porte sur leurs soucis actuels et l'histoire des signes de nature autistique. Par ailleurs, une observation directe et structurée des comportements sociaux, de communication et de jeu doit être réalisée.

Une observation directe et structurée vient compléter l'entretien. Elle peut être réalisée avec un outil comme l'ADOS-G.

Les évaluations diagnostiques concernent aussi d'autres facteurs comme le niveau de langage, de retard mental, ainsi que la présence de troubles comportementaux non spécifiques tels que l'hyperactivité, l'agression, l'anxiété, la dépression ou des troubles spécifiques de l'apprentissage, qui peuvent affecter significativement l'évolution.

Une *évaluation médicale et neurologique* approfondie doit être réalisée. Elle prend en compte toutes les informations sur la grossesse, la naissance, l'histoire périnatale, l'histoire du développement avec des indications sur les étapes du développement, les éventuelles régressions, les problèmes d'encéphalopathie, de déficit de l'attention, d'épilepsie, de troubles de l'humeur, de comportements difficiles comme l'irritabilité, l'automutilation, de troubles du sommeil, de l'alimentation, et de pica (exposition possible au plomb).

L'*histoire de la famille* doit rechercher, dans la famille nucléaire comme dans la famille plus étendue, la présence d'autisme, de retard mental, du syndrome de l'X fragile et de sclérose tubéreuse. Ces éléments ont en effet des implications sur la nécessité d'examens génétiques. Les troubles affectifs et l'anxiété doivent aussi être identifiés chez les membres de la famille, car ces troubles ont un impact important sur les soins à l'enfant et sur la charge vécue par la famille.

Les *examens médicaux* doivent inclure : la mesure du périmètre crânien, la recherche des caractéristiques physiques inhabituelles (visage, membres, stature, etc.) indiquant la nécessité d'une évaluation génétique, la recherche des anomalies neurocutanées (exigeant un examen à l'aide de la lampe de Wood), la démarche, le timbre de la voix, les réflexes, les nerfs crâniens.

Une *évaluation du langage* dans tous ces aspects (parole, langage, communication) doit être réalisée chez tous les enfants qui ont été repérés pour un problème de développement dans ce domaine. Cette évaluation est menée par un spécialiste des troubles du langage qui a l'expérience de l'évaluation des enfants avec autisme.

Les résultats de cette évaluation seront toujours interprétés en fonction des capacités cognitives, motrices et socio-émotionnelles.

Une *évaluation cognitive* doit être réalisée pour tous les enfants avec autisme. Cette évaluation est réalisée par un professionnel expérimenté (psychologue ou pédiatre développementaliste) ayant une bonne connaissance de l'autisme. L'évaluation comporte aussi, en plus de l'évaluation du sujet atteint, sur les points forts, les éventuels talents spécifiques, les facteurs de stress et l'adaptation pour toute la famille (parents et fratrie). Les ressources et soutiens de la famille sont aussi pris en compte. Les psychologues menant ce type d'évaluation doivent être familiarisés avec les théories et approches spécifiques à cette population. Les outils psychologiques doivent être adaptés à l'âge mental et à l'âge chronologique de l'enfant. Ils doivent permettre de formaliser les résultats sous forme de notes standard rendant compte des capacités globales et des capacités dans le domaine verbal et dans celui des performances. Ils doivent disposer de normes actualisées et indépendantes des capacités sociales.

Lorsqu'un retard mental est associé, une évaluation du *fonctionnement adaptatif* doit être réalisée par un psychologue avec par exemple une échelle comme la Vineland Adaptive Behavior Scale.

Une évaluation complète des *compétences sensori-motrices* doit aussi être réalisée par des professionnels spécialisés (psychomotriciens) ayant l'expérience de l'évaluation des personnes avec autisme. Elle comporte une évaluation des compétences en motricité globale et fine, des praxis, des capacités de traitement et d'intégration sensoriels. Elle prend aussi en compte les maniérismes et comportements stéréotypés. L'impact de ces comportements sur la vie de la personne est également examiné.

Une *évaluation éducative* concernant les activités est indiquée pour cerner les perturbations dans les compétences fonctionnelles ou occupationnelles dans les domaines du jeu ou de loisir, dans les activités de la vie quotidienne, dans le travail à l'école ou dans d'autres activités. L'éducateur peut évaluer ces différents aspects dans des contextes variés et apprécier la mise en œuvre fonctionnelle des compétences dans différents secteurs d'activité.

L'*évaluation neuropsychologique, comportementale et scolaire* est nécessaire en plus de l'évaluation cognitive. Elle inclut les compétences en communication, les compétences et relations sociales, le fonctionnement dans les activités, les comportements-problèmes, le style d'apprentissage, la motivation et le renforcement, le fonctionnement sensoriel et la capacité d'autorégulation.

Une partie essentielle du recueil d'information est l'apport des parents en ce qui concerne leurs observations et préoccupations.

Le *fonctionnement familial* est évalué pour déterminer le niveau de compréhension des parents en ce qui concerne l'état et les besoins spécifiques de leur enfant. Un suivi sous forme d'entretiens de conseil et une formation appropriée sont proposés. En prenant en compte le statut socio-économique de la famille, sa disponibilité, et le statut de l'enfant, l'évaluation des besoins au niveau des services sociaux est effectuée, et leur accessibilité est vérifiée.

L'évaluation des ressources familiales est réalisée par des professionnels, psychologues le plus souvent, ou autres travailleurs sociaux qui se spécialisent dans le travail avec les familles de personnes avec autisme.

Des *examens de laboratoire* sont indiqués lors de cette évaluation de deuxième ligne.

Ils sont dictés par l'examen clinique et la présence de pathologies comorbides. Selon les cas (détaillés dans Filipek 1999), peuvent être retenus un examen du métabolisme, un examen génétique avec en particulier recherche de l'X fragile et étude du caryotype par les techniques à haute résolution dans le cas d'autisme et de retard mental, d'histoire familiale d'X fragile ou de syndrome dysmorphique. Même s'il n'y a pas actuellement de méthode pour dépister l'autisme de manière prénatale, la famille d'un enfant atteint d'autisme doit être informée de l'augmentation du risque d'avoir un autre enfant atteint (de 1 pour 10 à 1 pour 20 au lieu de 1 pour 500 dans la population générale).

Un *EEG de privation de sommeil* avec un échantillonnage du sommeil lent est préconisé dans le cas d'épilepsie clinique, d'histoire de régression (perte cliniquement significative des fonctions sociales et communicatives) à tout âge, mais plus particulièrement chez les jeunes enfants qui commencent à marcher et les enfants d'âge préscolaire, et dans les situations de forte suspicion d'épilepsie clinique ou subclinique. Il n'y a pas de données à l'heure actuelle permettant de recommander systématiquement l'EEG pour tous les enfants atteints d'autisme.

L'imagerie cérébrale peut être indiquée en cas de problèmes neurologiques non expliqués par le diagnostic d'autisme (par exemple, asymétrie motrice, troubles des nerfs crâniens, maux de tête sévères). L'imagerie cérébrale de routine ne joue pas de rôle dans l'évaluation diagnostique de l'autisme à l'heure actuelle, même en présence de l'augmentation du périmètre crânien. L'*imagerie fonctionnelle* (fMRI, SPECT, et PET) est actuellement considérée comme un outil de recherche dans l'évaluation de l'autisme.

Certains tests ne peuvent être systématisés car il n'y a pas de preuve adéquate pour soutenir leur mise en place dans les examens de routine : analyse des cheveux à la recherche de traces d'éléments, anticorps cœliaques, allergies (en particulier allergies aux gluten, à la caséine, au *candida* et autres champignons), anomalies immunologiques ou neurochimiques, dosages de vitamines, examen de la perméabilité intestinale, analyse des selles, dosage des peptides urinaires, désordres mitochondriaux, test des fonctions thyroïdiennes ou examen enzymatique. La réévaluation une année au moins après le premier diagnostic et une surveillance permanente constituent une exigence de la pratique clinique car des changements relativement modestes du niveau de développement influencent l'impact de l'autisme durant les années préscolaires.

La position des experts est unanime pour dire que le rôle des professionnels médicaux ne peut pas se limiter au diagnostic de l'autisme. Les professionnels doivent développer leurs connaissances et leur implication pour être davantage capables de conseiller les familles sur les modalités de traitement disponibles et appropriés. En outre, les professionnels doivent bien connaître les lois qui déterminent les droits des enfants.

ÉDUCATION

Tous les experts considèrent que l'éducation représente un axe central du traitement et qu'elle doit être combinée avec toute approche médicale, psychologique et sociale susceptible d'apporter un progrès et un meilleur confort de vie (Filipek *et al.*, 2000 ; National Research Council, 2001 ; Schopler *et al.*, 2001 ; Barnard *et al.*, 2001 ; Ozonoff *et al.*, 2003 ; Rapport INSERM, 2004 ; MIND Institute, 2002 ; JADD special issue, 2002 ; Rapport INSERM, 2004).

Le programme éducatif individualisé et le plan de services devraient permettre de planifier et de mettre en œuvre les objectifs éducatifs. Les objectifs éducatifs appropriés pour des enfants avec autisme doivent être des comportements et compétences observables et mesurables. Ces objectifs doivent pouvoir être atteints en un an et améliorer la participation de l'enfant à l'école, dans la communauté et dans la famille. Ils devraient inclure :

— des compétences sociales pour accroître la participation à la vie de la famille, à l'école et aux activités proposées par la communauté (imitation, initiatives sociales, réponses sociales, jeux parallèles et interactifs avec les pairs et les frères et sœurs),

— des compétences en langage expressif, en compréhension verbale et en communications non verbales,

— un système de communication symbolique fonctionnel,

— un engagement et une flexibilité augmentés dans des tâches et des jeux appropriés à l'âge de développement, incluant la capacité à s'adapter à l'environnement et à répondre à un système de motivation,

— des compétences en motricité globale et fine, utiles pour des activités fonctionnelles appropriées à l'âge,

— des compétences cognitives incluant le jeu symbolique et les concepts de base comme les compétences scolaires,

— le remplacement des comportements perturbateurs par des comportements plus appropriés et plus conventionnels,

— des capacités d'organisation indépendante et des comportements facilitant l'adaptation aux différents environnements (réaliser une tâche indépendamment, suivre les instructions dans un groupe, demander de l'aide).

La mesure de la réalisation des objectifs éducatifs doit se faire régulièrement pour que l'on puisse déterminer si l'enfant tire bénéfice de l'intervention. Les progrès doivent être enregistrés fréquemment, et les objectifs réajustés régulièrement.

L'efficacité des traitements est déterminée sur la base de données empiriques, de l'information issue de programmes qui ont accumulé de l'expérience et publié leurs résultats. En particulier, il est connu que les enfants atteints d'autisme passent beaucoup moins de temps que les autres dans les activités sociales et dans les activités fonctionnelles lorsqu'ils sont laissés dans un environnement peu structuré. C'est la raison pour laquelle il est important de préciser le temps imparti aux activités sociales et aux activités fonctionnelles précises dans les programmes.

Le *programme individuel* doit être mis en œuvre dès que l'enfant est suspecté de présenter un désordre du spectre autistique. Il doit tenir compte des forces et des faiblesses, et doit comporter un minimum de 25 heures par semaine pendant les 12 mois de l'année durant lesquels l'enfant doit être engagé dans des activités systématiquement planifiées pour atteindre des objectifs précis. L'endroit où doivent se réaliser ces activités doit être déterminé de manière individuelle et en fonction des caractéristiques de l'enfant et de la famille.

Un enfant doit recevoir une attention suffisamment individualisée quotidiennement de manière que les objectifs puissent être atteints. Cela comporte des thérapies individuelles, des petits groupes adaptés au niveau de développement et de l'apprentissage en situation individuelle.

L'évaluation des progrès de l'enfant doit se faire pour réajuster le Programme éducatif individualisé PEI. L'absence de progrès sur une période de trois mois doit orienter vers une intensification par le biais de la réduction du ratio enfant/adulte, l'augmentation du temps de travail, la reformulation du curriculum ou l'adjonction d'autres thérapies.

Dans la mesure où cela est en accord avec les objectifs spécifiques (compétences interactives avec les pairs, participation indépendante en classe), les enfants doivent recevoir leur éducation dans un environnement où ils peuvent avoir des opportunités d'interaction avec des enfants ordinaires.

Six catégories d'intervention doivent être prioritaires :

— Communication fonctionnelle et spontanée dans différentes situations de la vie de l'enfant.

— Comportements sociaux dans différents contextes (imitation des pairs de même âge, réponse aux imitations de la mère).

— L'apprentissage du jeu doit se faire en interaction avec des enfants de même âge développemental et avec l'entraînement par ailleurs de l'usage approprié des jouets et autres objets.

— Les autres compétences cognitives doivent être apprises dans différents contextes et des stratégies de généralisation appliquées pour le développement et le maintien dans le cadre naturel. La manière d'enseigner un nouveau comportement et de le généraliser ou de le renforcer en milieu naturel peut varier.

— Les interventions qui visent la modification des comportements-problèmes doivent inclure des informations sur le contexte dans lequel le comportement apparaît, des pratiques positives, et toute la gamme des techniques qui sont validées empiriquement (évaluation fonctionnelle, entraînement à la communication fonctionnelle, renforcement et comportements alternatifs).

— Les compétences scolaires doivent être enseignées quand cela correspond aux capacités et aux besoins de l'enfant.

RÔLE DES FAMILLES

Le point de vue des parents et leurs préoccupations devraient être pris en compte pour planifier l'éducation (Filipek *et al.*, 2000 ; National Research Council, 2001 ; Schopler *et al.*, 2001 ; JADD special issue, 2002 ; Ozonoff *et al.*, 2003 ; Rapport INSERM, 2004). Pour que l'action de la famille soit efficace dans le programme éducatif individualisé, l'équipe de professionnels devrait fournir des informations écrites sur la nature des troubles du spectre autistique, les différentes possibilités dans les meilleures pratiques en éducation, les aides possibles et les droits de leurs enfants.

Les résultats de l'évaluation devraient être fournis de manière écrite. Une personne devrait pouvoir être contactée pour expliquer les résultats aux parents s'ils le souhaitent, et les parents devraient pouvoir présenter leurs préoccupations.

Les parents devraient se voir offrir la possibilité d'apprendre les techniques pour enseigner de nouveaux comportements à leur enfant et réduire les comportements problématiques. Cette formation devrait se faire non seulement sous forme de sessions didactiques, mais aussi sous forme de consultations personnalisées pour résoudre les problèmes et d'interventions à domicile.

Les familles qui expérimentent un stress dans l'éducation de leur enfant autiste devraient bénéficier de services de santé spécifiques.

Les transitions d'un âge à l'autre doivent être prévues afin de préserver la continuité de l'aide apportée. Les différents aspects de la vie doivent être pris en considération : le travail, les loisirs, le logement, avec des aides spécifiques à tous ces niveaux. Différentes formules d'hébergement, tenant compte des possibilités de chacun en termes d'autonomie, doivent être proposées. Une stratégie pour l'emploi des personnes avec autisme ou syndrome d'Asperger devrait être organisée afin de permettre le développement d'emplois adaptés, de formations spécifiques pour les personnes autistes et de l'accompagnement lorsque cela est nécessaire. Les psychiatres d'adultes doivent recevoir une formation spécifique pour étendre leurs compétences aux troubles du développement. Cela éviterait le traitement inapproprié de l'autisme et l'Asperger, traités comme des problèmes acquis de santé mentale sans prise en compte du diagnostic de trouble du développement. L'accès à des services de conseil et de psychothérapie adaptés aux problèmes de l'autisme devrait être garanti pour les personnes atteintes d'autisme.

FORMATION, INFORMATION

(Filipek *et al.*, 2000 ; National Research Council, 2001 ; Schopler *et al.*, 2001 ; JADD special issue, 2002 ; Ozonoff *et al.*, 2003 ; Rapport INSERM, 2004.)

Les organisations professionnelles en lien avec les ministères concernés devraient diffuser l'information sur la nature et l'étendue des désordres autistiques à tous les professionnels impliqués auprès d'enfants et particulièrement à ceux qui s'occupent d'enfants très jeunes. Cette information devrait inclure les différentes présentations du spectre autistique. Les personnels de la petite enfance devraient être sensibilisés aux signes d'alerte de l'autisme et informés sur les dispositifs existant pour pouvoir adresser les enfants. Toutes les organisations professionnelles concernées devraient contribuer à la diffusion de l'information par tous les moyens existants.

La formation des médecins, psychologues et autres professions concernées devrait comporter un nombre suffisant d'heures d'enseignement dont les contenus sont réactualisés en fonction des avancées de la recherche. Les programmes consacrés à l'autisme devraient permettre à ces professionnels d'être impliqués efficacement dans le diagnostic et l'évaluation des personnes avec autisme, l'éducation, les traitements et le soutien aux familles.

Ces indications de formation s'appliquent aussi aux professionnels impliqués auprès des personnes adultes.

POLITIQUE PUBLIQUE ET ASPECTS LÉGAUX

En matière de législation, chaque pays a ses particularités et sa propre organisation. Les lois en faveur des handicapés et les solutions d'accueil et de soutien qui en découlent ne sont pas directement transposables. Seules les grandes lignes des recommandations peuvent donc être retenues. Tous les aspects abordés par les experts devraient faire l'objet d'une politique concertée, prenant en compte toutes les particularités et difficultés des personnes atteintes d'autisme. L'application de ces recommandations devrait être évaluée après une période de deux à trois ans.

En France, la démarche pour l'élaboration de recommandations pour la pratique clinique a débuté sous l'égide de l'ANAES et en collaboration avec la Fédération française de psychiatrie. Si les groupes de travail s'inspirent à la fois de la littérature originale et des rapports déjà publiés à l'étranger, ils auront à réfléchir à ce qui peut être appliqué dans notre propre système de santé et d'éducation. Il conviendra aussi d'étudier le niveau de preuve apporté par ces différentes publications, c'est-à-dire de prendre en considération la robustesse des résultats sur lesquels s'appuient les recommandations. Enfin, dans le foisonnement des examens médicaux que permettent les progrès scientifiques et techniques devront être retenues les investigations qui peuvent s'inclure dans une démarche de routine et devra être précisé le degré de nécessité des autres examens à partir d'indices cliniques ou biologiques.

La réflexion sur les recommandations pour la pratique clinique se limite pour le moment au diagnostic, mais il s'agit déjà d'une avancée importante qui devrait permettre d'harmoniser les pratiques, d'établir des protocoles dont l'application ira de pair avec la cohérence et la célérité des réponses apportées aux familles. L'étape ultérieure devrait être logiquement celle de l'élaboration de recommandations pour la prise en charge.

Références

BAIRD G., CHARMAN T., SANTOSH PJ (2001) Clinical considerations in the diagnosis of autism spectrum disorders. *Indian Pediatrics*, 68 : 439-449.

BARNARD J. *et al.* (2001) *Ignored or ineligible ? The Reality for Adults with Autism Spectrum Disorders*, The National Autistic Society.

BERTRAND J., MARS A., BOYLE C. *et al.* (2001) Prevalence of autism in the United States population : the Brick Township New jersey investigation. *Pediatrics*, 108 : 1155-1161.

CHAKRABARTI S., FOMBONNE E. (2001) Pervasive developemental disorders in preschool children, *JAMA*, 285 : 3093-3099.

COHEN D., COHEN D. J., VOLKMAR F. R. (1997). *Handbook of Autism and Pervasive Developmental Disorders*, 2e éd., New York, John Wiley et Sons Inc.

COLEMAN M., GILLBERG C. (1986) *The Biology of the Autistic Syndromes*, Praeger Publishers, Trad. fr. 1986, *Biologie des syndromes d'autisme*, Paris, Edisem/Maloine.

FILIPEK P. A., ACCARDO P. J., ASHWAL S., BARANEK G. T., COOK E. H. Jr, DAWSON G, GORDON B., GRAVEL J. S., JOHNSON C. P., KALLEN R. J., LEVY S. E., MINSHEW N. J., PRIZANT B. M., RAPIN I., ROGERS S. J., STONE W. L., TEPLIN S., TUCHMAN R. F., VOLKMAR F. R. (1999) The screening and Diagnosis of Autistic Spectrum Disorders, *Journal of Autism and Developmetal Disorders*, Vol 29, n° 6, 439-484.

FILIPEK P. A., ACCARDO P. J., ASHWAL S., BARANEK G. T., COOK E. H. Jr, DAWSON G., GORDON B., GRAVEL J. S., JOHNSON C. P., KALLEN R. J., LEVY S. E., MINSHEW N. J., PRIZANT B. M., RAPIN I., ROGERS S. J., STONE W. L., TEPLIN S., TUCHMAN R. F., VOLKMAR F. R. (2000) Practice Parameter : screening and diagnosis of autism : report of the Quality Standards Subcommittee of the American Academy of Neurology and the Child Neurology Society. *Neurology*, 55, 468-79.

INSERM (2001), *Expertise collective* : *Troubles mentaux, dépistage et prévention chez l'enfant et chez l'adolescent.*

INSERM (2004), *Expertise collective : Psychothérapie, trois approches évaluées.*

JOURNAL OF AUTISM AND DEVELOPMENTAL DISORDERS, Special Issue : Effectiveness of Early Education in Autism (2002), Vol 32, n° 5, octobre 2002.

MIND INSTITUTE (2002) Report to the legislature on the Principal Findings from The Epidemiology of Autism in California, A comprehensive Pilot Study (site internet).

NATIONAL RESEARCH COUNCIL (2001) *Educating Children with Autism*, National Academy Press.

NSA (Le Couteur A. chair, core working group) (2003) *National Initiative for Autism : Screening and Assessment.*

OZONOFF S., ROGERS S. J., HENDREN R. L. (2003) *Autism Spectrum Disorders, a Research Review for Practioners*, Washington DC, American Psychiatric Publishing Inc.

RUTTER M. (1972) Childhood schizophrenia reconsidered. *Journal of Autism and Chilhood Schizophrenia,* 2 : 315-337.

RUTTER M. (1999) Autism : two-ways interplay between research and clinical work. *Journal of Child Psychology and Psychiatry,* 40 : 169-188.

SCHOPLER E. *et al.* (2001) *The Research Basis for Autism Intervention,* Kluwer Academic/Plenum Publisher.

Les bonnes pratiques : de la recherche à la clinique, le dépistage et le diagnostic précoce

Par Rutger Jan Van der Gaag, Sophie Willemsen-Swinkels et Jan Buitelaar

La majorité des cas d'autisme se manifestent bien avant l'âge de 3 ans. Pour le dépistage précoce, des critères plus appropriés devront être formulés dans un proche avenir. Ils sont d'autant plus nécessaires que l'on sait combien les interventions précoces peuvent faire de différence au niveau du développement. Le questionnaire CHAT a été développé à cet effet. Or les premiers résultats d'une grande étude de dépistage précoce conduite sur 30 000 bébés de 14 mois dans la province d'Utrecht montrent qu'il y a encore moyen de préciser les questions qui permettent de mieux discerner les cas d'autisme d'autres troubles et retards du développement à ce tout jeune âge.

Introduction

L'autisme est actuellement conçu comme un trouble « envahissant » du développement, d'origine neurobiologique, qui se manifeste de façon diverse au niveau comportemental (Volkmar *et al.* 2004), qui évolue avec l'âge et a un caractère très persistant (Howlin *et al.*, 2004). Au niveau du diagnostic et de la prise en charge, il existe des paramètres du praticien émis par diverses organisations professionnelles (AACAP, 1999) avec, par rapport au diagnostic, des échelles et des instruments validés ainsi que des normes pour de la prise en charge. En outre, des associations de parents ont, avec des professionnels émanant de diverses disciplines, produit des documents (Description de l'autisme [Autisme Europe 2000]) qui comprennent aussi bien l'actualité de la recherche scientifique que les points essentiels à un bon suivi de l'individu concerné et de sa famille.

L'évidence d'une origine neurobiologique avec influence génétique est développée dans plusieurs autres chapitres de ce livre, ce thème ne sera donc pas élaboré ici.

Mais, avant de nous avancer sur les bonnes pratiques du dépistage précoce, deux autres sujets essentiels à la compréhension de possibilités mais aussi des limites du dépistage seront d'abord abordés : le problème du diagnostic et de la classification de l'autisme, et l'âge auquel se manifestent les premiers troubles.

Diagnostic et classification de l'autisme et des TED : consensus international

Pour dépister une maladie ou un trouble du développement dans une population, il faut avoir à sa disposition soit la connaissance de ou des agents qui provoquent une telle condition, soit des critères précis qui permettent d'identifier les cas ou les cas à risque. La tuberculose par exemple a pu être combattue grâce à la connaissance de ses manifestations au niveau pulmonaire (radiographies à l'école, au travail) et aux réactions que provoque la bactérie qui est la cause de cette maladie (la cuti). Il y a là donc des critères qui sont, avec l'avancée des connaissances scientifiques, devenus de plus en plus clairs jusqu'à devenir irréfutables. Si nous comparons l'autisme et les troubles du développement avec cet exemple, nous voyons tout de suite qu'il y a de sérieux problèmes : il n'y a pas de cause connue et il n'y a pas de procédure diagnostique qui permette à cent pour cent d'inclure ou d'exclure les cas (litiges).

Le diagnostic de l'autisme se fonde sur la connaissance scientifique bien établie de manifestations cliniques. À partir des travaux de Wing et Gould (1979) la communauté scientifique internationale s'accorde à dire que tous les individus avec de l'autisme ou des troubles envahissants du développement présentent des problèmes ou troubles à trois niveaux :

troubles dans 1) le développement de rapports sociaux réciproques, 2) la communication verbale et non verbale et 3) de patterns de comportement réduits et rigides. Ces critères ont été raffinés depuis le début des années 1980 et font actuellement l'objet d'un consensus international dans les deux grands systèmes de classification de CIM 10 de l'Organisation mondiale de la santé (OMS 1992) et le Diagnostic and Statistical Manual (DSM-IV, 1994, et DSM-IV-TR, 2002). Les deux systèmes s'accordent, basés sur des recherches au niveau de la balance optimale entre sensibilité et spécificité (Volkmar *et al.*, 1994), sur un *cut-off* de six critères positifs pour l'autisme et trois-cinq (Buitelaar, Van der Gaag, Klin et Volkmar, 1999) pour les cas de TED non encore spécifiés. Ces critères permettent donc de faire une classification qui soit fiable. Mais ces systèmes de classification posent aussi des problèmes :

En premier lieu ils sont basés sur des descriptions du comportement. Or le niveau comportemental ne représente au mieux qu'un des niveaux auxquels se manifestent l'autisme et les TED. Au niveau scientifique, la recherche se concentre sur bien plus de niveaux, comme le montre le schéma suivant :

LES NIVEAUX DE CLASSIFICATION

partagé... L'entourage... *non partagé*

↓↑

.... **Comportemental** ....

↓↑

.... Neurocognitif ....

↓↑

.... Structurel et fonctionnel du système nerveux central ....

↓↑

Épigénétique

Les rapports entre ces différents niveaux restent à établir. Un tel comportement peut émaner de différents profils neurocognitifs et les relations entre les différentes manifestations neurocognitives (théorie de l'esprit, cohérence centrale...), et les troubles sous-jacents au niveau du système nerveux central restent encore à trouver.

Donc, pour la communauté scientifique il reste un grand nombre de problèmes à résoudre au niveau de la classification de l'autisme et des TED. Mais ces classifications présentent aussi des problèmes au niveau individuel et pour le dépistage : l'autisme est comme nous l'avons vu un trouble du développement. Cela veut dire que les manifestations de ce trouble vont varier selon les différents âges mais aussi changer au cours du temps chez le même individu. Le tableau clinique chez le jeune enfant sera donc différent de celui de l'adolescent, voire de l'adulte. En outre, les critères ne prennent pas en compte les grandes différences entre le niveau de développement mental tel qu'il est trouvé chez les personnes avec autisme ou un TED. Les critères tels qu'ils ont trouvé leur place dans les systèmes internationaux se réfèrent à l'enfant en âge scolaire. Ces critères vont donc faire défaut si l'on veut dépister et faire un diagnostic précoce.

L'âge où se manifeste l'autisme ou le TED

Un autre problème qui se pose par rapport au dépistage précoce est celui de l'âge où se manifestent les problèmes en relation avec l'autisme ou les TED. Depuis les années 1970, nous savons que les TED se manifestent avec divers degrés de sévérité (Prior *et al.*, 1975), en fonction du degré de déficit dans le traitement de l'information sociale, pas toujours dès le plus jeune âge : certains enfants peuvent jusqu'à un certain point bien fonctionner dans les relations dites de dyade. Ce sera certainement le cas si les parents et éducateurs peuvent s'adapter à la vulnérabilité des enfants. Souvent chez ces enfants, les troubles ne se manifesteront de façon explicite qu'à partir de l'âge de scolarisation, époque à laquelle ils ne pourront pas présenter les comportements requis pour pouvoir se mouvoir dans un contexte social plus complexe. Chez ces individus les signes cliniques bien que présents dès le plus jeune âge ne deviendront manifestes que plus tard. Les études sur les jumeaux (Folstein et Rutter, 1977 ; LeCouteur *et al.*, 1989) confirment cette vue : la concordance entre jumeaux à l'âge de 4 ans n'était que de 36 % alors qu'elle atteignait les 90 % au seuil de l'âge adulte. Cela veut dire qu'en termes de diagnostic et de détection précoce il nous faudra différencier entre divers groupes dans les TED. Des méthodes devront être développées qui permettront d'identifier les signes précurseurs de TED chez les individus à risque, dont la psychopathologie ne se manifestera que plus tard dans leur vie. La détection précoce de ces individus aidera certainement à leur éviter un long et douloureux chemin qui à présent fait qu'ils sont souvent identifiés d'abord comme ayant des troubles du comportement ou des troubles affectifs, avant qu'un expert en la matière ne découvre que sous ces excès de comportement ou ces angoisses ne se dissimule un trouble envahissant du développement, soit avec les traits du syndrome d'Asperger (1944 ; Wing, 1981), soit une forme fruste du syndrome autistique.

Avec ces restrictions en tête, considérons maintenant quelles peuvent être, à l'état actuel de nos connaissances, les meilleures pratiques pour dépister l'autisme de la façon la plus précoce possible, quelles possibilités pour intervenir dès ce très jeune âge, et pourquoi le faire si en fin de compte l'autisme est une condition si persistante. La réponse à cette dernière question est claire : quoiqu'il n'y ait aucune thérapie connue à ce jour qui puisse guérir l'autisme, l'intervention précoce, aussi bien pour informer et épauler les parents que pour stimuler directement le développement de ces enfants autant que possible sur tous les fronts, augmente la qualité de vie et l'accès aux programmes qui aideront ces enfants à devenir des adolescents et adultes qui sauront avec une aide appropriée gérer au mieux leur handicap (voir le numéro dédié à ces interventions précoces dans le *Journal of Autism and Developmental Disorders*, octobre 2002).

Le diagnostic précoce

L'âge du diagnostic initial est plus bas aux États-Unis que dans la plupart des pays européens : 2 ans et demi *versus* 3 ans et demi voire 4 ans. Au moment du diagnostic il apparaît pourtant que la majorité des parents ont déjà eu de grands soucis quant au développement de leurs enfants dès la première année de leur vie.

Une des raisons pour lesquelles les soucis des parents ne les ont pas conduits à entamer un processus diagnostique plus poussé peut provenir, d'une part, du manque de connaissance de l'autisme et, d'autre part, de ses signes précurseurs chez les pédiatres de communauté et autres médecins et professionnels engagés dans le diagnostic du très jeune âge. Il se peut aussi que les parents aient ressenti des soucis par rapport au développement de leur enfant, mais que ces soucis n'aient pas mené à une exigence diagnostique et qu'ils se soient laissé rassurer pas des conseils fréquents de la part de professionnels à cet âge, disant qu'il est peut-être trop tôt pour vraiment savoir, que l'enfant est en plein développement et qu'il vaut peut-être mieux patienter encore. Ces conseils vont de concert avec les avis que les parents peuvent recevoir des grands-parents et autres membres de la famille enclins à une vision bien plus optimiste que celle de parents jeunes, incertains et inexpérimentés. Pourtant, il est bien établi qu'une prise en charge dès le plus jeune age (voir entre autres Bibby *et al.*, 2001) aide les enfants sinon à guérir de leur autisme, du moins à bien mieux se développer et leur donne de meilleures perspectives au niveau de la qualité de la vie. Dès lors, les formes classiques de l'autisme qui se manifestent avant l'âge de 30 mois devraient être détectées et diagnostiquées avant l'âge de 3 ans.

Mais ici se pose un second problème que nous avons décrit plus tôt, à savoir que les critères actuels n'aident pas à identifier l'autisme de bas âge.

Signes précoces

L'autisme chez les enfants en âge scolaire, adolescents et adultes se caractérise surtout par les troubles dans les rapports sociaux réciproques et les problèmes liés à la communication verbale et non verbale. L'équipe autour de Hobson (Wimpory *et al.*, 2000) a identifié les anomalies qui avaient caractérisé leurs enfants dans la deuxième année de leur vie, en interrogant un grand groupe de parents : ceux-ci rapportent des comportements anormaux sous forme de troubles dans les rapports de personne à personne et de personne à objet : par rapport aux enfants du groupe de référence avec un développement normal. Les tout jeunes enfants autistes n'offraient pas des objets à autrui, ni sur demande ni spontanément. Ils ne montraient pas des objets (jouets ou autres) à leurs parents. Mais surtout ils n'utilisaient pas l'action de pointer du doigt, après avoir saisi le regard de leurs parents, pour montrer, attirer l'attention ou partager. Ce manque d'attention conjointe forme l'un des trois thèmes principaux du *Checklist for Autism in Toddlers* (CHAT, Baron-Cohen *et al.*, 1992 ; Baird *et al.*, 2000). Les deux autres étant le contact au niveau du regard et le manque de jeu « comme si ». Ce questionnaire a été utilisé pour identifier l'autisme dès l'âge de 18 mois chez plus de 16 000 enfants. Le questionnaire avait une spécificité : tous les cas détectés présentaient encore de l'autisme quatre années plus tard. Mais la sensibilité était médiocre, puisque 62 % des enfants avec un diagnostic de trouble autistique quatre ans plus tard n'avaient pas été détectés avec le CHAT à l'âge de 18 mois. Gillberg (1989) a identifié le manque de variation dans les objets choisis et le manque de variation dans les jeux comme une des caractéristiques aptes à discerner l'autisme avant l'âge de 2 ans.

Ces connaissances ont permis à notre équipe de développer un questionnaire ESAT (*Early Screening of Autistic Traits*) (Willemsen *et al.*, 2005) qui en quatorze questions couvre les domaines décrits précédemment. La première question qui s'est posée est de savoir si un tel instrument permet le dépistage précoce dès le début de la deuxième année de la vie. Pour répondre à cette question une recherche au niveau de toute une province aux Pays-Bas a été conduite sur une période de deux ans par l'équipe de l'Université d'Utrecht (Dietz *et al.*, 2005a et 2005b).

Forte de la connaissance des signes précurseurs de l'autisme dans la deuxième année de la vie, l'équipe autour des Prs Van Engeland et Buitelaar à l'hôpital universitaire d'Utrecht a conçu une étude à plusieurs paliers. Outre le dépistage précoce, leurs buts étaient : 1) de pouvoir décrire des critères appropriés au plus jeune âge, 2) de permettre un suivi du développement, du comportement, de la cognition et de la biologie, 3) de se donner les moyens d'étudier les influences de l'environnement et de l'entourage, mais surtout 4) de permettre l'accès aux interventions précoces. Dans ce chapitre, nous n'aborderons pas les réponses à ces questions, qui font l'objet de toute une série d'articles parus ou à paraître dans un avenir proche.

Aux Pays-Bas, il existe un réseau de pédiatres de communauté qui suivent 98 % de tous les bébés : toutes les six semaines dans la première demi-année de leur vie, et de façon un peu plus espacée par la suite. Quand les parents vont avec leur bébé dans ces bureaux de consultation, les enfants sont pesés et mesurés. En outre, les infirmières et les pédiatres de base disposent de questionnaires pour bien suivre le développement du nourrisson. Tout le programme de vaccination est pourvu par ces bureaux. Cette organisation permet donc d'avoir accès à pratiquement tous les enfants dans notre pays. À l'âge de 14 mois, une visite régulière est prévue dans l'agenda.

Dans cette étude, le *Dutch Screening Study* entre octobre 1999 et avril 2002, le dépistage a porté sur un peu plus de 30 000 enfants âges de 14 à 15 mois.

Lors de cette visite, quatre questions clés (inspirées des études de Baron-Cohen et de Gillberg) sont posées par les pédiatres de communauté pour identifier les enfants à haut risque par rapport à l'autisme à 14 mois :

— Votre enfant joue-t-il avec des jouets ou autres objets variés ?

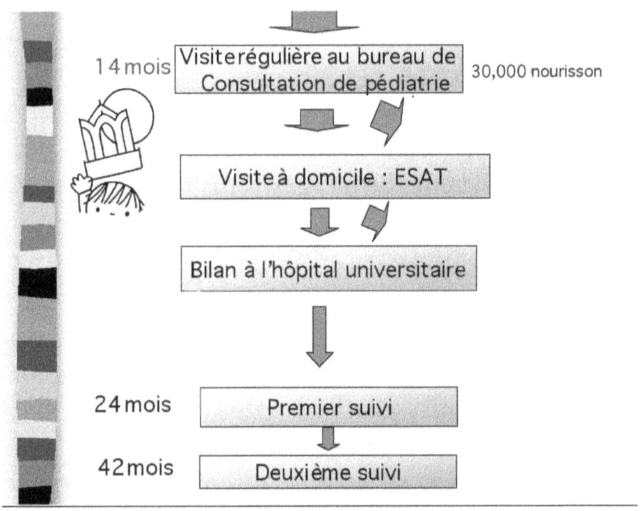

Figure 1 : Méthode du programme SOSO.

— Votre enfant joue-t-il de façon variée ?

— Votre enfant exprime-t-il ses émotions de façon compréhensible et à des moments que l'on puisse comprendre ?

— Votre enfant a-t-il des réactions normales au stimuli sensoriels tels que la chaleur, le froid, la lumière, la douleur, les bruits, le chatouillement ?

Si les parents répondaient « non » à une de ces trois questions, il leur était offert une visite à domicile. Pendant une heure et demie, un psychologue bien entraîné à reconnaître les signes d'autisme venait observer le comportement de l'enfant et posait aux parents les quatorze questions du questionnaire ESAT (Willemsen *et al.*, 2005). Si cet examen révélait des signes concrets d'autisme (trois questions avec une réponse négative sur quatorze), les parents étaient invités au centre hospitalier universitaire pour un examen plus approfondi avec le Vineland Social-Emotional Early Childhood Scale (Carter *et al.*, 1997), une observation clinique systématisée (Autism Diagnostic Observation Schedule, ADOS-G, Lord *et al.*, 1989) et un bilan neuropédiatrique complet. Le diagnostic était établi par des cliniciens expérimentés, et validé par une étude entre les trois cliniciens.

Les résultats étaient les suivants :

— Dépistage sur les quatre questions : 1,2 sur toute la population.

— Près de 70 % des parents ont accepté l'offre d'un examen à domicile.

— 40 % des enfants ont été identifiés comme étant à haut risque par la visite à domicile et le questionnaire ESAT.

— 75 % de ceux qui ont été identifiés ont accepté un bilan dans le CHU.

— 25 % ont reçu le diagnostic autisme (TED).

— Chez les autres un retard mental sans autre pathologie, un trouble isolé du développement du langage ou des autres des troubles de la régulation.

Ce qui frappe dans ces résultats, outre le fait que le nombre de cas discernés correspond aux données épidémiologiques actuelles, c'est le fait qu'un si grand nombre de parents ne voulaient à cet âge ni une visite à domicile ni un bilan approfondi. Fombonne (1999) cite une étude japonaise de Sugiyame et Abe, qui fait état de taux de refus aux alentours de 17 % dans une étude de détection précoce à l'âge de 18 mois. Il s'avère qu'un grand nombre de parents préfèrent à cet âge donner le bénéfice du doute à leurs enfants. Le premier suivi à l'âge de 24 mois révèle une grande stabilité de ce diagnostic, le suivi à 42 mois vient de se terminer et ne permet pas encore d'avancer des conclusions.

Il est intéressant de noter qu'en parallèle avec l'étude dont nous vous donnons un aperçu ici les pédiatres de communauté ont demandé à l'équipe d'examiner des enfants un peu plus âgés que ceux participant à l'étude chez lesquels ils pensaient discerner des signes d'autisme : dans ce groupe (Willemsen *et al.*, 2004, soumis), les rapports étaient inversés : 70 % de ces enfants ont été diagnostiqués comme présentant un trouble autistique contre seulement 20 % de troubles isolés du langage et 10 % de retard mental sans autre psychopathologie.

Conclusion et futures directions

Le dépistage précoce de l'autisme au niveau de la communauté est faisable en utilisant des questionnaires appropriés : il permet de détecter les cas d'autisme dits classiques à un très jeune âge. Pour un tiers des parents, cette détection arrive trop tôt, et ils préfèrent voir et attendre. En outre, la spécificité est encore faible puisque trois quarts des cas trouvés de cette façon sont des « faux positifs ». Il faut donc se rendre à l'évidence que, vu l'état actuel de nos connaissances, nous ne disposons pas encore d'instruments assez spécifiques pour le dépistage au niveau de la communauté.

Mais le Dutch Screening Study (à ce stade d'analyse des résultats) nous livre un résultat parallèle qui mérite que l'on s'y attarde : le fait d'éduquer et de sensibiliser les médecins pédiatres, les infirmières des bureaux de consultation de base, livre un nombre impressionnant de découvertes de cas entre 18 et 24 mois, qui présentent dans plus de deux tiers des cas un autisme qui demande une intervention précoce !

Sur cette lancée, nous avons dans l'année passée développé un cours pour ces mêmes pédiatres dans la province du Geldre où se trouve notre Université de Nimègue. Pendant ce cours les participants ont appris à reconnaître les signes précoces d'autisme et les comportements déviants au niveau de l'attention conjointe, du partage et de l'échange, par des exemples vidéo pris pendant les visites à domicile du Dutch Screening Study. Nous espérons ainsi détecter le plus grand nombre possible de cas d'autisme avant l'âge de 30 mois et leur offrir une intervention précoce basée sur la stimulation de ces comportements clés dans le développement des rapports sociaux réciproques (Drew *et al.*, 2002).

Références

AMERICAN ACADEMY OF CHILD AND ADOLESCENT PSYCHIATRY (1999) Practice Parameters for the Assessment and Treatment of Children, Adolescents, and Adults With Autism and Other Pervasive Developmental Disorders. *Journal of the American Academy of Child & Adolescent Psychiatry*, 38 (12) Supplement : 32S-54S.

ASPERGER, H. (1944) Die autistische Psychopathen im Kindesalter. *Archiv für Psychiatrie und Nervenkrankheiten*, 117, 76-136.

BAIRD G., CHARMAN T., BARON C. S., COX A., SWETTENHAM J., WHEELWRIGHT S., DREW A. (2000) A screening instrument for autism at 18 months of age : a 6-year follow-up study. *Journal of the American Academy of Child and Adolescent Psychiatry*, 39 : 694-702.

BARON-COHEN S., ALLEN J., GILLBERG C. (1992) Can autism be detected at 18 months ? The needle, the haystack and the CHAT. *British Journal of Psychiatry*, 161 : 839-843.

BARON-COHEN S., COX A., BAIRD G., SWETTENHAM J., NIGHTINGALE N., MORGAN K., DREW A., CHARMAN T. (1996) Psychological markers in the detection of autism in infancy in a large population. *British Journal of Psychiatry*, 168 : 158-163.

BIBBY P., EIKESETH S., MARTIN N. T., MUDFORD O. C., REEVES D. (2001) Progress and outcomes for children with autism receiving parent-managed intensive interventions. *Research in Developmental Disabilities*, 22 : 425-447.

BUITELAAR JK, VAN DER GAAG R, KLIN A et VOLKMAR F (1999) Exploring the boundaries of pervasive developmental disorder not otherwise specified : analyses of data from the DSM-IV Autistic Disorder Field Trial. *Journal of Autism and Developmental Disorders*, 29 : 33-43.

CARTER A. S., VOLKMAR F. R., SPARROW S. S., WANG J. J., LORD C., DAWSON G., FOMBONNE E., LOVELAND K., MESIBOV G., SCHOPLER E. (1998) The Vineland Adaptive Behavior Scales : supplementary norms for individuals with autism. *Journal of Autism and Developmental Disorders*, 28 (4) : 287-302.

DIETZ C., WILLEMSEN-SWINKELS S. H. N., VAN DAALEN E., VAN ENGELAND H., BUITELAAR J. (2005a) Screening for Autistic Spectrum Disorder in children aged 14 to 15 months. II : Population sreeening with the Early Screening of Autistic Traits. Design and General Findings. *Journal of Autism and Developmental Disorders* (sous presse).

DIETZ C., WILLEMSEN-SWINKELS S. H. N., VAN DAALEN E., VAN ENGELAND H., BUITELAAR J. (2005b) A screening instrument, rated by parents for Autism Spectrum Disorders in young children at high risk (soumis).

DREW A., BAIRD G., BARON-COHEN S., COX A., SLONIMS V., WHEELWRIGHT S., SWETTENHAM J., BERRY B., CHARMAN T. (2002) A pilot randomised control trial of a parent training intervention for pre-school children with autism. Preliminary findings and methodological challenges. *European Child and Adolescent Psychiatry*, 6 : 266-72.

FOLSTEIN S., RUTTER M. (1977) Infantile autism : a genetic study of 21 twin pairs. *Journal of Child Psychology and Psychiatry*, 18 : 297-321.

FOMBONNE E. (1999) The epidemiology of autism : a review. *Psychological Medicine*, 29 : 769-786.

GILLBERG, C. (1989) Early symptoms in Autism. *In Diagnosis and Treatment of autism* (Gillberg C. ed.) pp. 23-32. New York : Plenum Press.

GILLBERG C., EHLERS S., SCHAUMAN H., JAKOBSSON G., DAHLGREN S. O., LINDBLOM R., BÅGENHOLM A., TJUUS T., BLIDNER E. (1990) Autism under âge 3 years : a clinical study of 28 cases referred for autistic symptoms. *Journal of Child Psychology and Psychiatry*, 11 : 921-934.

GILLBERG C., NORDIN V., EHLERS S. (1996) Early detection of autism. Diagnostic instruments for clinicians. *European Child and Adolescent Psychiatry*, 5 : 67-74.

HOWLIN P., GOODE S., HUTTON J., RUTTER M. (2004) Adult outcome for children with autism. *Journal of Child Psychology and Psychiatry*, 212-29.

LE COUTEUR A., BAILEY A., GOODE S., PICKLES A., ROBERTSON S., GOTTESMAN I., RUTTER M. (1996) A broader phenotype of autism : the clinical spectrum in twins. *Journal of Child Psychology and Psychiatry*, 785-801.

LORD C., RUTTER M., GOODE S., HEEMSBERGEN J., JORDA H., MAWHOOD L., SCHOPLER E. (1989) Autism diagnostic observation schedule : a standardized observation of communicative and social behavior. *Journal of Autism and Developmental Disorders*, 19 : 185-212.

PRIOR M., PERRY D., GAJZAGO C. (1975) Kanner's syndrome or early-onset psychosis : a taxonomic analysis of 142 cases. *Journal of Autism and Childhood Schizophrenia*, 5 (1) : 71-80.

VOLKMAR F. R., LORD C., BAILEY A., SCHULTZ R. T., KLIN A. (2004) Autism and pervasive developmental disorders. *Journal of Child Psychology and Psychiatry*, 45 (1) : 135-70.

WILLEMSEN-SWINKELS S. H. N., DIETZ C., VAN DAALEN E., KERKHOF G. A., VAN ENGELAND H., BUITELAAR J. (2005) Screening for Autistic Spectrum Disorders in children aged 14 to 15 months. I : The development of the Early Screening Autistic Traits Questionnaire. *Journal of Autism and Developmental Disorders* (sous presse).

WIMPORY D. C., HOBSON R. P., WILLIAMS J. M. G., NASH S. (2000) Are infants with autism socially engaged ? A study of recent retrospective parental reports. *Journal of Autism and Developmental Disorders*, 30 : 525-536.

WING L. (1981) Asperger's syndrome : a clinical account. *Psychological Medicine*, 11 (1) : 115-29.

WING L., GOULD J. (1979) Severe impairments of social interaction and associated abnormalities in children : epidemiology and classification. *Journal of Autism and Developmental Disorders*, 1 : 11-29.

Les bonnes pratiques : recommandations à partir de la recherche, les bonnes pratiques d'intervention psycho-éducatives

Par GHISLAIN MAGEROTTE

Les parents, les professionnels et les citoyens, lorsqu'ils vivent ou travaillent avec une personne qui a de l'autisme ou lorsqu'ils la rencontrent, sont confrontés à la nécessité d'identifier les pratiques les plus prometteuses, qui garantiront aux uns et aux autres la meilleure qualité de vie. Nous appuyant sur les travaux de recherche scientifique les plus prometteurs ainsi que sur les valeurs de valorisation des rôles sociaux et de la qualité de la vie, nous avons d'abord identifié les pratiques d'intervention en fonction des âges : d'abord chez les jeunes enfants, ensuite durant l'âge scolaire et enfin à l'âge adulte. L'autisme présente par ailleurs des caractéristiques qui déterminent son style de développement, la façon dont il apprend – à tout âge. Aussi, nous présenterons quelques pratiques visant le développement de la communication, de la socialisation ainsi que celles à utiliser lorsque la personne présente des troubles du comportement. En conclusion, nous nous interrogerons sur la mise en place de ces pratiques par les services.

Introduction

Présenter un inventaire des « bonnes pratiques » d'intervention psycho-éducative en les justifiant par des travaux de recherche nécessite d'abord de définir ce qu'est une « bonne pratique ». Celle-ci doit répondre à deux critères principaux.

Outre le fait qu'elle a été bien décrite et mise en œuvre, elle doit d'abord avoir fait l'objet d'évaluations rapportées dans la littérature scientifique. De plus, nous avons retenu les pratiques visant l'amélioration de la qualité de la vie de la personne et de la famille. Ce concept, relativement nouveau dans le domaine du handicap, est apparu au début des années 1990 en retard mental (voir par exemple Goode *et al.*, 2000 ; Schalock, 1990, 1996, 1997 ; Schalock et Verdugo, 2002) et plus tardivement encore en autisme (Magerotte, 2000a). Il prend la suite de deux autres concepts importants : d'abord la normalisation des conditions de vie des personnes (et non la normalisation des personnes) (Nirje, 1969 ; Wolfensberger, 1972) et ensuite les rôles sociaux valorisés – ou un statut social valorisé dans notre culture, comme écolier, travailleur, propriétaire, citoyen (Wolfensberger, 1991). La notion de qualité de la vie ajoute à ces deux dimensions une dimension subjective : est-ce que je suis satisfait de mon style de vie, de ma façon de vivre (Haelewyck et Magerotte, 2001 ; Magerotte et Willaye, 2001) ?

Ayant défini une « bonne pratique » d'intervention psycho-éducative, il nous faut ensuite identifier les « bonnes pratiques » les plus importantes pour la personne et sa famille. Tout d'abord, la personne vit au sein de deux réseaux, constitués en premier lieu des personnes de son réseau social naturel (famille, voisins, amis, camarades) et ensuite des professionnels – étant entendu que ces deux groupes doivent identifier et respecter les souhaits de la personne avec autisme qui veut devenir « l'enfant de ses parents », un écolier ou étudiant, ou un adulte.

De plus, l'autisme est un « trouble envahissant » ! C'est dire si ses caractéristiques déterminent aussi certaines « bonnes pratiques », devant favoriser le développement de cette personne. Nous en évoquerons trois, concernant la communication, la socialisation et les troubles du comportement.

D'autre part, ces « bonnes pratiques » ne doivent en aucun cas être considérées comme des « recettes » ou des « packages » à prendre ou à laisser ! Il s'agit plutôt de « stratégies » qui sont justifiées par des recherches portant sur la meilleure façon – actuellement – d'intervenir auprès de la personne avec autisme et de tenir compte de son style de développement ou d'apprentissage !

Nous conclurons par quelques recommandations relatives à notre connaissance et à l'emploi de ces « bonnes pratiques », en particulier dans notre milieu d'expression française.

devenir

- *l'enfant de mes parents*
- *un écolier et un étudiant*
- *un adulte et*
  - *travailler*
  - *vivre chez moi*
  - *vivre bien mes temps libres*

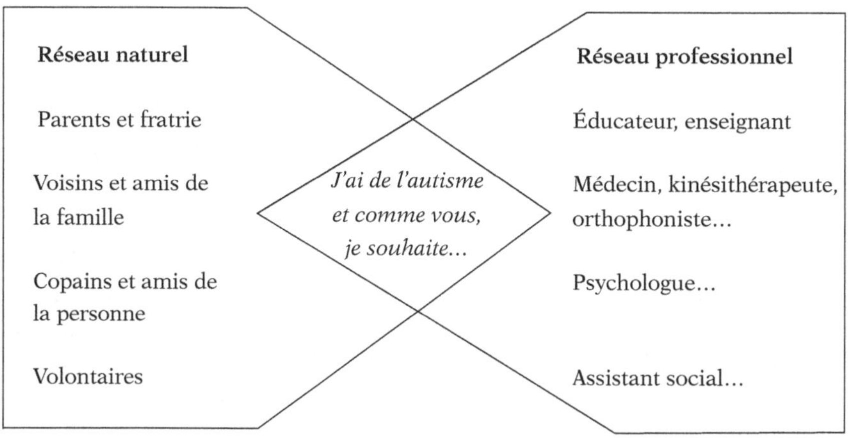

- *mieux communiquer*
- *vivre mieux avec les autres*
- *me sentir bien, sans problèmes de comportement*

Figure 1 : « J'ai de l'autisme et, comme vous, je souhaite... »

L'intervention précoce : « Pour que je sois l'enfant de mes parents »

Vu le caractère envahissant de l'autisme, les parents (et la famille tout entière, y compris la famille élargie) sont « envahis » par l'autisme de leur enfant. Comment en effet les parents peuvent-ils « se débrouiller » lorsque leur petit enfant ne répond pas à leur sourire, aux touchers, aux façons de le prendre dans les bras ? Comment l'enfant peut-il se développer s'il ne réagit pas d'une façon adaptée aux stimulations de ses parents et des autres membres de sa famille, vu ses difficultés de communiquer non verbalement d'abord, puis verbalement ensuite ? Comment va-t-il apprendre à regarder ses parents, à leur sourire, voire à les imiter ? Comment va-t-il s'adapter aux changements de personnes, de lieux, d'activités, qui sont nombreux durant la journée ?

Les interventions actuellement en cours dans nos pays sont assurées essentiellement par des services subventionnés (les CAMSP et les SESSAD en France, les Services d'aide précoce ou Services d'accompagnement en Belgique et les Services éducatifs itinérants en Suisse), et également par des professionnels en pratique privée, particulièrement par des orthophonistes et psychomotriciens. Et une question se pose : quelles sont leurs pratiques ? Et quel est leur paradigme de référence : éducatif ou thérapeutique, psychodynamique, voire psychanalytique, ou éducatif, multidisciplinaire, voire trandisciplinaire ?

Dans l'attente d'une analyse scientifique de ces pratiques actuelles et de leur modèle de référence, nous évoquerons la première « bonne pratique » dont l'intérêt a été démontré par de nombreuses recherches : l'intervention précoce « intensive » (Magerotte, 2000a, b ; Magerotte, 2002a ; Rogé, 1998 ; Rogé *et al.*, 2001). Pourquoi « intensive » ? Parce que l'autisme modifie fondamentalement non seulement le parcours de l'enfant, mais aussi le style de vie de toute la famille, durant toute la journée, et aussi très souvent durant la nuit, 365 jours par an !

« Intensive » veut certes dire qu'il faut travailler beaucoup, en individuel, et avec une stratégie très articulée. Lovaas (1981, 1987, 2002) a ainsi parlé d'une intervention individuelle durant 40 heures par semaine, avec la stratégie des « essais distincts » (*discrete trials*), définie comme une série d'« exercices » proposés à l'enfant, dans un cadre devant attirer son attention sur les indices essentiels auxquels il doit prêter attention et réagir d'une façon qui lui fera plaisir ! On pourrait parler ici d'une intensité « formelle ».

Mais on parle aussi d'intensité « informelle », qui doit permettre que, dans sa vie quotidienne, l'enfant soit à tout moment dans un environnement adapté à son style de développement. Cela peut être réalisé de diverses façons, tout d'abord, par ce que les professionnels appellent « l'enseignement dans le milieu » (*milieu teaching*) ou « l'enseignement incident » (*incidental teaching*), facilitant l'initiative de l'enfant, principalement dans le domaine de la communication (voir par exemple Cavallaro, 1983 ; Haelewyck *et al.*, 1992 ; Hart et Risley, 1975 ; McGee *et al.*, 1999, 2001). Nous en reparlerons brièvement lorsque nous aborderons la quatrième bonne pratique en communication.

D'autre part, la vie familiale est constituée de beaucoup de « routines » (comme se lever, se laver et s'habiller, mettre la table, aller dans les magasins...) qui souvent sont très longues et difficiles à encoder par l'enfant. L'important sera donc d'améliorer ces routines en ajustant notre intervention en fonction des progrès de l'enfant à chaque étape de la routine. Il s'agit donc de « bonnes routines » qui simplifient la vie de tous (Neel et Billingsley, 1989 ; Magerotte *et al.*, 1994b).

Évidemment, nous recommandons la méthodologie de structuration visuelle (des espaces, du temps, de la méthode de « travail » et de la tâche), mise en place dans le programme TEACCH (Mesibov, 1995 ; Schopler, 1997 ; Schopler et Rogé, 1998) et vérifiée par d'autres chercheurs également. Cette méthodologie est particulièrement intéressante car elle accroît l'autonomie de l'enfant et le rend moins dépendant de l'intervenant, qu'il soit professionnel ou parent (par exemple la stratégie des horaires d'activités de Krantz *et al.*, 1993 ; MacDuff *et al.*, 1993).

Étant donné que le jeune enfant peut présenter des comportements difficiles, nous privilégierons également la méthodologie du Soutien comportemental positif « *Positive Behavior Support* » – dont nous reparlerons dans la sixième « bonne pratique » – parce qu'elle se préoccupe avant tout d'organiser l'environnement pour apprendre à l'enfant des comportements « positifs » qui rendront inutiles les troubles du comportement, voire les préviendront.

Une dernière difficulté va se présenter, vu la pauvreté comportementale de l'enfant : par quoi commencer ? Doit-il apprendre tous les comportements que manifestent des enfants « normaux », ou bien y aurait-il des comportements importants qui, s'ils sont acquis, facilitent l'apprentissage d'autres comportements ? On rejoint ici les travaux de l'équipe de Koegel portant sur les comportements pivots

– comme la réaction à des indices multiples (*multiple cues*), la motivation à initier des actions et à réagir de façon appropriée à des stimuli sociaux et environnementaux, et l'autorégulation du comportement. Dans ce cas, l'intervention vise à agir sur des comportements qui ont des effets larges sur le développement de l'enfant (Koegel *et al.*, 1989, 1999a, 1999b). Mais c'est un domaine encore à défricher !

Trois autres aspects sont à mentionner : d'une part, le partenariat avec tous les intervenants auprès de cet enfant (les parents d'abord, mais aussi les professionnels et encore les amis ou copains du voisinage, etc.), tenant compte des difficultés de ce jeune enfant et de ses parents, et la nécessité d'une formation (Maher Choutka, 1999) ; d'autre part, la volonté d'établir un lien – absent ou insuffisant dans beaucoup de services – entre les données développementales de l'enfant et les données médicales, vu les démarches bien compréhensibles des parents ; et, enfin, la nécessaire individualisation des programmes d'intervention car il est essentiel de tenir compte non seulement des spécificités de l'enfant, mais aussi du style de vie de la famille et du style de vie « professionnel » des professionnels (Dunlap, 1999).

La question de l'efficacité de ces interventions précoces a fait l'objet de beaucoup de travaux et de controverses (voir par exemple Anderson et Romanczyck, 1999 ; Dawson et Osterling, 1997 ; Kazdin, 1993 ; Magerotte, 2000b, 2002a ; McEachin *et al.*, 1993 ; Mesibov, 1993 ; National Research Council, 2002 ; Prizant et Rubin, 1999 ; Schopler *et al.* 1987 ; Smith *et al.*, 1993, 2000). Signalons que les études indiquent qu'un nombre important d'enfants ayant bénéficié pendant plusieurs années d'une intervention précoce intensive basée sur une ou des stratégies d'analyse appliquée du comportement (*Applied Behavior Analysis* ou ABA) présentent ultérieurement un développement qui ne les distingue pas des enfants « ordinaires ». Des travaux ultérieurs doivent encore affiner ces résultats et en particulier réaliser des études coûts-bénéfices – même si, à l'heure actuelle, des organismes de subventionnement de ces interventions se sont prononcés en faveur de ce type d'intervention (par exemple, Bureau des services intégrés pour enfants de l'Ontario, 2000 ; New York State Department of Health, 1999).

La scolarisation :
« Pour que je devienne un élève ou un étudiant »

Les parents qui souhaitent que leur enfant aille à l'école sont « sur du velours » – puisque, selon la loi, l'école est obligatoire. Mais cette loi est-elle appliquée ? Est-elle bien appliquée ? La loi rend obligatoire une « bonne pratique » : l'école !

Étant donné cette obligation scolaire, les recherches ne portent pas au sens strict sur l'efficacité de l'école, mais bien plus sur les stratégies à employer, et, sur ce plan, les résultats sont manifestes. On connaît bien les stratégies particulières proposées par de nombreux chercheurs, et notamment le programme TEACCH (non seulement la structuration visuelle, mais aussi la collaboration soutenue avec la famille, l'individualisation, l'évaluation des émergences – voir par exemple Mesibov, 1995 ; Peeters, 1996 ; Rogé et Arty-Vartayan, 1998 ; Schopler, 1997 ; Schopler et Rogé, 1998). Rappelons cependant que, si les personnes avec autisme ont des difficultés à comprendre le sens de notre organisation habituelle de l'environnement, il nous faut utiliser leurs forces, en particulier visuelles, avec l'intention de rendre cette organisation aussi claire et aussi « normale » que possible mais évolutive et adaptée à leurs difficultés – en tenant compte de la sévérité du handicap, de l'âge des enfants, et surtout de leur expérience de cette structure. Nos évaluations de la mise en œuvre de ces bonnes pratiques nous amènent souvent à poser cette question : comprend-on suffisamment le paradigme qui est derrière l'importance accordée à la structuration visuelle ou bien fait-on une copie « à la lettre » de ce que propose TEACCH mais non de l'« esprit » ?

D'autre part, tous nous sommes d'accord pour reconnaître que l'individualisation et l'intégration sont deux « bonnes pratiques ». Par contre, si le « concept » d'individualisation est accepté par toutes les pédagogies, on connaît moins bien les stratégies pour s'assurer de son application en classe, et en particulier de la participation des parents et de l'enfant à son Programme (ou Projet) éducatif individualisé (PEI)

– participation obligatoire depuis 1974 dans les structures scolaires aux États-Unis, obligatoire en France depuis 2002 dans le secteur social et en Communauté française Wallonie-Bruxelles depuis 1995 (mais pas encore dans le secteur de l'Éducation). Le défi majeur porte sur la méthodologie de participation de l'étudiant et de sa famille à la mise au point de ses priorités, et en particulier à la réunion de décision (voir notamment la méthodologie du Plan de services individualisés dans Boisvert, 1990 ; Côté *et al.*, 1987 ; Magerotte *et al.*, 1994c). Et une fois les objectifs retenus pour chaque enfant, encore faut-il que chacun les mette à son horaire. En d'autres mots, l'horaire de nos activités professionnelles devra tenir compte des objectifs retenus pour chaque personne. Et puis, diront certains, si nous voulons éviter de considérer les PEI comme de la « paperasserie », il nous faudra utiliser l'informatique pour avoir une idée permanente de l'évolution de l'étudiant et aussi consulter les bases de programmes éducatifs.

Quant à l'intégration scolaire, cette pratique n'est contestée par personne en tant que principe, mais elle tarde à se mettre en œuvre, malgré les efforts que fait l'Éducation nationale en France *via* les CLIS et les UPI. Les études des pratiques d'intégration dépassant le cadre de ce chapitre, nous nous focaliserons sur un aspect essentiel si l'on vise l'intégration scolaire, voire l'« inclusion » (en opposition à l'« exclusion »). En effet, si les structures scolaires restent séparées l'une de l'autre, « ségrégées » disent certains, comment profiter de l'investissement des pairs, des copains d'aujourd'hui ? Rappelons succinctement les nombreuses expériences, tant pour les activités de jeu intégré (voir notamment Bury *et al.*, 1995) que pour les activités plus scolaires (par exemple, Kellegrew, 1995). C'est qu'en effet l'enseignant a le rôle premier de former les camarades de classe et d'animer les activités qu'ils assurent, en réalisant que le simple voisinage ne suffit pas. Et puis, concluons : les pairs d'aujourd'hui, ce seront les décideurs, les hommes politiques, les hommes et les femmes de demain. L'intégration : quelle « bonne pratique » pour changer la société de demain !

Le soutien à l'emploi et le soutien au logement et aux loisirs : « Pour que je vive en tant qu'adulte »

« Que notre enfant vive comme adulte ! » Il s'agit d'une demande légitime des parents, teintée d'une angoisse qui croît avec l'âge : que fera-t-il quand nous ne serons plus là ? Où vivra-t-il ? Que fera-t-il durant la journée (comme travail ou comme activités) ? Comment occupera-t-il son temps libre ? Répondre à cette question nécessite que l'on s'interroge sur le paradigme auquel nous, professionnels, avons formé les parents durant de nombreuses années – et qui pourrait être résumé en quelques mots : « C'est mieux qu'ils soient ensemble, avec d'autres personnes ayant le même handicap, pour bénéficier d'interventions adaptées à leurs difficultés. » Et l'on a vu apparaître des « centres spécialisés », comme les centres de jour, des foyers, des CAT, etc. Mais est-ce si évident que ces structures offrent des interventions adaptées aux besoins de chaque personne ? Y a-t-il d'autres « bonnes pratiques » proposées aux parents, si nous mettons l'accent sur les rôles sociaux valorisés d'adultes (travailler ou faire des activités adultes valorisées, vivre chez soi, avoir des loisirs avec d'autres – et pas uniquement avec des personnes ayant un handicap) ?

Une première réponse à cette recherche de sécurité par les parents ne consiste pas à entourer l'adulte de murs, mais bien plutôt d'un réseau de soutien, d'un groupe de personnes actives (voir en particulier le texte de Turnbull et Turnbull, 1993), ayant comme mission de soutenir la personne dans ses choix, son style de vie et la réalisation de son projet de vie. Certes, cette démarche – si elle a des rapports avec les PEI dont nous venons de parler – concerne aussi l'organisation sociétale des services. En effet, si la « bonne pratique » consiste à accompagner la personne là où elle se trouve, au travail, chez elle, durant son temps libre, plutôt que d'intervenir uniquement ou essentiellement quand elle vit avec d'autres personnes ayant le même handicap qu'elle, et donc forcément dans des milieux ségrégés, se pose la question du lieu et de l'organisation du travail des professionnels, et aussi des amis, voisins, bénévoles !

Les recherches sont nombreuses, notamment dans le domaine du soutien à l'emploi (*supported employment*). Mentionnons à titre d'exemple le programme TEACCH (Keel *et al.*, 1997) et aussi notre projet réalisé dans le cadre du programme européen Horizon (Magerotte *et al.*, 2000). Ce soutien à l'emploi, qui comprend différentes formules (placement individuel avec suivi *via* un *job-coach*, l'enclave, l'équipe mobile), existe de longue date pour les personnes ayant un handicap mental. Il est également employé de plus en plus pour les personnes avec autisme.

Nous évoquerons plus particulièrement le soutien au logement et à la vie sociale (*supported living*) et le travail d'une équipe de l'Oregon (Horner) qui a publié un livre au nom évocateur : *VOIS* pour *Valued Outcome Information System* (Système d'information sur les résultats valorisés) (Newton *et al.*, 1990). Les auteurs proposent un système de fonctionnement d'une équipe résidentielle devant permettre à chaque personne adulte de bénéficier d'un accompagnement respectant son style de vie en tant qu'adulte, chez elle et dans la communauté, *via* des activités significatives et avec des partenaires significatifs (et pas nécessairement payés par le service). Cette méthodologie a fait l'objet d'une adaptation afin de tenir davantage compte des besoins et nécessités des petites équipes et donc de la rendre plus « conviviale » (Horner *et al.*, 1994).

Envisageons à présent quelques bonnes pratiques visant à tenir compte des caractéristiques de l'autisme. Une analyse très détaillée des recherches concernant les trois pratiques ci-dessous appliquées au jeune enfant peut être trouvée dans les synthèses de Goldstein (2002) sur la communication, de McConnell (2002) sur l'interaction sociale et de Horner *et al.* (2002) sur les troubles du comportement. On peut également consulter le manuel de Janzen (1996).

Quelques stratégies : *« Pour que j'apprenne à mieux communiquer »*

Avant d'envisager les altérations des relations sociales réciproques, considérées comme le premier indicateur de l'autisme, nous présenterons brièvement les « bonnes pratiques » qui font face aux altérations de la communication. En effet, les relations sociales des parents avec leur petit enfant se traduisent d'abord par leurs efforts de communication – auxquels les enfants avec de l'autisme ne réagissent pas d'une façon qui conduit au succès et débouchent donc sur des difficultés majeures des relations sociales.

La première « bonne pratique » consiste d'abord à utiliser les forces de l'enfant avec autisme, et en particulier ses bonnes compétences sur le plan visuel. Affirmation banale sans doute que de considérer que l'enfant apprendra à communiquer mieux si on lui apprend à utiliser des moyens visuels « portables » (objets, photos, images, dessins, pictogrammes, mots écrits) devant remplacer ses efforts « louables » de communication (par exemple, lorsqu'il prend la main de sa maman et la conduit vers le frigo ou lorsqu'il trépigne devant le frigo et a une crise de colère parce que personne ne semble comprendre sa demande et ne lui donne pas son jus de fruits). De même, on pourra utiliser un système de communication par images comme le PECS, qui vise aussi à développer son initiative de communication (voir particulièrement Bondy et Frost, 2002). Enfin, il conversera mieux si l'on utilise des cahiers imagés de conversation focalisés de nouveau sur ses intérêts (Descamps, 1998).

L'utilisation de moyens visuels de communication ne signifie évidemment pas qu'on ne doit plus parler, mais que parler ne suffit pas. L'enfant avec de l'autisme qui prend un « bain de langage » risque souvent de s'y noyer !

D'autre part, la pratique de « l'enseignement dans le milieu » (en anglais *milieu teaching*) se révèle un outil essentiel pour susciter des réponses communicatives plus élaborées de l'enfant dans des contextes fonctionnels. Cette pratique consiste à aménager le milieu afin de favoriser le caractère naturel et plaisant des échanges communicationnels tout en utilisant des stratégies d'intervention adaptées. Cette stratégie exige l'investissement des personnes significatives pour l'enfant, en particulier les parents ; elle se focalise sur les intérêts de l'enfant ; elle développe le langage fonctionnel ; les formes et fonctions et stratégies sont enseignées en même temps ; les activités d'enseignement sont brèves (quelques minutes) et « positives » ; et, surtout, elle nécessite une organisation du milieu adaptée aux intérêts de l'enfant, suscitant ses initiatives et favorisant la généralisation (Alpert et Kaiser, 1992 ; Cavallaro, 1983 ; McGee *et al.*, 1999, 2001).

L'intérêt majeur de ce modèle est qu'il est en phase avec le style de vie des familles et qu'il est parfaitement compatible avec le rôle que s'attribuent les parents dans le contexte familial : les parents interagissent normalement avec leur enfant qui apprend à parler ; ils ne sont pas les « professeurs » de leur enfant, mais simplement leurs « parents ». Quant aux professionnels, s'ils sont d'abord les « enseignants » ou « éducateurs » de l'enfant, ils peuvent très certainement aussi devenir des enseignants ou éducateurs « naturels » de la personne.

Enfin, attirons l'attention sur le fait que la communication est une alternative aux troubles du comportement : les deux sont des moyens de « contrôler » le milieu. Nous y reviendrons.

Quelques stratégies : « Pour que je vive bien avec les autres »

Les recherches ont mis en évidence la variété des pratiques d'intervention, selon qu'elles sont davantage organisées par les adultes ou axées sur l'enfant (pour une synthèse, voir McConnell, 2002). Nous avons déjà souligné le rôle des pairs (et donc de l'inclusion) tant dans les jeux (Bury *et al.*, 1995) qu'à l'école où le tutorat se révèle un outil essentiel, car il développe aussi l'amitié (Hurley-Geffner, 1995). Mentionnons aussi l'intérêt, pour les praticiens, des scénarios sociaux, qui établissent un lien entre la communication et le développement de capacités sociales (Gray, 1994 a, b).

Le soutien comportemental positif : « Pour que je me sente bien et que je n'aie pas de problèmes de comportement »

Les difficultés de communication et de relations sociales, ainsi que celles liées à la résistance au changement, s'accompagnent souvent de troubles du comportement, fréquents vu les caractéristiques de l'autisme, qui débouchent souvent sur l'exclusion du service, voire la psychiatrisation. Aussi, les « bonnes pratiques » dans ce domaine exigent d'abord de comprendre les raisons pour lesquelles une personne présente des problèmes de comportement. À cette fin, on procède à une évaluation fonctionnelle de chaque personne (voir Carr *et al.*, 1999 ; Durand, 1990 ; Willaye et Magerotte, 2003) en analysant le contexte antécédent et conséquent dans lequel se produit le comportement et en nous rappelant que la personne présente des troubles du comportement parce qu'elle veut obtenir quelque chose d'agréable ou éviter quelque chose de désagréable (ce sont les « fonctions » du comportement). Plusieurs outils existent, notamment le guide d'interview d'O'Neill *et al.* (1997) qui permet de rassembler les informations en possession des divers intervenants.

Quant à l'intervention, on a évoqué très souvent l'emploi de procédures coercitives-restrictives (que nous ne détaillerons pas, les laissant à votre souvenir, parfois à la pratique passée ou actuelle de collègues). On a parlé de la « carotte » et surtout du « bâton » ou de la camisole de force ! Pourtant, le Soutien comportemental positif, s'appuyant sur l'évaluation fonctionnelle, ne propose pas l'emploi de mesures coercitives, mais une réorganisation de l'environnement (milieu physique et architecture d'intérieur, curriculums adaptés, horaires individuels constitués d'activités significatives, variables médicales ...) en tenant compte des « intervenants typiques » que sont les parents, les enseignants et les éducateurs (Crimmins, 2000 ; Magerotte *et al.*, 1994a, 1995 ; Montreuil et Magerotte, 1994). Et il faut changer le système et intégrer davantage les « agents typiques » que sont les parents, enseignants, éducateurs plutôt que de se baser trop sur des experts travaillant dans leur bureau ! C'est dire aussi si on rejoint une approche non plus essentiellement réactive, mais davantage basée sur la prévention.

Conclusion

Si nous resituons ces « bonnes pratiques » dans le contexte de nos pays d'expression française, il faut se poser deux questions : où sont-elles mises en pratique ? Comment assurer la dissémination de ces « bonnes pratiques » dans nos services ? N'ayant pas de réponse argumentée et chiffrée, nous plaidons pour la réalisation d'une recherche sur les pratiques réellement mises en œuvre (et non sur celles que l'on dit mettre en œuvre) en tenant compte de trois suggestions.

1. Nous avons été surpris par la lecture de la traduction de l'allemand de l'ouvrage d'Asperger (1998), médecin autrichien s'occupant d'enfants et prônant notamment une pédagogie pour les enfants avec autisme (Magerotte, 2002b), et nous nous sommes demandé comment expliquer que cette « pédagogie curative », bien que déjà mise en place en 1943-1944 par Asperger, soit encore mal reconnue dans nos pays.

Nous rappellerons une analyse récente de Constant (2000) retraçant brièvement l'histoire de la psychiatrie infanto-juvénile publique française dans les années 1965-1975 et concernant explicitement l'autisme. Il observe qu'« en considérant les enfants autistes comme des malades, en pensant que leur maladie est évolutive, ils [les médecins] argumentent auprès des décideurs et obtiennent le financement de ces 400 sites expérimentaux » (p. 138). Il constate aussi, « après la loi de 1975 en faveur des handicapés, la difficulté des milieux psy à modifier leur regard et accepter la notion de handicap. C'est ce qui expliquera aussi [...] l'attachement des psy à la notion de maladie » (p. 138) – difficulté qui existe toujours quant à la reconnaissance de l'autisme comme un handicap. La logique sanitaire et de la maladie a primé.

Qu'en est-il de la logique éducative-développementale, davantage répandue dans d'autres pays – par exemple aux États-Unis où n'existe pas une Sécurité sociale obligatoire – et qui considère d'abord que les parents sont les premiers éducateurs de leur enfant et ont besoin d'une véritable « école de parents », que l'enfant est aussi un écolier ou un étudiant durant sept heures par jour et que l'adulte devra bénéficier d'une formation continue lui permettant de travailler, de bien vivre chez lui et d'avoir du temps libre avec d'autres.

En résumé, si deux logiques sont effectivement appliquées – la logique de la maladie, du sanitaire ou la logique de l'éducation –, sont-elles antinomiques ? Ou plutôt doivent-elles être articulées ? Oui, très certainement, mais comment ? Nous concluons donc par deux recommandations, en lien direct avec ces logiques et le quotidien des familles et des services.

2. La première recommandation porte sur les budgets attribués à l'autisme, et de façon plus générale au secteur du handicap : faut-il davantage d'argent ? Et/ou faut-il s'interroger davantage sur la façon dont il est dépensé ? Est-il dépensé en favorisant l'emploi de ces « bonnes pratiques » – d'autant plus que la loi française du 2 janvier 2002 rénovant l'action sociale et médico-sociale demande que l'on tienne compte des « bonnes pratiques professionnelles » et du « coût prévisionnel » des prestations ?

Une analyse attentive devrait être réalisée, en tenant compte du système de Sécurité sociale dont nous, personnes « ordinaires » (« sans » autisme), bénéficions tous et qui nous permet d'utiliser un budget qui tient compte de nos besoins de santé particuliers. C'est aussi une technique dont on parle de plus en plus dans le secteur des handicaps, à savoir les « budgets personnalisés », et qui s'inscrit dans une perspective de « bonne pratique » centrée sur l'autodétermination (Dowson et Salisbury, 2001).

3. Enfin, nous avons évoqué, au début de ce chapitre, le fait que, pour répondre aux souhaits de la personne, il était indispensable de travailler ensemble : professionnels, réseau de la personne, et la personne elle-même. Nous insisterons donc sur le fait que les professionnels de deuxième ligne (qui travaillent principalement avec des personnes avec autisme) doivent travailler davantage avec les professionnels

de première ligne (les généralistes, pédiatres, infirmières à domicile, crèches,...) et les professionnels de troisième ligne (les services universitaires rendent à la fois des services cliniques aux personnes et sont au fait des recherches les plus récentes – et en particulier les centres de ressources en autisme), et également avec les personnes non payées que sont les familles, les amis, voisins, bénévoles – dans une perspective transdisciplinaire ! Quel défi pour tout ce monde qui doit rencontrer des besoins aussi envahissants !

Pour conclure, à la suite de Condorcet qui nous a dit : « Nous ferions davantage de choses si nous en croyions moins d'impossibles », nous savons à présent que « nous ferons davantage de choses, car nous en savons moins d'impossibles » !

Références

ALPERT C. S. & KAISER A. P. (1992) Training parents as milieu language teachers. *Journal of Early Intervention*, 16 : 31-52.

ANDERSON S. R. & ROMANCZYCK R. (1999) Early intervention for young children with autism : continuum-based behavioral models. *The Journal of the Association for Persons with Severe Handicaps*, 24 : 162-173.

ASPERGER, H. (1998) *Les Psychopathes autistiques pendant l'enfance* (traduction en français de Asperger, H. (1944) Die 'Autistischen Psychopathen'in Kindersalter. Archiv für Psychiatrie und Nervenkrankheiten. 117 : 76-136 par WAGNER E., RIVOLLIER N. & l'Hôpital D. Préface de CONSTANT J.). Le Plessis-Robinson : Institut Synthélabo pour le progrès de la connaissance.

Bureau des Services Intégrés pour enfants de l'Ontario (2000) *Programme intensif d'intervention précoce auprès des enfants autistiques*. Toronto, Ontario.

BOISVERT D. (éd.) (1990) *Le Plan de services individualisé. Participation et animation*. Ottawa : Éditions Agence d'Arc.

BONDY A. & FROST L. (2002) Communication strategies for visual learners. *In Teaching Individuals with Developmental Delays. Basic Intervention Techniques* (Lovaas, O. I., éd.), pp. 291-303. Austin, Tx : Pro-Ed.

BURY F., HAELEWYCK M. C., MONTREUIL N. & MAGEROTTE G. (1995) Les groupes de jeux intégrés. *In L'Intégration des personnes présentant une déficience intellectuelle* (IONESCU S., MAGEROTTE G., PILON W. & SALBREUX R. eds) pp. 215-227. Trois-Rivières : Université du Québec à Trois-Rivières.

CARR E. G., HORNER R. H., TURNBULL, A. P. *et al.* (1999) *Positive Behavior Support for People with Developmental Disabilities*. Washington D. C. : American Association on Mental Retardation.

CAVALLARO C. (1983) Language intervention in natural settings. *Teaching Exceptional Children*, 16 : 65-70.

CONSTANT J. (2000) Articuler la culture psy et Teacch. *In Les Causes de l'autisme et leurs traitements* (GAYDA M. & LEBOVICI S. éd.), pp. 137-145. Paris : L'Harmattan.

CÔTÉ R. L., DUFOUR C., PILON W. & TREMBLAY M. G. (1987) *Guide d'élaboration des plans de services et d'interventions. Applications en milieu institutionnel, en services communautaires et en éducation*. Québec : GREDD, Université Laval.

CRIMMINS D. B. (2000) La qualité de vie pour les personnes présentant des troubles du comportement. *In La Qualité de vie pour les personnes présentant un handicap* (GOODE D., MAGEROTTE G. & LEBLANC R. éds), pp. 293-305. Bruxelles : De Boeck-Université.

DAWSON G. & OSTERLING J. (1997) Early intervention in autism. *In The Effectiveness of Early Intervention*. (GURALNICK M. J.), pp. 307-326. Baltimore : PAUL H. BROOKES.

DESCAMPS M. (1998) *Le Développement des habiletés communicationnelles et conversationnelles. Utilisation du carnet de conversation*. Mons : Service

Universitaire Spécialisé pour personnes avec Autisme (document non publié).

DOWSON S. & SALISBURY B. (2001) *Foundations for Freedom : International Perspectives on Self-Determination and Individualized Funding*. Baltimore : Tash.

DUNLAP G. (1999) Consensus, engagement and family involvement for young children with autism. *The Journal of the Association for Persons with Severe Handicaps* : 222-225.

DURAND M. (1990) *Severe Behavior Problems. A Functional Communication Training Approach*. New York, Londres : The Guilford Press.

GOLDSTEIN H. (2002) Communication intervention for children with autism : a review of treatment efficacy. *Journal of Autism and Developmental Disorders*, 32 : 373-396.

GOODE D., MAGEROTTE G. & LEBLANC R. éds. (2000) *La Qualité de vie pour les personnes présentant un handicap*. Bruxelles : De Boeck-Université.

GRAY C. (1994a) *Livre des scénarios sociaux*. Jenison Public Schools.

GRAY C. (1994b) *Nouveau Livre des scénarios sociaux*. Jenison Public Schools.

HAELEWYCK M.-C. & MAGEROTTE G. (2001) Qualité de vie et réseaux sociaux. *In Manuel de psychologie des handicaps. Sémiologie et principes de remédiation* (RONDAL J.-A. & COMBLAIN A. éds), pp. 139-160. Sprimont : Mardaga.

HAELEWYCK M. C., MAGEROTTE G. & MONTREUI, N. (1992) Une méthode d'apprentissage facilitant la généralisation : « le milieu teaching ». *In État de la recherche en déficience mentale* (KORPÈS P., MAGEROTTE G. & SALBREUX R. eds), pp. 459-470. s.l. : AIRHM.

HART B. & RISLEY T. (1975) Incidental teaching of language in the preschool. *Journal of Applied Behavior Analysis*, 8 : 411-420.

HORNER R. H., NEWTON S., ARD Jr. W. R., OLSON D., SAPPINGTON G. & KERBER G. (1994) *A Residential Outcomes System Operations Manual*. Eugene, Oregon : University of Oregon, Specialized Training Program.

HORNER R. H., CARR E. G., STRAIN P. S., TODD A. W. & REED H. K. (2002) Problem behavior interventions for young children with autism : a research synthesis. *Journal of Autism and Developmental Disorders*, 32 : 423-446.

HURLEY-GEFFNER C. M. (1995) Friendship between children with and without developmental disabilities. *In Teaching Children with Autism. Strategies for Initiating Positive Interactions and Improving Learning Opportunities* (KOEGEL R. L. & KOEGEL L. K. eds), pp. 105-125. Baltimore : Paul H. BROOKES.

JANZEN J. E. (1996) *Understanding the Nature of Autism. A Practical Guide*. San Antonio : Therapy Skills Builders.

KAZDIN A. E. (1993) Replication and extension of behavioral treatment for autistic disorder. *American Journal on Mental Retardation*, 97 : 377-379.

KEEL J. H., MESIBOV G. B. & WOODS A. V. (1997) TEACCH-Supported employment program. *Journal of Autism and Developmental Disorders*, 27 : 3-10.

KELLEGREW D. H. (1995) Integrated school placements for children with disabilities. *In Teaching Children with Autism. Strategies for Initiating Positive Interactions and Improving Learning Opportunities* (KOEGEL R. L. & KOEGEL L. K. eds) pp. 127-146. Baltimore : Paul H. BROOKES.

KOEGEL R. L. & KOEGEL L. K. (1995) *Teaching children with autism. Strategies for initiating positive interactions and improving learning opportunities*. Baltimore : Paul H. BROOKES.

KOEGEL L. K., KOEGEL R. L. & DUNLAP G. (1996) *Positive Behavioral Support. Including Ppeople with Difficult Behavior in the Community*. Baltimore : Paul H. BROOKES.

KOEGEL L. K., KOEGEL R. L., HARROWER J. K & CARTER C. M. (1999a) Pivotal response intervention I : Overview of approach. *The Journal of the Association for Persons with Severe Handicaps*, 24 : 174-185.

KOEGEL L. K., KOEGEL R. L., SHOSHAN Y. & MCNERNEY E. (1999b) Pivotal response intervention II : Preliminary long-term outcome data. *The Journal of the Association for Persons with Severe Handicaps*, 24 : 186-198.

KOEGEL R. L., SCHREIBMAN L., GOOD A., CERNIGLIA L, MURPHY C. & KOEGEL L. K. (1989) *How to Teach Pivotal Behaviors to Children with Autism : A Training Manual*. Santa Barbara & San Diego : University of California.

KRANTZ P. J., MACDUFF M. T. & MCCLANNAHAN L. E. (1993) Programming participation in family activities for children with autism : parent's use of photographic activity schedules. *Journal of Applied Behavior Analysis*, 26 : 137-138.

LOVAAS O. I, ACKERMAN A. B., ALEXANDER D., FIRESTONE P., PERKINS J. & YOUNG D. (1981) *Teaching Developmentally Disabled Children : The ME Book*. Austin, Tx : Pro-Ed.

LOVAAS O. I. (1987) Behavioral treatment and normal education and intellectual functioning in young autistic children. *Journal of Consulting and Clinical Psychology*, 55 : 3-9.

LOVAAS O. I. (2002) *Teaching Individuals with Developmental Delays. Basic Intervention Techniques*. Austin, Tx : Pro-Ed.

MACDUFF G. S., KRANTZ P. J. & MCCLANNAHAN L. E. (1993) Teaching children with autism to use photographic activity schedules : maintenance and generalization of complex responses chains. *Journal of Applied Behavior Analysis*, 26 : 89-97.

MAGEROTTE G. (2000a) From quality of services to quality of life of persons with autism. *International Journal of Mental Health*, 29 (2) : 60-77.

MAGEROTTE G. (2000b) Éducation précoce intensive des jeunes enfants présentant de l'autisme. *Le Bulletin scientifique de l'ARAPI*, juin 2000, n° 5, 50-54.

MAGEROTTE G. (2002a) Intervention précoce et qualité de vie de la famille dans le cas d'autisme. *Enfance*, 54 : 31-39.

MAGEROTTE G. (2002b) Actualités de l'ouvrage d'ASPERGER : 1943-2003. *Bulletin scientifique de l'ARAPI*, n° 10, 39-43.

MAGEROTTE G. & WILLAYE, E. (2001) L'accompagnement éducatif personnalisé des personnes présentant de l'autisme. *In Manuel de psychologie des handicaps. Sémiologie et principes de remédiation* (RONDAL J.-A. & COMBLAIN A. eds), pp. 359-387. Sprimont : Mardaga.

MAGEROTTE G., HOUCHARD V. & DEPREZ M. (1995) Approche éducative des troubles du comportement : de l'analyse à l'intervention. *In Éducautisme : Les connaissances actuelles sur l'autisme et leurs implications éducatives et pédagogiques* (Philip C., éd.), pp. 47-60. Suresnes : Éditions du Centre national de Suresnes.

MAGEROTTE G., DEPREZ M., HOUCHARD V., BURY F. & MAGEROTTE C. (1994a) *Éducautisme. Les problèmes de comportement*. Mons : Département d'Orthopédagogie de l'Université de Mons-Hainaut (document non publié).

MAGEROTTE G., DEPREZ M., MAGEROTTE C., BURY F. & HOUCHARD V. (1994b) *Educautisme. Module. Autonomie résidentielle et communautaire.* Mons : Département d'Orthopédagogie de l'Université de Mons-Hainaut (document non publié).

MAGEROTTE G., DEPREZ M., MOUREAU B., MAGEROTTE C., BURY F. & HOUCHARD V. (1994c) *Educautisme. Méthodologie de la coordination des actions et des ressources de l'environnement social. Le plan de Services Individualisé.* Mons : Département d'orthopédagogie de l'Université de Mons-Hainaut (document non publié).

MAGEROTTE G., DEPREZ M., DESCAMPS M., GOSSET L., JOURDAIN I. & TERRIER Y. (2000) *Au travail. La mise au travail en milieu ordinaire de personnes présentant un handicap mental et/ou de l'autisme. Guide pratique.* Mons : Département d'orthopédagogie de l'Université de Mons-Hainaut (document non publié).

MAHER CHOUTKA C. (1999) Experiencing the reality of service delivery : One parent's perspective. *The Journal of the Association for Persons with Severe Handicaps*, 24 : 213-217.

MCCONNELL S. R. (2002) Interventions to facilitate social interaction for young children with autism : a review of available research and recommendations for educational intervention and future research. *Journal of Autism and Developmental Disorders*, 32 : 351-372.

MCEACHIN J. J., SMITH T. & LOVAAS O. I. (1993) Long-term outcome for children with autism who received early intensive behavioral treatment. *American Journal on Mental Retardation*, 97 : 359-372.

MCGEE G. G., MORRIER M. J. & DALY T. (1999) An incidental teaching approach to early intervention for toddlers with autism. *The Journal of the Association for Persons with Severe Handicaps*, 24 : 133-147.

MCGEE G. G., MORRIER M. J. & DALY T. (2001) The Walden early childhood programs. *In Preschool Education Programs for Children with Autism* (Handleman J. S. & Harris S. L.) Austin, Tx : Pro-Ed.

MESIBOV G. B. (1995) *Autisme : le défi du programme TEACCH.* Paris : Pro Aid Autisme.

MESIBOV G. B. (1993) Treatment outcome is encouraging. *American Journal on Mental Retardation*, 97 : 379-380.

MONTREUIL N. & MAGEROTTE G. (1994) *Pratique de l'intervention individualisée.* Bruxelles : De Boeck.

National Research Council (2001) *Educating children with autism.* Committee on Educational Interventions for Children with autism. Division of Behavioral and Social Sciences and Education. Washington, D. C. : National Academy Press

NEEL R. S. & BILLINGSLEY F. F (1989) *IMPACT : A Functional Curriculum Handbook.* Seattle, Washington : University of Washington.

NEWTON J. S., HORNER R. H., STONER S. K., BELLAMY G. T., BOLES S. M., LE BARON N. M., MOSKOWITZ D., ROMER L. & SCHLESSINGER D. (1990) *Vers une optique d'intégration systémique.* Montréal : Institut Québécois de la Déficience Mentale, Éditions de la Collectivité (Traduction par SARTO R. & MICHAUD D. de « *Valued Outcomes Information System. Operation Manual* » Eugene, Oregon : University of Oregon).

NIRJE B. (1969) The normalization principle and its human management implications. *In Changing Patterns in Residential Services for the Mentally*

Retarded (KUGEL R. & WOLFENSBERGER W. eds) pp. 179-195. Washington, D. C. : President's Committee on Mental Retardation.

NEW YORK STATE DEPARTMENT OF HEALTH, EARLY INTERVENTION PROGRAM (1999) Clinical Practice Guideline : The Guideline Technical Report, Autism and pervasive developmental disorders. Assessment and Intervention for Young Children (age 0-3 years).

O'NEILL R. E., HORNER R. H., ALBIN R. W., SPRAGUE J. R., STOREY K. & NEWTON J. S. (1997) *Functional Assessment and Program Development for Problem Behavior. A Practical Handbook*. Pacific Grove, CA : Brooks/Cole.

PEETERS T. (1996) *Autisme, de la compréhension à l'intervention.* Paris : Dunod.

PRIZANT B. M. & RUBIN, E. (1999) Contemporary issues in intervention for autism spectrum disorders : A commentary. *The Journal of the Association for Persons with Severe Handicaps*, 24 : 199-208.

ROGÉ B. (1998) Évolution des prises en charge de l'autisme. L'intervention précoce. Introduction. *Psychologie française*, 43 : 205-208.

ROGÉ B. & ARTI-VARTAYAN E. (1998) TEACCH Histoire et actualité d'un programme d'état en faveur des personnes autistes. *Psychologie française*, 43 : 257-272.

ROGÉ B., MAGEROTTE G. & FREMOLLE-KRUCK J. (2001) Les enjeux de l'intervention précoce dans l'autisme. *Rééducation orthophonique*, 207 : 101-107.

SCHALOCK R. (éd.) (1990) *Quality of Life. Perspectives and Issues*. Washington D. C. : American Association on Mental Retardation.

SCHALOCK, R. (éd.) (1996) *Quality of Life. Vol. I : Conceptualization and Measurement*. Washington, D. C. : American Association on Mental Retardation.

SCHALOCK, R. (éd.) (1997) *Quality of Life. Vol. II : Application to Persons with Disabilities*. Washington, D. C. : American Association on Mental Retardation.

SCHALOCK R. & VERDUGO M. A. (éds.) (2002) *Handbook on Quality of Life for Human Services Practitioners*. Washington, D. C. : American Association on Mental Retardation.

SCHOPLER E. (1997) Implementation of TEACCH Philosophy. *In Handbook of autism and pervasive developmental disorders* (COHEN, D. J. & VOLKMAR, F. R.) pp. 767-795. New York : Wiley.

SCHOPLER E. & ROGÉ B. (1998) Approche éducative de l'autisme : le programme TEACCH. Sa transposition en France. *Psychologie française*, 43 (3) : 209-216.

SCHOPLER E., SHORT A. & MESIBOV G. (1989) Relation of behavioral treatment to « normal functioning » : Comment on Lovaas. *Journal of Consulting and Clinical Psychology*, 57 : 162-164.

SMITH T., GROEN A. D. & WYNN J. W. (2000) Randomized trial of intensive early intervention for children with pervasive developmental disorders. *American Journal on Mental Retardation*, 105 : 269-285.

SMITH T., MCEACHIN J. J. & LOVAAS O. I. (1993) Comments on replication and evaluation of outcome. *American Journal on Mental Retardation*, 97 : 385-391.

TURNBULL A. & TURNBULL R. (1993) La parole à une famille : un rêve devenu réalité ! L'em-pouvoir-ment des familles. *Handicaps-Info*, 8 : 17-21.

WILLAYE E. & MAGEROTTE G. (2003) L'évaluation fonctionnelle du comportement. *In La Déficience intellectuelle* (TASSÉ M. J. & MORIN D.), pp. 243-264. Boucherville (Québec, Canada) : Gaëtan Morin.

WOLFENSBERGER W. (1972) *The Principle of Normalization in Human Services.* Toronto : National Institute on Mental Retardation.

WOLFENSBERGER W. (1991) *La Valorisation des rôles sociaux. Introduction à un concept de référence dans l'organisation des services.* Genève : Les Deux Continents.

De la recherche à la pratique : questions et perspectives en France

Par Bernadette Rogé, Pascaline Guérin,
Carole Tardif, Cécile Aspe, Henri Doucet,
et Christine Philip

Méthode et participants

Ce rapport est issu de la réflexion de groupes de travail constitués par l'Arapi en collaboration avec les associations de parents, Autisme France, Sésame Autisme et l'Unapei, et en complément de leurs propres travaux. Quatre groupes de travail ont été constitués :

— Aspects médicaux (diagnostic et suivi médical) (responsable : Pascaline Guérin).

— Prise en charge des enfants et adolescents (responsable : Carole Tardif).

— Prise en charge des adultes (responsable : Henri Doucet).

— Formation (responsable : Christine Philip).

L'ensemble du travail a été supervisé par Bernadette Rogé.

Le rapport final a été élaboré conjointement par Cécile Aspe et par Bernadette Rogé. La présentation est conjointe et traduit le souci de l'Arapi de fonder ses réflexions sur le travail commun des parents et des professionnels dans le respect des regards de chacun sur la même problématique.

En préambule, le point de vue d'un parent (Cécile Aspe)

La recherche scientifique progresse, mais quelle incidence a-t-elle sur la prise en charge ? Tout d'abord, le premier effet de la recherche est de déculpabiliser les parents, en particulier les mères. Quand l'imagerie fonctionnelle démontre que certaines zones du cerveau sont mal irriguées, en particulier celles chargées de la communication, cela signifie qu'il s'agit bien d'un trouble neurologique, ce qui est primordial pour les parents. D'autre part, la recherche en matière cognitive et psychologique est essentielle pour savoir comment faire progresser nos enfants, dans quelle direction avancer.

Si déjà les bases méthodologiques validées étaient mises en pratique dans tous les lieux où sont accueillies les personnes autistes, cela représenterait une amélioration considérable de leur qualité de vie. Ce n'est malheureusement pas le cas, en raison de l'insuffisante formation des personnels. La formation d'éducateur, par exemple, ne suffit pas. Elle doit être complétée par une spécialisation à l'autisme et aux méthodes éducatives de compensation des déficits spécifiques.

Et puis la pratique nourrit également la recherche. Nous, parents, sommes des experts de nos enfants, comme me l'a dit un professionnel, et nous pouvons par nos observations quotidiennes vous apporter des renseignements précieux pour la prise en charge de nos enfants et pour celles d'autres personnes qui souffrent de la même pathologie. Par ailleurs, nous participons à la recherche. Nous faisons des examens parfois contraignants, qui nécessitent beaucoup d'efforts de la part de nos enfants. Mais nous savons que c'est la seule façon pour nous tous d'en savoir un peu plus sur l'autisme. Nous avons aussi des observations à transmettre aux chercheurs qui nous écoutent, et des questions pour stimuler leurs travaux par des échanges sur des signes singuliers quotidiens.

« Autisme » est un mot qui fait peur. Personne n'a envie de l'entendre prononcer à propos de son enfant. Et pourtant, parfois, il faut le dire. Je m'adresse directement à vous, professionnels : je vous demande de prononcer ce terme de « trouble envahissant du développement de type autistique », et non « psychose infantile », « troubles de la communication », et j'en passe. Pour les familles, il est indispensable de mettre un mot sur ce dont souffre leur enfant. Combattre un mal dont on ne connaît pas le nom est impossible. Pour savoir de quelles armes on peut user, il faut connaître son adversaire. Cela est indispensable pour les parents, pour la fratrie, pour la famille et pour la personne elle-même qui, plus tard, devra savoir pourquoi elle est différente. C'est aussi un droit d'information reconnu par la loi française.

Je vais vous raconter une anecdote. Quand nous avons enfin eu, mon mari et moi, un diagnostic clair pour Pauline, nous l'avons dit à son frère Louis, qui était alors âgé 3 ans. Dès le lendemain, il a dit à sa maîtresse : « Pauline est autiste, c'est pour cela qu'elle crie et qu'elle n'est pas propre. » Le surlendemain, les bonshommes qu'il dessinait, qui étaient très bizarres et ne ressemblaient à rien, sont devenus de vrais bonshommes. Un mot, le mot « autiste », avait libéré Louis. Il pouvait nommer ce qu'avait sa sœur, et cela a suffi pour qu'il aille mieux.

Quand ce mot est prononcé, il faut expliquer aux parents qu'ils ne sont coupables de rien, contrairement à ce qu'ils peuvent d'abord penser. Et cette culpabilité, purement stérile pour venir en aide à son enfant et collaborer à la prise en charge future, doit à tout prix être évacuée.

Quand ce mot d'autisme est prononcé, il faut également dire : « Non, on ne guérit pas de l'autisme, mais oui, on peut progresser quelles que soient les capacités de l'enfant. » Les parents sont en droit de savoir que ce trouble de la communication perdure toute la vie, même si la personne acquiert un degré d'autonomie remarquable. Ça, c'est un autre parent qui me l'a dit, non un professionnel. Ce fut très difficile à entendre, parce que j'avais encore beaucoup d'illusions à l'époque, mais cela était nécessaire pour connaître la vérité de l'autisme et aider ma fille plus efficacement.

Les parents sont souvent les premiers à remarquer que quelque chose ne va pas. Le regard fuyant de l'enfant, une concentration anormale ou au contraire une absence de concentration, pas de langage ou un langage bizarre, beaucoup de cris ou de pleurs, un sommeil perturbé, la marche tardive… Autant de signes précoces qui ne sont pas anodins et que les professionnels doivent reconnaître, rechercher et lister. Lors d'une consultation chez le pédiatre, les parents vont aborder un problème, mais pas forcément tous ceux que rencontre l'enfant. C'est donc au médecin de poser les bonnes questions, d'émettre des hypothèses pour avoir une idée d'ensemble des difficultés de l'enfant. En effet, trop souvent encore, ces signes sont minorés, on dit aux parents : « Vous vous faites trop de souci, il ne parle pas à 3 ans, mais ça viendra… » Un dépistage raté signifie un diagnostic et une prise en charge adaptés retardés, et l'apparition de troubles du comportement de plus en plus importants.

Après le diagnostic, la grande difficulté pour les professionnels est la mise en place d'une prise en charge adaptée. Car, évidemment, la demande des parents est très forte. Une fois le coup de massue passé, la première réaction est : « Que faut-il faire ? » On sent souvent les professionnels démunis. Séances d'orthophonie pour une aide à la communication, psychomotricité, aide à la scolarisation en milieu ordinaire ou adapté… Autant de choses à mettre en place dès le diagnostic posé, et pourtant ce n'est pas toujours possible par manque de professionnels, par manque de places… Malgré tout, le diagnostic « sec », sans proposition ou indication de prise en charge adaptée, est à proscrire. Car aujourd'hui les moyens n'existent pas, mais demain ils peuvent être là. Tout dépend de la collaboration entre professionnels et parents, en l'occurrence les associations de parents, pour créer des structures. Dans les régions où existe un centre de ressources sur l'autisme, c'est le rôle du centre de faire circuler l'information, de renvoyer aux professionnels compétents et aux associations de parents existantes. Ailleurs, c'est à tous les acteurs de faire ce travail. C'est ensemble que parents, professionnels et chercheurs doivent travailler à améliorer la vie des personnes autistes.

À ce niveau, le système manque de lisibilité : les parents se voient confrontés à une offre de service en apparence diversifiée, mais qui est plus régie par la proximité et la disponibilité en termes de places que par le type d'approche retenu. En réalité, ils n'ont pas le choix. Contrairement à ce qui est souvent perçu, la structure administrative ne définit guère le type de prise en charge. Traditionnellement, les hôpitaux de jour ont été associés à la notion de soins, et les structures du médico-social à l'éducation. Mais il existe tout un éventail de panachage des soins et de l'éducatif dans les deux types de structures.

Pour le moment, la réponse apportée est plus une réponse sociale qu'une réponse aux besoins spécifiques de l'enfant : les parents prennent une place là où il y en a et non pas en fonction du type d'approche qu'ils auraient choisi et dont l'enfant a réellement besoin. Et, au fur et à mesure que l'enfant grandit, le problème de la pénurie de places adaptées se pose de plus en plus cruellement. Cette difficulté de la continuité de la prise en charge doit être toujours à l'esprit des parents et des professionnels pour travailler ensemble sur le long terme et éviter ainsi les ruptures, qui peuvent être catastrophiques pour l'enfant et sa famille. Pour cela, un travail en réseau permet un meilleur suivi de l'enfant sur le long terme et permet également de préparer une orientation à venir.

La scolarisation doit être favorisée pour tout enfant qui est en mesure d'y trouver un épanouissement au milieu de ses pairs, même avec de l'aide. La scolarisation avec un auxiliaire n'est nullement une scolarisation au rabais, comme certains le prétendent. Dans la nouvelle proposition de loi rénovant la politique de compensation du handicap apparaît pour la première fois le thème de la scolarisation des enfants et adolescents handicapés. À l'article 1, il est affirmé que ces enfants et adolescents sont soumis à « l'obligation scolaire » et que cette obligation « relève de la responsabilité du ministre de l'Éducation nationale ». Cela vient rectifier la formulation ambiguë de l'ancienne loi qui affirmait seulement une « obligation éducative ». En effet, si pour les enfants ordinaires ce à quoi renvoie l'éducation est bien clair, c'est-à-dire à l'école avec des enseignants, il n'en va pas de même pour les enfants en situation de handicap qui voient intervenir aussi bien des éducateurs spécialisés que des enseignants assurant les uns et les autres l'éducation. Avec la nouvelle loi, ce sont bien les enseignants qui assureront l'éducation de ces enfants, comme pour tous les autres enfants. Cela positionne bien sûr différemment l'éducatif et ouvre des perspectives différentes d'insertion. Mais les moyens devront suivre pour que cette volonté se traduise dans le changement des mentalités mais aussi dans les soutiens nécessaires pour assurer la faisabilité de l'intégration scolaire. La création de 5 000 postes d'auxiliaires scolaires pour les enfants handicapés a été annoncée pour la rentrée 2003. Il doivent être effectifs et concerner également les enfants atteints d'autisme.

Il faut poser un principe : la référence systématique à l'enfant ordinaire. Où est-ce que l'enfant se socialise, entre dans les apprentissages ? À la crèche, à la halte-garderie, à l'école. Envisageons donc la même chose pour l'enfant autiste en y mettant bien sûr les moyens... et ne pensons « éducation spécialisée » que quand le milieu ordinaire est en échec. Bien sûr, tous les textes de loi le stipulent déjà, mais la réalité est souvent bien différente.

Ces formules avec de jeunes psychologues qui interviennent auprès des enfants et de leurs familles concernent encore trop peu de personnes atteintes d'autisme. Mais elles suscitent un grand espoir pour ceux qui les ont mises en œuvre, car les progrès des enfants sont indéniables. Ce type de prise en charge leur permet de mieux comprendre le monde qui les entoure et de mieux s'y insérer. Il permet également une collaboration étroite avec les familles, qui se forment au contact du professionnel, comprennent mieux leur enfant et sont en mesure de l'aider efficacement.

Quant à la formation continue, c'est une nécessité vitale pour l'amélioration de la prise en charge dans les établissements existants. Les professionnels ne peuvent se dispenser de s'informer sur les dernières avancées de la recherche concernant l'autisme et sur leurs conséquences sur la pratique de leur métier.

Enfin, la formation des parents n'est pas à négliger. Ce sont eux qui accompagnent tout au long de la vie la personne autiste. Il s'agit de proposer une aide à la famille pour mieux comprendre son enfant et l'aider à mieux adapter son environnement, ses attitudes et ses modes de communication. N'oublions pas que la famille est le premier lieu d'intégration de l'enfant.

Tout le monde s'accorde à dire qu'une personne autiste n'a rien à faire dans un hôpital psychiatrique. Or c'est encore trop souvent le cas, elles sont des milliers ! Et pourtant, de l'aveu même des hospitaliers, la structure hospitalière n'est pas un lieu de vie et n'est en rien adaptée à la prise en charge des personnes autistes. L'hôpital doit rester un lieu de soins et en aucun cas un lieu de vie par défaut. Au mieux, c'est une sorte de garderie avec un personnel certes de bonne volonté, mais absolument pas formé à l'autisme. Au pire, c'est la camisole chimique, du fait de troubles du comportement de plus en plus importants.

Les adultes autistes sont des citoyens à part entière, et à ce titre chacun a droit à une place, *sa* place, dans la société. Il est certain que, quoi qu'il en soit, ils auront besoin d'un accompagnement tout au long de leur vie. Accompagnement plus ou moins rapproché selon les cas et les histoires de vie. Il est important de dire que les capacités des autistes existent et continuent à se développer à l'âge adulte ; il faut aider ces personnes à faire émerger ce potentiel de compétences, et ce tout au long de la vie.

Mais, quel que soit le milieu de vie de la personne, on doit rechercher quel peut être son rôle social. Certaines d'entre elles pourront travailler en étant accompagnés d'une aide – c'est ce qu'on appelle le *job coaching* –, avant peut-être un jour d'être en mesure de voler de leurs propres ailes. D'autres travailleront dans des CAT (centres d'aide par le travail). Et d'autres encore seront accueillies en foyer. Mais là comme ailleurs, ces personnes devront, dans la mesure du possible, avoir un rôle dans la collectivité pour accomplir certains services et, pourquoi pas, un véritable travail.

Le but est de se rapprocher le plus possible de la vie « ordinaire », ce qui implique une rupture avec une certaine conception de la vie en institution, qui est trop souvent un lieu d'exclusion. Au lieu de grands bâtiments et d'effectifs très importants, il faut se tourner vers des logements en maison individuelle ou en appartements avec de petits effectifs, 6 à 10 personnes par lieu de vie. Il faut sortir de l'assistance, l'enfermement et la contrainte.

Dans ce contexte, le droit à l'éducation et à l'instruction doit perdurer à l'âge adulte pour permettre à ces personnes d'améliorer leur autonomie. On n'arrête pas l'orthophonie, la psychomotricité ou les apprentissages scolaires sous prétexte que la personne atteint l'âge de 20 ans.

Le point de vue des groupes de travail (Bernadette Rogé)

PROBLÉMATIQUE

Les connaissances sur l'autisme ont beaucoup évolué au cours des dernières années grâce à la recherche scientifique. Les nombreuses données accumulées ont permis d'authentifier pour l'autisme au niveau international le statut de trouble du développement neuropsychologique. Aujourd'hui, la problématique de l'autisme se situe clairement au niveau d'une anomalie du développement des structures cérébrales, et les nombreux travaux exposés lors de ce colloque viennent consolider la connaissance que nous en avons.

La session I du colloque a posé le problème de l'identification du syndrome, de ses étiologies, de son évaluation et de son association avec différentes maladies neurologiques. Ces aspects de la recherche sont tout à fait déterminants puisqu'ils permettent de délimiter la population concernée, ce qui a un impact :

— Sur la recherche : il s'agit d'adopter une définition qui fasse consensus au niveau international afin de composer des groupes cohérents et de permettre les échanges entre spécialistes.

— Sur les applications pratiques en termes de services adaptés pour les personnes concernées.

La session II s'est située au cœur de l'actualité scientifique avec les données nouvelles en génétique. Des équipes de pointe se sont mobilisées et ont fédéré leurs efforts en s'appuyant sur une collaboration remarquable des familles pour identifier des gènes impliqués dans les pathologies développementales et plus particulièrement dans l'autisme. Les publications de ces différents groupes connaissent actuellement une accélération qui montre bien le dynamisme de la recherche dans ce secteur. La concurrence légitime qui existe entre les laboratoires est malgré tout en voie d'être au moins partiellement dépassée par la mise en commun de certaines données et par le recours à des méta-analyses.

Enfin, la session III a permis de saisir l'articulation entre le trouble du développement et sa traduction au niveau des comportements d'adaptation et des comportements sociaux. Car les particularités du comportement et du fonctionnement des personnes atteintes d'autisme fondent leur relation à l'environnement physique et social. C'est à cette dimension que les parents et les professionnels s'adressent au quotidien. Il s'agit de comprendre comment les réactions sont infiltrées par des mécanismes d'intégration de l'information particuliers et comment cela détermine les modes de communication et les comportements. Cette compréhension débouche sur une meilleure prise en compte de la spécificité des personnes atteintes d'autisme et sur des pratiques plus ajustées à leurs difficultés.

L'aspiration de toutes les personnes impliquées dans l'autisme, qu'elles soient parents, professionnels de terrain ou chercheurs, est que les progrès de la recherche puissent aboutir à une amélioration des services proposés aux personnes atteintes d'autisme et à leur famille. Les recherches menées depuis vingt ans ont progressivement modifié la représentation de l'autisme et la définition des pratiques à instaurer pour le soutien au développement des personnes porteuses du syndrome. Ainsi les progrès dans la connaissance de l'autisme se sont-ils traduits peu à peu dans les demandes des parents et dans les réponses apportées en France. Force est de constater qu'il faut beaucoup de temps pour que les nouvelles connaissances s'inscrivent concrètement au niveau des pratiques, avec une faiblesse en France des systèmes de régulation et d'adaptation.

LE DÉCALAGE ENTRE LES DONNÉES DE LA RECHERCHE ET LA MODIFICATION DES PRATIQUES EST RÉEL. COMMENT PEUT-ON L'EXPLIQUER ?

— Certaines données issues de la recherche ne sont pas immédiatement transposables. Même si la cause génétique est confirmée, nous sommes encore loin de l'identification de tous les gènes impliqués dans le processus et de la compréhension du mécanisme qui affecte le développement du cerveau au travers de l'anomalie génétique. L'idée d'une thérapie génique ou d'une prévention est encore très lointaine, et ces aspects poseront de toute façon de redoutables problèmes d'éthique... Les progrès en imagerie, la connaissance d'anomalies métaboliques sont pour l'instant des constats souvent peu intégrés dans un modèle qui pourrait rendre compte des processus pathologiques et de leurs conséquences au niveau du comportement des personnes atteintes d'autisme. Les applications thérapeutiques sont donc encore maigres et partielles dans le domaine médical.

— Certaines connaissances sont transposables et elles ont déjà modifié l'approche de l'autisme. Les recherches qui touchent au diagnostic, donc à l'identification du trouble, à sa délimitation et au repérage de sous-groupes, ont déjà infléchi les pratiques. Certains enfants non identifiés autrefois le sont maintenant, et les anomalies de leur comportement sont comprises en fonction de la présence d'un désordre du développement. De même, les recherches en psychologie cognitive et en psychologie du développement ont permis une mutation profonde dans la compréhension des personnes atteintes d'autisme. Elles ont permis de savoir que l'autisme s'accompagne le plus souvent d'un déficit intellectuel mais qu'il y a différents niveaux d'atteinte et que certaines personnes ont un niveau normal, voire supérieur. Elles ont permis de savoir que les difficultés des personnes autistes ne s'expliquent pas qu'en termes de déficit intellectuel et que des particularités de fonctionnement justifient une approche spécifique, tenant compte des composantes individuelles et des modes de réaction et de relation propres à l'autisme. Cela est venu conforter les pratiques de terrain mises en place dans une approche empirique de parents et de professionnels sensibles à des besoins perçus au travers de leur propre relation à la personne, et au travers de leur propre expérience.

— Si ces pratiques venues du terrain ont montré leur pertinence et se trouvent validées des années plus tard par les derniers développements de la recherche, les travaux dans le domaine pédagogique et éducatif marquent le pas. Peu de nouveautés ont été produites dans les dernières années, faute de recherches finalisées dans ces domaines spécifiques. Seules des méthodes dont la base est souvent empirique, issues de pratiques de terrain mais pas toujours validées, sont proposées. Elles touchent des sphères spécifiques comme le langage, ou s'adressent plus globalement au développement de l'enfant et à son intégration (programmes d'intervention précoce par exemple).

Si les connaissances nouvelles de l'autisme ont peu à peu modifié la vision que l'on a de l'autisme et des services que l'on doit fournir, certaines données de la recherche ne peuvent être immédiatement transposées. Par ailleurs, le terrain au travers d'observations minutieuses et d'intuitions pédagogiques surgies au contact des personnes autistes elles-mêmes doit pouvoir interroger la recherche, susciter des réflexions, aboutir à de nouvelles problématiques de recherche.

Le point de vue des professionnels

Nous nous proposons d'examiner ce rapport entre recherche et pratiques dans les trois domaines de réflexion définis par les groupes de travail :

— Suivi médical.

— Prise en charge des personnes avec autisme :

- prise en charge des enfants et adolescents ;
- prise en charge des adultes.

Le thème de la formation sera quant à lui traité de manière transversale et donc intégré aux thèmes précédents.

LE SUIVI MÉDICAL

• *Constat*

Actuellement, le diagnostic de l'autisme peut se faire de manière plus précoce. Il était jusqu'à présent courant dans certains milieux de différer le diagnostic en repoussant à 3 ans la période à laquelle un diagnostic était censé pouvoir être confirmé. Cette pratique reposait sur une interprétation erronée de la limite des 3 ans retenue dans les classifications. En effet, l'âge de 3 ans ne constitue pas la période à laquelle le diagnostic devient valide, mais le repère en amont duquel des perturbations ont dû être notées dans le développement pour que l'on puisse authentifier le diagnostic.

Le diagnostic de l'autisme peut se faire bien avant 3 ans. Il est établi le plus souvent entre 2 et 3 ans en moyenne.

Mais les cliniciens expérimentés peuvent détecter les signes de l'autisme beaucoup plus précocement : à 12 mois en moyenne pour Fombonne et De Giacomo (2000), à 12,7 mois pour Volkmar *et al.* (1994), après le premier anniversaire pour Rogers et Di Lalla (1990). Le diagnostic très précoce est plus facile lorsque les troubles sont lourds et entravent le développement précoce.

Le problème du diagnostic se pose surtout pour les enfants très jeunes dont la symptomatologie ne revêt pas toujours un caractère stable et très marqué. Les médecins non spécialistes et peu familiarisés avec cette pathologie peuvent ne pas prêter attention aux signes discrets ou aux informations données par les parents. Un réel effort est réalisé actuellement par les pédiatres et neuropédiatres qui sont de plus en plus intéressés et qui cherchent à s'informer. Ils peuvent en conséquence être à l'origine de la première alerte et du diagnostic.

En ce qui concerne le suivi médical des enfants atteints de troubles envahissants du développement, il s'impose comme pour tout enfant mais aussi en raison de la vulnérabilité de cette population. Ce suivi ne fait pas l'objet d'une organisation spécifique, et les parents rencontrent d'importantes difficultés pour accéder aux soins.

• *Analyse*

1. Diagnostic

Le long délai d'attente imposé aux familles pour la confirmation du diagnostic s'explique par :

— L'absence ou l'insuffisance de formation des professionnels qui pourraient assurer le dépistage. Il s'agit des professionnels de santé et d'éducation intervenant au niveau de la petite enfance, mais qui n'ont pas directement accès aux données médicales et scientifiques actualisées.

— Le manque de professionnels spécifiquement formés au diagnostic de trouble envahissant du développement. Les pédopsychiatres effectuent normalement ce diagnostic, mais n'ont pas systématiquement le réflexe de poursuivre les investigations en adressant l'enfant à une équipe médicale pluridisciplinaire.

La mise en place de centres de ressource pour l'autisme est l'un des moyens choisis pour pallier les insuffisances du dispositif de soins. Cependant, leur faible nombre ne permet pas à ce jour de répondre à la demande des professionnels et des familles pour l'établissement du diagnostic et l'évaluation clinique du trouble, et ce dans un bref délai (délai actuel entre 8 et 12 mois) de manière à mettre en place des soins intensifs d'autant plus efficaces qu'ils sont précocement dispensés. Le cadre de référence pour établir le diagnostic reste encore sujet à controverses selon les équipes médicales sollicitées (choix des échelles diagnostiques, des classifications catégorielles).

2. Le suivi médical

La réalisation d'examens complémentaires s'impose à deux stades :

— pour compléter les investigations diagnostiques (audiométrie, imagerie cérébrale, consultation génétique et neuropédiatrique) et *identifier des maladies associées susceptibles de recevoir une réponse thérapeutique immédiate (surdité, maladie métabolique) ou de donner lieu à un conseil génétique pour les familles qui envisageraient une autre grossesse ;*

— pour identifier des causes organiques inconfortables et/ou douloureuses qui sous-tendent souvent les troubles comportementaux à type d'agitation et d'agressivité.

Le repérage de l'ensemble de ces affections fréquentes dans la population générale nécessite souvent l'avis de spécialistes (dentistes, gastro-entérologues, neurologues, orthopédistes, etc.), mais est rendu difficile chez le sujet autiste du fait de ses particularités comportementales.

De même, la réalisation des examens complémentaires est souvent problématique du fait :

— du manque de coopération du sujet autiste, d'autant plus que ses capacités de compréhension et de communication sont restreintes ; certains examens comme l'audiométrie ou l'IRM cérébrale imposent une sédation, voire une anesthésie générale, ce qui alourdit leur réalisation (présence d'un médecin anesthésiste) ;

— du manque de disponibilité des équipes médicales spécialisées réalisant ces examens, équipes submergées par de nombreuses demandes qui leur imposent de placer dans leurs priorités des pathologies dont le degré d'urgence est supérieur et pour lesquelles le résultat des examens effectués sanctionne directement la conduite thérapeutique.

• *Propositions*

1. Nécessité d'un dispositif spécifique pour le dépistage, le diagnostic et l'évaluation des troubles envahissants du développement.

Comme le recommande l'expertise collective Inserm récente intitulée : « Troubles mentaux – dépistage et prévention chez l'enfant et l'adolescent », le dispositif de soins pourrait s'organiser en trois niveaux :

Premier niveau : assurer un dépistage dans la population générale par les professionnels chargés de la petite enfance : médecins généralistes, pédiatres, médecins de PMI, puéricultrices, personnels de crèche, psychologues scolaires.

Les objectifs visés pour ce premier niveau de dépistage sont :

— Aux examens systématiques prévus par le dispositif français de surveillance de la santé du jeune enfant (naissance – 9e mois – 24e mois – 5/6 ans – 11/12 ans), intégrer un examen systématique à 18 et 30 mois, en vue d'accroître les chances de dépistage précoce.

— Sélectionner des indicateurs du développement sensori-moteur, cognitif et émotionnel pour les adjoindre aux items des examens médicaux des 2 premières années de vie figurant dans le carnet de santé de l'enfant.

— Intégrer à l'examen du 24e mois des items pour le repérage des signes d'autisme à partir des instruments de dépistage actuellement disponibles en langue française (CHAT).

— Intégrer à cet examen des questions stratégiques à poser aux parents.

— Prêter une attention particulière aux jeunes enfants appartenant à une fratrie dans laquelle un enfant a déjà été diagnostiqué porteur d'un syndrome autistique.

Deuxième niveau : assurer l'identification des troubles autistiques chez des enfants repérés par le niveau 1 comme présentant des troubles évocateurs de TED. Ce dépistage serait assuré au sein de consultations pluridisciplinaires (neuropédiatres, pédopsychiatres, psychologues) grâce à une méthodologie clinique experte et à l'utilisation d'outils diagnostiques séparant les troubles autistiques d'autres troubles du développement ou psychopathologiques d'autre nature.

Troisième niveau : confirmer le diagnostic posé au niveau 2, identifier les pathologies éventuellement associées, assurer l'évaluation des déficiences, des incapacités et des handicaps sociaux qui en découlent afin de proposer, en adéquation avec les structures de soins proches du domicile, une prise en charge adaptée. Ce troisième niveau serait assuré par des centres spécialisés dans l'autisme à un niveau régional et/ou départemental, afin de répondre à une demande croissante de prestations de qualité et de proximité et ce, dans des délais acceptables.

2. Nécessité d'un dispositif de soins pour le suivi médical ultérieur, une fois le diagnostic établi.

Il est proposé la constitution, à un niveau départemental et régional, de réseaux de soins facilement accessibles, qui impliqueraient, d'une part, des professionnels spécialistes bien informés des spécificités cliniques des sujets autistes et, d'autre part, des aménagements des consultations : horaires bien fixés sans attente longue – préparation du sujet autiste dans les jours qui précédent, à la consultation ou à l'examen complémentaire (prise de sang), par l'équipe soignante ou éducative grâce à des moyens visuels par exemple.

Des bilans de santé à visée préventive, programmés avec une périodicité fixée (calendrier de soins), pourraient être mis en place, afin d'éviter les consultations en urgence toujours problématiques.

• *Formation*

Il s'impose que :

— des programmes de formation puissent être proposés aux professionnels de la petite enfance dans le cadre de leur formation initiale et de la formation continue ;

— les médecins généralistes et spécialistes (pédiatres, neuropédiatres, psychiatres) puissent recevoir dans leur cursus universitaire une information suffisante sur le dépistage et le diagnostic des TED de l'enfant. Cette formation initiale devrait être régulièrement réajustée, au vu des nouvelles données scientifiques disponibles, par des enseignements postuniversitaires (EPU) ;

— la sensibilisation se fasse par le biais de publications destinées aux professionnels. Les revues de médecine et les revues destinées aux paramédicaux ou aux professionnels de la petite enfance sont des outils immédiatement efficaces pour diffuser les connaissances de base nécessaires au premier niveau de dépistage.

LA PRISE EN CHARGE DES PERSONNES AVEC AUTISME

En 1994, sous la pression des associations de parents et en particulier de l'édition du livre blanc de l'autisme par Autisme-France, Mme VEIL, ministre de la Santé, a demandé trois rapports à l'IGAS (Inspection générale des affaires sociales), à l'ANDEM (Agence nationale pour l'évaluation des études médicales), et à la DAS (Direction des affaires sociales du ministère de la Santé et des Affaires sociales). Ces trois rapports ont clairement dénoncé « l'insuffisance criante des prises en charge des autistes, tant au plan qualitatif qu'au plan quantitatif ». Ces conclusions ont ensuite été reprises par le Comité national d'éthique.

La circulaire interministérielle du 27 avril 1995 a « annoncé un plan d'action national sur l'autisme », et « la loi du 11 décembre 1996, tendant à instituer une prise en charge adaptée de l'autisme, constitue le texte fondateur d'une reconnaissance de l'autisme en tant que handicap méritant une attention particulière et nécessitant des prises en charge individualisées et pluridisciplinaires, véritablement adaptées à chaque cas particulier ».

Des efforts de créations de places ont été réalisés. Cependant, sur l'ensemble du plan autisme de 1999 à 2003, le nombre de places nouvelles offertes aux personnes autistes, enfants, adolescents et adultes, a été bien inférieur aux prévisions et au nombre de places réalisées à leur intention. L'annonce de priorités au niveau national concrétisées par des enveloppes spécifiques est donc insuffisante si elle n'est pas accompagnée d'un contrôle d'effectivité et de qualité.

LA PRISE EN CHARGE DES ENFANTS ET ADOLESCENTS

• *Constat*

Dans la petite enfance, les éléments du dispositif de prise en charge répondent très partiellement aux besoins en termes quantitatifs (nombre d'heures d'intervention réduit) et en termes d'ajustement aux besoins concernant le développement. Ils tardent souvent à être mis en place même au bénéfice d'enfants ayant reçu un diagnostic.

Au-delà de 3 ans, ce sont les secteurs de pédopsychiatrie ou les établissements du médico-social qui accueillent la majorité des enfants autistes.

L'accueil en hôpitaux de jour est limité dans le temps. Faute de moyens, et face à la nécessité de gérer la pénurie, des temps partiels sont souvent proposés, l'enfant étant au domicile le reste du temps ou scolarisé sur de courtes périodes de temps. Certains enfants sortis à 7 ans, 12 ans, d'un hôpital de jour se retrouvent à domicile sans soutien autre que celui de leurs parents et de quelques professionnels exerçant en libéral qui interviennent dans le cadre de rééducations ou du suivi psychologique.

Les structures de type IME, spécifiquement organisées pour l'accueil des enfants atteints d'autisme avec une équipe de professionnels formés aux méthodes d'éducation, répondent de manière plus ajustée aux besoins des jeunes avec autisme qu'une équipe de professionnels « généralistes ». Si la spécialisation en autisme permet de répondre de manière spécifique aux besoins de la population concernée, le contact des enfants avec des pairs de même âge non handicapés est limité.

L'école est aussi une des voies possibles pour les apprentissages et l'intégration, et devrait être, légalement, une voie préférentielle, vers laquelle beaucoup de parents s'orienteraient, mais l'accès à l'école est le résultat d'un parcours du combattant.

L'intervention d'une structure d'appui regroupant des spécialistes (Service éducatif et de soins à domicile, SESSAD) est importante. Elle permet la coordination des actions en faveur des enfants et le soutien de l'équipe de professionnels, professeurs des écoles et éducateurs impliqués au quotidien dans le travail avec l'enfant.

L'intégration individuelle en milieu scolaire est facilitée par l'intervention d'auxiliaires de vie scolaire qui permettent un accompagnement personnalisé de chaque enfant dans le cadre des apprentissages et dans la gestion des situations sociales.

À l'adolescence, les capacités d'accueil sont encore moins diversifiées, moins qualifiées, plus rares, plus difficiles d'accès que dans l'enfance. Notamment, les possibilités d'intégration en milieu scolaire ordinaire diminuent encore. La formule de la classe intégrée en collège ordinaire peut être retenue comme dans l'enfance, et plusieurs expériences de ce type ont été réalisées avec succès, permettant l'intégration dans une population de même niveau d'âge. Les unités pédagogiques d'intégration (UPI) représentent l'équivalent dans le secondaire des classes d'intégration scolaire du primaire (CLIS), mais la présence en UPI est le plus souvent à temps partiel et conditionnée par l'accompagnement d'un établissement avec plusieurs types de problèmes : celui de la mise en cohérence des deux prises en charge et la rupture que cela suppose par rapport au milieu scolaire pour des enfants qui pourraient bénéficier d'une scolarité à temps complet.

Les intégrations individuelles avec ou sans auxiliaire de vie scolaire et aménagements de programme sont poursuivies pour des enfants n'ayant pas de trop grandes limitations du fonctionnement intellectuel et qui sont de ce fait aptes à poursuivre leur scolarité parce qu'ils suivent les programmes et que leur handicap social n'est pas trop lourd. Mais ce type d'intégration concerne une infime minorité d'adolescents. Il doit de toute façon s'accompagner d'une bonne information du milieu d'accueil afin de limiter les difficultés liées à l'incompréhension par l'entourage des réactions de l'adolescent.

• *Analyse*

Le dispositif de prise en charge pour les enfants et adolescents a connu une forte mutation du fait de la poussée des parents qui sont demandeurs de formules plus adaptées aux besoins de leurs enfants, plus souples dans leur mise en œuvre, plus ouvertes sur le milieu ordinaire. Les aides éducatives sont les plus plébiscitées par les parents, et cela correspond à ce qui s'est le plus développé dans les autres pays en rapport avec le développement des connaissances sur l'autisme.

Pour les jeunes enfants, la recherche souligne l'intérêt d'une stimulation précoce en raison de la plasticité cérébrale.

L'évolution des connaissances sur le fonctionnement des enfants atteints d'autisme montre la nécessité d'une approche éducative, destinée à développer des éléments de communication fonctionnelle, des compétences cognitives, motrices, sensorielles utiles pour l'adaptation immédiate et à venir, et pour l'établissement d'une autonomie plus ou moins grande. L'éducation proposée doit être individualisée. Elle doit aller au-delà d'apprentissages de type purement scolaire. Elle s'applique à partir d'une évaluation précise dont est issu un programme éducatif individualisé intégré à un projet de vie.

En ce qui concerne la scolarité, il existe une certaine frilosité dans les milieux professionnels. Le décalage entre les possibilités d'apprentissage scolaire et d'adaptation, et les exigences du milieu d'accueil est souvent mis en avant. La crainte de voir se développer des troubles du comportement est un autre élément générateur de réticence. S'il existe bien des enfants dont les troubles du comportement sont très perturbateurs, relativement insensibles à des aménagements de l'environnement et à l'adaptation des activités proposées, ceux-ci ne représentent pas la majorité. La plupart des enfants avec autisme voient leurs troubles du comportement diminuer dès lors que l'environnement est adapté pour tenir compte de leurs particularités. Aidés par la mise en place de systèmes de communication, par le développement de nouvelles compétences, guidés dans leurs contacts sociaux, ils deviennent des enfants intéressés par ce qui leur est proposé, en recherche de relations avec leurs pairs de même âge et épanouis dans leur vie d'écolier.

Quel que soit le milieu dans lequel l'enfant est accueilli, le problème de la formation des personnels se pose. Lorsque les équipes ne sont pas correctement formées, les difficultés surgissent et s'accroissent au fil des jours.

• ***Propositions***

Les parents exercent de plein droit la responsabilité de l'éducation de leur enfant. Leur choix doit pouvoir s'exercer librement et dans la concertation avec les professionnels. Ce choix doit être facilité par l'établissement d'une plus grande lisibilité de l'offre de services. À cet égard, la meilleure définition des interventions proposées est nécessaire. En particulier au niveau des soins, la clarté dans les objectifs poursuivis et dans les moyens mis en œuvre pour y parvenir est souhaitable.

Une modulation des soins doit être possible en fonction des besoins de l'enfant et de sa famille.

Les besoins évalués (avec des outils *ad hoc*) doivent guider la définition des aides dans tous les environnements, et c'est ainsi que l'aide à domicile doit être prise en compte parmi les soutiens nécessaires.

Les services proposés doivent être diversifiés et s'adresser à la personne dans tous les aspects de sa vie, qu'il s'agisse de l'école, de l'établissement, des loisirs, des activités sportives.

Une place importante doit être laissée à l'innovation car il ne faut pas oublier que de nombreuses initiatives prises par des parents et/ou des professionnels ont abouti à des systèmes plus souples et plus ajustés à la demande, souvent avec des coûts moindres que dans les systèmes préexistants.

Le problème de *la formation des professionnels* doit être abordé à plusieurs niveaux :

— Il est important de réviser les cursus initiaux pour y introduire les éléments de connaissance sur le handicap en général et sur l'autisme en particulier. L'exemple de la psychologie est à cet égard intéressant. Les enseignants chercheurs motivés ont mis en place des enseignements diversifiés à différents niveaux du cursus, apportant ainsi à leurs étudiants un véritable parcours de formation qui débouche sur des compétences opérationnelles dès l'entrée dans la vie professionnelle. Les jeunes psychologues ainsi formés sont capables de répondre à la demande dans des domaines diversifiés qui sont le diagnostic, l'évaluation, la conception de programmes individualisés, la supervision de leur mise en œuvre, l'intervention auprès des enfants et des familles, la coordination des actions des équipes. Quelques universités ont déjà réussi cette transformation de la formation des psychologues. Il reste à étendre ce modèle aux autres universités et aux autres disciplines concernées par l'intervention auprès de personnes autistes.

— La formation continue doit aussi se développer afin de permettre aux professionnels en activité de se perfectionner ou de compenser le manque de formation spécifique dont ils ont pu bénéficier dans leurs études.

LA PRISE EN CHARGE DES PERSONNES ADULTES

• *Constat*

La situation actuelle et les perspectives d'avenir des adultes autistes se caractérisent par un manque criant de places d'accueil, une large inadaptation des prises en charge existantes qui ne connaissent pas les besoins spécifiques des personnes autistes, un manque patent de formation des professionnels qui les accompagnent, et aucune perspective d'avenir sans une réforme profonde des établissements d'accueil existants. Cette situation laisse les familles, déjà usées par les luttes qu'elles ont dû mener pendant l'enfance et l'adolescence de leur enfant, dans un profond désarroi.

La loi du 2 janvier 2002 rénovant l'action sociale et médico-sociale a ouvert de nouvelles perspectives encourageantes, mais des mesures de compensation, sans oublier les aides humaines, sont indispensables pour permettre aux personnes autistes adultes de se développer et de s'épanouir pour mener enfin une vie digne dans notre société.

Selon l'IGAS, en 1995, seuls 2 170 autistes adultes étaient accueillis en établissements médico-sociaux, soit environ 11 % d'entre eux seulement, les autres étant maintenus en hôpitaux psychiatriques faute d'autres solutions plus adaptées, ou restant à la charge des familles. Pourtant la circulaire interministérielle du 27 avril 1997 précisait bien que la place des autistes n'est pas en hôpital psychiatrique et demandait un retour au foyer ou en établissement spécialisé.

Les encouragements financiers de création de places de l'« enveloppe autisme » ont été efficaces, les structures médico-sociales créées pour des personnes handicapées mentales se sont peu à peu ouvertes aux adultes autistes. Mais, trop souvent, l'accueil est effectué sans prises en charge réellement adaptées, sans connaissance précise de l'autisme et des besoins spécifiques des personnes autistes.

Aujourd'hui, heureusement, un certain nombre de foyers occupationnels (FO), foyers d'accueil médicalisés (FAM) et maisons d'accueil spécialisés (MAS) se créent avec des prises en charge bien adaptées basées sur une éducation structurée, mais le nombre de places offertes est très loin de répondre aux besoins des personnes adultes autistes, et de sérieux problèmes restent à résoudre.

Quelques jeunes adultes plus autonomes bénéficient d'une formation qui leur permet d'aborder le travail en milieu protégé ou ordinaire, mais ce type d'insertion est relativement rare parce que trop souvent perçu comme inaccessible *a priori*.

• *Analyse*

Il existe encore fréquemment un défaut de diagnostic à l'âge adulte. De ce fait, le véritable problème des personnes autistes n'est pas repéré, et il est impossible d'ajuster les pratiques à leurs particularités. Les prises en charge sont alors inadaptées, et l'absence de formation correspondant aux capacités et aux intérêts, le manque de repères et les problèmes de communication conduisent au développement et au renforcement des troubles du comportement.

La stagnation dans des lieux peu adaptés et peu propices aux progrès est souvent le lot des personnes plus ou moins stabilisées et que leur comportement passif conduit à la restriction progressive des intérêts, à la coupure des liens sociaux et à l'installation dans une situation dénuée de toute perspective d'évolution.

Un petit nombre de personnes accèdent à une relative autonomie et peuvent, avec un soutien spécifique, connaître l'insertion en milieu professionnel. La réussite de ce type d'expérience s'appuie sur les compétences de la personne elle-même, travaillées en amont par une éducation adaptée. Elle s'appuie sur la sensibilisation du milieu professionnel qui accueille la personne et sur un accompagnement personnalisé qui permet l'apprentissage des gestes professionnels et l'ajustement progressif aux tâches et à la vie dans l'entreprise.

• *Propositions*

1. L'âge adulte correspond pour toute personne au passage à l'autonomie qui se traduit par une activité professionnelle, le choix d'un lieu de vie et le développement d'activités de loisirs.

Pour la personne autiste, le projet de vie doit comporter ces différents volets adaptés en fonction des difficultés spécifiques.

Le lieu de vie. La conception des lieux de vie doit s'appuyer sur un projet qui respecte des objectifs ajustés à chacun. La formule institutionnelle qui, avec le vieillissement des parents, devient à terme la solution doit pouvoir être modulée en fonction du degré d'autonomie de chacun. Les petites unités sous forme de maisons où la vie peut s'organiser en groupes encadrés par des professionnels représentent la modalité la plus respectueuse de la personne et de ses besoins. Elle permet en effet l'implication des personnes en fonction de leurs capacités dans l'organisation et la gestion du quotidien tout en bénéficiant d'une assistance qualifiée. Elle permet une ouverture sur la communauté sociale, et l'établissement de liens fonctionnels au travers des nécessités de la vie quotidienne et des activités culturelles et de loisirs. Cette formule permet aux personnes de tout niveau d'autonomie de vivre au sein d'un groupe dont la dimension correspond à celle d'une famille et d'établir des liens et des repères sociaux très structurants.

L'accompagnement et le tutorat permettent aussi aux personnes suffisamment autonomes de conquérir leur indépendance en résidant dans leur propre appartement et en accédant à l'emploi. Cette possibilité dépend beaucoup de l'appui apporté par les familles, et l'avenir doit être préparé avec la mise en place d'équipes de soutien permettant la poursuite de ce mode de vie après la disparition des parents. Pour certaines familles, le maintien à domicile représente un choix qu'il convient de respecter tout en apportant l'aide nécessaire à la viabilité du projet dans le présent et au passage progressif à une formule plus institutionnelle en fonction du vieillissement de la personne elle-même et de ses parents.

2. Quelles que soient les modalités retenues, le maintien des liens familiaux et amicaux est essentiel et doit faire l'objet d'une attention toute particulière.

La formation, le travail. Pour les adultes autistes, le prolongement de l'éducation correspond à une nécessité car leur développement se poursuit, et des progrès significatifs sont encore enregistrés. Il faut maintenir à l'âge adulte le droit à l'éducation et à l'instruction pour permettre aux personnes autistes d'améliorer leur autonomie en approchant leur niveau de développement optimal. La poursuite des apprentissages doit toucher les activités de la vie quotidienne, des tâches à caractère plus professionnel et des activités culturelles. L'objectif étant toujours de permettre l'épanouissement, le travail est un moyen de faire accéder la personne à une activité suscitant l'intérêt et le sentiment d'être utile en permettant le développement de contacts avec d'autres personnes handicapées ou non.

Les loisirs. Ils font partie intégrante du projet de vie et trouvent naturellement leur place dans les activités proposées. Leur mise en place dépend de l'éducation qui aura été fournie en amont et qui permettra à la personne de développer les comportements sociaux nécessaires à sa participation effective. Une place importante doit être accordée aux activités culturelles pour lesquelles bon nombre de personnes atteintes d'autisme ont un goût prononcé et parfois des talents qui ne demandent qu'à s'exprimer.

La réussite d'un projet prenant en compte ces différents aspects de la vie dépend de la formation spécifique des différents intervenants et d'un taux d'encadrement suffisant.

3. Tout au long de leur vie, les adultes atteints d'autisme doivent bénéficier d'une offre de services adaptée et diversifiée dont la palette leur donnera la possibilité de vivre, selon les périodes de la vie et les besoins de chacun, en milieu ordinaire ou en milieu spécialisé, avec des allers et retours possibles.

Conclusions

Cette réflexion sur les pratiques et sur leur adéquation aux besoins tels qu'ils se définissent dans le corpus de connaissances actuelles nous amène à un constat d'insuffisance. *La carence est d'ordre quantitatif et qualitatif.*

Le quantitatif dépend des moyens mis en œuvre, et, à ce niveau, la volonté politique doit se traduire dans des actes. Sur le plan qualitatif, les idées qui sous-tendent les projets et leur mise en œuvre doivent se nourrir des progrès de la connaissance, et cela passe par la prise en compte des résultats de la recherche.

Comme cela a été signalé en préambule, toute recherche n'est pas transposable à la pratique. Mais, *par la recherche, la conception de l'autisme a changé, de même que la définition des besoins des personnes qui en souffrent.* Face à un désordre dont le caractère envahissant perturbe globalement la vie de la personne et de son entourage, la modestie est de mise car les thérapeutiques curatives n'existent pas. Il convient d'ajuster les ambitions à cet état de fait. *Les pratiques doivent être définies au plus près des objectifs de soutien au développement, de construction de la personne au travers des compétences cognitives et relationnelles acquises grâce à une éducation adaptée menée par des familles bien informées, en collaboration avec des professionnels bien formés.*

Il ne faut pas oublier que, de la pratique de terrain, sont venues des observations pertinentes qui ont guidé les investigations des chercheurs. C'est de constats cliniques, empiriques, que sont venues les hypothèses explicatives de l'autisme, les mises à l'épreuve de certains modèles et le développement des connaissances. C'est aussi à partir de la pratique que se sont élaborées les stratégies les plus efficaces pour s'ajuster aux difficultés spécifiques des personnes et leur aménager un environnement plus propice à la progression et à l'épanouissement.

Recherche et pratique se nourrissent mutuellement, et, si les praticiens et les familles ont parfois le sentiment que la recherche est loin de leur réalité de terrain, ils doivent acquérir la conviction que leurs efforts au quotidien croisent quelque part la voie de la recherche.

La recherche est porteuse d'espoirs encore lointains, mais la pratique ajustée aux besoins des personnes contribue non seulement à la qualité de vie des personnes handicapées, mais aussi à la progression des idées, à la formulation d'hypothèses de travail dont les chercheurs doivent s'emparer.

Ce constat implique *l'ouverture aux innovations pédagogiques et organisationnelles.* Hors les murs des institutions et parfois même en dehors des schémas administratifs reconnus, les parents et les professionnels motivés ont souvent construit de nouveaux modes de prise en charge, et ces expériences ont généré de nouvelles réflexions, transformant radicalement le paradigme, insufflant une hauteur de vue nouvelle.

Les besoins des personnes constituent l'axe fédérateur à partir duquel vont se construire des solutions plus adaptées. Cela se traduit sur le plan organisationnel par *le passage important de l'offre unique et unilatérale de services à l'écoute des besoins et à la prise en compte des réponses par une logique de services.*

Le champ de l'autisme a connu bien des affrontements en matière d'idées et de théories. Ce désordre de la communication pose maintenant un défi à notre société. *Il s'agit de comprendre l'Homme dans son développement.* Les particularités de l'autisme fascinent les chercheurs qui sont interpellés par d'étranges mécanismes dont ils voudraient découvrir les fondements. *La société doit accorder la place qui leur revient aux personnes affectées par ce handicap.* Elle doit admettre la différence, accompagner le développement des enfants jusqu'à l'âge adulte et à la fin de vie, et donner les moyens d'une insertion véritable. L'expérience montre qu'elle en retire de grands bénéfices.

Ce défi nous étant lancé, il réclame pour être relevé d'être assorti de nouvelles attitudes. La suspicion, l'agressivité peuvent faire place à des relations de confiance mutuelle sur lesquelles pourront se construire et s'inventer de nouvelles solutions. *Il y a là un vrai défi pour l'avenir après les douleurs du passé.*

Le temps est venu d'aller résolument de l'avant et d'unir les efforts des parents, des professionnels de terrain et des chercheurs pour relever le défi. *Le Collège de France, lieu prestigieux de recherche et de diffusion des connaissances, nous offre aujourd'hui cette tribune pour dire ce que nous savons de l'autisme et ce qu'il nous reste à découvrir.* Sachons relever ce défi et, à partir de cette déclaration, construire ensemble l'avenir, en développant un axe de recherche fort, en sachant attirer les jeunes chercheurs et en travaillant tous pour qu'un jour l'autisme soit vaincu et qu'en attendant les personnes qui en souffrent puissent mener avec nous une vie qui soit digne d'être vécue.

La coordination entre les équipes et l'assistance technique ont été assurées par Sophie Biette, parent, secrétaire générale de l'Arapi.

Participants

Jean-Louis Agard, parent, Toulouse, Sésame-Autisme, Arapi.

Marie-Agnès Bouthier, parent, Sésame-Autisme.

Nadia Chabane, pédopsychiatre, Paris.

Patrick Chambres, parent, Clermont-Ferrand, Autisme Action, Arapi.

Claire Chastenet, parent, Paris.

Pascale Dansart, orthophoniste, Tours, Arapi.

Monique Déprez, orthopédagogue, Mons Hainaut (Belgique).

Céline Le Derf, psychologue, Paris.

Jean-Paul Dionisi, directeur de l'établissement Notre École, Paris.

Marie-France Épagneul, parent, UNAPEI, URAPEI, Arapi.

Maria-Pilar Gattegno, psychologue, Passage, Paris

Gérard Griffon, directeur de l'école Paul Michaud, Châtelaillon-Plage, Arapi.

Germain Lafrenière, Société de l'Autisme et des TED, Laval, Québec.

Agnès Massion, parent, Aix-en-Provence, APAR.

René Tuffreau, pédopsychiatre, Nantes, Arapi.

Édith Valent, parent, Yvelines, Autisme-France.

DISCUSSIONS POUR ÉLABORER CETTE INTERVENTION AVEC :

Professeur Alain Berthoz, président du comité scientifique du colloque, Collège de France.

Professeur Catherine Barthélémy, Tours, Arapi.

Professeur Jean-Pierre Müh, Tours, Arapi.

Jean-Jacques Taillandier, parent, président Arapi de 2000 à 2003.

Denis Chastenet, parent, Arapi.

Jean Massion, chercheur, Arapi.

Docteur Catherine Milcent, pour le président d'Autisme-France.

Marcel Hérault, président de Sésame-Autisme.

Max de Lamarre, pour le président de l'UNAPEI, président URAPEI, Île-de-France.

Ce travail s'appuie sur des synthèses déjà existantes qui ont été repérées par recherche bibliographique ou par le biais des associations et instances de tutelle :

SYNTHÈSES INTERNATIONALES

National Research Council, 2001, *Educating Children with Autism*, National Academy Press.

Schopler E. *et al.* 2001, *The Research Basis for Autism Intervention* Kluwer Academic/Plenum Publisher.

MIND Institute 2002, *Report to the Legislature on the Principal Findings from The Epidemiology of Autism in California. A Comprehensive Pilot Study* (site Internet).

Barnard J. *et al.* 2001, *Ignored or ineligible ? The Reality for Adults with Autism Spectrum Disorders*, The National Autistic Society.

Journal of Autism and Developmental Disorders, Special Issue : Effectiveness of Early Education in Autism, 2002, Vol. 32, n° 5, october 2002.

SYNTHÈSES FRANÇAISES

L'Autisme. Agence nationale pour le développement de l'évaluation médicale. Novembre 1994.

Circulaire interministérielle AS/EN du 27 avril 1995 relative à la prise en charge thérapeutique, pédagogique et éducative et à l'insertion sociale des enfants et adultes atteints d'un syndrome autistique.

La Prise en charge des enfants et adolescents autistes. Jacques Vivies et Françoise Varet. Rapport de l'Inspection générale des Affaires sociales n° 94099, octobre 1994.

Rapport du Comité national d'éthique. Printemps 1996.

Livre Blanc : les personnes autistes accueillies dans les établissements affiliés à L'UNAPEI, 1999.

Enquête sur la prise en charge des enfants autistes. Max Artuso. *La Lettre d'Autisme-France*, 15 février 2003.

Enquête sur les créations de places d'accueil pour autistes, de 1995 à 1999. Max Artuso. Journée nationale de l'autisme, 18 novembre 2000.

Aussilloux C. *et al.* 2002. *Les Avancées dans l'autisme*, Éres.

Golse B. *L'Autisme infantile en France en 1994.* http:// autisme.France.free.fr.docs/cl.htm.

Rogé B. Meeting the needs of autistic people, a regional network model, *International Journal of Mental Health.* 2000.

Sésame autisme. *Enquête sur la formation des personnels*, 2000.

Expertise collective INSERM. *Troubles mentaux : dépistage et prévention chez l'enfant et l'adolescent*, INSERM 2002.

QUELQUES TEXTES DE LOIS

Circulaire du ministère des Affaires sociales et de la Solidarité nationale n° 86.6 du 14 février 1986 relative à la mise en place d'un programme expérimental d'établissement d'hébergement pour adultes gravement handicapés.

Loi du 2 janvier 2002 rénovant l'action sociale et médico-sociale.

Loi n° 96-1076 du 11 décembre 1996 modifiant la loi n° 75-535 du 30 juin 1975 relative aux institutions sociales et médico-sociales et tendant à assurer une prise en charge adaptée de l'autisme, article 2. *JO* du 12 décembre 1996.

Conclusions

Se souvenir pour construire l'avenir

Par Denis Chastenet

De Galilée à Pasteur et Charcot, les grandes questions que l'homme en recherche s'est posées sur sa Terre et son Univers, sur la Vie et sur lui-même, se sont régulièrement heurtées à de vieilles représentations sociales, stériles et rigides, une cosmogonie centrée sur la terre, puis une vie issue de la génération spontanée et un esprit déconnecté du cerveau. L'autisme nous rappelle que l'homme est en évolution, récent dans son histoire génomique et bien fragile dans sa genèse.

Après une longue nuit de plusieurs décennies, obscurité douloureuse pour tant de familles victimes oubliées dans les fossés, une France plus ouverte se réveille en découvrant les fortes avancées de la recherche internationale sur l'autisme qui en transforme profondément l'approche sans encore l'expliquer, et l'œuvre courageuse de construction des familles pour leurs enfants.

Refusant une situation désespérante, il y a vingt ans naissait l'Arapi pour ouvrir une fenêtre dans cette France enfermée dans son ignorance, avec ses intérêts institutionnels et scolastiques. Cette fenêtre a été ouverte avec les deux battants de la pluridisciplinarité et de l'international, et une poignée faite du partenariat entre les parents et les professionnels. Grâce à ce colloque, vous en avez respiré un peu d'air frais, mais, comme vous le voyez, l'espace est vaste pour développer des recherches innovantes et interactives, susceptibles de nous éclairer sur l'autisme et les troubles envahissants du développement.

Je tiens ici à rendre un hommage ému et profond à toutes ces femmes et mères qui ont porté au quotidien le plus lourd de cet abandon avec leurs seules forces morales et physiques. Il ne nous suffit pas de balayer les mauvais souvenirs du passé pour bâtir l'avenir. Il faut aussi bien comprendre que l'audace inventive et entreprenante, avec l'écoute et l'humble observation scientifique des faits sont l'espoir de notre espèce, avec ses questions et sa capacité de modéliser et d'expérimenter.

Des voies de recherche se sont ouvertes par la recherche fondamentale et instrumentale, de la génétique à l'imagerie médicale par exemple, mais les familles ont aussi beaucoup apprécié les voies empiriques de la pédagogie éducative et de l'intégration permettant à leurs enfants, jeunes et adultes, d'avoir leur histoire, eux aussi, au lieu du désespoir des rejets et de la solitude.

Nous voulons œuvrer pour que toutes ces recherches puissent maintenant mieux se développer en acceptant à la fois la liberté de certaines recherches scientifiques et la finalité pratique de certaines autres. Mais cette liberté nécessaire sera surtout enrichie d'un dialogue entre chercheurs et familles renouvelé par la clarté, la confiance et l'acceptation des limites, attentes et contributions de chacun.

La construction de nos sociétés, du progrès humain et collectif, face aux individualismes et aux habitudes, passe par la confiance et par l'intégration, par une volonté de comprendre les autres comme nous y invitent tous les jours les personnes autistes qui nous exposent à leur vitalité.

C'est pourquoi nous voulons dans la suite de ce colloque bâtir avec nos partenaires nationaux et locaux un avenir pour les personnes autistes fondé sur l'éthique, la science et l'art de vivre ensemble.

Pour conclure, je voudrais adresser un très grand remerciement à Alain Berthoz, et de loin à Marguerite de Navarre, qui ont voulu que s'ouvre pour nous aussi le Collège de France. Alain, ton accueil sur ce chemin jusqu'à ce jour marquera un tournant dans l'histoire de l'autisme en France.

Pour une meilleure prise en charge de l'autisme

Par JEAN-FRANÇOIS CHOSSY

L'autisme est un drame humain. C'est un lieu d'incompréhension, d'isolement et de souffrances terribles pour la personne autiste. C'est une douleur immense pour les parents et la famille, et une épreuve cruelle tout au long de la vie.

Aujourd'hui, l'autisme de forme sévère concerne environ 4,9 enfants sur 10 000 naissances. Or on constate que, depuis 1995, date à laquelle Simone Veil, qui était à l'époque ministre des Affaires sociales et de la Santé et avait décidé de tout mettre en œuvre pour remédier aux carences en matière de prise en charge, d'insertion sociale des enfants, adolescents et adultes autistes, les choses n'ont guère évolué.

En 1996, l'autisme est enfin reconnu comme un véritable handicap et il doit bénéficier d'une prise en charge pluridisciplinaire adaptée (éducative, pédagogique, thérapeutique et sociale). Mais les moyens, en termes de structures et de financement, manquent cruellement pour que ces textes soient réellement appliqués.

Suite à la mission qui m'a été confiée par le Premier ministre sur la situation de l'autisme en France[1], j'ai pu recueillir de nombreux témoignages de parents, de professionnels et d'associations, j'ai passé une semaine dans une structure pour adolescents autistes, expérience marquante qui m'a permis d'approcher la vraie dimension de l'autisme.

À travers le rapport que j'ai remis au gouvernement, il m'a paru particulièrement important d'insister sur les points suivants :

---

1. « La situation des personnes autistes en France, besoins et perspectives ». Rapport remis au Premier ministre, septembre 2003.
Disponible sur le site : http://www.handicap.gouv.fr/point_presse/rapports

— la nécessité de développer la recherche ;

— la nécessité d'un diagnostic précoce et la mise en place d'un dépistage ;

— l'information et l'accompagnement des familles ;

— le besoin de formation de l'ensemble des professionnels intervenant en particulier dans le champ de la petite enfance.

Pour guider les actions à venir, pour aider à la réalisation des projets de vie, pour aller plus loin et face au manque de structures et de moyens, je propose au gouvernement un véritable plan « Orsec » en douze points, soulignant notamment la nécessité de poser un diagnostic précoce pour les enfants touchés par l'autisme afin de les accompagner le plus tôt possible et de les suivre tout au long de leur vie, dans une démarche essentiellement éducative.

Ce plan, qui ne pourra rien négliger, devra intervenir rapidement, tant les besoins sont grands, les attentes impatientes et les espérances immenses.

Un plan Orsec pour l'autisme : 12 priorités

— Poser un diagnostic précoce et stimuler la recherche.

— Accompagner la personne autiste par des moyens humains, techniques, et financiers, de façon personnalisée, tout au long de la vie.

— Réaliser la formation continue et adaptée de tous les intervenants.

— Organiser une conférence de consensus.

— Relancer la politique de soutien à domicile.

— Tendre à l'intégration sociale, scolaire et professionnelle.

— Ne pas opposer l'approche « psychodynamique » à la tendance « éducative ».

— Intégrer en développant en priorité les méthodes éducatives.

— Créer les places qui correspondent aux besoins.

— Déclencher un nouveau plan pluriannuel.

— Mettre en place une circulaire interministérielle pour la promotion d'actions innovantes et performantes, avec des moyens financiers programmés.

— Appuyer toutes ces actions sur la solidarité nationale.

L'autisme est un handicap complexe nécessitant un accompagnement quasi constant ; il reste encore aujourd'hui mal connu des médecins généralistes et des pédiatres, premiers professionnels susceptibles de diagnostiquer la maladie, faute de formation adaptée. C'est pourquoi je souhaite la création de centres de diagnostic spécialisés dans chacune des régions.

La validation de critères simples caractéristiques de l'autisme pourrait également aider les professionnels de l'enfance à dépister ce handicap.

Plus largement, je préconise que l'État s'implique davantage, en particulier en matière de financement. Il faut mettre en place un plan de rattrapage d'urgence pour les personnes autistes, qui passera par un calendrier des réalisations et des financements appropriés.

Je suggère une augmentation des allocations existantes (assurance maladie, financement par les conseils généraux), mais également une adaptation personnalisée de ces aides et la multiplication de l'accompagnement temporaire pour soulager les familles et leur permettre « un temps de répit ». Aujourd'hui, seuls 10 000 autistes bénéficient d'un accompagnement allant d'une aide de quelques heures à une prise en charge par une structure adaptée.

Poste budgétaire fortement sollicité, la recherche. Si on veut progresser dans la connaissance de ce handicap, il faut s'en donner les moyens. Quand la recherche aura permis de mieux identifier l'autisme, on identifiera mieux les personnes atteintes et on améliorera sensiblement leur accompagnement tout au long de la vie.

Enfin, les orientations prioritaires en faveur de ce syndrome doivent reposer sur une meilleure implication des comités techniques régionaux sur l'autisme et le développement des centres ressources.

Le rapport que j'ai remis au Premier ministre, ainsi qu'à Jean-François Mattéi et à Marie-Thérèse Boisseau fait actuellement l'objet d'une étude attentive par le ministère de la Santé et le secrétariat d'État aux Personnes handicapées, afin de proposer un plan pour l'autisme dès cette année, en concertation avec l'ensemble des associations. Une circulaire est actuellement en préparation au ministère.

L'autisme reste pour l'avenir un grand chantier à entreprendre. Mme Boisseau sait qu'au-delà d'un nouveau plan pluriannuel spécifique pour l'autisme, dont elle ne peut manquer de proposer la mise en place dans un avenir proche, elle ne pourra pas dissocier l'autisme de la problématique globale du handicap qui sera traitée dans le cadre de la rénovation de la loi d'orientation du 30 juin 1975, projet de loi discuté au printemps à l'Assemblée nationale.

L'accueil de l'autisme

Par Marie-Thérèse Hermange

Le syndrome autistique et les troubles qui lui sont apparentés se traduisent par une immense souffrance, tant pour les personnes atteintes de ces troubles que pour leurs proches, aussi il me semble primordial de poursuivre la recherche sur la nature de ce syndrome et sur le contenu des techniques les plus appropriées pour venir en aide aux personnes qui en sont atteintes.

L'autisme est un sujet complexe, qui réunit des problématiques aussi différentes que la santé, l'éducation, la pédagogie, l'insertion professionnelle, l'accompagnement des adultes, le soutien des familles...

L'élaboration du diagnostic, puis son annonce aux parents avec la souffrance qu'elle induit, est suivie le plus souvent d'un laps de temps marqué par les difficultés à trouver la bonne porte et la bonne orientation.

D'où la nécessité de pouvoir procéder au dépistage précoce des troubles de l'autisme, et d'effectuer également à cette occasion le dépistage des potentielles déficiences auditives ou celles liées au langage, afin de pouvoir orienter le plus en amont possible les jeunes enfants en fonction de leurs difficultés mais aussi de leurs potentialités.

Ce qui suppose bien évidemment de disposer de professionnels compétents et bien formés pouvant poser un diagnostic fiable. C'est pourquoi il convient d'intensifier la recherche sur l'autisme en France afin que cette discipline trouve sa place dans les organismes de recherche tels que l'INSERM, et que ce domaine puisse être étudié dans le cadre des sciences de l'éducation et des sciences humaines.

Les centres de référence sur l'autisme sont un élément de réponse. Quatre centres ont ainsi été récemment ouverts, deux autres vont l'être prochainement à Paris et à Strasbourg, espérons que d'autres centres seront créés pour couvrir l'ensemble du territoire national.

Après le temps du dépistage, il convient d'accueillir l'enfant lorsqu'il advient : car c'est lui garantir le droit à une prise en charge individualisée et précoce.

En général, l'éducation d'un enfant fait intervenir successivement différentes personnes : tout d'abord ses parents, sa famille, puis les lieux de socialisation, de scolarisation, d'apprentissage pédagogique que fréquentent habituellement les enfants, à savoir la crèche ou la halte-garderie puis l'école.

En outre, la prise en charge individualisée et précoce nécessite parfois d'avoir recours de façon complémentaire à d'autres professionnels intervenant dans le champ sanitaire. Ce qui implique bien évidemment de respecter les rôles des uns et des autres, et de s'assurer de leur complémentarité. Ce sont certes des étapes préalables, mais elles sont impérativement à l'origine de la confiance qui permet le bon développement de l'enfant. Or, dans ce domaine, faute de coordination, trop d'enfants, d'adolescents ou d'adultes autistes restent ainsi sans prise en charge, ou avec un accompagnement limité à quelques heures par semaine. Ce qui n'est satisfaisant ni pour eux ni pour l'équilibre familial. Alors que cette aide devrait concerner tous les parents de jeunes enfants, d'adultes, voire d'adultes eux-mêmes vieillissants. La création de places en établissements n'est plus la seule réponse à apporter, puisqu'il est désormais aussi possible de développer des réponses diversifiées et adaptées aux situations familiales.

La situation, dans notre pays, n'est donc pas totalement satisfaisante pour les personnes qui présentent les handicaps les plus lourds comme l'autisme, même si les prises en charges sont très complexes. Cependant, des progrès ont pu être réalisés au cours des dernières années, même s'il reste encore beaucoup à faire pour proposer une prise en charge précoce de qualité tout au long de la vie. D'ailleurs, il y a unanimité de tous les acteurs pour reconnaître que les réponses actuellement apportées ne sont pas satisfaisantes, tant pour les familles que pour leurs enfants puisque les parents sont souvent amenés à opter pour des solutions qui n'existent pas à proximité de leur domicile.

En effet, près de 1 800 places pour enfants, adolescents et adultes autistes ont ainsi été créées au cours de ces cinq dernières années sous forme de services d'éducation et de soins spécialisés à domicile (SESSAD), instituts médico-éducatifs (IME), foyers à double tarification (FDT), maisons d'accueil spécialisées (MAS) et structures expérimentales. Il convient d'y adjoindre la création de quatre centres de ressources spécialisés sur l'autisme, l'ouverture d'une cinquantaine de places de CAT financées sur crédits d'État et de plusieurs dizaines de classes intégrées ouvertes grâce à une coopération renforcée avec le ministère de l'Éducation nationale en matière d'intégration scolaire des enfants handicapés.

Pour autant, les modes de prise en charge restent à parfaire, ainsi que la formation des personnels médico-sociaux intervenant auprès des personnes autistes. Un effort tout particulier doit aussi être poursuivi pour que tous les centres d'accueil pour personnes atteintes de ce syndrome soient animés par une équipe pluridisciplinaire, spécialisée et expérimentée sur le syndrome autistique, mettant en œuvre des actions de diagnostic précoce, de recherche, d'aide, de soutien, d'information, de formation, de conseil et d'expertise auprès des familles et des professionnels médico-sociaux et de santé.

Indépendamment des modes de prises en charge que je souhaite voir se développer et se diversifier, j'espère également que des mesures seront proposées pour faciliter l'intégration dans la société et le monde du travail des adultes autistes. Car évoquer la participation active des handicapés à la société inclut aussi, et surtout, l'égalité de traitement dans des domaines tels que l'emploi, la formation professionnelle, notamment l'utilisation des nouvelles technologies, et bien évidemment l'éducation. L'amélioration permanente des prises en charge des personnes autistes est donc une cause qui nécessite une mobilisation sans relâche de la part de nous tous, afin de mieux répondre aux besoins de ces personnes qui, jusqu'à ce jour, ont été insuffisamment prises en compte.

Je souhaite d'ailleurs rappeler que le président de la République a souhaité faire de la politique pour les personnes handicapées l'un des grands chantiers de son quinquennat. Sachons saisir cette opportunité de mobilisation pour mieux répondre aux besoins des personnes autistes et remédier aux dysfonctionnements existants dans leur prise en charge actuelle, notamment après le vote de la loi sur le handicap en 2004.

Je ne doute pas que les réflexions qui résulteront de ces deux jours de travail organisés par l'Association pour la recherche sur l'autisme et la prévention des inadaptations (Arapi) et le professeur Alain Berthoz seront riches d'enseignement mais également de propositions qui, je l'espère, permettront d'apporter des réponses pertinentes à cette problématique pour que la dignité des personnes atteintes d'autisme soit davantage reconnue dans notre pays.

Présentation des auteurs

David G. Amaral, professeur, Department of Psychiatry and Behavioral Sciences and Center for Neuroscience ; California National Primate Research Center ; Directeur de recherche au M.I.N.D. Institute, University of California at Davis, Davis, CA, USA.

Christian Andres, professeur de Biochimie et de Biologie moléculaire à la faculté de Médecine de Tours (Université François-Rabelais), Praticien hospitalier au CHRU de Tours, chef du service de Biochimie et de Biologie moléculaire, Inserm U619, Tours.

Cécile Aspe, journaliste et maman unanimement désignée par les associations de parents.

Catherine Barthélémy, pédiatre, pédopsychiatre et physiologiste, Professeur à l'Université de Tours, Inserm U619 - Centre de Pédopsychiatrie - CHRU Bretonneau, 2, bd Tonnellé - 37044 Tours cedex 9.

M. D. Bauman, Department of Psychiatry and Behavioral Sciences and Center for Neuroscience, California National Primate Research Center, MIND Institute, Université de Californie, Davis, États-Unis.

Alain Berthoz, neurophysiologiste, ingénieur, professeur au Collège de France. Membre de l'institut. Laboratoire de Physiologie de la Perception et de l'Action. UMR CNRS 7152.

Romuald Blanc, psychologue, Inserm U619 - Centre de Pédopsychiatrie - CHRU Bretonneau, 2, bd Tonnellé - 37044 Tours cedex 9. Maître de conférences à l'université Paris-5.

Frédérique Bonnet-Brilhault, psychiatre, praticien hospitalier, Maître de Conférences en physiologie, Inserm U619 - Centre de Pédopsychiatrie - CHRU Bretonneau, 2, bd Tonnellé - 37044 Tours cedex 9.

Thomas Bourgeron, chercheur et Professeur à l'Université Paris-7, Génétique humaine et Fonctions cognitives, Institut Pasteur, 25, rue du Dr-Roux, 75015 Paris.

Sylvain BRIAULT, Inserm U619, CHRU Bretonneau, 2, bd Tonnellé - 37044 Tours cedex 9.

Nicole BRUNEAU, chercheur, Inserm U619, CHRU Bretonneau, 2, bd Tonnellé - 37044 Tours cedex 9.

Jan BUITELAAR, professeur de psychiatrie et de pédopsychiatrie et chef de service de pédopsychiatrie au Centre hospitalier St-Radboud de Nymègues et au Centre académique pour la psychiatrie de l'enfance et de l'adolescence (ACKJON), Université Radboud. Nymègues, Pays-Bas.

Denis CHASTENET, parent de personne avec autisme, membre du Comité du colloque.

Jean-François CHOSSY, député de la Loire.

Michael CUCCARO, professeur de psychiatrie et de génétique, Centre de génétique humaine, Duke University Medical Center (Centre médical de l'Université de Duke), Durham, NC et Département de psychiatrie, Duke University Medical Center, Durham, NC.

Marcello D'AMELIO, Laboratory of Molecular Psychiatry & Neurogenetics, University « Campus Bio-Medico », Via Longoni 83, I-00155 Rome, Italie.

Henri DOUCET, ancien Directeur de Recherches au CNRS, Président de l'URAPEI d'Aquitaine.

Anne FAGOT-LARGEAULT, professeur au Collège de France, Chaire de philosophie des sciences biologiques et médicales.

Hans FORSSBERG, neurophysiologiste et Pédiatre, professeur au Karolinska Institutet et directeur du Department of Woman and Child Health, Stockholm, Suède.

Béatrice DE GELDER, chercheur et professeur de neurosciences cognitives, Donders Laboratory for Cognitive and Affective Neurosciences, Tilburg, Pays Bas.

Bruno GEPNER, pédopsychiatre, praticien hospitalier, Service de psychiatrie infanto-juvénile, Centre Hospitalier Montperrin, chercheur associé, Laboratoire Parole et Langage, UMR CNRS 6057, Université de Provence, Aix-en-Provence.

Christopher GILLBERG, professeur de psychiatrie de l'enfant et de l'adolescent, Université de Göteborg et Université de Londres (St George's Hospital Medical School).

Marie GOMOT, chercheur, Inserm U619, CHRU Bretonneau, 2, bd Tonnellé - 37044 Tours cedex 9.

Julie GRÈZES, chercheur, Laboratoire de Physiologie de la Perception et de l'Action (LPPA) - CNRS - Collège de France, Paris.

Pascaline Guérin, praticien hospitalier, Unité de Diagnostic et de Traitement des Troubles envahissants du Développement (U.DI.T.T.E.D.) Service de Pédo-Psychiatrie Hôpital de Chartres.

Marie-Thérèse Hermange, sénateur de Paris.

Stéphane Jamain, chercheur, Max-Planck-Institute for Experimental Medicine, Hermann-Rein-Str. 3, 37075 Goettingen, Allemagne.

Frédéric Laumonnier, Inserm U619, CHRU Bretonneau, 2, bd Tonnellé - 37044 Tours cedex 9.

Marion Leboyer, psychiatre, professeur, Inserm U513, Service de Psychiatrie Adulte, Hôpitaux Albert-Chenevier et Henri-Mondor, Assistance Publique-Hôpitaux de Paris, 40, rue de Mesly, 94000 Créteil.

Ghislain Magerotte, psychologue, professeur, Service universitaire spécialisé pour personnes avec autisme (SUSA), Département d'Orthopédagogie, Université de Mons-Hainaut (Place du Parc, 18, B-7000 Mons, Belgique).

C. Mills Schumann, Department of Psychiatry and Behavioral Sciences and Center for Neuroscience, MIND Institute, Université de Californie, Davis, États-Unis.

Claude Moraine, professeur de génétique, Inserm U619, CHRU Bretonneau, 2, bd Tonnellé - 37044 Tours cedex 9.

Laurent Mottron, chercheur, psychiatre, professeur au Département de Psychiatrie, Université de Montréal et clinique spécialisé de l'autisme, Hôpital Rivière-des-Prairies, 7070, bd Perras, Montréal (Québec) Canada H1E 1A4.

Jacqueline Nadel, directeur de Recherche au CNRS, UMR CNRS 7593, Pavillon Clérambault, Hôpital de La Salpêtrière, 47, bd de l'Hôpital, F-75013 Paris.

Antonio M. Persico, professeur, Laboratory of Molecular Psychiatry & Neurogenetics, University « Campus Bio-Medico », Via Longoni 83, I-00155 Rome, Italie et IRCCS « Fondiazione S. Lucia », via del Forro di Fiorano 64/65, I. 00143 Rome, Italie.

Christine Philip, professeur-Formateur au CNEFEI (Centre national d'études et de formation pour l'enfance inadaptée), 58-60 avenue des Landes, 92150 Suresnes.

Bernadette Rogé, professeur à l'université de Toulouse le Mirail, UFR de psychologie et Centre d'études et de recherches en psychopathologie (CERPP), 5, allée Antonio-Machado - 31058 Toulouse cedex, présidente de l'Arapi.

Sylvie Roux, ingénieur de recherche, Inserm U619 - Centre de Pédopsychiatrie - CHRU Bretonneau, 2, bd Tonnellé - 37044 Tours cedex 9.

Christina Schmitz, chercheur, Karolinska Institutet, Department of Woman and Child Health, Stockholm, Suède, UMR 6196, équipe Développement et Pathologie de l'Action, CNRS, Marseille.

Carole Tardif, psychologue, maître de conférences à l'université de Provence, responsable du master de psychologie de l'enfance, de l'Adolescence et du Vieillissement.

Rutger Jan Van der Gaag, psychiatre, professeur, Centre académique pour la psychiatrie de l'enfance et de l'adolescence (ACKJON) Université Radboud. Nymègues, Pays-Bas.

Sophie Willemsen-Swinkels, professeur associé de psychopathologie développementale à l'Université Radboud. Nymègues, Pays-Bas.

Mônica Zilbovicius, psychiatre et chercheur, ERM0205, Inserm-CEA, Service Hospitalier Frédéric-Joliot, DSV, DRM, Orsay.

Index

Table

III

ASPECTS COGNITIFS, SOCIALISATION ET APPRENTISSAGE

IV

AUTISME : DE LA RECHERCHE À LA PRATIQUE

CONCLUSIONS

Imprimé par Lightning Source France
1 avenue Gutenberg
78310 Maurepas

N° d'édition : 7381-1616-Y

Imprimé en France
FRHW010819270622
31249FR00006B/40